新形态·材料科学与工程系列教材

碳纳米管
在电化学能源存储与转化中的应用

杨 植 肖逸逵 聂华贵 主编

杨 硕 葛勇杰 周学梅 蔡 冬
钱金杰 胡 悦 张银行 孙江东 参编

清华大学出版社
北京

内 容 简 介

本书聚焦于碳纳米管在新能源存储与转化领域的应用,紧跟科研前沿动态,系统阐述了从材料的最初发现、合成技术、结构表征,到其在多种能源器件中应用的全面图景。本书共 10 章,分别为绪论、碳纳米管的制备、碳纳米管在锂离子电池中的应用、碳纳米管在锂硫电池中的应用、碳纳米管在钠离子电池和钾离子电池中的应用、碳纳米管在锂金属负极中的应用、碳纳米管在燃料电池中的应用、碳纳米管在电催化反应中的应用、碳纳米管在其他储能器件中的应用和碳纳米管的机遇。

本书不仅适合作为材料科学、电化学、能源工程等相关专业本科生和研究生的拓展学习资料,也可作为广大科研工作者及新能源行业从业者的参考指南。

图书在版编目(CIP)数据

碳纳米管在电化学能源存储与转化中的应用 / 杨植,肖遥遥,聂华贵主编.
北京 : 清华大学出版社,2025. 7. -- (新形态·材料科学与工程系列教材).
ISBN 978-7-302-69234-8

Ⅰ. TB383;TK01

中国国家版本馆 CIP 数据核字第 2025AD7492 号

责任编辑:鲁永芳
封面设计:常雪影
责任校对:赵丽敏
责任印制:宋 林

出版发行:清华大学出版社
   网 址:https://www.tup.com.cn,https://www.wqxuetang.com
   地 址:北京清华大学学研大厦 A 座   邮 编:100084
   社 总 机:010-83470000   邮 购:010-62786544
   投稿与读者服务:010-62776969, c-service@tup.tsinghua.edu.cn
   质量反馈:010-62772015, zhiliang@tup.tsinghua.edu.cn
印 装 者:大厂回族自治县彩虹印刷有限公司
经 销:全国新华书店
开 本:170mm×240mm 印 张:16.75   字 数:336 千字
版 次:2025 年 7 月第 1 版   印 次:2025 年 7 月第 1 次印刷
定 价:53.00 元

产品编号:100665-01

碳纳米管的奇妙之旅

在人类发展的历史长河里,材料是文明进步的基石、科学探索的助力、经济发展的引擎和社会生活的改善者,更是未来科技发展的关键所在。其中,一些材料以其独特的性质与潜力,引领着人类文明的进步与技术的飞跃。

碳纳米管,作为碳元素家族中的新星,自其被发现以来,便以其极高的强度、优异的导电性、卓越的热传导性能以及独特的机械特性,迅速成为材料科学领域的璀璨明星。它们如同微观世界的"钢铁侠",以纳米级的"纤细身躯",承载着超越传统材料的无限可能。

随着对碳纳米管研究的不断深入,其应用领域也日益广泛。从高性能复合材料、电子器件到能源存储、生物医学乃至环境保护,碳纳米管正以其独特的性能优势,推动着各行各业的技术革新与产业升级。目前,碳纳米管的市场需求持续增长,带动了行业的快速发展。在全球范围内,江苏天奈(中国)、OCSiAl(俄罗斯)、LG Chem(韩国)等成为全球范围内领先的碳纳米管生产商,凭借其技术实力和市场占有率脱颖而出。其大规模商业应用需求主要来自锂离子电池和导电塑料领域,其中来自前者的占比超过 80%。

本书从碳纳米管的历史启航,穿越至材料科学与技术的篇章,最终聚焦于能源存储与转换的应用,不仅为读者构建了完整的碳纳米管基础知识体系,还展现了这一材料从理论探索到实际应用,乃至引领科研创新与工业化进程的辉煌历程。书中,我们追溯了碳纳米管从意外发现到实验室合成的奇妙旅程,在材料制备部分,详尽解析了多种先进制备技术,展现了人类如何巧妙地操控纳米尺度,赋予碳纳米管独特的物理、化学性质。本书还探讨了碳纳米管在能源领域的革命性应用。从高性能电池到超级电容器,从燃料电池到电解水,碳纳米管以其卓越的导电性、高强度及高比表面积,正逐步成为提升能源存储效率、促进能源转换技术飞跃的关键材料。读者将理解到,这一奇妙的微小材料如何在全球能源转型的大潮中扮演至关重要的角色。

此外,本书还展望了碳纳米管在科研与工业化领域的广阔前景,鼓励读者思考并参与到这一科技变革之中。它引领着每一位读者踏上一段穿越微观宇宙、探索未来科技奥秘的非凡之旅,共同见证并参与构建更加绿色、高效、可持续的能源未来。

基于碳纳米管在新能源领域的重要地位,本书包含碳纳米管的历史起源、材料制备,以及其在能源存储与转换中的应用。通过本书的学习,读者可掌握碳纳米管的基础知识,了解碳纳米管的发展概况和应用领域,以及其在科研和工业化上的发展。本书旨在逐步揭开这一奇迹材料的神秘面纱,引领读者踏上一场穿越微观宇宙、探索未来科技的非凡旅程。

本书共 10 章,分别为:绪论、碳纳米管的制备、碳纳米管在锂离子电池中的应用、碳纳米管在锂硫电池中的应用、碳纳米管在钠离子电池和钾离子电池中的应用、碳纳米管在锂金属负极中的应用、碳纳米管在燃料电池中的应用、碳纳米管在电催化反应中的应用、碳纳米管在其他储能器件中的应用和碳纳米管的机遇。

当然,任何伟大的发现与创新都伴随着挑战与未知。碳纳米管的大规模制备、性能优化、环境友好性以及新应用的拓展等问题,仍是当前研究领域的热点与难点。但正是这些挑战,激发了科学家们不断探索与创新的热情,推动着碳纳米管技术不断向前发展。本书在展望碳纳米管未来应用前景的同时,也将深入探讨这些挑战与机遇,鼓励更多的学者与企业家投身于这一蓬勃发展的领域。

本书由温州大学组织编写,主编为杨植、肖逄逄、聂华贵,参编为杨硕、葛勇杰、周学梅、蔡冬、钱金杰、胡悦、张银行、孙江东。编写分工为:杨植编写第 1 章和第 10 章,肖逄逄编写第 5 章,肖逄逄和孙江东编写第 6 章,聂华贵和葛勇杰编写第 9 章,杨硕编写第 4 章,葛勇杰和钱金杰编写第 8 章,周学梅编写第 7 章,胡悦和周学梅编写第 2 章,蔡冬和张银行编写第 3 章。此外,黄绍达、舒运茂以及团队的同学们也为本书的撰写和最终成形提供了帮助。

在编纂此书之际,我们深感荣幸本书汇集了众多碳纳米管领域的前沿科研成果,这些宝贵的知识与洞见均源自众多卓越科研工作者不懈地探索与努力。在此,我们向所有为碳纳米管科学研究作出杰出贡献的学者和研究者致以最诚挚的敬意与感谢。

同时,我们也认识到,尽管我们力求全面而准确地呈现这一领域的最新进展,但鉴于自身能力的局限性,书中难免存在不足之处或有待商榷之处。因此,我们诚挚地邀请同行专家及广大读者指正。

杨 植

2025 年 1 月

于温州大学

目录

第1章　绪论 ………………………………………………………… 1

1.1　碳纳米管的发现——美丽的"意外" ………………………… 1

1.2　碳纳米管的基本结构 ………………………………………… 4

1.3　碳纳米管的分类 ……………………………………………… 5

1.4　碳纳米管的基本性质 ………………………………………… 7

　1.4.1　电学性能 ……………………………………………… 7

　1.4.2　力学性能 ……………………………………………… 7

　1.4.3　热学性能 ……………………………………………… 8

　1.4.4　其他性能 ……………………………………………… 8

1.5　碳纳米管在电化学能源存储与转化方面的应用 …………… 8

参考文献 …………………………………………………………… 9

第2章　碳纳米管的制备 …………………………………………… 10

2.1　碳纳米管的合成方法 ………………………………………… 10

　2.1.1　电弧放电法 …………………………………………… 10

　2.1.2　激光烧蚀法 …………………………………………… 11

　2.1.3　化学气相沉积法 ……………………………………… 12

2.2　碳纳米管的生长机理与模式 ………………………………… 13

　2.2.1　VLS 生长机理 ………………………………………… 13

　2.2.2　VSS 生长机理 ………………………………………… 14

　2.2.3　顶端生长模式 ………………………………………… 14

　2.2.4　底端生长模式 ………………………………………… 14

　2.2.5　其他生长模式 ………………………………………… 15

2.3　单壁碳纳米管的制备方法 …………………………………… 15

　2.3.1　单壁碳纳米管水平阵列的制备 ……………………… 15

　2.3.2　单壁碳纳米管垂直阵列的制备 ……………………… 19

2.4　多壁碳纳米管的制备方法 …………………………………… 21

　2.4.1　电弧放电法 …………………………………………… 21

　2.4.2　化学气相沉积法 ……………………………………… 22

2.5　碳纳米管的宏量制备 ………………………………………… 23

　　　2.5.1　碳纳米管宏量制备的挑战 ………………………………… 23
　　　2.5.2　碳纳米管的宏量制备方法 ………………………………… 24
　2.6　碳纳米管的纯化 ……………………………………………………… 25
　　　2.6.1　物理纯化法 …………………………………………………… 25
　　　2.6.2　化学纯化法 …………………………………………………… 26
　2.7　碳纳米管的掺杂与化学修饰 ………………………………………… 27
　　　2.7.1　杂原子掺杂碳纳米管 ………………………………………… 27
　　　2.7.2　碳纳米管化学修饰 …………………………………………… 32
　2.8　碳纳米管复合材料的制备方法 ……………………………………… 35
　　　2.8.1　物理混合法 …………………………………………………… 35
　　　2.8.2　化学修饰法 …………………………………………………… 36
　　　2.8.3　原位生长法 …………………………………………………… 37
　2.9　碳纳米管导电浆料 …………………………………………………… 39
　　　2.9.1　碳纳米管的工业化分散 ……………………………………… 40
　　　2.9.2　碳纳米管导电浆料的应用 …………………………………… 44
　2.10　碳纳米管的表征 …………………………………………………… 45
　　　2.10.1　扫描电子显微镜 …………………………………………… 45
　　　2.10.2　原子力显微镜 ……………………………………………… 46
　　　2.10.3　扫描隧道显微镜 …………………………………………… 46
　　　2.10.4　透射电子显微镜 …………………………………………… 48
　　　2.10.5　电子衍射 …………………………………………………… 49
　　　2.10.6　拉曼光谱法 ………………………………………………… 49
　　　2.10.7　荧光激发光谱 ……………………………………………… 51
　　　2.10.8　吸收光谱 …………………………………………………… 52
　　　2.10.9　瑞利光谱 …………………………………………………… 53
　参考文献 ……………………………………………………………………… 54

第3章　碳纳米管在锂离子电池中的应用 ………………………………… 65
　3.1　锂离子电池与碳纳米管 ……………………………………………… 65
　3.2　碳纳米管在锂离子电池正极材料中的应用 ………………………… 67
　　　3.2.1　碳纳米管应用于层状结构正极材料 ………………………… 67
　　　3.2.2　碳纳米管应用于橄榄石结构正极材料 ……………………… 68
　　　3.2.3　碳纳米管应用于尖晶石结构正极材料 ……………………… 70
　3.3　碳纳米管在锂离子电池负极材料中的应用 ………………………… 71
　　　3.3.1　碳纳米管作为锂离子电池负极材料的优势 ………………… 71
　　　3.3.2　碳纳米管直接作为锂离子电池负极材料 …………………… 72

　　　3.3.3　碳纳米管应用于嵌入反应型负极材料 ·················· 72

　　　3.3.4　碳纳米管应用于转换反应型负极材料 ·················· 74

　　　3.3.5　碳纳米管应用于合金化反应型负极材料 ··············· 74

　　参考文献 ··· 81

第4章　碳纳米管在锂硫电池中的应用 ······················· 84

　4.1　锂硫电池简介 ····································· 84

　4.2　碳纳米管基材料复合正极 ····························· 86

　　　4.2.1　碳纳米管/硫复合正极 ··························· 86

　　　4.2.2　碳纳米管/碳/硫复合正极 ························· 89

　　　4.2.3　碳纳米管/聚合物/硫复合正极 ····················· 92

　　　4.2.4　碳纳米管/无机物/硫复合正极 ····················· 95

　　　4.2.5　碳纳米管/仿生材料/硫复合正极 ···················· 98

　4.3　碳纳米管基材料插层膜 ······························· 103

　　　4.3.1　碳纳米管插层膜 ······························· 103

　　　4.3.2　碳纳米管/碳复合插层膜 ························· 105

　　　4.3.3　碳纳米管/聚合物复合插层膜 ····················· 106

　　　4.3.4　碳纳米管/金属化合物复合插层膜 ··················· 107

　4.4　碳纳米管基材料修饰隔膜 ····························· 110

　　　4.4.1　碳纳米管修饰隔膜 ····························· 110

　　　4.4.2　碳纳米管/碳修饰隔膜 ·························· 111

　　　4.4.3　碳纳米管/聚合物修饰隔膜 ······················· 111

　　　4.4.4　碳纳米管/金属化合物修饰隔膜 ···················· 111

　　参考文献 ··· 112

第5章　碳纳米管在钠离子电池和钾离子电池中的应用 ············ 117

　5.1　钠/钾离子电池简介 ································· 117

　5.2　碳纳米管在钠离子电池电极材料中的应用 ·················· 119

　　　5.2.1　钠离子电池负极概述 ··························· 119

　　　5.2.2　碳纳米管作为钠离子电池负极材料 ·················· 120

　　　5.2.3　钠离子电池正极概述 ··························· 127

　　　5.2.4　碳纳米管在钠离子电池正极中的应用 ················ 129

　5.3　碳纳米管在钾离子电池电极材料中的应用 ·················· 132

　　　5.3.1　钾离子电池负极材料概述 ······················· 132

　　　5.3.2　碳纳米管作为钾离子电池负极材料 ·················· 133

　　　5.3.3　碳纳米管复合材料作为钾离子电池负极材料 ·············· 135

5.3.4　钾离子电池正极材料研究进展 ································· 138

5.3.5　碳纳米管在钾离子电池正极中的应用 ················· 140

参考文献 ·· 141

第6章　碳纳米管在锂金属负极中的应用 ························· 144

6.1　锂金属负极概述 ··· 144

6.1.1　锂金属电池的机遇 ··· 144

6.1.2　锂金属电池的挑战 ··· 145

6.1.3　锂金属负极的解决方案 ··································· 147

6.2　碳纳米管-金属复合负极 ······································ 150

6.2.1　碳纳米管缓解锂枝晶 ····································· 150

6.2.2　改性碳纳米管及碳纳米管复合材料对锂沉积与溶解的

影响 ·· 152

6.3　碳纳米管修饰金属负极界面 ·································· 158

6.3.1　碳纳米管辅助构筑人工 SEI ···························· 158

6.3.2　碳纳米管修饰锂金属界面 ······························· 159

参考文献 ·· 162

第7章　碳纳米管在燃料电池中的应用 ··························· 165

7.1　引言 ·· 165

7.2　燃料电池简介 ··· 165

7.2.1　燃料电池的工作原理 ····································· 165

7.2.2　燃料电池中的催化剂 ····································· 167

7.3　碳纳米管应用于燃料电池 ····································· 167

7.3.1　碳纳米管基催化剂在燃料电池中的应用 ············· 167

7.3.2　碳纳米管用于气体扩散层 ······························ 184

7.3.3　碳纳米管用于质子交换膜 ······························ 185

参考文献 ·· 187

第8章　碳纳米管在电催化反应中的应用 ························· 192

8.1　电催化反应概述 ··· 192

8.2　碳纳米管在电解水反应中的应用 ···························· 192

8.2.1　电解水的工作原理 ··· 192

8.2.2　碳纳米管在电催化 OER 中的应用 ···················· 194

8.2.3　碳纳米管在电催化 HER 中的应用 ···················· 203

8.3　碳纳米管在电催化 CO_2 还原反应中的应用 ············· 209

8.3.1　电催化 CO_2 还原反应的原理 ……………………… 209

8.3.2　碳纳米管作为催化剂载体 ……………………………… 210

8.4　碳纳米管在电催化氮气还原反应中的应用 …………… 215

8.4.1　NRR 的反应过程及催化机理 ………………………… 215

8.4.2　碳纳米管基催化剂在 NRR 反应中的应用 ………… 217

8.5　碳纳米管在电催化硝酸根还原反应中的应用 ………… 218

参考文献 ………………………………………………………… 222

第 9 章　碳纳米管在其他储能器件中的应用 ……………… 226

9.1　碳纳米管在超级电容器中的应用 ……………………… 226

9.2　碳纳米管在混合电容器中的应用 ……………………… 230

9.3　碳纳米管在锌离子电池中的应用 ……………………… 234

9.4　碳纳米管在双离子电池中的应用 ……………………… 238

9.4.1　碳纳米管用于双离子电池正极 ……………………… 239

9.4.2　碳纳米管用于双离子电池负极材料 ………………… 240

9.5　碳纳米管在铅酸蓄电池中的应用 ……………………… 242

参考文献 ………………………………………………………… 246

第 10 章　碳纳米管的机遇 …………………………………… 249

10.1　"双碳"目标下的能源转型迫在眉睫 ………………… 249

10.2　"双碳"目标下碳纳米管的机遇 ……………………… 250

10.2.1　锂离子电池 …………………………………………… 250

10.2.2　导电塑料 ……………………………………………… 252

10.2.3　碳基芯片 ……………………………………………… 253

10.2.4　氢能 …………………………………………………… 254

10.3　碳纳米管的市场现状和分布 …………………………… 255

10.4　碳纳米管的挑战 ………………………………………… 256

第1章

绪　　论

1.1　碳纳米管的发现——美丽的"意外"

碳,这一古老元素,其材料的发展轨迹与人类历史紧密相连,深深嵌入文明、自然及生活的每一个角落。在自然界,碳作为生态循环的关键角色,参与着光合作用、呼吸作用及化石燃料燃烧等过程。同时,它也是构成有机生命的基石。人类文明的火花与碳息息相关,火与碳的结合催生了青铜、铁器等文化瑰宝。在日常生活中,碳材料的应用无处不在,例如,超轻碳纤维在交通工具轻量化中的卓越表现,既轻盈又坚韧;刀具中的碳赋予其广泛的适用性;而石墨碳则成为电动汽车与手机电池负极的首选。碳材料的多样性令人叹为观止,如图 1-1 所示,通过巧妙设计,碳材料可展现出从超导至绝缘、从吸光至透光、从润滑至超高摩擦、从超亲水至超疏水的多样性质,应用领域广泛且前景无限。

自远古时代起,古人便利用碳材料燃烧取火,这一发现是人类从野蛮迈向文明的转折点。六千年前,木炭由木质材料不完全燃烧制得,用于冶炼青铜,引领人类从石器时代跃升至铜器时代,极大地提升了生产力和创造力。同期,古印度发现了金刚石这一珍稀碳形态。在中国东汉时期(公元 25 年),石墨已被用于书写与绘画。近几十年来,碳材料的发展步入快车道,富勒烯、碳纳米管、石墨烯、石墨炔等新成员纷纷加入碳家族,凭借各自独特的性能,在多个领域大放异彩。

碳材料在能源存储领域的发展速度尤为显著。1983 年,日本科学家吉野彰(Akira Yoshino)开发了负极由聚乙炔(C_2H_2)$_n$ 制成,正极使用钴酸锂的现代锂离子电池前身。聚乙炔能量密度低,还存在不稳定的问题,因此吉野彰在继续评估和研究后,采用了碳质材料取代聚乙炔。1984 年,吉野彰将气相生长碳纤维(vapor phase grown carbon fiber,VGCF)作为锂离子电池负极,发现其具有非常优异的性能。然而,VGCF 的价格非常高,直接限制了它作为锂离子电池负极材料的使用。1985 年,一次偶然机会,吉野彰将石油焦(低石墨化程度的碳)用作锂离子电池负极材料,成功实现了碳材料在锂离子电池中的广泛应用[1]。之后,索尼(Sony)公司采用了这种配置进行商业化,锂电池的商业化实际满足了 20 世纪 80 年代起移动设备浪潮的需要。1991 年,Sony 公司再次革新,采用石墨作为负极,进一步提升

图 1-1　碳材料的应用及性质

了锂离子电池性能,开启了储能新纪元。至此,碳不仅承载着生命之源的重任,更成为科技发展的核心元素之一。基于碳材料的广泛应用,科学研究与工程领域掀起了前所未有的热潮(图 1-2),柔性器件、能源存储、航空航天、电子器件等多个方面均取得了丰硕的研究成果与实际应用。

信州大学的远藤守信(Morinobu Endo)教授在 1976 年通过化学气相沉积(CVD)法首次合成了碳纳米管(当时称为"纳米碳纤维"),比 1991 年饭岛澄男(Sumio Iijima)正式命名碳纳米管早 15 年。他于 1977 年首次报道了 CVD 法制备纳米碳纤维的技术,确立了过渡金属催化剂(如 Fe、Co、Ni)在碳氢气体热解中的关键作用,为后续规模化生产奠定基础。基于他在碳材料领域的突出贡献,远藤守信被誉为国际纳米炭材料研究领域的科学奠基人之一。随后,在 1982 年左右,他与昭和电工合作开发了 VGCF,该产品于 20 世纪 80 年代后半期由昭和电工推向市场。当时,尽管研究人员普遍推测这种纤维具有"石墨烯卷曲的结构",但由于表征技术的限制,其确切结构尚未得到确认。

碳纳米管结构的明确,需追溯至富勒烯(fullerene)的发现。1985 年,英国科学

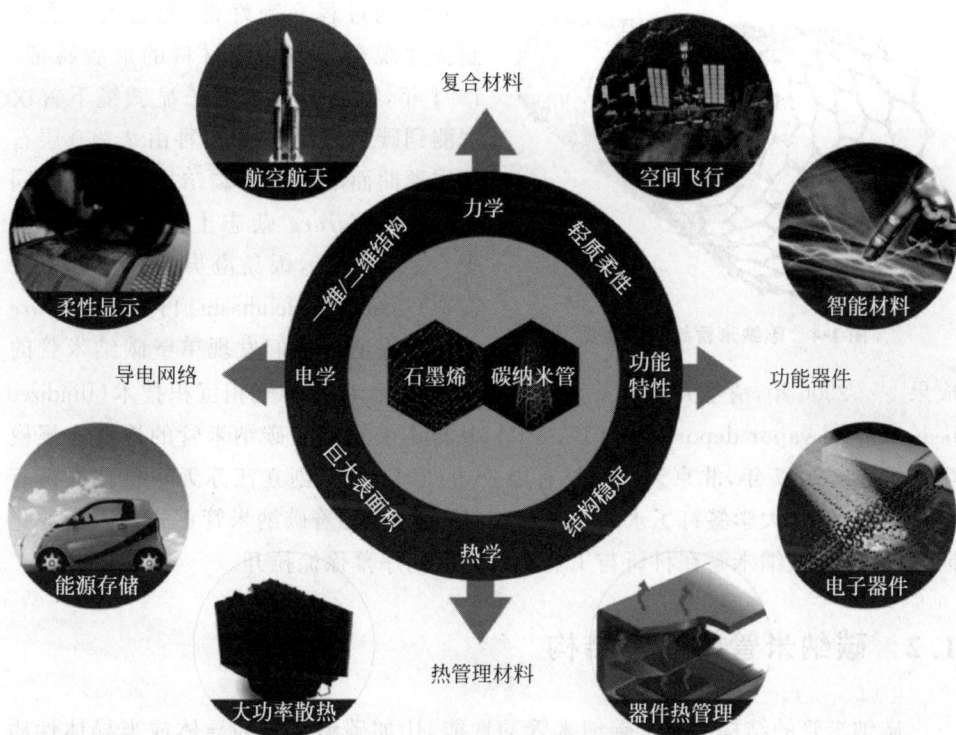

图1-2　碳材料的应用

家 Kroto 与美国科学家 Smalley 在研究红巨星大气层的化学反应时,偶然发现了 C60 分子。C60 的结构宛如一个由 60 个碳原子构成的纳米级足球,内含 12 个五边形与 20 个六边形,如图 1-3 所示。他们将其命名为"巴克明斯特·富勒烯",以纪念穹顶建筑大师巴克明斯特·富勒,后简称富勒烯。此后,Kroto 教授深入探索"富勒烯家族",相继发现了 C70、C84 等不同碳原子数的成员,开创了化学的新领域。这一发现迅速吸引了众多科学家的关注与参与。

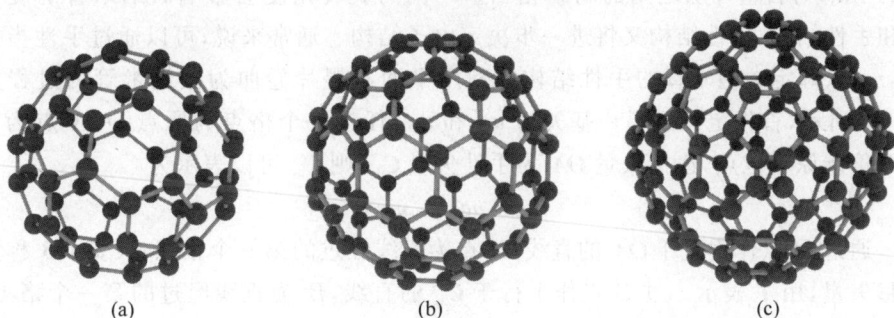

(a)   (b)   (c)

图1-3　富勒烯 C60(a)、C70(b)、C84(c)

日本科学家饭岛澄男是富勒烯研究领域的先驱之一,他对无定形碳如何转化

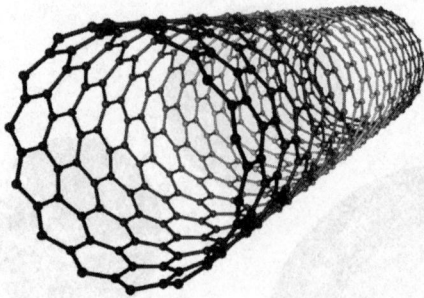

图 1-4　碳纳米管结构示意图

为 C60 的过程充满好奇,通过大量实验制备并观察了多种碳材料的形貌特征。1991 年,饭岛澄男在电子显微镜下首次观测到碳纳米管,这是一种由 2～50 层石墨层卷曲而成的中空碳结构(图 1-4),同年,他在 *Nature* 杂志上发表了这一发现[2]。1993 年,饭岛澄男与合作者市桥俊成(Toshinari Ichihashi)再次在 *Nature* 杂志上报道了他们发现单壁碳纳米管的

成果[3]。2006 年,清华大学魏飞教授团队利用流化床-化学气相沉积技术(fluidized bed-chemical vapor deposition,FB-CVD),从根本上解决了碳纳米管的连续大规模生产难题。2007 年,北京天奈科技有限公司(2011 年后创立江苏天奈科技股份有限公司)与清华大学签订了永久性独占许可协议,标志着碳纳米管正式进入产业化阶段。至此,碳纳米管在科研与工业领域的应用序幕徐徐拉开。

1.2　碳纳米管的基本结构

碳纳米管的结构决定了碳纳米管的性能,比如碳纳米管的导体或半导体性质就是由碳纳米管的卷曲角度决定的。因此,了解碳纳米管的结构对于碳纳米管的研究和应用具有重要意义。

碳纳米管为六边形键合的 sp^2 碳原子组成的一维螺旋管状分子结构,可以看作二维石墨片沿一定角度卷曲而成的中空管状碳材料。不同层数的石墨片和不同的旋转角度是影响碳纳米管结构和性能的重要参数。例如,一层石墨片卷曲即可得到单壁碳纳米管,两层石墨片卷曲得到双壁碳纳米管,多层石墨片卷曲则得到多壁碳纳米管。一般来说,碳纳米管的层数在 2～50 层,片层之间的距离约为 0.34 nm,与石墨片层之间的间距相当。不同的旋转角度会影响碳纳米管的旋光性和手性结构,手性结构又将进一步决定电子结构。通常来说,可以通过手性指数 (n,m) 来确定碳纳米管的手性结构。利用平面石墨片卷曲为碳纳米管的过程如图 1-5 所示,首先定义石墨片基矢为 a_1 和 a_2,任选一个格点为原点 O,A 点为 O 的等价碳原子位点,连接矢量 OA 为手性矢量 C_h,则 C_h 可以表示为

$$C_h = na_1 + ma_2$$

通过 O 点作垂直于 OA 的直线,B 点为直线经过的第一个格点,矢量 OB 称为平移矢量,用 T 表示。过 B 点作平行于 C_h 的直线,B' 为直线经过的第一个格点,矩形 $OAB'B$ 中所包含的原子数为一个单壁碳纳米管单胞所包含的原子数。矢量 OD 为与矢量 a_1 平行的一条直线,OD 与 OA 的夹角称为手性角 θ。以 OB 为轴,使 OB 轴与 AB' 轴重合,就形成了单壁碳纳米管。

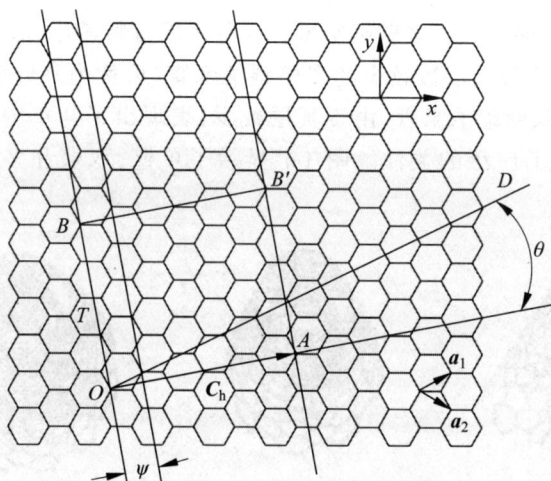

图 1-5 单层石墨片的结构及碳纳米管参数的几何意义

由此可见，(n,m) 以及手性角 θ 可以用来表示碳纳米管的结构：当 $\theta=0°$ 时对应锯齿型结构 $(m=0)$，$\theta=30°$ 时为扶手椅型结构 $(n=m)$，而 $0°<\theta<30°$ 的中间角度则构成手性型结构。手性型碳纳米管因缺乏镜像对称性而无法通过平移或旋转操作与自身完全重合，而扶手椅型和锯齿型因具备高度对称性可通过简单对称操作实现重合，故统称为非手性型结构。在电子特性方面，碳纳米管的导电行为与手性指数存在显著关联，当满足 $n-m=3k$（k 为整数）时呈现金属导电特性，否则表现为半导体特性。

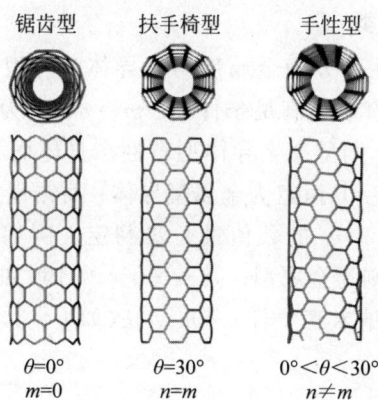

图 1-6 锯齿型、扶手椅型和手性型碳纳米管

1.3 碳纳米管的分类

1. 按照层数分类

根据管壁层数，碳纳米管可分为单壁碳纳米管和多壁碳纳米管。单壁碳纳米管由一层石墨烯卷曲而成。多壁碳纳米管含有多层石墨烯片,形状像个同轴电缆,其层数从 2 到 50 不等。层数较少的多壁碳纳米管(可称为寡壁碳纳米管,通常为 2~6 层),尤其是双壁碳纳米管,由于其层数少,表现出了与单壁碳纳米管相似的性质,因此也受到了广泛的关注。图 1-7 显示了单壁、双壁和多壁碳纳米管的示意图。

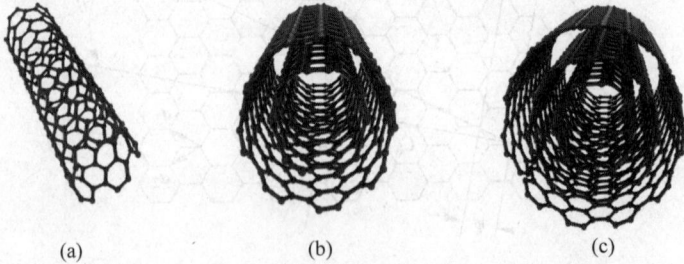

(a)   (b)   (c)

图 1-7 单壁(a)、双壁(b)和多壁(c)碳纳米管示意图

2. 按照手性结构分类

如 1.2 节所述,根据碳单层石墨片沿不同夹角卷曲可以将碳纳米管分成锯齿型($\theta=0°$)、扶手椅型($\theta=30°$)和手性型($0°<\theta<30°$)3 种结构。其中,手性型碳纳米管不能单靠平移和旋转至完全重合,由于映射过程出现夹角,碳纳米管中的网格会产生螺旋现象,因此也被称为螺旋型碳纳米管。反之,锯齿型和扶手椅型则可以通过平移和旋转操作使其自身完全重合,因此也被称为非手性型结构。

3. 按照导电性能分类

碳纳米管按导电特性可分为金属型与半导体型。根据手性指数(n,m)的差异,其导电性遵循如下规律:当满足条件 $n-m=3k$(k 为整数)时,碳纳米管表现为金属型;若 $n-m\neq3k$,则呈现半导体型特性。具体而言,扶手椅型碳纳米管因 $n=m$,则 $n-m=0$(即 $k=0$)恒定为金属型导体;而锯齿型($m=0$)和手性型($n\neq m\neq0$)的导电性需通过 $n-m$ 的数值进一步判定。例如,锯齿型碳纳米管中,若 $n=3k$(如 $n=6,m=0$),则为金属型;当 $n-m\neq3k$ 时(如 $n=5,m=0$),表现为半导体型。同理,手性型碳纳米管中若 $n-m=3k$(如 $n=5,m=2$)亦可为金属型。

4. 按照排列结构分类

按照排列情况,碳纳米管可以分为无序和定向两种类型。由于碳纳米管高的长径比,导致其在制备过程中不可避免地出现缠绕,因此在最初制备碳纳米管的过程中,通常制备得到的为无序碳纳米管。之后,随着科学研究的不断深入,具有一定排序的定向碳纳米管逐渐被研究者发现。图 1-8(a),(b)和(c),(d)分别为定向碳纳米管和无序碳纳米管的扫描电子显微镜(SEM)图像[4-5]。

图 1-8 (a),(b)定向碳纳米管和(c),(d)无序碳纳米管的 SEM 图像[4-5]

1.4 碳纳米管的基本性质

1.4.1 电学性能

石墨结构中,碳原子为 sp^2 杂化,每个碳原子中的未成对电子在垂直于碳六元环的 π 轨道上,使其体现出优异的导电性。不同于石墨,并不是所有的碳纳米管都能体现出良好的导电性能,根据石墨片层卷曲的直径和角度不同,碳纳米管可分为电子导体和半导体。由 1.3 节可知,碳纳米管手性矢量 (n,m) 决定了结构。当 $(n-m)$ 能被 3 整除时,碳纳米管呈现出电子导体的性质;反之,则体现半导体性质。

但是,对于实验室或工业生产制备得到的碳纳米管中,不可避免地存在一些缺陷。六元环结构的碳纳米管中,会出现五元或七元环结构与六元环组成异质结,对碳纳米管的导电性能将产生影响。碳纳米管的直径也同样影响其导电性能。利用这些结构带来导电性能的变化,可以在一根碳纳米管上同时得到导体和半导体结构,从而构成纳米尺寸的二极管材料。以上性质也使得碳纳米管在设计和制造微电子器件上有广阔的发展前景。

1.4.2 力学性能

碳纳米管结构中,碳原子以 C—C 共价键结合,被认为是自然界中最强的化学键,因此,碳纳米管沿管轴方向被认为具有最强的强度、韧性和弹性模量。由于碳纳米管尺寸小、易缠绕的特点,通常难以通过传统实验的方法测量其力学性能。因此，多数理论计算针对完美结构的碳纳米管进行了力学性能的计算。表 1-1 列出了通过计算获得的碳纳米管与其他常见材料的力学性能。

表 1-1 碳纳米管与其他材料的力学性能对比[6]

材　　料	杨氏模量/GPa	拉伸强度/GPa	密度/(g/cm³)
单壁碳纳米管	1054	约 150	
多壁碳纳米管	1200	约 150	2.6
(10,10)纳米管束	563	约 75	1.3
Type Ⅰ C 光纤	350	2.5	2.6
钢	208	0.4	7.8
环氧树脂	3.5	0.05	1.25
木材	16	0.08	0.6

通常来说，碳纳米管的抗拉强度是钢的 100 倍以上，且具有更小的密度。相对于其他碳材料（如碳纤维等），碳纳米管也表现出更强的杨氏模量、拉伸强度，因此称为终极纤维。

1.4.3 热学性能

碳纳米管具有优异的热传导性能。声子沿着碳纳米管的轴向传输来传导热量。碳纳米管具有高长径比、层间结合较弱的特点，因此导热性能具有一维方向性，即在轴向方向上具有很高的导热性质，导热系数高达 6600 W/(m·K)，是自然界中已知最高的导热材料，但是在垂直方向的导热性能较低。

1.4.4 其他性能

由于碳纳米管独特的结构特征，其在光学、磁学等方面也表现出了独特的性质。在此不作赘述。

1.5 碳纳米管在电化学能源存储与转化方面的应用

化石能源推动了人类文明的飞速发展，但伴随而来的是资源枯竭、环境污染、气候变化及能源安全等严峻挑战。因此，积极推动能源转型与革命，构建清洁、低碳、安全、高效的现代能源体系显得尤为重要，这对电化学储能技术提出了新的需求。风能、太阳能、潮汐能等可再生能源具有显著的间歇性和波动性，难以确保电能的稳定供应。电化学储能技术能够实现对这些可再生能源的稳定存储与输送，并通过调节供需峰谷，提升能源利用效率，有效减少资源浪费。同时，随着动力汽车从汽油向新能源的转变，对动力电池的性能提出了更高要求，尤其是需要实现更远的续航里程和更快的充电速度，这对电池的正负极材料构成了巨大挑战。

为了达到高功率密度和能量密度，电化学储能器件持续经历着技术创新与发展。在这一进程中,碳材料作为储能与能量转换领域的核心材料,同样经历了显著的演变。碳纳米管凭借其结构稳定性高、比表面积大的特点,加之其高长径比能在电极结构中构建出连续的导电网络,从而在电化学性能上展现出了相较于其他碳材料的明显优势。自1998年碳纳米管首次被用作锂离子电池负极材料的报道以来,其在电化学能源储存装置中的应用潜力便得到了广泛认可[7]。此后,碳纳米管还被应用于超级电容器、锂硫电池、锂空气电池,以及电催化等多种电化学储能与转换装置中,均显著提升了这些电化学储能器件的整体性能。

参考文献

[1] YOSHINO A,SANECHIKA K,NAKAJIMA T. Secondary battery:US patent,4668595 [P]. 1987-05-26.

[2] IIJIMA S. Helical microtubules of graphitic carbon[J]. Nature,1991,354:56-58.

[3] IIJIMA S,ICHIHASHI T. Single-shell carbon nanotubes of 1-nm diameter[J]. Nature, 1993,363:603-605.

[4] YANG Z,NIE H,ZHOU X,et al. Synthesizing a well-aligned carbon nanotube forest with high quality via the nebulized spray pyrolysis method by optimizing ultrasonic frequency [J]. Nano,2011,6(4):343-348.

[5] LI P,YANG Z,SHEN J,et al. Subnanometer molybdenum sulfide on carbon nanotubes as a highly active and stable electrocatalyst for hydrogen evolution reaction[J]. ACS Appl. Mater. Interfaces,2016,8(5):3543-3550.

[6] LU J,HAN J. Carbon nanotubes and nanotube-based nano devices[J]. IJHSES,1998,9: 101-123.

[7] CHE G,LAKSHMI B,FISHER E,et al. Carbon nanotube membranes for electrochemical energy storage and production[J]. Nature,1998,393:346-349.

第2章

碳纳米管的制备

2.1 碳纳米管的合成方法

2.1.1 电弧放电法

电弧放电法最早用于以石墨作为原料来合成 C60[1]。在 1991 年,饭岛澄男采用电弧放电法制备 C60 时,通过高分辨透射电子显微镜(HRTEM)观察反应产物,首次发现了多壁碳纳米管[2]。1993 年,饭岛澄男和市桥俊成[3]等用电弧放电法,以磁性过渡金属(Fe、Co 或 Ni)为催化剂成功制备出单壁碳纳米管,打开了单壁碳纳米管合成的大门。2000 年,Xie 等[4]利用电弧放电法制备出了内径仅有 0.5 nm 的碳纳米管,是当时最小直径的碳纳米管,并在此基础上进行深入探索。随后,饭岛澄男等[5]制备出了直径仅为 0.4 nm 的碳纳米管,这是迄今可以稳定存在的直径最小的碳纳米管,极大地推动了碳纳米管领域的研究进展。

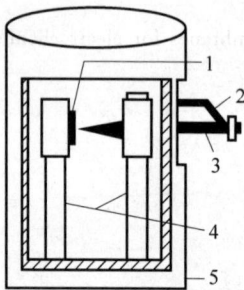

1—石墨固定电极;2—弹性铜片;3—石墨移动电极;4—水冷通电柱;5—水冷金属收集桶。

图 2-1 电弧放电法制备碳纳米管装置图

电弧放电法合成碳纳米管的基本原理如图 2-1 所示。在真空反应室中充入一定量的惰性气体,并使用面积较大的石墨棒作为阴极,面积较小的石墨棒作为阳极,两电极始终保持很小的间隙距离(1 mm),加载电压进行电弧放电。阳极石墨棒内填充的金属催化剂及石墨棒自身的碳原子会被蒸发消耗,阴极处的碳原子在催化剂的作用下重组形成碳纳米管并沉积下来。当使用纯石墨电极时,产生多壁碳纳米管为主;如果在阳极上添加金属催化剂(如 Fe、Co、Ni),则可以形成更多的单壁碳纳米管。

电弧放电过程中,实验参数包括缓冲气体、电流、电压、催化剂、电极形态、碳源以及外场等[6],这些参数对碳纳米管的成核和生长有着重要的影响,并被广泛用于调节等离子体参数和空间分布,从而控制碳纳米管的成核和生长。在这些参数中,缓冲气体可以调节等离子体密度、温度和化学反应中的环境,影响碳原子的聚合行为。电流和电压则直接影响电弧放电等离子体的能量状态,进而影响碳纳米管的生成率、尺寸和品质。催化剂是产生碳纳米管的关键因素之一,它不仅影响设备内部热力学状态,还能通过表面催化作用促进碳原子的重组和形成。此外,电极形态(如直径和形状)也会影响等离子体的传输和碳纳米管的尺寸分布。除了这些基础参数,外加磁场和激光辐射等外场调控也可在特定情况下,通过改变等离子体的动力学和物理化学特性来影响碳纳米管的形成。

总体来说,电弧放电法制备碳纳米管具有制备量大和工艺参数较易控制等优点。但是,设备复杂、制备的碳纳米管不可控,是该方法的主要缺点。

2.1.2 激光烧蚀法

激光烧蚀法与电弧放电法类似,也是在高温条件下,以石墨为原料合成碳纳米管。激光烧蚀法合成碳纳米管的基本原理如图 2-2 所示。在高温环境中,利用一束高能激光聚焦于负载有金属催化剂的石墨靶,使碳原子和金属催化剂从靶上蒸发变为气态,气态的碳原子团簇在催化剂粒子的作用下生成碳纳米管。在惰性气流的带动下,气态的碳纳米管等产物会被从高温区带到低温区,并沉积在收集器上。

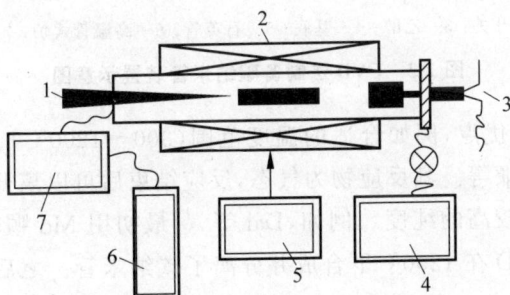

1—激光;2—电热;3—循环冷却水;4—真空泵;5—温度控制;6—氩气;7—流量计。

图 2-2 激光烧蚀法制备碳纳米管装置示意图

激光烧蚀技术合成碳纳米管通常受到多种参数的影响,如石墨成分、催化剂类型和物质的量、激光参数、气体流量、气体压力、炉温等。例如,$Ni/Co(0.6/0.6(at\%))$和 $Ni/Y(4/1$ 和 $2/0.5(at\%))$ 等双金属被证明是高效的催化剂,Ar 通常用作缓冲气体。当惰性气体压力大于 200 Torr(1 Torr=133.32 Pa)时,碳纳米管的形成比无定形碳更容易;当惰性气体压力大于 600 Torr 时,碳纳米管的形成速率明显增加[7]。除此之外,已经开发了不同的激光或光源来合成碳纳米管,如脉冲 Nd:YAG 激光、紫外激光、连续波 CO_2 激光和太阳能[8-9]。例如,Guo 等[10]采用高功率脉冲 Nd:YAG 激光器在惰性气体环境(He/Ar)中辐照金属-石墨复合靶材,脉冲激光的瞬时高温使靶材局部区域发生汽化,形成碳-金属混合气相;随着气相快速冷凝,碳原子从过饱和的碳-金属固溶体中定向析出,在催化剂表面成核,自组装形成结构规整的碳纳米管。与电弧放电法相比,激光烧蚀法可以获得更高的碳纳米管收率和更窄的直径分布,并且相对纯净。由于脉冲激光烧蚀有利于激光聚焦局部区域,石墨和金属催化剂同时蒸发,因此不存在电弧放电过程中不可避免的多余碳物种。但该方法成本较高,难以进一步推广应用。

2.1.3　化学气相沉积法

化学气相沉积(chemical vapor deposition,CVD)法是最有可能实现工业化生产的碳纳米管合成方法,也是目前研究最广泛的方法。基本原理如图2-3所示,将反应前驱体引入带有催化剂颗粒的反应室中并发生化学反应,在基底上分解并沉积以生成碳纳米管。反应前驱体一般包括碳氢化合物(CH_4、C_2H_2、C_2H_4)、醇(CH_3OH、C_2H_5OH)和芳香烃(C_6H_6),常用催化剂包括 Fe,Co 和 Ni。

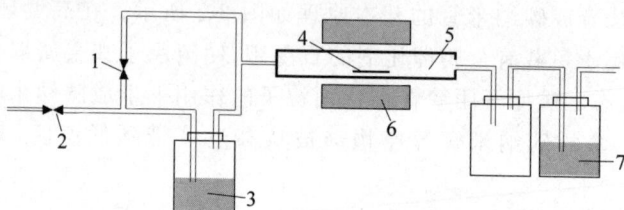

1,2—开关;3—乙醇;4—基底;5—石英管;6—高温管式炉;7—水。

图 2-3　CVD 法制备碳纳米管装置示意图

CVD 法有许多优点,例如合适的温度范围(300～1200℃)、参数控制灵活、生产效率高和成本低廉等。其反应物为气态,反应结束后可以离开反应体系,因此制备的碳纳米管具有较高的纯度。例如,Dai 等[11]最初用 Mo 颗粒作为催化剂,CO作为碳源,利用 CVD 在 1200℃ 下合成并分离了碳纳米管。之后,他们证明氧化铁也可用作催化剂,在 1000℃ 下成功合成碳纳米管。随后,直径为几纳米的过渡金属成为合成碳纳米管的有效催化剂,通常在 700～900℃ 的温度范围内进行优化[12]。

根据催化剂供应的方式,可分为浮动催化剂和催化剂负载。浮动催化剂 CVD法,又称气溶胶合成法或喷雾热解法,是在高温下将气体中的化学物质分解并沉积在基底表面,可以大规模低成本地合成碳纳米管,有利于实际应用。然而,催化剂纳米颗粒在高温下的聚集常会导致大直径碳纳米管的生长,这不利于控制其手性或直径。催化剂负载 CVD 法是将催化剂负载于特定基底上作为碳纳米管生长的支撑,碳纳米管从催化剂纳米颗粒表面生长到基底上。通常使用 1～3 nm 的金属纳米颗粒作为催化剂,通过改变碳前驱体、催化剂类型、催化剂载体、生长温度和生长时间,来控制碳纳米管的生长过程。

若要选择性地控制碳纳米管的导电属性及手性,则常选择高熔点催化剂,使其在高温下仍能保持固态。固态催化剂表面的晶格排布可作为碳纳米管成核的模板,通过设计催化剂和调控生长参数,可定制化制备碳纳米管。近年来,对碳纳米管的选择性制备已经取得了很大进展,但 CVD 法生长过程中的手性选择性仍然面临着许多挑战,例如高纯度均匀的催化剂纳米颗粒难以获得,手性可控碳纳米管的生长效率仍需进一步提高等。

2.2 碳纳米管的生长机理与模式

碳纳米管生长的催化剂主要包括金属催化剂和非金属催化剂。在金属催化剂中,Fe、Co、Ni 是最常用的催化剂。非金属催化剂包括二氧化硅等。基于金属催化剂的碳纳米管生长机理主要为气-液-固(vapo-liquid-solid,VLS)生长机理,基于非金属催化剂的碳纳米管生长机理主要遵循气-固-固(vapor-solid-solid,VSS)生长机理。

2.2.1 VLS 生长机理

VLS 生长过程可概括为:纳米金属催化剂的熔点相比于体相时急剧降低,在高温条件下呈现液态熔融状态;碳源气体分子在高温和催化剂作用下分解产生单个碳原子或小分子碳原子簇,并溶解在液态金属催化剂中;随后进入金属催化剂内部,当溶解的碳原子量达到饱和时,碳原子在催化剂表面析出并重排为碳纳米管端帽的石墨结构;随着碳原子在催化剂界面不断溶解并沿着端帽重排析出,碳纳米管逐渐生长延长;当催化剂表面被碳碎片完全包裹或发生其他结构变化,导致碳纳米管壁无法继续延伸析出时,碳纳米管的生长结束。根据催化剂在反应过程中的位置,又可分为顶端生长机制和底端生长机制,这部分会在后面阐述。

VLS 生长机理最显著的特征是催化剂必须具有较强的溶碳能力。因此,通过参考金属-碳相图可初步识别遵循 VLS 生长机理的催化剂。例如,根据常用的金属催化剂 Fe 与碳的温度溶解度相图可以发现,由于 Fe 与碳原子之间具有较好的溶解性,因此使用 Fe 作为催化剂制备碳纳米管时,其生长模式遵循 VLS 生长机理。

基于 VLS 生长机理,Ding 等[13]通过分子模拟方法对碳纳米管的生长过程及相应机理进行了详细研究。根据他们的观察,碳原子在金属催化剂颗粒上的溶解-析出过程可以分为三个阶段:第一阶段为碳原子的不饱和阶段,此时碳源不断裂解产生碳原子自由基,并溶解在熔融的液态催化剂中,使催化剂中的碳原子浓度逐渐增加;当碳原子浓度达到一定程度并超过理论饱和浓度时,即进入过饱和状态,这是该过程的第二个阶段;在第三个阶段,由于熔融的金属中碳原子浓度过高,碳原子开始在催化剂表面析出并扩散自组装成碳原子岛(石墨烯片段),促进碳纳米管的生长。在第三阶段,金属催化剂中的碳原子浓度保持在过饱和状态,从而确保碳纳米管源源不断地生长,也是其生长动力的来源。

通过对 VLS 生长机理的理解,可以定性分析影响碳纳米管生长的因素并对其进行控制。例如,温度是影响碳纳米管生长的重要因素,当温度过低时,碳原子溶解和析出的速率会降低,导致碳原子岛难以克服表面作用力而形成碳帽并延伸成碳纳米管;当温度过高时,碳原子岛的积累速度加快,容易脱离金属催化剂表面而形成无定形碳。只有在适宜的温度下,碳原子在催化剂表面的溶解析出与碳原子岛脱离过程相协调,才能形成碳纳米管生长的碳帽结构并持续平稳地延续形成碳纳米管。

2.2.2 VSS 生长机理

非金属催化剂内部为共价键,熔点高,在高温下往往会维持一定的形貌,且溶碳量较低。因此,非金属催化剂能够为碳纳米管的生长提供更好的刚性模板,对于研究碳纳米管的可控生长,特别是手性可控方面有着非常重要的研究价值。

由于非金属通常不具备催化裂解气相碳源的作用,用于生长碳纳米管的碳自由基大多来自碳源自身的热裂解,有时也依赖于催化剂的表面缺陷催化。在这个过程中,碳自由基仅在催化剂表面进行排列重组而形成碳纳米管的端帽结构。与金属催化剂不同的是,碳自由基无法先溶解于内部再扩散出来重组,因此碳纳米管的生长过程完全只发生在催化剂的表面。在 VSS 生长机理中,非金属催化剂始终处于固态,其在高温和低温下具有相同的形貌,且不随基底结构的变化而改变。这样稳定的表面晶格结构更有利于碳纳米管结构的控制,因此其可以增加碳纳米管的手性控制。

2.2.3 顶端生长模式

碳纳米管的生长过程中,根据碳帽结构与催化剂及基底(载体)相对位置不同,其生长模式可分为顶端生长和底端生长。这两种生长模式的选择取决于许多因素,例如催化剂与基底之间相互作用力的大小、温度和基底种类等。顶端生长模式中,过渡金属催化剂颗粒(如 Fe、Co、Ni)吸附于基底表面,当碳源气体(如甲烷、乙烯)在高温下裂解时,碳原子首先溶解于催化剂颗粒内部形成过饱和固溶体。随着碳浓度的增加,碳原子从催化剂颗粒的底部或侧面向外析出,通过自组装形成石墨烯片层结构。由于催化剂颗粒与新生碳层间的界面能差异,石墨烯片层逐渐卷曲成管状结构,同时推动催化剂颗粒向上移动,最终形成顶端附着催化剂的碳纳米管。这种生长模式的特点在于催化剂始终位于纳米管生长前端,碳原子通过催化剂颗粒的输运持续添加到管口,使纳米管沿轴向延伸。顶端生长模式的优势在于可形成长径比大、缺陷较少的纳米管,但其取向性受气流场和基底相互作用影响显著。

2.2.4 底端生长模式

底端生长模式是另一种典型生长机制,其核心特征在于催化剂颗粒始终锚定在基底表面,碳纳米管从催化剂与基底的界面处向上延伸。底端生长模式的动力学过程受催化剂-基底界面结合力、碳原子扩散速率及温度梯度共同调控,其优势在于纳米管与基底结合紧密,易于形成垂直取向阵列,且可通过调控催化剂分布实现空间选择性生长。然而,该模式中纳米管的生长可能因催化剂中毒或碳覆盖而提前终止,导致长度受限。

通过控制不同条件,可以选择性地控制碳纳米管的生长模式,例如利用顶端生长模式制备具有宏观长度的超长碳纳米管,或利用底端生长模式更好地控制碳纳米管的结构。

2.2.5 其他生长模式

使用喷雾法制备碳纳米管时,二甲苯和二茂铁在载气的作用下首先进入高温反应室,并逐渐裂解为碳原子和铁原子。铁原子不断聚集,最终形成催化剂颗粒,且由于重力的作用逐渐沉积在石英管上,活性的碳原子也将被吸附在催化剂颗粒的表面,并在催化剂颗粒内扩散,析出形成碳纳米管。在纳米管形成的初期阶段,由于在水平方向上受其他纳米管生长的挤压和限制,垂直方向成为绝大多数纳米管的唯一可生长方向,因此垂直生长的碳纳米管阵列能在这一阶段形成。与此同时,在这个过程中,一些新的铁颗粒还能被不断地产生,且很有可能停留在生长碳纳米管的开口端,并发挥催化作用,支持碳纳米管继续成核生长,形成一种类似于"接力赛跑"的"双向生长机制"生长模式[15]。

2.3 单壁碳纳米管的制备方法

在上文中已经提到,目前碳纳米管的制备方法主要分为电弧放电法、激光烧蚀法和 CVD 法,均可用于单壁碳纳米管的制备。与 CVD 法相比,电弧放电法和激光烧蚀法制备的单壁碳纳米管缺陷较少,具有更少的金属杂质和无定形碳沉积。然而,电弧放电法和激光烧蚀法也都有自身局限性,例如激光烧蚀法由于设备复杂而不适合规模化制备;电弧放电法不仅对设备要求高,同时当电弧温度达 3000~3700℃时,容易导致形成的碳纳米管、纳米微粒及其他的副产品被烧结在一起,造成一定缺陷,对随后的分离与提纯不利。此外,电弧放电法和激光烧蚀法在制备单壁碳纳米管的过程中,很难对碳纳米管的结构进行精细控制,例如对尺寸分布的控制、在特定位置的制备、手性的一致性以及后续提纯的难易等。相比之下,CVD 法在单壁碳纳米管的精细结构控制、特定取向生长、宏观形貌调控和放量生产等方面具有独特的优势,是最具有潜力实现单壁碳纳米管结构控制的批量生长技术。

2.3.1 单壁碳纳米管水平阵列的制备

为了提高碳纳米管电子器件中的集成和性能,在基底表面制备单壁碳纳米管水平阵列不可或缺。利用CVD法制备的单壁碳纳米管水平阵列具有长度长、定向性好、缺陷密度低的优点,更凸显出单壁碳纳米管本征的优异性能,因此被认为是微纳电子领域以及航空航天领域的顶端基础材料。单壁碳纳米管水平阵列的制备主要分为晶格定向法、气流诱导法以及电场诱导法。

1. 晶格定向法

晶格定向法利用的是基底的表面结构来生长水平阵列单壁碳纳米管。基底表面具有晶格定向和原子级台阶,且这两者都具有明显的各向异性,因此在单壁碳纳米管的生长过程中,基底通过晶格诱导和原子级台阶诱导产生的范德瓦尔斯力,限制单壁碳纳米管的生长方向,从而制备得到相同取向的单壁碳纳米管水平阵列[16]。该技术中纳米管的生长模式由催化剂-基底相互作用强度决定:当催化剂与基底间存在强相互作用时,体系遵循底端生长模式;当碳纳米管与催化剂结合能占主导时,则转变为顶端生长模式。

通过晶格定向法制备单壁碳纳米管已经得到了大量的研究。Liu团队[17]通过系统性研究发现,单壁碳纳米管水平阵列的取向排列严格受基底晶格对称性调控。以石英基底为例,其切割方式显著影响表面原子排列对称性:ST-cut(与z轴成$42°45'$切割)、R-cut(与z轴成$38°13'$切割)以及$x/y/z$轴切割分别形成不同对称性表面。其中ST-cut石英因高热稳定性(图2-4)成为制备高密度水平阵列的优选基底。

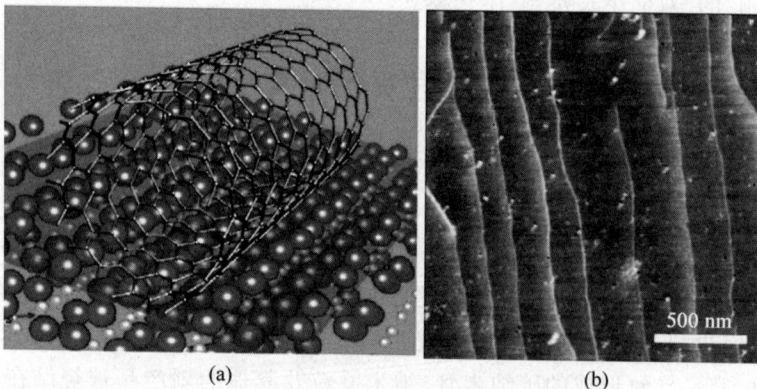

(a)   (b)

图2-4 基底表面结构控制单壁碳纳米管的生长方向[17]

Hu等[18]通过晶格定向法制备了单壁碳纳米管,通过旋涂将催化剂前驱体负载到具备晶格定向结构的蓝宝石基底上,并通过高温退火将催化剂储存在衬底中(图2-5)。在生长过程中,催化剂可在氢气气氛下逐渐释放。由于逐渐释放模式减少了活性催化剂之间的相互作用,明显提高了催化剂的效率,实现了单壁碳纳米管阵列的超高密度生长。所述基底充当催化剂容器,催化剂隐藏在容器中,这与古希腊故事中出现的特洛伊士兵类似,因此将这种催化剂命名为特洛伊催化剂。

随后,Hu课题组[19]又利用催化剂约束效应在单晶衬底上生长出超高密度的

图 2-5　特洛伊催化剂生长高密度水平排列的单壁碳纳米管阵列示意图[18]

单壁碳纳米管阵列(图 2-6)。蓝宝石基底经过退火处理后出现 c 平面(0001)，并将相对连续的大面积 a 平面(11-20)分裂到蓝宝石衬底上，从而产生可以限制催化剂纳米颗粒移动的区域。通过改变退火时间来调整催化剂与衬底的相互作用。实验和理论模拟均表明，稳定的小尺寸催化剂颗粒保持了较高的密度和活性，从而促进了高密度单壁碳纳米管阵列的生长。通过将表面重构策略与特洛伊催化剂体系相结合，制备的单壁碳纳米管阵列密度可高达每微米 130 个单壁碳纳米管，面积可覆盖整个生长衬底表面。

图 2-6　蓝宝石衬底限制特洛伊催化剂制备高密度单壁碳纳米管阵列的示意图[19]

2. 气流诱导法

气流诱导法是通过气流控制碳纳米管的生长方向，可应用于单壁碳纳米管的生长。在化学气相沉积过程中，气体的流动方向影响单壁碳纳米管的生长方向，使之在生长过程中诱导单壁碳纳米管沿着气流生长，从而得到平行排列、宏观长度、结构完美的单壁碳纳米管水平阵列。该类单壁碳纳米管受气流漂浮的影响，因此受到的干扰与限制少，在缺陷少的同时还可以达到厘米甚至毫米级长度，更有利于体现单壁碳纳米管的本征性质[16]，如超高的力学强度、优异的导电性能等。

气流诱导法制备单壁碳纳米管水平阵列主要遵循 VLS 生长机理，顶端生长和底端生长模式均存在于这种方法中。底端生长模式更容易受到气流、热量、碳源的影响而导致失活，影响单壁碳纳米管的生长。在顶端生长模式中，单壁碳纳米管处于自由生长状态,更利于生长长度更长、结构完好的单壁碳纳米管水平阵列。

Huang 等[20]首次提出"风筝机理"来解释单壁碳纳米管沿着气流方向生长的顶端生长模式。利用基底与升温速率所造成的热浮力,将部分单壁碳纳米管脱离于基底而漂浮在气流中。此时存在于顶端的催化剂颗粒就像风筝一样沿着气流生长,最终得到单壁碳纳米管水平阵列。图 2-7 为在气流诱导下生长的单壁碳纳米管阵列图。

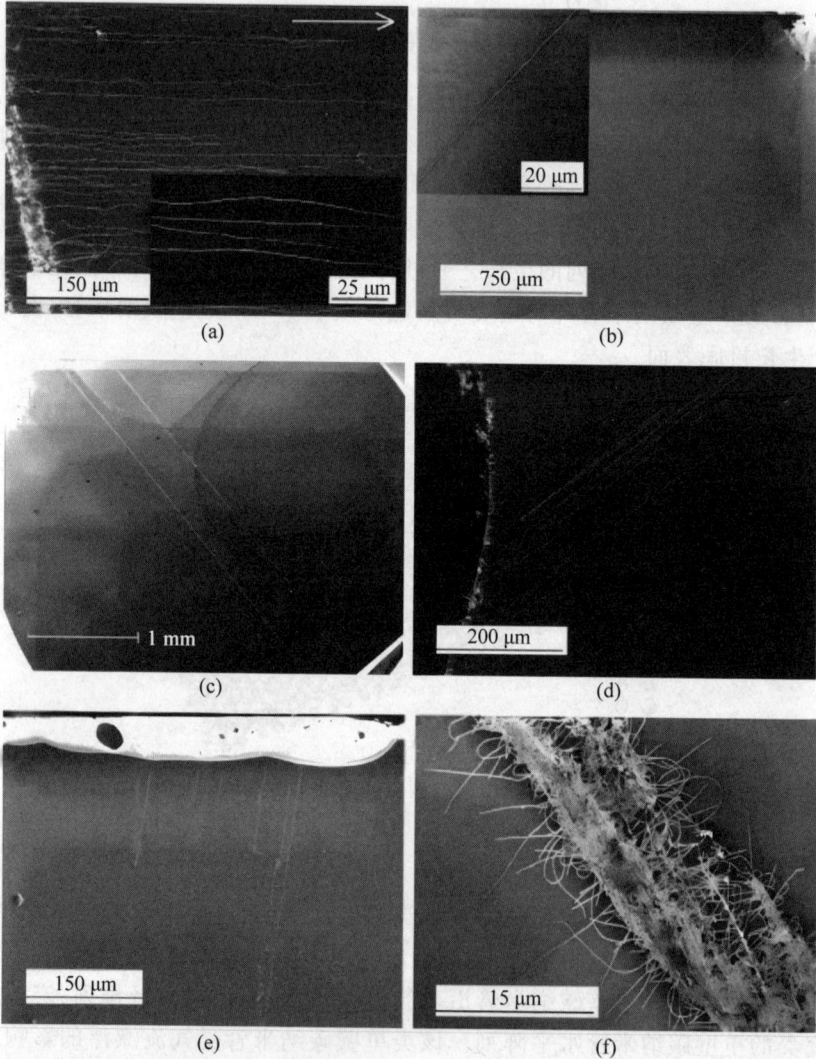

图 2-7 气流诱导法定向制备单壁碳纳米管[20]

3. 电场诱导法

电场诱导法也可以用来制备定向碳纳米管。碳纳米管因其独特的电子性质,可以看作线状的导电高分子,其在轴向的极化率大于其径向的极化率,因此可以通过电场对碳纳米管进行旋转和排列。

Campbell 等[21]通过尝试在 CVD 过程中引入外加电场,从而使碳纳米管沿着电场方向生长,制备了定向碳纳米管,开创了电场诱导法制备定向碳纳米管的先河(图 2-8)。Joselevich 等[22]在实验中发现,随着单壁碳纳米管的长度不断增加,其在电场中的受力情况也不同。1 μm 以下的金属管会受到电场力影响定向排列,但长度超过 1.5 μm 时,半导体管也同样会受到电场力的影响。Dai 等[23]对电场分布进行了进一步的研究,通过在 Si/SiO_2 基底上构建 Mo 金属电极电场,在 CVD 法下生长单壁碳纳米管阵列,发现单壁碳纳米管在电场中的受力与电场分布有关。

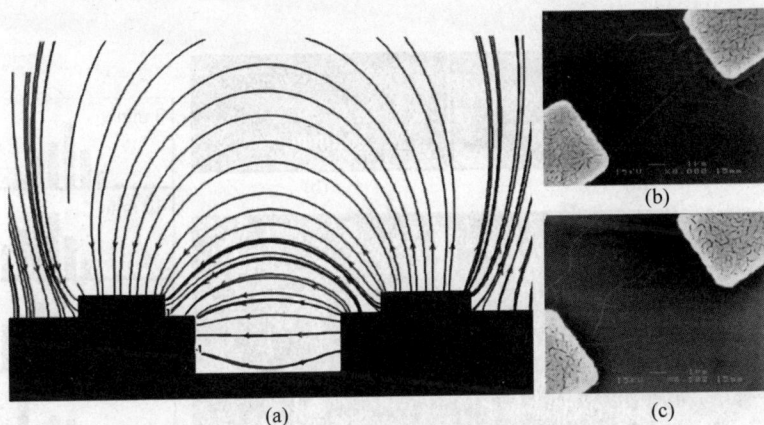

图 2-8 CVD 过程中添加外加电场制备定向碳纳米管[21]

2.3.2 单壁碳纳米管垂直阵列的制备

目前,单壁碳纳米管垂直阵列的制备方法主要包括热化学气相沉积法和等离子体增强化学气相沉积法。热化学气相沉积法具有常压和设备简单的优点,但是需要的温度普遍较高;等离子体增强化学气相沉积法可以实现单壁碳纳米管垂直阵列的较低温度生长,但需要真空条件,生长条件要求高,对实现大规模单壁碳纳米管垂直阵列的制备存在一定的困难。这里主要介绍如何通过调控催化剂和借助水、氧气等物质的辅助实现单壁碳纳米管垂直阵列的可控生长。

对于调控催化剂法,催化剂在高温环境下会裂解,与基底产生一定的作用使催化剂发生迁移或者聚集,导致催化剂活性和寿命降低,对单壁碳纳米管垂直阵列的结构和性能产生重要的影响。因此,如何制备合适的催化剂是制备单壁碳纳米管垂直阵列的关键。Maruyama 等[24]以石英片为基底,在乙酸溶液中浸涂 Co/Mo 双金属作为催化剂,首次生长出了高度约为 1.5 μm 的单壁碳纳米管垂直阵列。Hauge 等[25]采用热钨灯丝辅助 CVD 法,以甲烷为碳源,生长出小管径单壁碳纳米管垂直阵列。为了进一步制备窄直径碳纳米管垂直阵列,研究人员发现,催化剂颗粒的尺寸也是影响生长效率与管径大小的关键。Park 等[26]在 20 nm 厚的 Al_2O_3

缓冲层上利用电子束蒸镀 Fe 催化剂,以乙炔为碳源,在低压条件下实现了高度超过毫米、单根管径小于 3 nm 的单壁碳纳米管垂直阵列的制备(图 2-9)。低温生长环境抑制了 Fe 催化剂颗粒的聚集和奥斯特瓦尔德(Ostwald)熟化,低分压下的碳源(乙炔)对延长催化剂寿命起着重要作用,而缓冲层满足了催化剂纳米尺度的尺寸匹配,极大地减少了催化剂的迁移现象。同样地,Sakurai 等[27]通过简单的退火处理,在溅射 MgO 缓冲层后负载 Fe 催化剂制备了高生长效率和高选择性的单壁碳纳米管垂直阵列。MgO 缓冲层与 Al$_2$O$_3$ 缓冲层相似,在满足纳米尺寸相匹配的同时,退火处理还抑制了基底表面催化剂的扩散,这大大提高了催化剂的稳定性与效率。

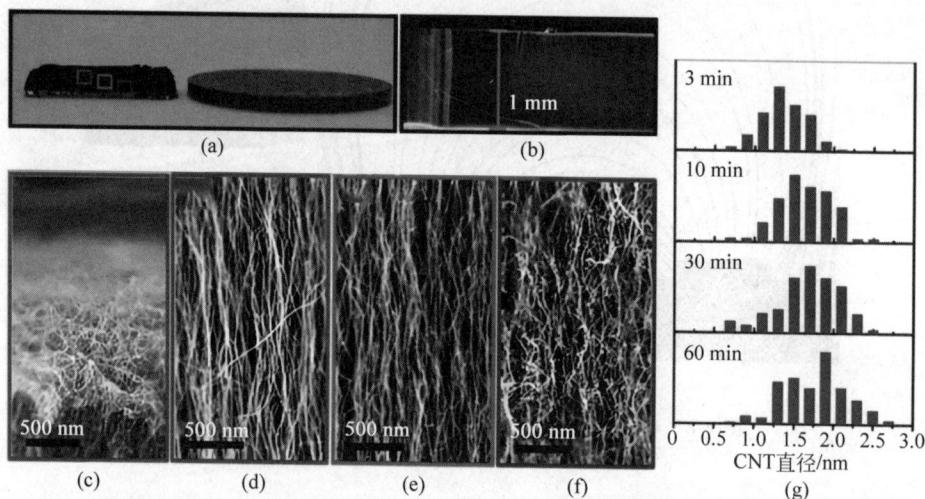

图 2-9　Fe 催化剂在 Al$_2$O$_3$ 缓冲层上生长垂直阵列碳纳米管[26]

1 mm 厚的单壁碳纳米管阵列的光为照片(a)和 SEM 图像(b)、顶部(c)、顶部附近(d)、中部区域(e)和底部(f)的 SEM 图像;(g)不同深度下单壁碳纳米管的直径的直方图

水辅助化学气相沉积法通过引入水蒸气作为氧化剂,有效调控催化剂动态行为以提升单壁碳纳米管垂直阵列生长效率。水作为氧化剂通过平衡催化剂颗粒上无定形碳生长与石墨状碳结构形成之间的竞争,并延长催化剂的活性。此过程确保了一个更清洁的生长环境,并通过选择性地移除可能阻碍单壁碳纳米管生长的不需要的碳副产物,促进了垂直对齐的单壁碳纳米管阵列的形成。如 Stach 等[28]在 Al$_2$O$_3$ 缓冲层体系中引入水蒸气辅助,可以阻碍 Fe 催化剂因奥斯特瓦尔德熟化向 Al$_2$O$_3$ 层扩散,从而不会造成因催化剂密度降低而引发的碳纳米管终止生长(图 2-10)。Hasegawa 与 Noda[29]进一步揭示碳源浓度对熟化过程的调控规律,他们通过精确控制 C$_2$H$_2$ 压力,在 750℃下采用 Fe/Al-Si-O 催化剂实现 4.5 mm 超长垂直阵列(生长时间 2.5 h),证实适度碳源压力可延缓催化剂失活。Noda 团队[30]对比 Fe/SiO$_2$、Fe/Al$_2$O$_x$ 及 Fe/Al$_2$O$_3$ 体系,发现 Fe/Al$_2$O$_x$ 组合因 Al$_2$O$_x$ 对碳氢化合物的高效催化作用,可实现垂直阵列的超高速生长,凸显催化剂/载体

界面工程对生长动力学的决定性影响。

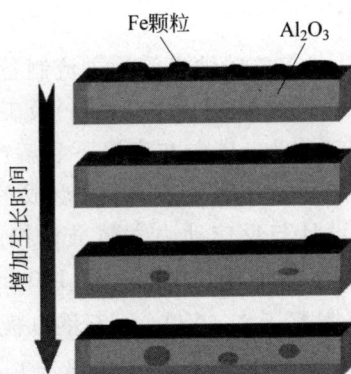

图 2-10 水辅助单壁碳纳米管垂直阵列生长过程中催化剂颗粒随时间变化[28]

氧气的引入也可以延长催化剂颗粒的寿命,促进单壁碳纳米管垂直阵列的生长。Dai 等[31]利用氧气辅助法,以电耦合射频为等离子体源,以甲烷为碳源,以 1～2 nm 的 Fe 为催化剂,引入 1% 的氧气在生长过程中动态消耗氢,平衡了碳和氢自由基,提供了富碳和缺氢的环境,实现了 4 英寸(1 英寸＝2.54 cm)硅片上单壁碳纳米管垂直阵列的制备。Lee 等[32]通过研究不同浓度的通入气体发现,由氢气还原得到的催化剂颗粒粒径更大,导致单壁碳纳米管垂直阵列含量降低;改变气体中的氧气浓度可以调节单壁碳纳米管的生长速率,当氧气比例为 8% 时,单壁碳纳米管垂直阵列的生长速率达到最大。

2.4 多壁碳纳米管的制备方法

制备多壁碳纳米管的方法有多种,主要包括电弧放电法和化学气相沉积法。

2.4.1 电弧放电法

电弧放电法作为碳纳米管早期制备技术,其核心工艺为:在氦气保护腔室内,利用直径为 6～12 mm 的水冷石墨电极施加直流电弧放电,构建高温等离子体环境使碳源汽化重组,最终在电极表面沉积多壁碳纳米管。如 Ebbesen 与 Ajayan[33]改进传统电弧技术,在氦气氛中首次实现碳纳米管宏量合成。气氛的不同会显著影响到碳纳米管的形貌等特性。Wang 等[34]系统对比氦/甲烷混合气氛的影响,发现高气压 CH_4(50 Torr)结合小阳极(6 mm)可生成细长多壁管,而高压 CH_4 与强电弧电流则导致碳颗粒包覆的厚壁结构。Zhao 团队[35-36]进一步揭示:相较于氦气,甲烷气氛中多壁碳纳米管的形态变化更加显著;通过直流电弧放电在 H_2 气氛中蒸发石墨电极不仅形成了细长的多壁碳纳米管,还在阴极上沉积了石墨烯层,展现出多级碳结构协同生长特性。

2.4.2 化学气相沉积法

化学气相沉积(CVD)法是多壁碳纳米管的主流制备技术,可以通过调控催化剂体系(如 Fe、Ni 基材料)、碳源种类(甲烷、乙烷等)及工艺参数(温度、时间、气体流速)形成多壁结构。典型工艺为:碳源在高温下裂解产生的碳原子于催化剂表面定向组装成核,通过层间范德瓦尔斯力逐层堆叠形成多壁碳纳米管[37],其直径、层数及长度可通过催化剂设计与反应动力学精准调控。Zhang 等[38]采用 NiO-SiO$_2$ 二元气凝胶催化剂在 680℃ 下催化甲烷裂解 120 min,获得直径 $40 \sim 60$ nm 的多壁碳纳米管;Jiang 等[39]基于 Ni(NO$_3$)$_2$/石墨电极体系实现外径 80 nm、内径 20 nm 的多壁碳纳米管生长;Yang 团队[40]则揭示 Fe-Mo/MgO 双金属催化剂中 Mo 含量与多壁碳纳米管结构参数的定量关系:Mo 比例升高可同步提升管径、层数及生长产率,证实金属-载体相互作用对催化行为的决定性影响。

此外,多壁阵列碳纳米管也能通过 CVD 法制备得到。例如,Jeong 等[41]提出了一种超声蒸发器雾化混合液体溶液,用于热裂解生产排列整齐且干净的多壁碳纳米管。在此基础上,通过优化超声频率,Yang 等[42]在 1.8 MHz 的超声频率下获得排列整齐和高密度的多壁碳纳米管,其长度约为 200 μm,如图 2-11 所示,他们还发现前驱体碳源是影响阵列碳纳米管形成的关键参数之一[43]。研究表明,正庚烷能够产生质量高、产量高且直径分布较窄的排列整齐的碳纳米管,这可能是由于前驱体碳源的吉布斯自由能和生成焓在纳米管的形成中起着关键作用。

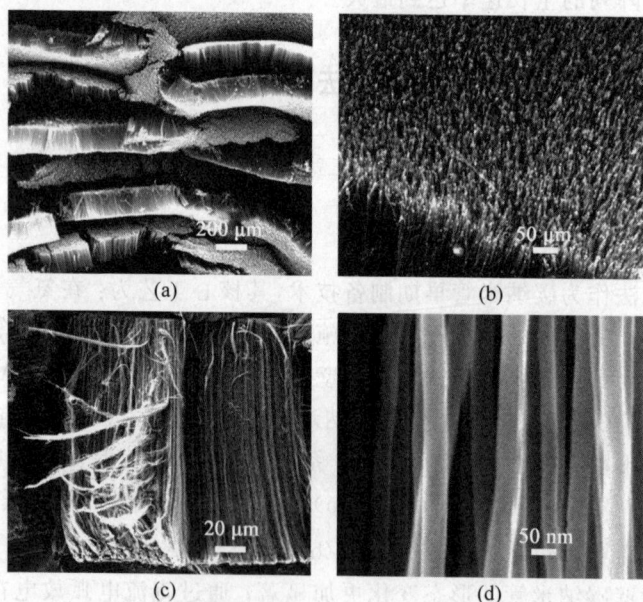

图 2-11　多壁阵列碳纳米管的 SEM 照片[42]

2.5 碳纳米管的宏量制备

2.5.1 碳纳米管宏量制备的挑战

面对不断增长的应用需求,碳纳米管的合成逐渐走出实验室研究阶段,其大规模工业生产受到了越来越多的重视。规模化合成不仅可提供大规模的产品,还可以显著降低生产成本。碳纳米管宏量制备不仅是一个工程问题,还包含了时间和空间等多尺度的科学问题(图 2-12)[44]。

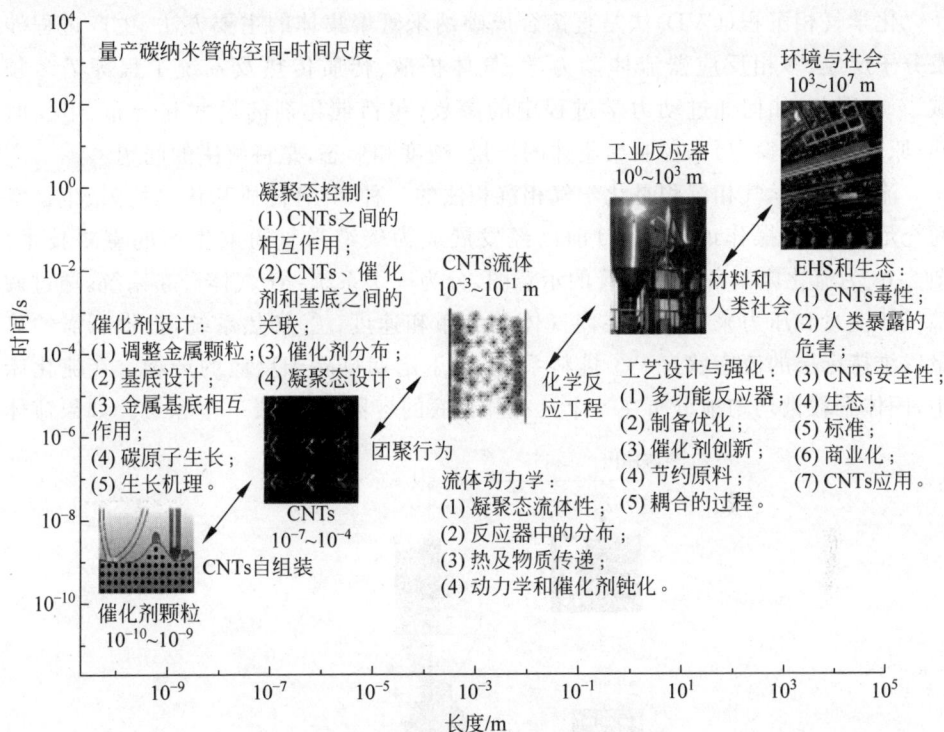

图 2-12 碳纳米管宏量制备分析[44]

尽管碳纳米管的规模化生产发展迅速,但仍然存在着一些问题。例如,相比于实验室小规模生长,规模化生产的选择性生长难以实现。宏量制备的碳纳米管的性能远低于单根碳纳米管。因此,只有将微观结构的精细控制与宏观聚集态的生产结合起来,才有可能在未来实现碳纳米管的工业化应用。

实现高产率、高纯度和低成本的碳纳米管制备是实现其大规模应用的关键。碳纳米管规模化生产存在的问题之一是碳纳米管产品的纯度,特别是金属杂质的含量。这一问题清晰地反映在碳纳米管产品的价格上,金属杂质小于1‰的粉体碳纳米管价格通常比金属杂质小于3.5‰的碳纳米管高4倍以上。除此之外,碳纳米管的产能和成本也需要进一步优化。值得注意的是,工业生产中的一些要求看起来是自相矛盾的,这使得其工业化难以取得进一步的突破。例如,为了获得高质量的单壁碳纳米管,必须有较高的生长温度,但随着温度的升高,催化剂趋于液态,将会失去控制单壁碳纳米管结构的能力,并且其能耗和成本会显著提高。总体而言,采用高熔点、高效率、结构均匀的无金属催化剂将有助于突破该技术壁垒。此外,选择在较低温度下易于裂解的碳源,可能有助于降低生产温度,使得生产工艺更加环保并降低成本。

2.5.2 碳纳米管的宏量制备方法

化学气相沉积(CVD)法是直接合成碳纳米管聚集体的主要方法,生产过程涉及分子反应、多相反应器流体动力学、气体扩散、传质传热及系统工程等诸多领域[45]。因此,如何通过动力学过程中的参数(包括催化剂的尺寸和分布、生长时间、原料和反应窗口)来控制聚集体的产量、纯度和形态,是待解决的问题。

流化床化学气相沉积是化学气相沉积法的一种,具有传质和传热均匀、生长空间充足、可连续操作的优点,目前已经发展成为碳纳米管粉末生产的重要技术。图 2-13 为流化床制备碳纳米管的示意图,分为三个系统:①气体分布系统,通过调整气体流量和压力来控制床层内气体的分布和速度;②加热系统,提供所需的热量以维持床层的流态状态;③排料系统,用于定期排除未反应的产物。在流化床中,固体颗粒被均匀地分布在一个具有开孔底的容器内,形成一个床层。如果流体

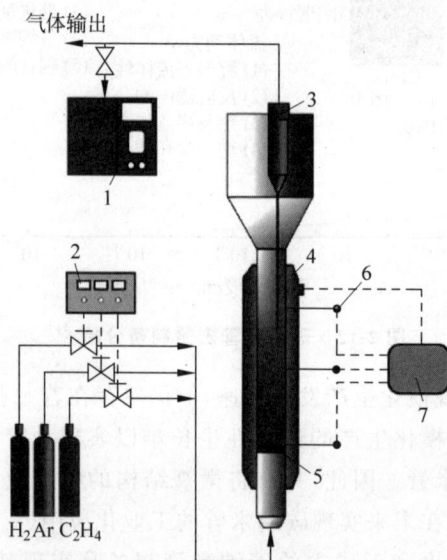

1—气相色谱图;2—质量流量控制器;3—旋风;4—流化床反应器;
5—气体分配器;6—热电偶;7—加热控制器。

图 2-13 流化床制备碳纳米管示意图

自上而下通过床层,则流速越大,颗粒活动越剧烈,并在床层内各处各方向运动。流化床不仅能批量生产粉体碳纳米管,通过使用特定的催化剂,还可以制备有取向的碳纳米管[46]。虽然流化床法制备碳纳米管的效率高,但也存在纯度和质量相对较低的问题。

热注射合成法也可用于碳纳米管的宏量制备,其原理和设备与传统的流化床法相似,将金属或者合金颗粒通过加热的方式注入聚合物中,然后在高温下进行聚合反应。其生长温度高达1200℃,可以获得更高质量的单壁碳纳米管[47]。

电弧放电法和激光烧蚀法都涉及利用高温蒸发石墨和催化剂的混合物。这两种方法中的温度很高(特别是电弧放电法),得到的碳纳米管具有近于完美的结构。然而,与基于化学气相沉积系统的宏量合成方法相比,这些方法缺乏可控性。

2.6　碳纳米管的纯化

无论采用哪种方法制备多壁碳纳米管,产物中往往会伴随着一定数量的杂质,如金属催化剂颗粒、无定形碳、石墨碎片、碳纳米颗粒等,这些杂质不仅影响了碳纳米管的结构和性能,还可能导致在实际应用中出现问题。因此,对碳纳米管产品进行纯化是非常重要的步骤。碳纳米管的纯化可以采用物理方法和化学方法。

2.6.1　物理纯化法

该法是利用碳纳米管和杂质在物理性质上的差异,如粒度、密度、导电性、形状等,实现碳纳米管的纯化。主要包括过滤法、真空高温纯化法、电泳法、空间排阻色谱法、离心分离法等。

(1) 过滤法:将碳纳米管及其杂质置于溶液中形成悬浮液,由于碳纳米管与各种杂质的尺寸不一,在使用微孔过滤膜抽滤的过程中,小于微孔尺寸的部分杂质则被除去。例如,Bonard等[48]用过滤的方法将碳纳米管和碳纳米颗粒分离,通过控制絮凝过程可实现对不同尺寸碳纳米管的分离;Bandow等[49]用微滤法分离单壁碳纳米管中的碳纳米球、金属纳米颗粒、富勒烯,无需氧化处理,纯度超过90%;Shelimov等[50]用超声辅助过滤法纯化碳纳米管,可分离其中的无定形碳、石墨颗粒和金属颗粒,纯度高于90%,产率为30%~70%;Yudasaka等[51]用超声波将碳纳米管均匀分散于聚甲基丙烯酸甲酯的氯苯溶液中,然后过滤提纯碳纳米管。

(2) 真空高温纯化法:将待纯化的碳纳米管置于高温炉内,抽真空至绝对压力低于20 Pa,加热至预定温度(多壁碳纳米管为1100~3000℃,单壁碳纳米管为1100~1800℃),并保温至少半小时,即可去除碳纳米管中的金属氧化物(如氧化铝、氧化硅等常见的催化剂载体材料)和过渡金属(Fe、Co、Ni、Mo等)[52]。

(3) 电泳法:将纯度较低的碳纳米管原料置于带电极的容器盛装的分散液中,由于碳纳米管具有电各向异性,加上交流电后,碳纳米管在电场的作用下会向阴极移动,以此实现对碳纳米管的纯化。Yamamoto 等[53]用交流电泳法纯化碳纳米管,利用碳纳米管和杂质在交流电场中运动速率的差异而实现分离。

(4)空间排阻色谱法:也称凝胶渗透色谱法,是一种根据样品分子尺寸和形状的不同来实现分离的方法。该方法使用凝胶作为填料,凝胶是一种表面惰性且具有许多孔洞的立体网状物质,其孔径与被分离物质分子的大小相当。碳纳米管的尺寸大于孔径,无法进入孔洞而被排斥,因此最先随流动相移出;对尺寸与孔径相近的分子,它们能够进入较大的孔洞,但会受到较小孔洞的排斥,因此滞后流出;而尺寸很小的分子可以完全进入孔洞,所以最后流出。Duesberg 等[54]用排阻色谱法,得到高纯度且按尺寸大小分开的碳纳米管;Holzinger 等[55]用聚丙烯酸钾作为色谱柱的固定相而实现碳纳米管的纯化。

(5)离心分离法:利用离心机高速旋转时产生的离心力将具有不同比重的物质分离。在离心过程中,碳纳米管较无定形碳和残留石墨片等杂质的粒度更大,因此碳纳米管会先沉积下来,而其他杂质或粒度较小的碳纳米管则留在溶液中。通过这种方法,可以实现碳纳米管与杂质的分离。例如,Yu 等[56]使用低速离心法成功分离了无定形碳和碳纳米管,然后使用高速离心法进一步分离出了碳纳米粒子。

物理纯化法对碳纳米管的结构破坏较小,但是纯化效果不够理想,只能除去部分杂质,为了得到更高纯度的碳纳米管,化学纯化法得到了更广泛的实际应用。

2.6.2　化学纯化法

化学纯化法是利用碳纳米管与碳纳米颗粒、无定形碳等杂质具有不同的氧化速率实现的。碳纳米管的碳原子呈六边形排列,且 C═C 共价键非常稳定,因此难以与强酸和强碱发生反应。通过对碳纳米管进行强氧化处理,可以优先使无定形碳、金属催化剂等颗粒发生氧化反应并被除去,从而达到纯化的目的。根据氧化剂的不同,化学纯化法常分为气相氧化法、液相氧化法和电化学氧化法。

(1)气相氧化法:主要是通过氧化性气体选择性地除去杂质碳,从而得到纯碳纳米管。气相氧化中所采用的气体可选空气、O_2、CO_2、H_2S_2-O_2 混合气等。例如,Naeimi 等[57]用 H_2S_2-O_2 混合气体选择性地氧化碳杂质颗粒,其中 H_2S_2 既有利于其他碳杂质颗粒的去除,同时又抑制碳纳米管的氧化。此外,Rong 等[58]研究了一种湿空气氧化法,即先通过气相硝酸处理将碳纳米管中的金属催化剂去除,然后在湿空气中进行一定时间氧化,有效地去除无定形碳和石墨纳米粒子。

(2)液相氧化法:利用酸来溶解金属催化剂颗粒,并利用氧化剂(主要是氧化性酸和盐)去除比碳纳米管更具反应活性的碳杂质,从而获得纯净的碳纳米管。例如,Hernadi[59]等对比了 $KMnO_4$、H_2O_2、O_3 和 $HClO_4$ 在去除无定形碳方面的效果,结果表明,$KMnO_4$ 能够完全去除无定形碳,并且氧化过程易于控制;然而,为了去除氧化过程中产生的 MnO_2,需要使用 HCl 进行处理并过滤;用 H_2O_2 进行氧化不会在碳纳米管表面产生不溶的残留物;O_3 处理则会产生其他气体,且需要更高的反应温度,反应难以控制。

此外,液相氧化法还可选择酸与盐的混合液作为氧化剂。例如,孙芳和廉永福[60]使用浓 H_2SO_4 和 $(NH_4)_2SO_4$ 的混合液对碳纳米管粉末进行纯化,将金属氧化物完全转化为离子,并通过洗涤消除了残留物。Voitko 等[61]则使用盐酸和 NH_4F 溶液除去碳纳米管部分催化剂,在 373 K 的温度下,在 HNO_3(70%)中浸泡 4 h,使碳纳米管中的无定形碳含量由 70% 降低至 3%。

(3) 电化学氧化法:将碳纳米管制成电极,对其进行阳极氧化处理。在阳极氧化反应中,无定形碳和碳纳米颗粒的析氧电位较低,易于被氧化,因此氧原子首先在其表面析出。由于新生成的氧比较活泼且具有较强的氧化性,可利用这个特性通过控制电解条件来去除杂质,从而达到纯化碳纳米管的目的。例如,杨占红等[62]利用电化学氧化法对碳纳米管进行纯化,并研究了电流密度、硫酸浓度、反应时间对纯化效果的影响。Moraitis 等[63]进一步研究发现,在电化学氧化法中,可使用两种低浓度的酸(HCl、HNO_3)和基础溶剂为电解质对碳纳米管进行纯化处理;当电流为 1 A,电解时间为 12 h 时,稀 HCl 电解质对电化学氧化过程没有影响;使用 HCl 浓度更高的电解质进行电化学氧化处理时,纯化效率较高,但长时间使用可能会损坏碳纳米管的结构,应该避免使用;相比之下,采用稀 HNO_3 为电解质进行电化学氧化处理时,既能有效纯化碳纳米管,又可以控制反应过程。

综上所述,碳纳米管的纯化是制备过程中非常重要的步骤,可以利用物理方法和化学方法进行。在实际应用中,可以根据需要选择合适的纯化方法,以获得纯净且高品质的碳纳米管产品。未来的研究还将继续改进纯化方法,提高纯化效率和产物质量。

2.7 碳纳米管的掺杂与化学修饰

碳纳米管作为一种独特的纳米材料,因其优异的电学、力学和热学性能,在众多领域具有广泛的应用潜力。然而,碳纳米管材料在某些应用中可能无法满足特定要求,因此引入掺杂和化学修饰策略,成为提升其性能和扩展应用领域的重要途径。

2.7.1 杂原子掺杂碳纳米管

掺杂是通过引入外部原子或分子进入碳纳米管结构中,从而改变其电子结构和性能的过程,如图 2-14 所示[64]。以下是几种常见的掺杂策略,包括单原子掺杂、双原子掺杂以及其他掺杂等。

1. 单原子掺杂碳纳米管

单原子掺杂是指在材料中引入单个原子作为掺杂剂的过程。这种掺杂方法可以通过将单个原子插入材料的晶格中或替代晶格中的原子位置来实现。在单原子掺杂过程中,通常会选择具有特定化学性质的原子,如氮、硼、磷、硫、铁等。这些原

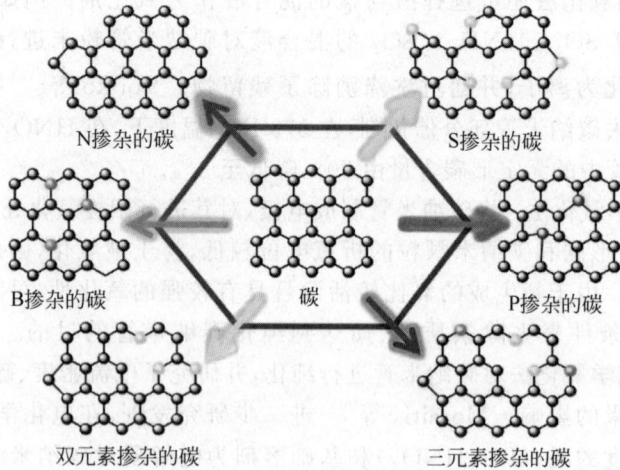

图 2-14　各种杂原子掺杂碳的结构示意图[64]

子的掺杂可以引起材料的电子结构和能带结构的变化,从而影响材料的导电性、能带间隙、禁带宽度等。

　　氮(电负性为 3.04)作为元素周期表中碳(电负性为 2.55)的邻原子,是研究最多的杂原子之一,因为它相对容易与碳形成化学键。此外,在碳表面掺杂 N 可以通过引入外部缺陷有效地提高反应性和电子导电性。许多含 N 的化合物可以用作 N 掺杂前驱体,如 NH_3、聚丙烯腈(PAN)、聚苯胺(PANI)等。根据成键环境的不同,通常有三种类型的 N 掺杂氮,包括吡咯 N、吡啶 N 和石墨 N,如图 2-15 所示[65]。例如,Dai 等[66]在 NH_3 气氛下,通过 CVD 法裂解酞菁铁(FePc)制备出阵列氮掺杂碳纳米管(VA-NCNT)。他们还指出引入电子受体氮原子可以给邻近的碳原子带来相对较高的正电荷密度,从而影响其催化性能。这种现象在 N 掺杂其他碳材料(例如 N 掺杂的碳球[67])中也有所体现。

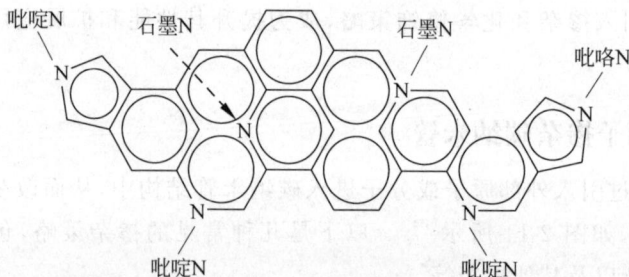

图 2-15　氮掺杂碳材料中氮原子的键合构型[65]

　　P 与 N 是同主族元素,具有低电负性(电负性为 2.19)和高给电子能力,可被用于碳纳米管掺杂剂,进而改变碳纳米管的结构和性质。例如,Ji 等[68]采用碳点和 NaH_2PO_4 制备出 P 掺杂的碳纳米管(P-CNTs)。P 的引入可以扩大层间距离,促进电子和离子的迁移；P 的大半径往往使其难以掺杂到碳结构中，很难控制碳中 P 的掺杂量。

有趣的是，缺电子硼（B，电负性为 2.04）同样可以作为碳材料的掺杂剂。例如，Hu 等[69]使用苯、三苯基硼和二茂铁作为前体和催化剂，利用 CVD 法合成了 B 掺杂碳纳米管（BCNT），并且通过不同的三苯基硼浓度，可以得到硼含量分别为 0.86 at%、1.33 at%和 2.24 at%的 BCNT。通过密度泛函理论（DFT）计算表明，B 的引入可以调节共轭体系的 π^* 电子，进而影响其导电性能。此外，在碳材料结构中引入缺电子 B 可以形成 p 型掺杂半导体，降低碳费米能级[70]。

与 N、P、B 相比，S（电负性为 2.58）与 C（电负性为 2.55）具有相近的电负性，S 的引入可能对 C 原子的电荷密度分布影响较小。Yang 等[71]通过 CVD 法将 S 掺杂在碳材料中，C—S 键主要在边缘或缺陷位点，这可能是由于 S 有利于生成五边形和七边形碳环，如图 2-16 所示；该工作指出，S 的引入可以改变碳材料的自旋密度，从而影响碳材料的结构。此外，他们[72]利用二苯基二硒化物作为 Se 源，成功制备出 Se 掺杂 CNTs/石墨烯，如图 2-17 所示。与 S 相比，Se 具有更大的原子尺寸和更高的极化率，可以扩大碳的层间距离，促进离子或电子有效地迁移和传导。

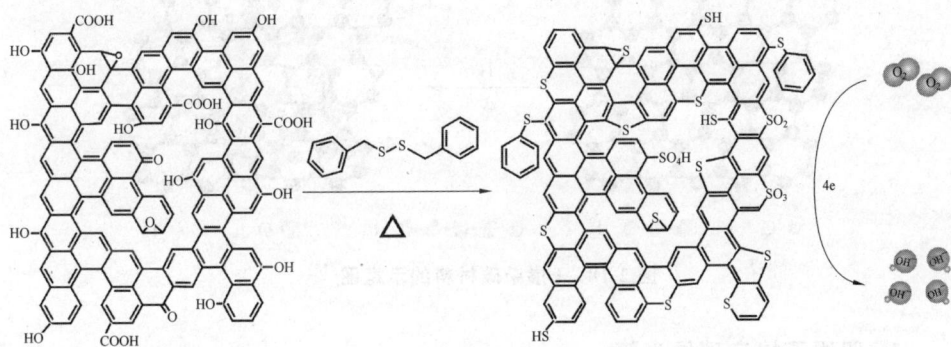

图 2-16 S 掺杂碳材料的示意图[71]

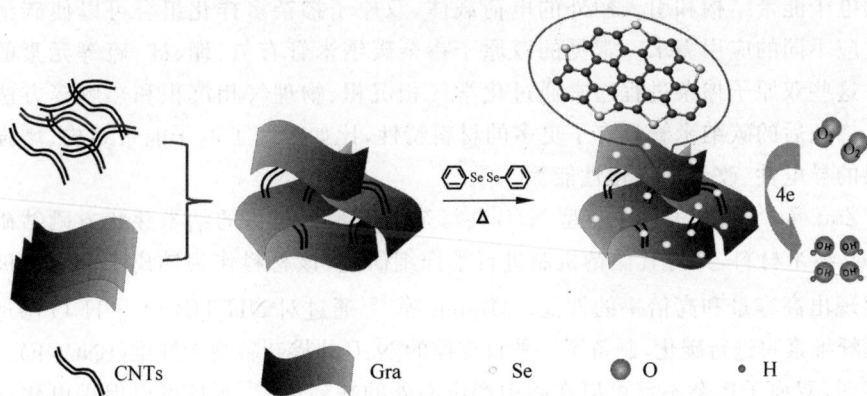

图 2-17 Se 掺杂碳材料的示意图[72]

此外,卤素也可以作为杂原子引入碳材料中。例如,碳纳米管的氟化是将碳纳米管与氟化试剂反应,引入 F 到碳纳米管表面,形成 C—F 键,使其具有特殊的化学和物理性质[73]。F 的电负性较高,C—F 键具有较高的键能和稳定性,使得氟化的碳纳米管具有优异的化学稳定性和耐热性。另一种常用的碳纳米管取代方法是氯化。已有报道指出利用四氯化碳等离子体技术可以制备出 Cl-CNTs[74]。由于碳纳米管对 Br 的敏感性较低,碳纳米管的溴化需要更苛刻的条件来实现[75]。但 I 常被用来作为掺杂剂,例如,在少层石墨烯中通过 I 的掺杂,可以显著提高电导率,使其成为更好的电子传输通道。在此基础上,Yang 等[76]在氩气环境下,通过在 500～1100℃温度范围内热处理氧化石墨烯和碘单质,制备了 I-石墨烯;研究表明,随着热解温度从 500℃增加到 900℃,I_5^- 可以转化为 I_3^-,这可能是因为 I_3^- 的负电荷密度较高,可以在石墨烯表面引发较高的正电荷密度,从而改变碳材料的性质,如图 2-18 所示。

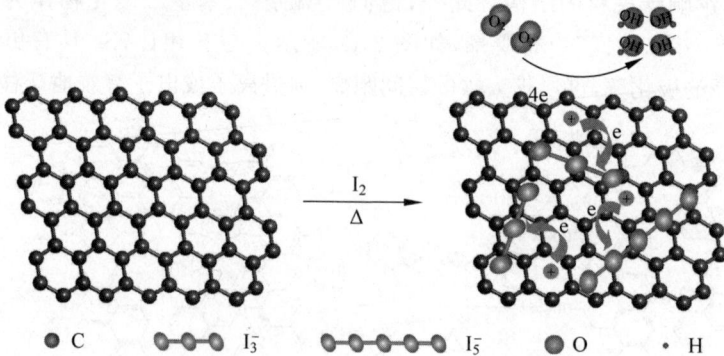

图 2-18 I 掺杂碳材料的示意图[76]

2. 双原子掺杂碳纳米管

与单原子掺杂碳纳米管相比,双原子掺杂碳纳米管可以更有效地改变碳纳米管的电子能带结构和引入额外的电荷载体,双原子掺杂多样化组合可以使碳纳米管适应不同的应用需求。常见的双原子掺杂碳纳米管有氮、硼、硅、硫等元素的掺杂。这些双原子掺杂过程通常通过化学气相沉积、物理气相沉积和热解等方法实现。掺杂后的碳纳米管具有了更多的材料特性,比如改变了电子能带结构、增强了材料的导电性、改善了催化性能等。

Zou 等[77]制备了一种新型 N/B 共掺杂碳纳米管包覆的纳米芽状方硒钴矿型 $CoSe_2$ 纳米材料,并对其储钠机制进行了详细研究,该材料作为钠离子电池负极材料展现出高容量和高倍率的性能;Müllen 等[78]通过对 $NH_4HB_4O_7 \cdot H_2O$ 渗透的细菌纤维素膜进行碳化,制备了一种自支撑的 N/B 共掺杂碳纳米纤维(BNCNF)。研究表明,双原子掺杂不仅可以在碳中产生额外的缺陷位点,而且可以促进电化学活性和提高电子导电性,这可能归因于 N 和 B 共掺杂的协同效应。

Woo 等[79]通过热解双氰胺、磷酸和金属盐的混合物,制备了 N/P 共掺杂碳。随后,Yang 等[80]开发了一种简单的方法,直接加热 H_3PO_4/PAN 来制备 N/P 共掺杂多孔碳(P/N-PC),通过改变碳化温度,可以很好地控制表面 N/P 浓度和化学结构。

N 掺杂能提高导电率,S 掺杂能增大碳层间距离,N/S 共掺杂碳材料也得到了广泛的研究。例如,Qiao 等[81]通过热解明胶和硫脲的混合物合成了 N/S 共掺杂碳纳米片。第一性原理计算表明,N 和 S 共掺杂具有协同效应,能有效提高碳的电负性。Yang 等[82]利用模板法合成了 N/S 共掺杂三维(3D)碳泡沫(S-N-CF)(图 2-19),N/S 的协同效应和三维连续网络孔结构可以提供高电子传输速率,从而影响整体碳材料的性质。

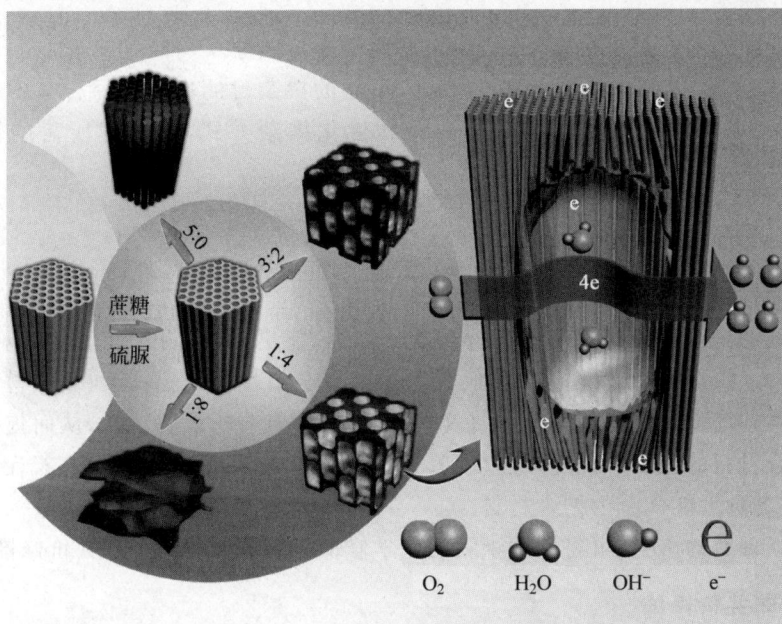

图 2-19 N/S 共掺杂碳材料的示意图[83]

此外,用 S 部分取代 N 是制备 N/S 共掺杂碳材料的另一种简单途径。Zhou 等[83]利用 H_2S/Ar 混合气体处理富 N 碳纳米片,合成了 S/N 共掺杂碳纳米片。N 掺杂碳的层间距为 3.47 Å,S-N/C 的层间距为 3.73 Å。显然,双原子掺杂可以扩大层间距离。

3. 其他方式掺杂碳纳米管

(1)多原子掺杂:除了单原子和双原子,还可以掺杂更多原子。例如,N、B、S、P 等元素可以掺杂到碳纳米管中,从而改变其电子结构和性质[84]。

(2)离子掺杂:离子可以通过离子交换或离子注入的方式掺杂到碳纳米管中。常见的离子掺杂包括 Li^+[85]、Na^+[86]等。

（3）纳米颗粒掺杂：纳米颗粒可以通过物理吸附或化学结合的方式掺杂到碳纳米管中。例如，Yang 等[87] 通过电化学沉积实现了 MnO_x 掺杂的碳纳米管（MnO_x-CNTs），实验结果证实，电子从碳纳米管转移到锰离子，从而在碳纳米管表面产生更多的正电荷，进而改变碳纳米管的性质。

（4）空穴掺杂：通过在碳纳米管结构中引入缺陷或空穴，可以实现空穴掺杂。这种掺杂方式可以改变碳纳米管的电子输运性质[88]。

（5）磁性掺杂：通过在碳纳米管中引入磁性材料，如 Fe、Ni、Co 等，可以实现磁性掺杂[89]。这种掺杂方式可以赋予碳纳米管磁性性质。

（6）气体掺杂：通过将碳纳米管暴露在特定气体环境中，可以实现气体掺杂。例如，将碳纳米管暴露在氧气中可以实现氧化掺杂[90]，而将其暴露在氢气中可以实现氢化掺杂[91]。

掺杂碳纳米管是一个复杂的过程，需要考虑掺杂原子与碳纳米管之间的相互作用、掺杂浓度、掺杂位置等因素。此外，不同的掺杂目的也要选择合适的掺杂方式。因此，在具体应用中需要仔细选择和优化掺杂方式，以实现所需的性质和功能。

2.7.2　碳纳米管化学修饰

目前，通过一定的化学反应对碳纳米管进行功能化修饰已成为新的研究热点。在保留碳纳米管特性的基础上进行功能化修饰，能更广泛地拓宽其应用范围。通过对碳纳米管进行有效的化学修饰，可以改善其分散性能，提高其与基体材料之间的相溶性并增强两者的相互作用，使两者能够实现有效的承载转换，从而提高碳纳米管复合材料的性能。此外，通过对其进行化学修饰还可以赋予碳纳米管新的性能，获得各种性能优越的纳米材料。

根据现有的研究，可将碳纳米管的化学修饰分为非共价修饰和共价修饰。

1. 非共价修饰

碳纳米管的非共价修饰基于超声辅助下其 sp^2 杂化碳原子形成的离域 π 电子体系，通过 π-π 堆叠、疏水作用等物理作用力与芳香族化合物、表面活性剂或高分子物质结合。芳香族分子通过 π 共轭界面与碳管定向耦合，表面活性剂/高分子则通过疏水端锚定于碳管表面，亲水端与极性溶剂形成氢键或静电作用以稳定分散体系[92]，从而实现碳管在溶液中的均匀分散且不损伤其 sp^2 结构完整性。该方法使用的化学剂种类丰富，主要包括聚合物（如聚苯乙烯）、生物分子（环糊精、淀粉、DNA、蛋白质）、芳香分子及表面活性剂等。

聚合物功能化修饰指通过高分子聚合物对碳纳米管进行表面修饰。聚酰亚胺（PI）作为主链含酰亚胺基团的芳香杂环高分子，其丰富的苯环结构可通过大 π 键与碳纳米管壁形成 π-π 共轭作用。基于此特性，Yang 等[93] 通过原位悬浮聚合工艺成功制备聚酰亚胺非共价修饰的碳纳米管，使其热稳定性显著提升；进一步以聚乙二醇-200 为分散介质,构建了单分散、高负载量的碳纳米管/聚酰亚胺复合材料,其中碳纳米管质量分数达 43% 且能维持单根分散状态。超支化聚合物凭借高度支化的三维构型,在非共价功能化领域展现出独特优势:相较于线性聚合物,其具备更高的官能团密度、更低的熔体/溶液黏度以及优异的溶解性,为碳纳米管的功能化提供了新策略。例如,Qi 等[94]采用端氨基芳烃超支化聚酯对多壁碳纳米管进行非共价修饰,并将功能化碳纳米管引入环氧树脂基体。实验表明,该修饰策略不仅显著提升碳纳米管的界面润湿性与分散稳定性,且随功能化碳纳米管掺入量的增加,复合材料的力学强度呈现梯度增强趋势。在工业应用中,聚乙烯吡咯烷酮(PVP)凭借其强吸附能力和空间位阻效应,被广泛用于碳纳米管分散体系,通过修饰管壁抑制其团聚,实现规模化生产中的稳定分散。

生物分子功能化碳纳米管是指利用生物分子对碳纳米管进行修饰和功能化的过程。生物分子可以包括蛋白质、核酸、环糊精、淀粉等,通过与碳纳米管的相互作用而实现功能化。Cherpak 等[95]研究发现,含有大量碱性残基的蛋白质(例如组蛋白)能够提高碳纳米管的分散性。Wang 等[96]利用多壁碳纳米管作为替代吸附剂,开发了一种从人血浆中捕获内源性肽的新型肽组分分析方法,通过液相色谱-质谱法分析捕获肽,发现在标准缓冲液和高丰度蛋白质溶液中富含多壁碳纳米管的牛血清白蛋白消化肽具有较高的回收率。环糊精功能化就是利用碳纳米管的范德瓦耳斯和疏水作用将环糊精附着在碳纳米管表面,但这一吸附反应并没有显著影响碳纳米管的电学性能。李瑞东等[97]在等离子条件下通过环糊精修饰碳纳米管,制备的复合材料对放射性核素的吸附率达到 95% 以上,最大吸附容量约 80 mg/g。Fu 等[98]将抗氧化剂负载于 β-环糊精(β-CD)修饰的碳纳米管中,制备的多壁碳纳米管-β-CD 复合材料在乙醇和水介质中都有很好的分散性和稳定性。Britz 和 Khlobystov[99]利用原子显微镜对干的淀粉化单壁碳纳米管进行表征,发现被淀粉包埋的单壁碳纳米管水溶液稳定性较好,能够维持数周。Sabaghian 等[100]研究了碳纳米管在生物脱硫(二苯并噻吩,DBT)过程中的催化作用,模拟结果表明,与不含碳纳米管结构的控制系统相比,含淀粉/碳纳米管结构的控制系统改善了生物脱硫过程,含淀粉/碳纳米管结构的控制系统平衡状态稳定且合理,脱硫质量良好;另外,在没有纳米颗粒的情况下,硝酸盐去除率仅为 35.44%,而在淀粉/碳纳米管和红球菌同时存在下,硝酸盐去除率提高到 85%。

表面活性剂也可用于非共价键修饰碳纳米管。阴离子表面活性剂如十二烷基硫酸钠(SDS)通过疏水烷基链吸附碳管表面,磺酸基亲水端形成静电排斥层,实现水相稳定分散(如透明导电薄膜制备)。阳离子表面活性剂如十六烷基三甲基溴化铵(CTAB)通过季铵基团静电吸附于氧化碳纳米管表面,其长烷基链可优化环氧树脂/碳纳米管复合材料的界面结合强度。非离子表面活性剂中,Triton X-100 通过聚氧乙烯醚疏水链吸附碳纳米管并形成空间位阻,常用于聚合物熔融共混工艺。此类修饰通过静电排斥(离子型)或空间位阻(非离子型)机制抑制碳纳米管团聚,同时拓展其功能界面特性(如纳米颗粒负载、温敏响应),实际应用中需根据溶剂极性、导电性要求及终端场景(如复合材料、生物医学)综合选择表面活性剂类型。

　　芳香族化合物芘及其衍生物通过 T 式堆积效应可以与碳纳米管相互作用。Liu 等[102]和 Yang 等[103]成功制备了包括芘分子和硫醇在内的双官能团分子功能化的碳纳米管,这主要是因为硫醇和金纳米粒子之间的相互作用以及芘分子和碳纳米管的 π-π 堆积作用,研究表明碳纳米管对芘有较大的吸附容量。

2. 共价修饰

　　碳纳米管的共价修饰是指通过共价键连接将分子或原子修饰物固定在碳纳米管表面的化学修饰方法。这种修饰方法可以改变碳纳米管的性质和功能,使其具有特定的化学、物理或生物性质。常见的碳纳米管共价修饰方法包括氧化、硝化、氨化等。这些修饰方法可以增加碳纳米管的亲水性、导电性、化学活性等,从而扩展其应用领域。

　　碳纳米管的氧化功能化是一种常见的共价修饰方法,通过将碳纳米管与氧化剂(如硝酸、高氯酸等)反应,引入氧化官能团(如羟基、羧基等)到碳纳米管表面,从而改变其性质和功能。如图 2-20 所示,用不同氧化剂处理后,碳纳米管表面可能会引入不同的官能团,包括醇类、羧酸类、醛类、酮类和雌激素类的含氧官能团[104]。

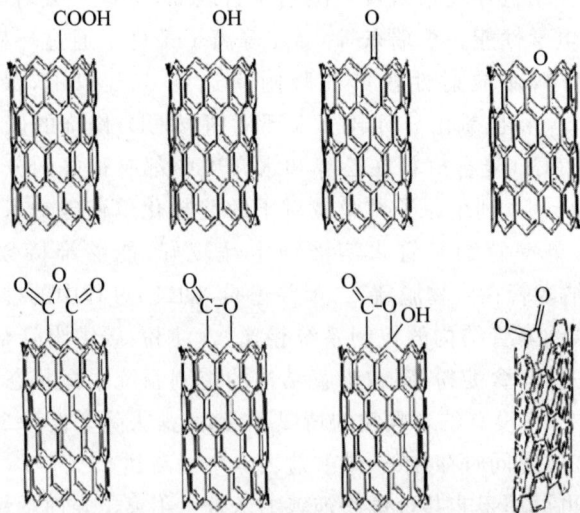

图 2-20　碳纳米管共价修饰后表面含氧基团可能存在的结构[104]

　　碳纳米管的氨基功能化是指通过将碳纳米管与氨基化合物反应,引入氨基官能团到碳纳米管表面,从而改变其性质和功能。氨基功能化可以使碳纳米管表面增加氨基官能团,使其具有更好的亲水性和生物相容性,从而提高其分散性和溶解性[105]。此外,氨基官能团还可以提供活性位点,使碳纳米管具有催化、吸附、传感等功能。例如，氨基官能团可以与金属离子形成配位键，用于催化反应[106]；氨基官能团可以与生物分子发生氢键作用，用于生物传感和药物输送[107]。

碳纳米管的硝化功能化通过将碳纳米管与硝化试剂反应，引入硝基（NO_2）基团到碳纳米管表面，从而改变其性质和功能。硝基基团的存在可以增加碳纳米管的化学反应活性，使其具有更好的催化性能[108]。此外，硝基基团还可以改变碳纳米管的表面能，使其具有不同的亲水性和润湿性[109]。

碳纳米管共价功能化是碳纳米管本身和化学试剂直接进行化学反应，由于所用化学试剂呈强酸或强碱特性，在很大程度上破坏了碳纳米管的部分结构，最终削弱了碳纳米管的优异性能[110]。相较之下，碳纳米管非共价功能化既没有破坏碳纳米管本身的杂化结构，又保留了传统碳纳米管良好的物理性能，起到了将其均匀分散于溶液中的作用，非共价功能化的碳纳米管应用更为普遍。

3. 其他化学修饰

除了共价化学修饰和非共价化学修饰，还有其他一些方式可以用于碳纳米管的化学修饰。以下是几种常见的方式。

（1）离子液体修饰：离子液体是一种具有特殊性质的液体，可以通过吸附、离子交换等方式与碳纳米管发生相互作用。离子液体修饰可以改变碳纳米管的表面性质和溶解性，增强其分散性和稳定性[111]。

（2）点阵修饰：通过在碳纳米管表面上形成有序的点阵结构，实现对碳纳米管的修饰。点阵修饰可以改变碳纳米管的光学、电学和磁学性质，用于光电器件、传感器等领域[112]。

（3）包覆修饰：将碳纳米管包覆在其他材料中，形成复合材料结构。包覆修饰可以增强碳纳米管的稳定性、机械强度和化学活性，扩展其应用领域[113]。

在选择修饰方法时，需要综合考虑特定的修饰效果、可能的性质变化、方法的可行性和可控性等因素。此外，还应该关注修饰对碳纳米管结构和性质的影响，以及修饰后的稳定性和可持续性。因此，在进行碳纳米管的化学修饰时，需综合考虑上述因素，并选择最合适的修饰方法。

2.8 碳纳米管复合材料的制备方法

碳纳米管复合材料是一种具有广泛应用前景的材料，结合了碳纳米管的特殊性能和基体材料的优点。以下是几种碳纳米管复合材料的制备方法，包括物理混合法、化学修饰法和原位生长法等。

2.8.1 物理混合法

物理混合法是最简单的制备方法之一，即将碳纳米管与其他材料进行简单的物理混合，形成复合材料。常见的物理混合方法包括机械混合、溶液共混及熔融混合等。例如,Yang 等[114]通过简单的湿化学方法成功制备了石墨烯量子点(GQD)修饰多壁碳纳米管(GQD-MWCNTs)复合材料。在强搅拌下将两种碳纳米材料的水溶液混合过夜,通过 π-π 堆积使 GQD 均匀地涂覆在 MWCNTs 表面。此外,该课题组通过简单的沉淀方法合成纳米纺锤状的 Cu_2O/垂直单壁碳纳米管(SMWNTs)纳米复合材料[115](图 2-21),以及 NiNP(镍纳米颗粒)/SMWNTs 复合材料[116]。

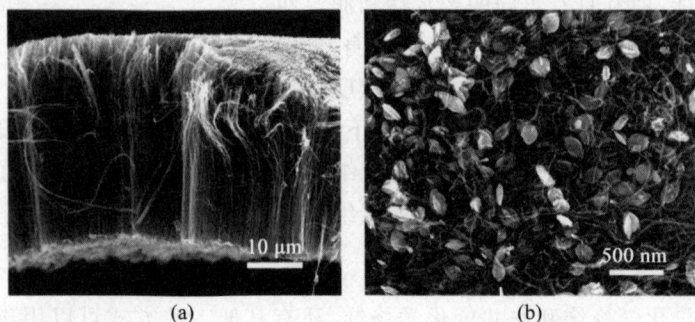

图 2-21　纳米纺锤状的 Cu_2O/SMWNTs 纳米复合材料的 SEM 图像[115]

溶液共混法是指先用适当的溶剂将聚合物或预聚物溶解,然后用超声波将碳纳米管分散在溶液中制备成复合材料(图 2-22)[117]。例如,Jia 等[118]以橡胶(NBR)为基体,丙酮为溶剂,采用溶液共混法制备出多壁碳纳米管/NBR 复合材料。实验结果表明,CNTs/NBR 复合材料提高了材料的滑动性和耐磨性。Song 等[119]以己烷为溶剂,使用溶液共混法制备了 CNTs/硅橡胶复合材料,提升了复合材料压阻率的稳定性。

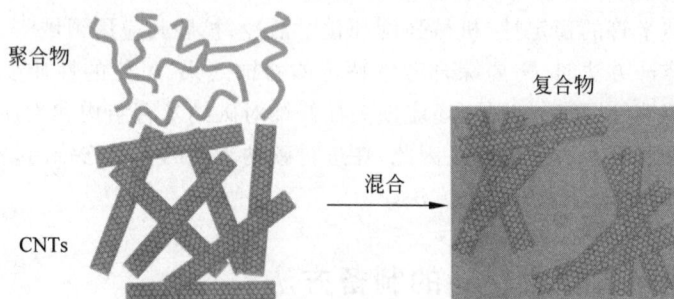

图 2-22　溶液共混法制备碳纳米管/聚合物复合材料的原理图[117]

2.8.2　化学修饰法

化学修饰法是通过在碳纳米管表面引入功能基团,使其与基体材料之间的相互作用增强,从而提高复合材料的性能。例如,将碳纳米管进行氧化或硝化处理,使其表面产生羧酸或硝基等官能团,然后与具有相应官能团的基体材料进行反应。这种方法可以显著改善碳纳米管与基体材料之间的界面结合性能,并且具有较高的可控性。

Laachachi 等[120]开发了一种简单的方法，将碳纳米管与碳纤维表面接枝在一起（图 2-23）。碳纳米管和碳纤维经过氧化处理，在表面形成含有羧基、醛基或羟基的官能团；然后，将功能化的碳纳米管分散在溶剂中，并沉积在碳纤维表面，通过对化学表面基团进行酯化或酸酐化反应，实现了碳纳米管与碳纤维之间的化学键的形成。

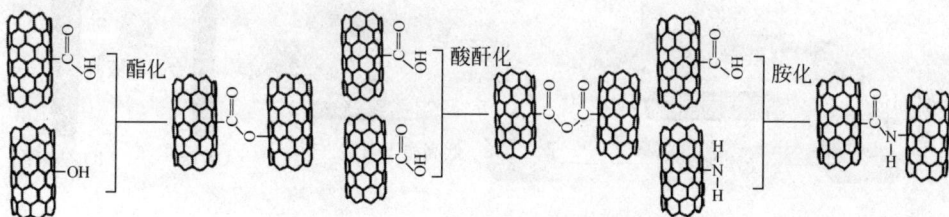

图 2-23　功能化碳纳米管与碳纤维之间的化学键的形成示意图[120]

2.8.3　原位生长法

原位生长法是在基体材料表面直接生长纳米材料，形成复合材料。常见的原位生长方法有化学气相沉积（CVD）、电化学沉积和溶胶凝胶法等。

CVD 法易于控制材料的组成及成分分散度，被广泛应用于制备碳纳米管复合材料。例如，Nasibulin 等[121]尝试使用 CVD 法在硅上生长 CNTs/CNF 复合材料。实验结果表明，在 550℃时，可以观察到直径为 $30 \sim 50$ nm 的碳纳米纤维（CNF）在二氧化硅颗粒表面生长；随着温度升高，多壁碳纳米管的数量增加，并且其外径分别为 $10 \sim 15$ nm（600℃）和 $12 \sim 20$ nm（750℃），其最大长度达到了 15 μm。Dong 等[122]以乙醇作为前驱体，使用硅纳米颗粒修饰的铜箔作为基体，石墨烯在基体上均匀生长，碳纳米管以硅纳米粒子为起点生长形成网状结构，一步合成了石墨烯/碳纳米管复合材料。Zhu 等[123]使用 MgO 和 Fe/MgO 的混合物作为催化剂，使用一步 CVD 法制备了带有磁性的石墨烯/碳纳米管复合材料。

结合其他手段的 CVD 法也能制备碳纳米管复合材料。Yang 等[124]提出了一种利用雾化乙醇辅助渗透的新策略，用于制备三维结构过渡金属氧化物（MO_x）/垂直阵列碳纳米管（VACNTs）复合材料，如图 2-24 所示。该方法可以简单地分为三个步骤：首先，在高温下使用二茂铁/二甲苯溶液进行雾化喷雾热解合成VACNTs；通过调节二甲苯溶液中二茂铁的浓度来控制碳纳米管的数量密度；其次，在含有 MO_x 前驱体的乙醇溶液中进行雾化，形成液滴雾，并利用 N_2 携带气体将液滴渗透到 VACNTs 的管间空间中。雾化过程和乙醇蒸发的结合有助于显著减小液滴的大小，使 MO 前驱体能够均匀而深入地渗透到 VACNTs 中；最后，在高温下对 MO 前驱体进行热解反应，容易在 VACNTs 中形成 MO 纳米颗粒。

Liu 等[125]利用微波辐照导电聚合物的方法，实现了 CNTs/CNF 的原位生长。

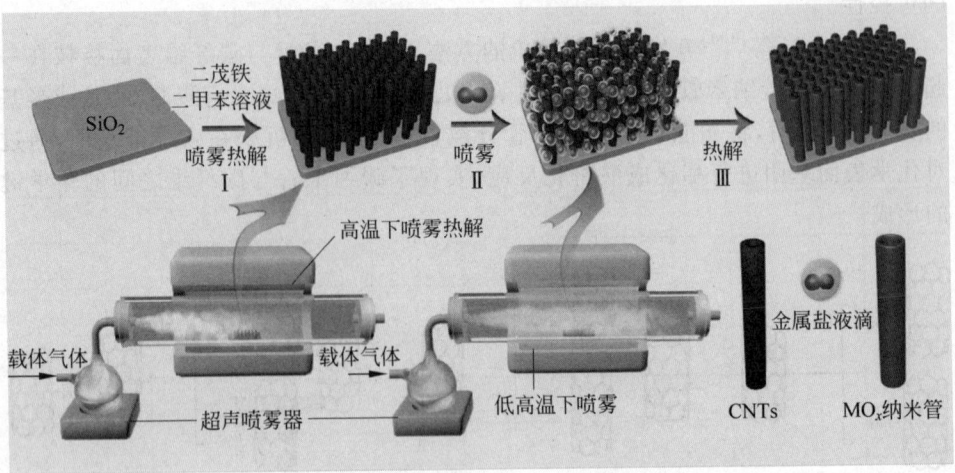

图 2-24 乙醇辅助 CVD 法制备 MO_x/VACNTs 复合材料的示意图[124]

具体而言,他们对导电材料进行微波辐照,将其快速加热至 1100℃ 以上,使得二茂铁分解为铁催化剂,碳源为环戊二烯,引发了超快速的碳纳米管生长。

电泳沉积法是一种经济且广泛应用的沉积技术。其基本原理是在溶液中施加电压,使带电粒子向电极表面移动并放电形成沉积层。近年来,人们也逐渐开始关注使用电泳沉积法制备碳材料薄膜。例如,Yang 等提出了一步或者两步电化学沉积-溶解法制备出了一系列碳纳米管复合材料,包括 Sub-MoS_x-CNTs[126]、CNTs-CoS_2[127]、CoPi/PF-CNTs[128]、CNTs/N-Cu_2S[129] 和 NIN-Co-P/PCNTs[130] 等。以 CNTs-CoS_2[127] 为例,采用循环伏安法进行电化学沉积,实验中用碳纳米管修饰的玻碳电极作为工作电极,Pt 作为对电极,Ag/AgCl(饱和 KCl)作为参比电极,整个反应在三电极池中进行,如图 2-25 所示。在此基础上,该课题组进一步改进了电化学沉积法,提出了牺牲对电极法制备碳纳米管复合材料。例如,将 MoS_x/CNTs 修饰的玻碳电极浸泡在硫酸水溶液中,在使用 Pt 作为对电极时,MoS_x 中的

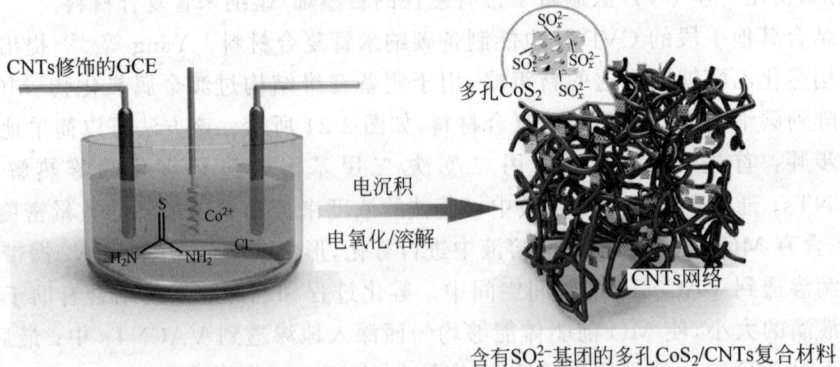

图 2-25 电泳沉积法制备 CNTs 复合材料[127]

硫原子可以在电位循环过程中被氧原子取代,其中氧原子充当催化 PtO_x 颗粒与 MoS_x 基底之间的桥梁,形成 MoS_x-O-PtO_x 结构(图 2-26)[131];当采用 Pd 作为对电极时,成功合成了 Pd/O 共掺杂的 Sub-MoS_x/CNTs/Pd_{gly} 复合材料,研究发现在电解质溶液中添加甘氨酸作为络合剂,能够使 Pd 纳米颗粒具有更小的粒径、更均匀地分布[132];Ir 用作对电极时,得到了 IrO_2-CoPi-CNTs 复合材料,在此结构中,供电子磷酸键(P/O 桥连)可以有效调节 CoPi 和 IrO_2 的电子结构,从而增强复合材料的催化性能[133]。

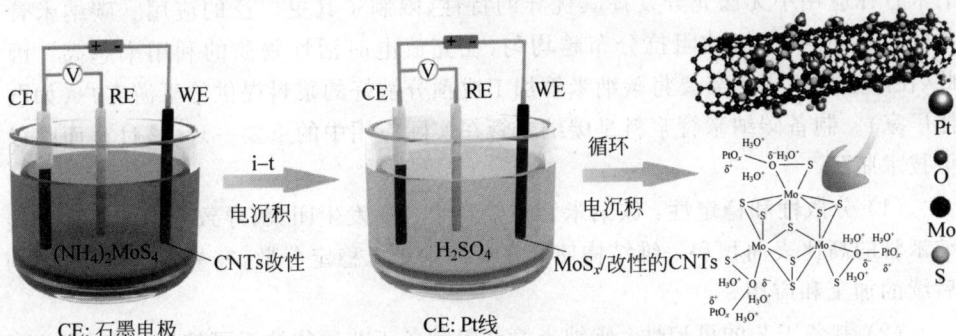

图 2-26　牺牲对电极法制备 CNTs 复合材料[131]

综上所述,碳纳米管复合材料的制备方法多种多样,每种方法都具有自己的优势和适用范围。例如,物理混合法简单易行,但碳纳米管与基体材料之间的结合相对较弱,难以实现复合材料的性能优化;化学修饰法可以显著改善碳纳米管与基体材料之间的界面结合性能,并且具有较高的可控性,但还存在一些问题,例如修饰过程会破坏碳纳米管的结构;原位生长法制备的复合材料界面结合性能较好,碳纳米管的分散性也比较好,但制备过程相对复杂,需要严格控制生长条件。因此,未来的研究方向应该是进一步改进现有的制备方法,同时探索新的制备方法,以实现碳纳米管复合材料性能的进一步提升和应用的拓展。

2.9　碳纳米管导电浆料

碳纳米管凭借其卓越的物理化学特性,已成为锂离子电池领域革命性的导电添加剂。与传统炭黑添加剂相比,仅需 1/5 的添加量即可构建更为高效的三维导电网络,同时将绝缘粘接剂用量降低 50%,显著降低了电池内阻并提升了能量密度。这种独特的三维网络结构不仅优化了导电性能,还为电极材料在充放电过程中的体积变化提供了缓冲空间,从而大幅延长了电池的循环寿命。此外,碳纳米管极高的本征导热系数有效提升了极片的导热散热能力,为电池安全性能提供了重要保障。随着导电添加剂市场需求的持续扩大,全球范围内已形成以中国天奈科技、俄罗斯 OCSiAl 和日本昭和电工为代表的行业领军企业。然而,碳纳米管导电浆料的应用关键在于解决其分散难题——由于极大的长径比特性,碳纳米管易发生缠绕团聚,严重影响其性能发挥。针对这一核心问题,以下将系统阐述其分散技术解决方案。

2.9.1　碳纳米管的工业化分散

高效分散是扩大碳纳米管产业化应用场景过程中面临最主要的技术瓶颈。碳纳米管,特别是单壁碳纳米管之间强大的范德瓦耳斯引力,导致其极易团聚,使碳纳米管在应用中无法充分发挥其优异的特性,限制了其更广泛的应用。碳纳米管分散得越均匀,电极的阻抗分布越均匀,在充放电时活性物质的利用率越高。因此,在产业化应用中需要将碳纳米管加工成预分散好的浆料提供给下游客户(如电池厂家)。制备碳纳米管浆料是碳纳米管在实际应用中的重要一环,该过程面临以下技术瓶颈。

(1)分散性和稳定性:碳纳米管在浆料中容易发生团聚,导致分散性不佳。碳纳米管的高比表面积和一维结构使其在液体中难以稳定分散,容易发生堆积,影响后续的加工和应用。

(2)制备工艺的可控性:碳纳米管浆料制备工艺往往缺乏可控性,难以实现对碳纳米管浆料中成分和性质的准确调控。可控性不足可能导致浆料性能不稳定,限制了其在不同应用领域的广泛应用。

(3)浆料浓度的调控:碳纳米管浆料的浓度对于实际应用过程中的可操作性和可重复性至关重要,但在制备过程中实现浆料浓度的精确调控仍然是一个挑战。高浓度的浆料通常更有经济效益,但由于碳纳米管之间的强相互作用,高浓度也容易导致团聚问题。

(4)成本控制和可持续性:碳纳米管制备的成本一直是一个关键问题,直接影响了大规模应用。制备碳纳米管浆料的工艺需要考虑原材料成本、制备工艺的能耗以及环境友好性等方面,以实现可持续发展。

为克服这些技术瓶颈,需要深入研究碳纳米管浆料制备的关键工艺和参数,并不断优化制备方法,以建立高效、可控、可持续的碳纳米管浆料制备技术,推动碳纳米管在各领域的应用。研究者已经提出了多种分散方法,主要可分为物理分散法和化学分散法。

1. 物理分散法

物理分散法是指借助于机械外力(如超声、剪切等方式)弱化碳纳米管间的范德瓦耳斯力,使团聚的碳纳米管分散在溶液中,操作简便。物理分散法主要包括球磨法、压延法和超声分散法等。

1)球磨法

球磨法的原理是借助于外部机械力,在磨球和分散剂、助磨剂的帮助下,通过磨球、球磨罐与物料之间频繁的撞击、摩擦、挤压,实现对物料的粉碎、锤锻、球磨、使材料的颗粒不断破碎,尺寸不断细化,从而达到所需的粒度和均匀度。常见的磨球在容器内的典型运动如图 2-27 所示[134]。

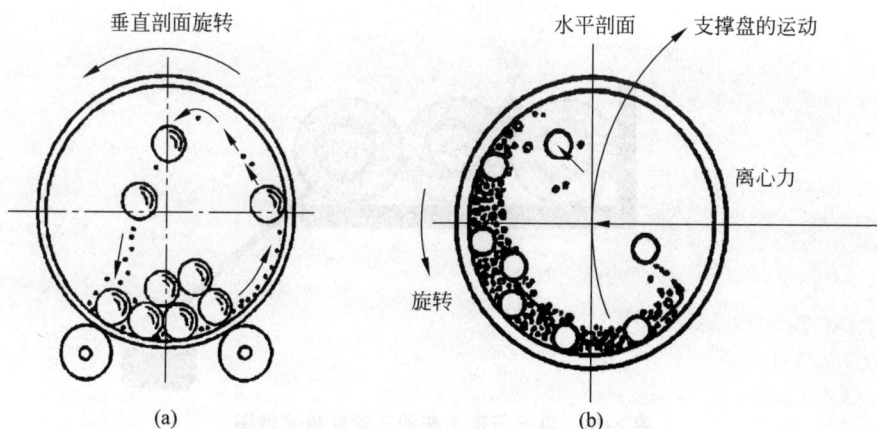

图 2-27 球在铣削过程中的运动示意图[134]
(a) 垂直配置(常规球磨机);(b) 卧式配置(行星球磨机)

球磨法虽具备操作便捷、批量生产的工业化优势,但其长时间机械研磨易导致碳纳米管结构完整性受损。针对这一瓶颈,He 研究团队[135]创新性地将低温液态介质引入湿法球磨体系:通过精准调控低温环境下材料的塑性形变特性,在碰撞、剪切等多维机械力协同作用下,实现了碳纳米管的高效短程化切割与金属粉末基体的均匀复合。相较于传统工艺,该方法具有处理时间短、碳纳米管受损率低、粉末纯净度高、分散均匀等优点。

在工业生产中大多球磨设备的筒体缺乏冷却设计,钢球与筒体在离心挤压和截断碳管过程中产生的热能易影响碳纳米管质量,从而降低加工效率和质量。为了解决这一问题,通常可在球磨设备中加入冷却装置。例如,郑涛等[136]设计出一种水冷球磨筒体用于制备导电导热的碳纳米管浆料的方法,其旋转筒内设有冷却腔体和球磨腔体,方便加速筒体冷却,提高钢球下落高度,从而提高加工效率和加工质量。

2) 压延法

压延机通常称为三辊轧机,是一种利用辊产生的力来混合、分散或均匀化黏性材料的机床。压延机由三个相邻的圆柱辊组成(进料辊和胶圈辊方向相同,中心辊方向相反),以不同的速度运行(图 2-28)。使用该设备进行分散时利用的是剪切力而不是压缩力,可以在不破坏结构的情况下分散碳纳米管。

物料由位于第一辊和第二辊之间的料斗引入系统,再由第二辊输送到第二辊和第三辊之间的空隙中,填料被分散。在出口处,残留在中央滚轮上的材料通过第三滚轮向金属排水口移动。第三个滚筒比其他两个滚筒旋转得更快,物料受到更大的剪切力。这种磨粉循环可以重复几次,以确保所需的分散程度。

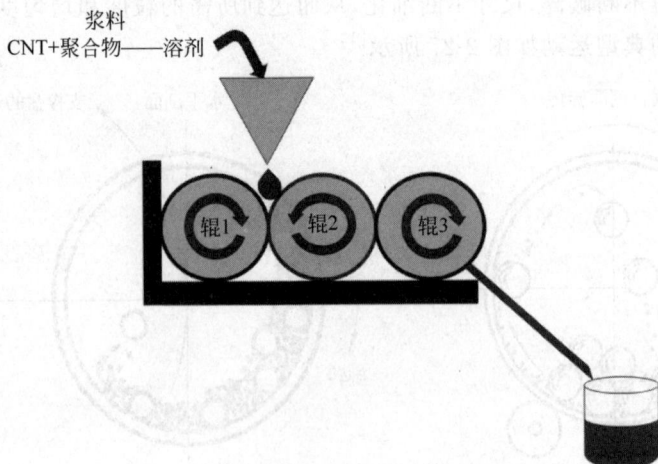

图 2-28　用于压延工艺的三辊轧机原理图

采用压延法可以实现相对较好的碳纳米管分散。然而,使用该技术存在的问题是,通常三辊机的最小间隙为 $1\sim5~\mu m$,大于单根碳纳米管的尺寸。针对该问题,在生产过程中一般通过该方法将大团簇的碳纳米管分散成小团簇,而不是分散单根碳纳米管。

3) 超声分散法

超声分散法是一种在低粘度液体中分散填料的有效方法,通过使用超声波浴或超声波声呐电极(通常称为探头或喇叭声呐器)来完成。标准的实验室超声设备的功率通常小于 100 W,商用声波器的功率为 $100\sim1500$ W。在分散碳纳米管的过程中,超声作用形成高能气泡,这些气泡在液体内部坍塌并产生冲击波,提供解开碳纳米管束所需的高能局部剪切。然而,这种方法的主要缺点是高能量容易破坏碳纳米管的结构,如多次超声可减少碳纳米管的长度,甚至破坏碳纳米管的石墨烯层,最终严重影响碳纳米管的电学性能和力学性能。针对该问题,郭超等[137]研发出一种超声、均质分散碳纳米管水性浆料生产设备,结合超声分散发生器、半成品储罐和高压均质机,在生产时能更好地保持碳纳米管结构,从而更好地保持了碳纳米管的优异性能;而且,该方法能减少处理碳纳米管的循环次数,提高了该生产设备的生产效率。

2. 化学分散法

化学分散法是指通过在碳纳米管的表面修饰化学官能团来改善碳纳米管的溶解性、相容性和可加工性,进而解决碳纳米管难分散的问题。碳纳米管的化学分散可分为共价化学修饰法和非共价修饰法。

1) 共价化学修饰法

共价化学修饰法是在碳纳米管表面引入易溶于水的官能团等,以实现碳纳米管的分散。在不同类型的碳纳米管化学功能化中,酸性氧化是最常用的一种,在引入新基团的同时去除金属颗粒和无定形碳等杂质。例如采用强氧化性酸等氧化处理碳纳米管之后,使碳纳米管上带有—COOH 或—OH 等官能团,可有效提高碳纳米管的分散性。但是,这种方法会破坏碳纳米管的结构,进而影响其性能。针对该难点,Rosca 等[138]对该方法进行了改性,他们发现,在浓 HNO_3(体积分数大于60%)中长时间处理(1~2 天)会严重破坏碳纳米管的结构,使其表面覆盖无定形碳;将其条件改为在 111℃的温度下处理 6 h,则可在保留碳纳米管结构的同时,有效地消除金属杂质和非晶石墨薄片。

硫酸与过氧化氢(即食人鱼溶液,$3H_2SO_4$:$1H_2O_2$)结合时,可以在碳纳米管中引入—COOH 和—OH,且不破坏碳纳米管的结构,表现出良好的功能化效果。食人鱼溶液产生氧自由基,与处于 sp^2 杂化态的碳相互作用形成双键,随后与 H_3O^+ 反应,最终在碳纳米管表面生成—OH。食人鱼溶液对碳纳米管的功能化可保证碳纳米管在极性和非极性介质中的良好分散。

共价化学修饰法有两个主要缺点:①碳纳米管上产生的大量晶格缺陷会降低其机械性能,并破坏 p 轨道的构型,从而对电学和热性能产生负面影响;②化学处理的过程使用的多为不环保的强酸等化学药品。为此,人们提出了既能减少对碳纳米管结构的破坏又能降低工艺成本的方法,即非共价功能化方法。

2)非共价修饰法

非共价修饰是基于碳纳米管与化学物质之间的物理相互作用,主要分为聚合物包覆和表面活性剂的物理吸附。

碳纳米管与含芳环的聚合物链(如聚对苯乙烯[139]或聚苯乙烯[140])之间的范德瓦耳斯和 π-π 叠加,导致聚合物链可包裹在碳纳米管周围形成超分子复合物。两亲性物质,如表面活性剂,同样能包覆在碳纳米管表面。表面活性剂在碳纳米管表面的物理吸附可以降低碳纳米管的表面张力和管间的范德瓦耳斯引力,从而阻止团聚体的形成。但必须注意的是,高表面积的碳纳米管需要大量的表面活性剂才能获得良好的分散,而大量分散剂会阻碍纳米管与基质之间的相互作用。因此,在实际应用中要根据碳管的种类、用量等因素来调节表面活性剂的种类与用量。

将物理与化学分散法联用,可进一步提升分散效果。基于此,古月文志(Bunshi Fugetsu)教授[141]开创性地提出了胆汁酸分子电荷调控策略,利用胆汁酸分子的双极性,对碳纳米管表面正负电荷比例进行了精准调控,有效避免了"盐效应"所引起的二次团聚,同时成功实现了对碳纳米管的无损性孤立分散,保留了单根碳纳米管的优异特性,其固含量可高达 10%。将胆汁酸分子修饰后的碳纳米管进行机械球磨,可得到高稳定性的碳纳米管浆料。该成果被业界称为"古月分散法"(图 2-29)。

{ Z-3-18 }

分裂

接近　吸引　　分裂

1) 胆汁酸类双极性逆相胶束在CNTs团聚体表面形成自组单分子膜，其疏水侧与碳纳米管表面结合，亲水侧的正/负双电荷交互排列

2) CNTs在正/负双电荷的静电引力作用下从团聚体中分离；逆相胶束分子在分离后的单根碳纳米管表面形成完整的双极性自组单分子膜

3) 带有正/负双电荷自组层的单根CNTs在静电作用下在分散液中形成流变多维体结构

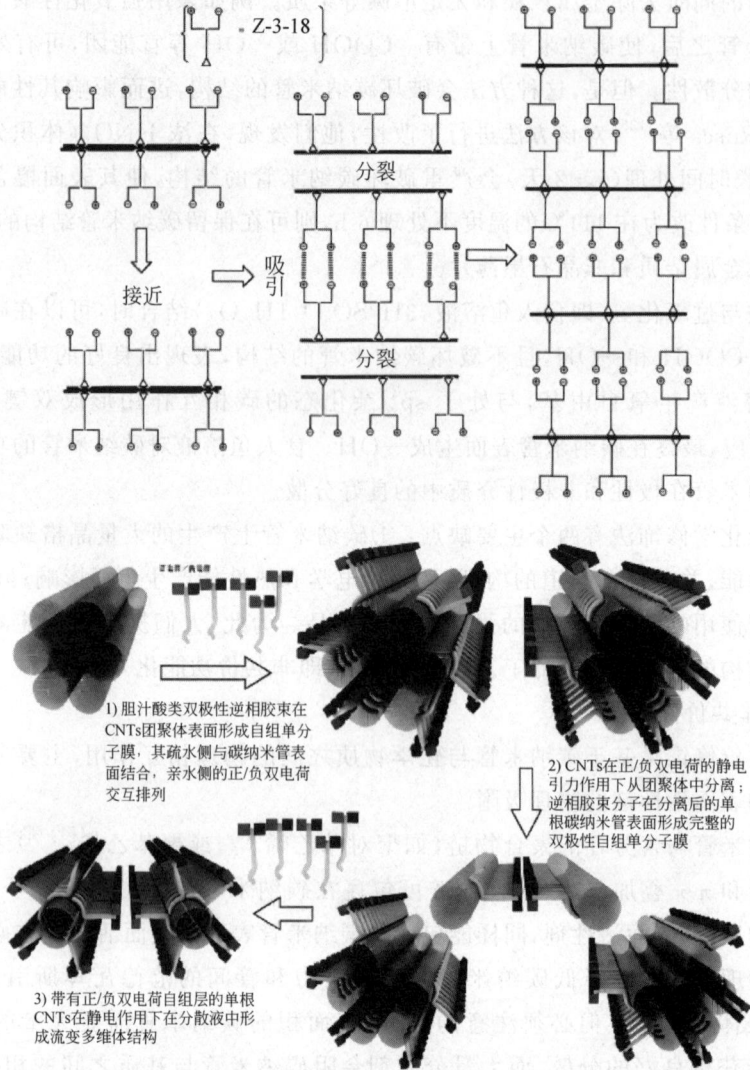

图 2-29　"古月分散法"原理[141]

2.9.2　碳纳米管导电浆料的应用

碳纳米管导电浆料作为一种新型功能材料,凭借其优异的导电性、力学性能和化学稳定性,已成为锂电池、电子器件、新能源及高端制造领域的核心材料之一。

目前,碳纳米管导电浆料最核心的应用场景即为在锂离子电池中作为导电剂。在动力电池领域,碳纳米管可显著提升高镍三元正极和硅基负极的导电性能。添加碳纳米管后,不仅可以大幅度提高导电率,同时可以减少导电剂用量,从而增加活性材料占比,提升电池能量密度和循环寿命。在消费电子领域,中高端数码锂电

池(如智能手机、平板电脑)中,碳纳米管导电浆料也已经逐步替代传统炭黑导电剂。其优势在于可改善柔性电路板、触摸屏等部件的导电均匀性和稳定性,适应高精度印刷工艺需求。此外,碳纳米管导电浆料也能应用于制造高性能复合材料,如飞机导电涂层和航天器抗电磁干扰材料。其高导热性和轻量化特性,满足了航空航天领域对材料性能的严苛要求。在其他新兴应用也还在继续探索中,如在生物医疗领域,碳纳米管导浆料被用于生物传感器和药物递送系统;在导电塑料领域,其应用可提升材料的抗静电性能。

2025 年全球碳纳米管导电浆料市场规模预计达数十亿美元,年均复合增长率(CAGR)约 47%。中国作为全球最大生产国,2022 年出货量达 11.7 万吨,占全球总需求的 94.5%。增长驱动因素包括新能源汽车爆发(2025 年全球需求 59 万吨)、高镍/硅基电池技术推广,以及成本下降(规模化生产使价格从 2019 年的 12 万元每吨降至 2025 年的 8 万元每吨)。

碳纳米管导电浆料的推广与应用,其存在的问题主要集中在以下几点:

(1)分散性与稳定性问题。碳纳米管因高长径比易缠绕团聚,需通过高压微射流、球磨或化学修饰实现均匀分散。传统球磨法虽成本低,但易损伤结构;新兴技术如低温液态介质辅助球磨可将损伤率降至 5% 以下。

(2)生产成本与环保压力。碳纳米管合成工艺复杂,能耗高,生产过程中用到强酸等化学物质对环境产生污染,企业需投入额外成本满足环保法规。

(3)标准与认证滞后。行业缺乏统一的产品性能标准和认证体系,导致下游客户(如电池厂商)验证周期长,影响市场推广速度。

总体来说,碳纳米管导电浆料凭借性能优势,已深度渗透锂电池和电子行业,并向航空航天、生物医疗等高端领域扩展。尽管面临分散技术、成本和环保挑战,但随着技术迭代与产能扩张,其市场潜力巨大。未来,行业需进一步推动标准化建设、降低生产成本,并探索多领域协同创新,以实现从"替代性材料"向"革命性材料"的跨越。

2.10　碳纳米管的表征

2.10.1　扫描电子显微镜

扫描电子显微镜(scanning electron microscope,SEM)广泛应用于碳纳米管的形貌表征。不同材质的碳纳米管和基底,反映在 SEM 检测器上的衬度也不同,因此可以很明显地观察到碳纳米管在基底上的位置。但是,相同材质的基底材料和碳纳米管(如石墨烯表面的碳纳米管)在 SEM 下衬度几乎完全一样,这妨碍了碳纳米管形貌的观察表征。受限于其工作原理,SEM 只能观察到碳纳米管的形貌与位置,并不能表征其管径,而常用于对碳纳米管的定位和形貌表征,测量碳纳米管水平阵列密度,观察碳纳米管阵列整体的顺直性,以及统计超长碳纳米管的长度等。例如北京大学 Zhang 等[144]开发了镁辅助催化剂锚定策略,镁改性通过高温固相反应改善了蓝宝石表面,提供了更强的金属-载体相互作用,实现了高密度单壁碳纳米管阵列的直接生长,并使用 SEM 测量单壁碳纳米管水平阵列的密度(图 2-30)。

图 2-30　蓝宝石衬底上五个不同区域的 SEM 图像[144]

2.10.2　原子力显微镜

原子力显微镜(atomic force microscope,AFM)是一种常用的表征碳纳米管形貌的方法,通常有相对较高的空间分辨率。AFM 避免了 SEM 在绝缘基底上由电荷积累而导致的成像质量下降,对碳纳米管精细形貌的表征能力更强,而且对样品的要求较低,对所有碳纳米管都能进行表征,因此应用非常广泛。然而其扫描效率较低,不适合对非均匀样品的大范围定位和表征。通常,AFM 可与 SEM 联用,先由 SEM 确定样品的大体位置,然后由 AFM 给出更精细的形貌信息。AFM 表征碳纳米管直径通常存在 0.2 nm 左右的误差,若基底的平整度较差,则该误差还会更高。因此该方法表征得到的碳纳米管管径并不准确,往往需要在同一根碳纳米管上进行多次测量并取平均值。Hu 等[145]基于开发的固体"特洛伊"催化剂,在低温生长过程中实现了高密度和手性控制,通过 AFM 表征获得单壁碳纳米管直径的分布(图 2-31)。

2.10.3　扫描隧道显微镜

扫描隧道显微镜(scanning tunneling microscope,STM)是一种通过探测扫描探针和样品之间的量子隧穿电流来分辨固体表面形貌特征的显微装置,具有非常高的空间分辨率(通常为 0.01 nm 量级),甚至具备扫描原子像的能力。

通过 STM 成像技术得到的是样品电子结构和原子结构卷积的结果,需要引入

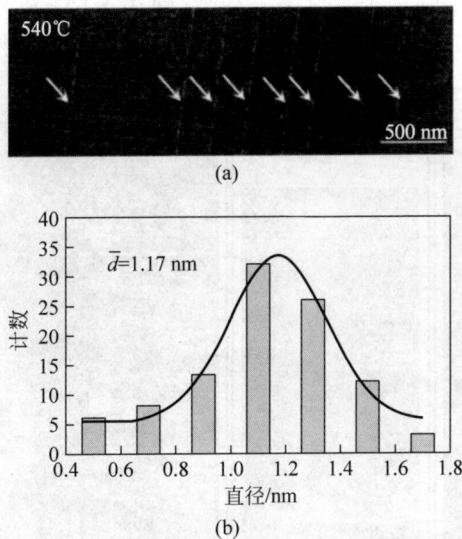

图 2-31　碳纳米管的(a)AFM 图像及(b)统计的直径分布[145]

适当的去卷积方式而使成像更为准确。测试时对样品制备的要求很高,要求碳纳米管必须位于原子级平整的导电基底表面。例如,使用 STM 表征碳纳米管手性时,通常会将碳纳米管分散于 Au(111) 表面[146]。在将样品放入 STM 之前,首先需要通过 AFM 检查碳纳米管的分散性以保证成像质量,通常碳纳米管间距以 1 μm 为宜。对于结构完美的碳纳米管,STM 技术可以直观地得到每个碳原子所在的位置。然而,由于样品中往往存在一定的应力,直接根据原子排布指认手性时存在一定的误差。因此,通常先得到碳纳米管的管径和螺旋角,再进一步分析其手性。即便如此,对于管径、手性角均相差较小的碳纳米管,STM 得到的结果可能会有所偏差。此时需要通过扫描隧道谱(scanning tunneling spectrum,STS)进行辅助,通过其导电性及带隙对碳纳米管手性进行进一步指认。STS 是隧穿电流随扫描电压变化的曲线,通过对归一化电导 dI/dV 的计算,STS 可以清晰地反映出扫描区域内的局域电子态密度。在实践中,STS 可以为 STM 表征的碳纳米管的手性指认提供附证。需要注意的是,STM 成像得到的是其表面原子和电子卷积的结果,因此在缺陷位点处的复杂电子结构会导致成像结果不能反映其原子的真实位置。此外,对于多壁碳纳米管,STM 只能给出最外层的手性,而不能给出内层碳纳米管的结构。

除了研究碳纳米管样品的手性,STM 也可用于研究碳纳米管管束之间的相互作用和晶格适配关系[147]、碳纳米管末端结构[148]、弯折位点结构[149]和异径管的结区结构[150]。尽管 STM 可以得到原子级分辨的碳纳米管图像,但通常需要较长的累计时间,而且扫描范围相当小。此外,复杂的样品制备过程和苛刻的扫描条件(如低温和超高真空)也使得这种方法主要用于对碳纳米管的性质研究,而不用于一般碳纳米管样品的手性表征。Nazin 等[151] 使用 STM 和光谱学研究了沉积在 Au(111)上生长的 RbI 单层薄膜上的单壁碳纳米管的电子特性(图 2-32)。

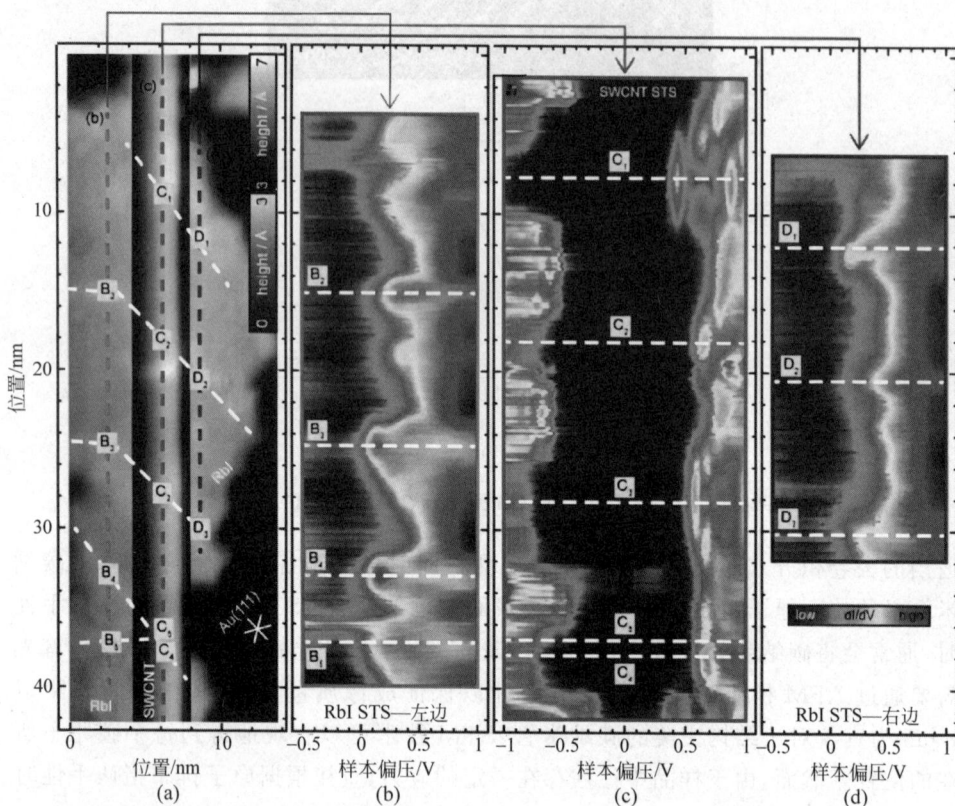

图 2-32 (a)RbI/Au(111)上单壁碳纳米管的 STM 形貌图;(b)~(d)沿单壁碳纳米管进行 STS 测量[151]

2.10.4 透射电子显微镜

透射电子显微镜(transmission electron microscopy,TEM)基于高能电子束与电磁透镜协同作用原理,调控电子束路径,使电子穿透超薄样品(厚度小于 100 nm)后发生弹性/非弹性散射,最终在荧光屏或探测器上形成高分辨率图像,可解析纳米至原子级材料的微观结构。其核心能力在于利用电子波长(如 200 kV 时 $\lambda \approx 0.0025$ nm)的波动性特性,结合电磁透镜的像差校正技术(如球差校正器),实现材料原子级结构的解析(分辨率可达 0.05 nm),可直接观测碳纳米管的手性角、晶格缺陷(如五元环/七元环)等原子尺度特征。1991 年 Iijima 教授通过 TEM 首次观察到碳纳米管的层状管状结构,这一革命性材料的发现过程中,TEM 技术发挥了不可替代的表征验证作用[152]。

在使用 TEM 表征碳纳米管时,对样品的制备有较高的要求。首先,电子束的穿透力非常弱,如果样品太厚,会导致电子束无法穿透,因此用于电镜的标本需要制成厚度为 50 nm 左右的超薄切片。此外,TEM 中的样品必须悬空,可以通过几种方法达到让碳纳米管悬空的效果:①最简单的样品制备方法是直接将碳纳米管溶液滴在微栅上并使溶剂挥发。②通过直接生长的方法,首先将催化剂加载到 TEM 的铜网上,然后生长碳纳米管。如果在 TEM 中内置反应腔,还可以用于原位观测碳纳米管的生长(图 2-33)[153]。此外,还可以通过化学气相沉积的方法制备气流诱导的超长碳纳米管并使之跨过沟道或微栅[154],这样既可以对特定位置的碳纳米管进行表征,还可以对其进行其他性质的测量。

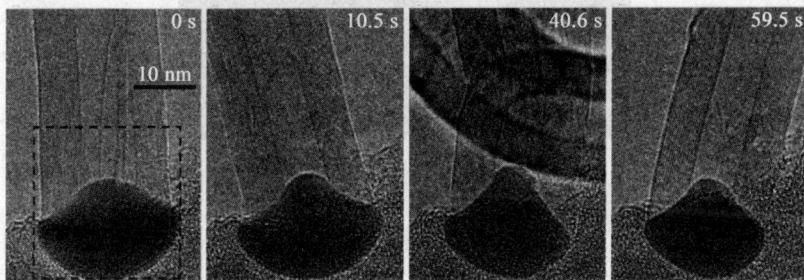

图 2-33　TEM 观察碳纳米管的原位生长[153]

此外,碳纳米管暴露在高能电子束下(其加速电压通常为 80 kV 或 200 kV),很容易将碳原子击出晶格从而产生缺陷,甚至完全损坏,这也限制了 TEM 在常规样品手性表征中的应用。

2.10.5　电子衍射

电子衍射(electron diffraction,ED)在 TEM 中已经发展成为不可或缺的关键组成部分,其将物质相态的形态学表征与结构分析紧密结合,赋予了 TEM 深入剖析样品内部结构的能力。优质的电子衍射图样能直接揭示碳纳米管的螺旋性特征,此时 TEM 的主要作用在于精确定位碳纳米管。

鉴于碳纳米管极小的直径,传统的 ED 往往难以捕获其清晰的衍射图案。2003 年,Gao 等[155]对 ED 设备进行了革新,成功将电子束直径缩减至大约 50 nm,并在确保像差不引起图像失真的前提下,提升了探针电流强度至 10^5 e/(s·nm^2),从而成功捕捉到了碳纳米管的精细电子衍射条纹(图 2-34)。

截至当前,ED 已经成为识别碳纳米手性最为可靠、精准的技术手段。在众多关于碳纳米管生长机制的研究中,特别是在要求精确调控碳纳米管手性的工作里,ED 已被广泛应用,为确认样品手性提供了决定性的实验证据。

2.10.6　拉曼光谱法

作为无损探索物质结构的一种核心工具,拉曼光谱(Raman spectrum)技术凭

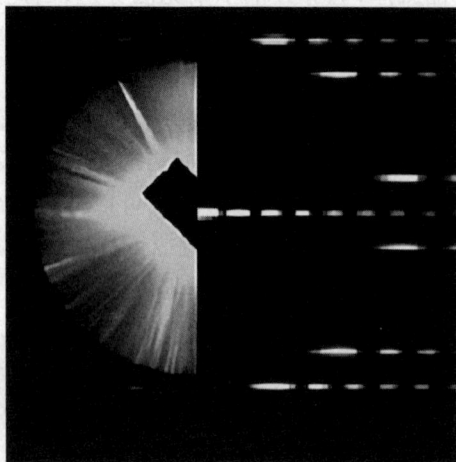

图 2-34 （12，6）选区衍射图像[155]

借其宽泛的应用潜力，广泛渗透于化学、生物学、物理学以及医学等多个学科领域。对于碳纳米管而言，其拉曼散射效应源自入射光束与单壁碳纳米管相互作用过程中的非弹性散射，即在光子与单壁碳纳米管相互作用时会发生吸收或释放一个或多个声子的现象，由此导致入射光能量的增减。当入射光或散射光的能量恰好与单壁碳纳米管内某一特定电子跃迁能级相吻合时，会产生显著的共振拉曼散射效应，这将极大地增强拉曼光谱信号强度，从而单根单壁碳纳米管的独特拉曼光谱得以灵敏检测。

如图 2-35 所示[156]，单壁碳纳米管的拉曼光谱展现出几个显著的特征峰，主要包括环呼吸振动峰（RBM）、缺陷散射峰（D）以及切向振动峰（G）。其中，RBM 峰起源于碳纳米管的径向呼吸振动模式，这是由碳原子在其径向产生周期性呼吸振动所致，通常出现在较低频段（100～350 cm^{-1}），并且被认为是单壁碳纳米管的标志性特征。值得注意的是，由于双壁或多壁碳纳米管中各壁间的相互作用，RBM 峰

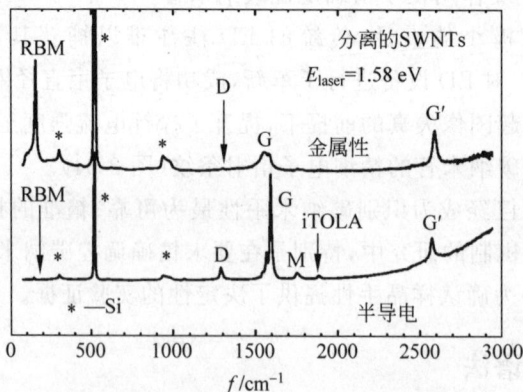

图 2-35 单壁碳纳米管的拉曼光谱图[156]

的强度可能会减弱甚至消失,故此峰的存在被视为单壁碳纳米管的直接证据。此外,RBM 峰的位置与其对应的碳纳米管管径 dt 之间存在一定的关联性[157],对于均匀分布在 Si/SiO_2 基底上的单壁碳纳米管,遵循 $dt = 248/\omega RBM$ 的公式。D 峰位于波数 $1300\sim1400\ cm^{-1}$,源于单壁碳纳米管内部的缺陷或杂质所引起的散射效应,是一种二次拉曼散射现象,通常用于评估单壁碳纳米管的纯度或品质水平。至于 G 峰,其频率落在 $1500\sim1600\ cm^{-1}$,主要反映的是石墨晶格中相邻两碳原子之间的切向振动行为。当石墨烯片层卷曲形成单壁碳纳米管时,原本的切向振动对称性遭到破坏,致使单壁碳纳米管的 G 峰呈现出复杂的多峰结构,常表现为 G^+(位于 $1590\ cm^{-1}$ 附近)和 G^-(位于 $1570\ cm^{-1}$ 附近)两个子峰[159]。通过细致研究 G 峰的峰值特性,可以进一步推测单壁碳纳米管的导电性能特征。

结合 Kataura 图(图 2-36)分析,拉曼光谱还能推断出单壁碳纳米管的手性指数 (n,m)[158]。

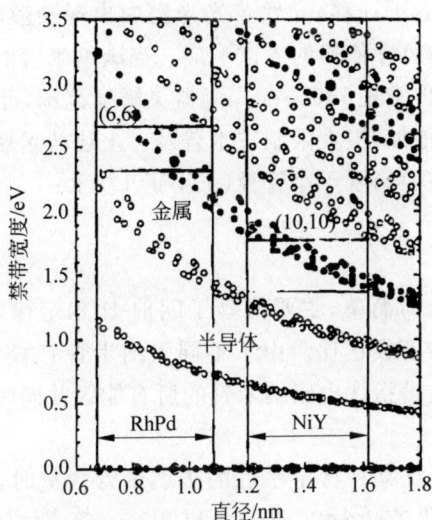

图 2-36 单壁碳纳米管的 Kataura 图[158]

拉曼光谱具有快速、灵敏、无损等优点,而且可以给出碳纳米管的壁数、管径、金属/半导体性甚至手性等信息,因此拉曼光谱已经成为碳纳米管研究领域不可或缺的手段之一。

2.10.7 荧光激发光谱

荧光激发光谱(fluorescence excitation spectrum,PLE)是通过波长连续变化的激光激发样品,测量对应波长下样品发射的荧光信号,从而获得碳纳米管的电子结构信息。2002 年,O'Connell 等[160]将单壁碳纳米管分散在水溶液中,并经过超声、离心等操作,得到了浓度为 $20\sim25\ mg/mL$、分散性较好的碳纳米管水溶液。

使用该溶液样品,他们首次给出了碳纳米管激发光谱,并将实验结果与通过紧束缚模型计算得到的碳纳米管 S11-S22 对应的位置进行对比,发现两者的分布基本一致,因此可以清晰地表征每一个荧光峰位所对应的碳纳米管手性。

相比于溶液相碳纳米管,对于基底上单根碳纳米管荧光测量的研究相对较少,这是因为基底的存在可能会猝灭碳纳米管的荧光。2003 年,Hartschuh 等[161] 将碳纳米管旋涂在玻璃盖玻片上,使用 633 nm 激光进行激发,在 850 nm 以上的波长范围检测到了碳纳米管的荧光。

荧光激发光谱法在碳纳米管表征中的应用存在显著局限性,其适用场景与材料特性及仪器配置密切相关。对于半导体型碳纳米管,该技术仅适用于具有较好分散性的溶液体系(通常需通过超速离心或表面活性剂修饰实现),而金属型碳纳米管由于零带隙特性无法产生荧光信号,导致方法失效。即便针对半导体型碳纳米管,其表征仍面临三重关键挑战:①聚集态干扰机制。当碳纳米管以管束形式存在时,相邻管间引发激子迁移,导致荧光光谱中出现杂散峰,严重干扰手性指数 (n, m) 的准确判定。②尺寸依赖的光谱响应。当碳纳米管的管径超过 1.3 nm 时,导致发射波长过长,超出常规 InGaAs 探测器灵敏度范围,此时需采用 HgCdTe 探测器,但此类设备成本增加,极大限制技术普及。上述技术瓶颈使得荧光激发光谱法在碳纳米管表征中主要局限于小管径(d 小于 1.3 nm)、单分散半导体管体系。

2.10.8 吸收光谱

吸收光谱的原理较为简单,主要依赖于朗伯-比尔定律,即吸光度与光在样品中的传播距离和样品浓度成正比。由于不同碳纳米管有着不同的吸收峰位,因此理论上可以根据吸收光谱指认出碳纳米管的所有能级并同时给出溶液中碳纳米管的浓度。

当利用吸收光谱表征某种特定手性的碳纳米管含量时,通常需要该种手性有着较高的纯度。例如,北京大学 Li 等[162] 和 Zhang 等[163] 分别采用表面活性剂超声的方法将表面法合成的高度富集的(12,6)和(14,4)碳纳米管转移到溶液中,并进行了大量的试样累积,得到了各样品的吸收率,最后测定了试样中所含组分碳纳米管的含量。图 2-37(a)为理想的单分散单壁碳纳米管的模型,其单壁碳纳米管的吸收光谱如图 2-37(b)所示,他们将从 40 多个阵列收集的单壁碳纳米管分散在十二烷基硫酸钠溶液中,进行紫外-可见-近红外吸收光谱表征,如图 2-37(c)所示。结果表明,(12,6)单壁碳纳米管的丰度估计高于 90%[162]。

然而,受限于碳纳米管吸收截面较小的问题,测量吸收光谱通常需要较高浓度的样品。若样品中包含多种结构的碳纳米管,则其吸收峰会彼此交叠,很难一一给出光谱指认。在观测不透明基底上的样品时,光线穿过样品后在基底上发生反射,其强度和偏振状态会与未经过样品直接反射的光之间有明显的差异,这种差异称为衬度。衬度谱和吸收光谱十分相似,都可以反映碳纳米管的电子结构信息。结

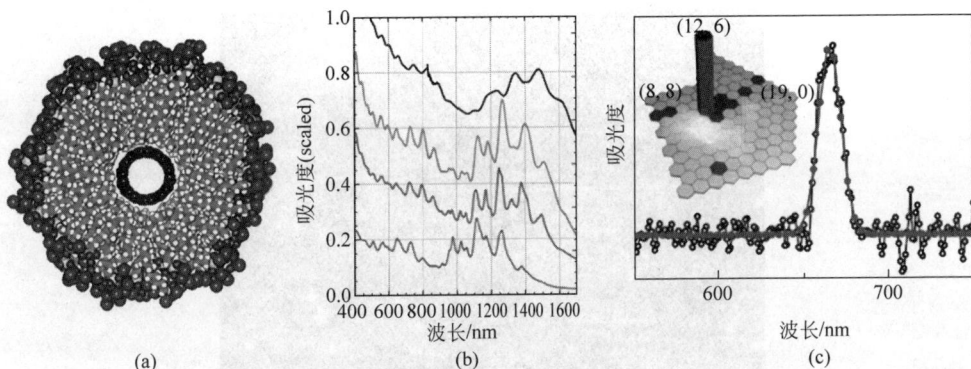

图 2-37 碳纳米管的吸收光谱[162]

(a) 理想的单分散单壁碳纳米管模型；(b) 典型的单壁碳纳米管吸收光谱；

(c) 紫外-可见-近红外吸收光谱测试

合交叉偏振技术的衬度可以表征单根碳纳米管的电子结构，也可以给出一个区域内碳纳米管的吸光信息。

2.10.9 瑞利光谱

与荧光激发光谱相似，瑞利光谱是通过探测碳纳米管的多个跃迁能级来对碳纳米管的手性进行表征。瑞利光谱具有激发光和散射光能量相同的特点，理论上可以通过超连续激光的激发而得到该波段范围内碳纳米管所有的电子能级，因此在单根管的表征上比荧光激发光谱法更具优势。然而，瑞利光谱并不能取代荧光激发光谱，因为对于单一激发波长，瑞利光谱只能得到一个电子能级，而荧光激发光谱则可以同时给出两个电子激发能，因此瑞利光谱无法对多根碳纳米管的混合体系进行测量，这极大地限制了瑞利光谱在溶液相样品表征中的应用。此外，由于瑞利光谱属于弹性散射（即入射光和散射光波长相等），因此来自基底的散射会严重影响光谱测量，这通常可由选择悬空样品或结合暗场技术加以解决。由于碳纳米管的跃迁能不同，其散射光的能量也各不相同，因此可以在显微镜下观察到不同的颜色，如图 2-38 所示[164]。甚至碳纳米管分子内结两端不同手性的碳纳米管也可以通过颜色清晰地分辨。由于瑞利散射的激发光和散射光波长相同，因此在测量时需要排除基底或其他杂质对激发光的散射。

共振瑞利散射效应使得与碳纳米管跃迁能相匹配的光子所产生的瑞利散射强度远超其他能量光子，基于此，通过分析散射光光谱即可获取一系列碳纳米管的跃迁能。该方法对光路与样品洁净度的要求比拉曼光谱法更为严苛，不过其优势在于对各类结构的碳纳米管均具有普适性，且能一次性测定多个跃迁能量。鉴于绝大多数碳纳米管在可见光区至少存在一个吸收峰，相较于荧光激发光谱，瑞利光谱对检测器性能及样品直径的要求更低，还可用于大管径碳纳米管的手性识别。然而，与其他碳纳米管表征方法相比，瑞利光谱技术在样品制备、仪器结构等方面操

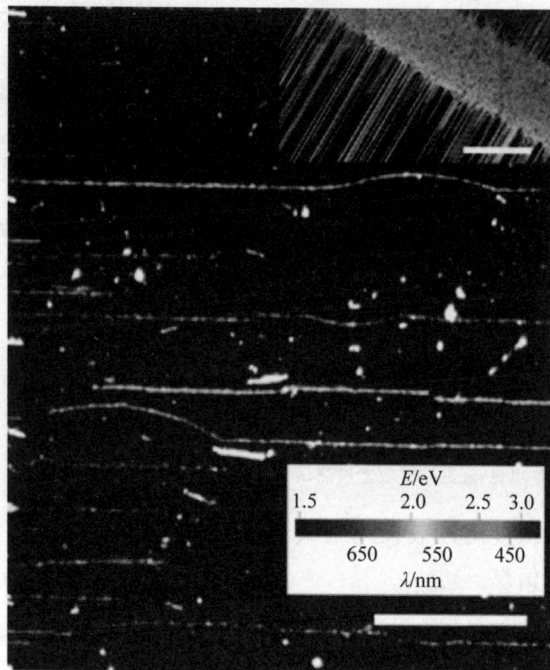

图 2-38　单壁碳纳米管的暗场瑞利成像[164]

作较为复杂,仅适用于样品表征,难以与其他实验手段协同开展原位表征等工作。

　　还有一些其他方法可以表征碳纳米管的电子结构,如光电流法、电荷转移猝灭法等。但这些方法通常较为复杂,且实用性很低,因此不再赘述。

参考文献

[1]　KRÄTSCHMER W,LAMB L D,FOSTIROPOULOS K,et al. Solid C60：a new form of carbon[J]. Nature,1990,347：354-358.

[2]　IIJIMA S. Helical microtubules of graphitic carbon[J]. Nature,1991,354：56-58.

[3]　IIJIMA S,ICHIHASHI T. Single-shell carbon nanotubes of 1-nm diameter[J]. Nature,1993,363：603-605.

[4]　SUN L F,XIE S S,LIU W,et al. Materials-creating the narrowest carbon nanotubes[J]. Nature,2000,403：384.

[5]　QIN L C,ZHAO X L,HIRAHARA K,et al. Materials science-the smallest carbon nanotube[J]. Nature,2000,408：50-51.

[6]　TAKIZAWA M,BANDOW S,YUDASAKA M,et al. Change of tube diameter distribution of single-wall carbon nanotubes induced by changing the bimetallic ratio of Ni and Y catalysts[J]. Chem. Phys. Lett. ,2000,326(4)：351-357.

[7]　YUDASAKA M,KOKAI F,TAKAHASHI K,et al. Formation of single-wall carbon nanotubes：comparison of CO_2 laser ablation and Nd：YAG laser ablation[J]. J. Phys.

Chem. B,1999,103(18): 3576.

[8] DAS R,SHAHNAVAZ Z,ALI M E,et al. Can we optimize arc discharge and laser ablation for well-controlled carbon nanotube synthesis? [J]. Nanoscale Res. Lett. , 2016, 11(1): 510.

[9] CHRZANOWSKA J, HOFFMAN J, MAŁOLEPSZY A, et al. Synthesis of carbon nanotubes by the laser ablation method: effect of laser wavelength[J]. Physico Status Solid B,2015,252(8): 1860-1867.

[10] GUO T,NIKOLAEV P,RINZLER A,et al. Self-assembly of tubular fullerenes[J]. J. Phys. Chem. ,1995,99(27): 10694-10697.

[11] DAI H,RINZLER A G, NIKOLAEV P, et al. Single-wall nanotubes produced by metalcatalyzed disproportionation of carbon monoxide[J]. Chem. Phys. Lett. ,1996,260 (3/4): 471-475.

[12] LI Y M,KIM W,ZHANG Y G,et al. Growth of single-walled carbon nanotubes from discrete catalytic nanoparticles of various sizes[J]. J. Phys. Chem. B, 2001, 105 (46): 11424-11431.

[13] DING F,BOLTON K,ROSEN A,et al. Nucleation and growth of single-walled carbon nanotubes: a molecular dynamics study[J]. J. Phys. Chem. B,2004,108(45): 17369-17377.

[14] DING L, YUAN D, LIU J. Growth of high-density parallel arrays of long single-walled carbon nanotubes on quartz substrates[J]. J. Am. Chem. Soc. ,2008,130(16): 5428-5429.

[15] YANG Z,CHEN X,NIE H,et al. Direct synthesis of ultralong carbon nanotube bundles by spray pyrolysis and investigation of growth mechanism[J]. Nanotechnology, 2008, 19(8): 5606-5613.

[16] ZHANG R F,WEN Q, QIAN W Z, et al. Superstrong ultralong carbon nanotubes for mechanical energy storage[J]. Adv. Mater. ,2011,23(3): 3387-3391.

[17] HAN S,LIU X L,ZHOU C W. Template-free directional growth of single-walled carbon nanotubes on r-plane sapphire[J]. J. Am. Chem. Soc. ,127(15): 5294-5295.

[18] HU Y,KANG L X,ZHAO Q C,et al. Growth of high-density horizontally aligned SWNT arrays using Trojan catalysts[J]. Nat. Commun. ,2015,6: 6099.

[19] HU Y,ZHANG H J,ZHANG S C,et al. Confined Fe catalysts for high-density SWNT arrays growth: a new territory for catalyst-substrate interaction engineering[J]. Small, 2021,17(47): e2103433.

[20] HUANG S M,WOODSON M,SMALLEY R,et al. Growth mechanism of oriented long single walled carbon nanotubes using "fast-heating" chemical vapor deposition process[J]. Nano Lett. ,2004,4: 1025-1028.

[21] DITTMER S,SVENSSON J,CAMPBELL E E B. Electric field aligned growth of single-walled carbon nanotubes[J]. Curr. Appl. Phys. ,2004,4(6): 595-598.

[22] JOSELEVICH E,LIEBER C M. Vectorial growth of metallic and semiconducting single-wall carbon nanotubes[J]. Nano Lett. ,2002,2: 1137-1141.

[23] URAL A、LI Y M, DAI H J. Electric-field-aligned growth of single-walled carbon nanotubes on surfaces[J]. Appl. Phys. Lett. ,2002,81(18): 3464-3466.

[24] YAMASHITA S,INOUE Y,MARUYAMA S,et al. Saturable absorbers incorporating carbon nanotubes directly synthesized onto substrates and fibers and their application to

mode-locked fiber lasers[J]. Opt. Lett. ,2004,29(14): 1581-1583.

[25] XU Y Q,FLOR E,KIM M J,et al. Vertical array growth of small diameter single-walled carbon nanotubes[J]. J. Am. Chem. Soc. ,2006,128(20): 6560-6561.

[26] YOUN S K,YAZDANI N,PATSCHEIDER J,et al. Facile diameter control of vertically aligned,narrow single-walled carbon nanotubes[J]. RSC Adv. ,2013,3: 1434-1441.

[27] TSUJI T,HATA K,FUTABA D,et al. Unexpected efficient synthesis of millimeter-scale single-wall carbon nanotube forests using a sputtered MgO catalyst underlayer enabled by a simple treatment process[J]. J. Am. Chem. Soc. ,2016,138(51): 16608-16611.

[28] KIM S M,PINT C,AMAMA P B,et al. Evolution in catalyst morphology leads to carbon nanotube growth termination[J]. J. Phys. Chem. Lett. ,2010,1(6): 918-922.

[29] HASEGAWA K,NODA S. Moderating carbon supply and suppressing Ostwald ripening of catalyst particles to produce 4. 5-mm-tall single-walled carbon nanotube forests[J]. Carbon,2011,49(13): 4497-4504.

[30] NODA S, HASEGAWA K, SUGIME H, et al. Millimeter-thick single-walled carbon nanotube forests: Hidden role of catalyst support[J]. Jpn. J. Appl. Phys. ,2007,46: L399-L401.

[31] ZHANG G,MANN D,ZHANG L,et al. Ultra-high-yield growth of vertical single-walled carbon nanotubes: Hidden roles of hydrogen and oxygen[J]. P. Natl. Acad. Sci. USA. ,2005,102(45): 16141-16145.

[32] LEE D H,LEE WJ ,KIM S O. Vertical single-walled carbon nanotube arrays via block copolymer lithography[J]. Chem. Mater. ,2009,21(7): 1368-1374.

[33] EBBESEN T W,AJAYAN P M. Large-scale synthesis of carbon nanotubes[J]. Nature, 1992,358(6383): 220-222.

[34] WANG M,ZHAO X L,OHKOHCHI M O M,et al. Carbon nanotubes grown on the surface of cathode deposit by arc discharge[J]. Fullerene Sci. Techn. ,1996,4: 1027-1039.

[35] ZHAO X L,WANG M,OHKOHCHI M O M,et al. Morphology of carbon nanotubes prepared by carbon arc[J]. Jpn. J. Appl. Phys. ,1996,35(8): 4451.

[36] ZHAO X,OHKOHCHI M,WANG M,et al. Preparation of high-grade carbon nanotubes by hydrogen arc discharge[J]. Carbon,1997,35(6): 775-781.

[37] LI W Z,XIE S S,QIAN L X,et al. Large-scale synthesis of aligned carbon nanotubes[J]. Science,1996(593): 1701-1703.

[38] ZHANG D S,SHI L Y,FANG J H,et al. Preparation and desalination performance of multiwall carbon nanotubes[J]. Mater. Chem. Phys. ,2006,97(2-3): 415-419.

[39] JIANG Q,SONG L J,YANG H,et al. Preparation and characterization on the carbon nanotube chemically modified electrode grown in situ[J]. Electrochem. Commun. ,2008,10 (3): 424-427.

[40] XU X J,HUANG S M,YANG Z,et al. Controllable synthesis of carbon nanotubes by changing the Mo content in bimetallic Fe-Mo/MgO catalyst[J]. Mater. Chem. Phys. ,2011, 127: 379-384.

[41] JEONG N,SEO Y,LEE J. Vertically aligned carbon nanotubes synthesized by the thermal pyrolysis with an ultrasonic evaporator[J]. Diam. Relat. Mater. ,2007,16(3): 600-608.

[42] YANG Z,NIE H G,ZHOU X M,et al. Synthesizing a well-aligned carbon nanotube forest

with high quality via the nebulized spray pyrolysis method by optimizing ultrasonic frequency[J]. Nano,2011,6(4): 343-348.

[43] YANG Z,NIE H G,ZHOU X M,et al. Investigation of homologous series as precursory hydrocarbons for aligned carbon nanotube formation by the spray pyrolysis method[J]. Nano,2011,6(3): 205-213.

[44] ZHANG Q,HUANG J Q,ZHAO M Q,et al. Carbon nanotube mass production: Principles and processes[J]. ChemSusChem,2011,4(7): 864-889.

[45] ZHANG Q,HUANG J Q,QIAN W Z,et al. The road for nanomaterials industry: a review of carbon nanotube production, post-treatment, and bulk applications for composites and energy storage[J]. Small,2013,9(8): 1237-1265.

[46] ZHANG Q,ZHAO M Q,HUANG J Q,et al. Vertically aligned carbon nanotube arrays grown on a grown on a lamellar catalyst by fluidized bed catalytic chemical vapor deposition[J]. Carbon,2009,47(11): 2600-2610.

[47] SAITO T,OHSHIMA S,OKAZAKI T,et al. Selective diameter control of single-walled carbon nanotubes in the gas-phase synthesis[J]. J. Nanosci. Nanotechn. , 2008,8(11): 6153-6157.

[48] BONARD J M,STORA T,SALVETAT J T,et al. Purification and size-selection of carbon nanotubes[J]. Adv. Mater. ,1997,9: 827-831.

[49] BANDOW S,RAO A M,WILLIAMS K A,et al. Purification of single-wall carbon nanotubes by microfiltration[J]. J. Phys. Chem. B,1997,101(44): 8839-8842.

[50] SHELIMOV K B,ESENALIEV R O,RINZLER A G,et al. Purification of single-wall carbon nanotubes by ultrasonically assisted filtration[J]. Chem. Phys. Lett. ,1998,282(5-6): 429-434.

[51] YUDASAKA M,ZHANG M,JABS C J S,et al. Effect of an organic polymer in purification and cutting of single-wall carbon nanotubes[J]. Appl. Phys. Mater. Sci. ,2000, 71(4): 449-451.

[52] 王垚,魏飞,罗国华,等. 一种利用真空高温纯化碳纳米管的方法: CN1188345C[P]. 2003-03-21.

[53] YAMAMOTO K,AKITA S,NAKAYAMA Y. Orientation and purification of carbon nanotubes using ac electrophoresis[J]. J. Phys. D Appl. Phys. ,1998,31(8): 34-42.

[54] DUESBERG G S,BURGHARD M,MUSTER J,et al. Separation of carbon nanotubes by size exclusion chromatography[J]. Chem. Commun. ,1998,3(3): 435-436.

[55] HOLZINGER M,HIRSCH A,BERNIER P,et al. A new purification method for single-wall carbon nanotubes(SWNTs)[J]. Appl. Phys. A Mater. Sci. ,2000,70(5): 599-602.

[56] YU A,BEKYAROVA E,ITKIS M E,et al. Application of centrifugation to the large-scale purification of electric arc-produced single-walled carbon nanotubes[J]. J. Am. Chem. Soc. ,2006,128(30): 9902-9908.

[57] NAEIMI H,MOHAJERI A,MORADI L,et al. Efficient and facile one pot carboxylation of multiwalled carbon nanotubes by using oxidation with ozone under mild conditions[J]. Appl. Surf. Sci. ,2009,256(3): 631-635.

[58] RONG H,LIU Z,WU Q,et al. A facile and efficient gas phase process for purifying single-walled carbon nanotubes[J]. Curr. Appl. Phys. ,2010,10: 1231-1235.

[59] HERNADI K, SISKA A, THIEN-NGA L, et al. Reactivity of different kinds of carbon during oxidative purification of catalytically prepared carbon nanotubes[J]. Solid State Ionics, 2001, 141-142: 203-209.

[60] 孙芳, 廉永福. 单壁碳纳米管的纯化[J]. 哈尔滨师范大学自然科学学报, 2013, 29(2): 41-43.

[61] VOITKO K, AJNA T, DEMIANENKO E, et al. Catalytic performance of carbon nanotubes in H_2O_2 decomposition: experimental and quantum chemical study[J]. J. Colloid Interf. Sci., 2015, 437: 283-290.

[62] 杨占红, 吴浩青, 李品, 等. 碳纳米管的纯化-电化学氧化法[J]. 高等学校化学学报, 2001, 22: 446-449.

[63] MORAITIS G, SPITALSKY Z, RAVANI F, et al. Electrochemical oxidation of multi-wall carbon nanotubes[J]. Carbon, 2011, 49(8): 2702-2708.

[64] CHEN W M, WAN M, LIU Q, et al. Heteroatom-doped carbon materials: Synthesis, mechanism, and application for sodium-ion batteries[J]. Small Methods, 2018, 3(4): 1800323.

[65] YANG Z, NIE H G, CHEN X A, et al. Recent progress in doped carbon nanomaterials as effective cathode catalysts for fuel cell oxygen reduction reaction[J]. J. Power Sources, 2013, 236: 238-249.

[66] GONG K P, DU F, XIA Z H, et al. Nitrogen-doped carbon nanotube arrays with high electrocatalytic activity for oxygen reduction[J]. Science, 2009, 323(5915): 760-764.

[67] ZHOU X M, YANG Z, NIE H G, et al. Catalyst-free growth of large scale nitrogen-doped carbon spheres as efficient electrocatalysts for oxygen reduction in alkaline medium[J]. J. Power Sources, 2011, 196(23): 9970-9974.

[68] HOU H J, SHAO L J, ZHANG Y, et al. Large-area carbon nanosheets doped with phosphorus: a high-performance anode material for sodium-ion batteries[J]. Adv. Sci., 2016, 4(1): 1600243.

[69] YANG L, JIANG S, ZHAO Y, et al. Boron-doped carbon nanotubes as metal-free electrocatalysts for the oxygen reduction reaction[J]. Angew. Chem. Int. Edit., 2011, 50(31): 7270-7273.

[70] CHARLIER J C, TERRONES M, BAXENDALE M, et al. Enhanced electron field emission in B-doped carbon nanotubes[J]. Nano Lett., 2002, 2(11): 1191.

[71] YANG Z, YAO Z, LI G F, et al. Sulfur-doped graphene as an efficient metal-free cathode catalyst for oxygen reduction[J]. ACS Nano, 2012, 6(1): 205-211.

[72] JIN Z P, NIE H G, YANG Z, et al. Metal-free selenium doped carbon nanotube/graphene networks as a synergistically improved cathode catalyst for oxygen reduction reaction[J]. Nanoscale, 2012, 4(20): 6455-6460.

[73] ALI Z, MEHMOOD M, AHMAD J, et al. Fluorine doped CNTs for efficient OER activity outperforming iridium supported carbon electrocatalyst[J]. J. Appl. Electrochem., 2021, 51: 1573-1581.

[74] ABDELKADER V K, SCELFO S, GARCÍA-GALLARÍN C, et al. Carbon tetrachloride cold plasma for extensive chlorination of carbon nanotubes[J]. J. Phys. Chem. C, 2013, 117(32): 16677-11685.

[75] BULUSHEVA L G, OKOTRUB A V, FLAHAUT E, et al. Bromination of double-walled

carbon nanotubes[J]. Chem. Mater. ,2012,24: 2708-2715.

[76] YAO Z,NIE H G,YANG Z,et al. Catalyst-free synthesis of iodine-doped graphene via a facile thermal annealing process and its use for electrocatalytic oxygen reduction in an alkaline medium[J]. Chem. Commun. ,2012,48: 1027-1034.

[77] TABASSUM H,ZHI C X,HUSSAIN T,et al. Encapsulating trogtalite CoSe$_2$ nanobuds into BCN nanotubes as high storage capacity sodium ion battery anodes[J]. Adv. Energy Mater. ,2019,9(39): 1901778. 1-1601778. 10.

[78] WU Z S,PARVEZ K,WINTER A,et al. Layer-by-layer assembled heteroatom-doped graphene films with ultrahigh volumetric capacitance and rate capability for micro-supercapacitors[J]. Adv. Mater. ,2014,26(26): 4552-4558.

[79] CHOI C H,PARK S H,WOO S I,et al. Binary and ternary doping of nitrogen,boron,and phosphorus into carbon for enhancing electrochemical oxygen reduction activity[J]. ACS Nano,2012,6(8): 7084-7091.

[80] CHAO S J,CUI Q,BAI Z Y,et al. Template-free synthesis of hierarchical peanut-like Co and N codoped porous carbon with highly efficient catalytic activity for oxygen reduction reaction[J]. Electrochim. Acta,2015,177: 79-85.

[81] QIAO Y,MA M Y,LIU Y,et al. First-principles and experimental study of nitrogen/sulfur co-doped carbon nanosheets as anodes for rechargeable sodium ion batteries[J]. J. Mater. Chem. A,2016,4: 15565-15574.

[82] LIU Z,NIE H G,YANG Z,et al. Sulfur-nitrogen co-doped three-dimensional carbon foams with hierarchical pore structures as efficient metal-free electrocatalysts for oxygen reduction reaction[J]. Nanoscale,2013,5(8): 3238-3283.

[83] YANG J,ZHOU X,WU D,et al. S-Doped N-Rich carbon nanosheets with expanded interlayer distance as anode materials for sodium-ion batteries[J]. Adv. Mater. ,2017, 29: 6.

[84] LEE J,PARK J,LEE S,et al. Selective electron-or hole-transport enhancement in bulk-heterojunction organic solar cells with N-or B-doped carbon nanotubes[J]. Adv. Mater. , 2011,23: 629.

[85] CHO J,PARK C. Hydrogen storage on Li-doped single-walled carbon nanotubes: Computer simulation using the density functional theory[J]. Catal. Today,2007,120: 407.

[86] ZHANG L,PEI L,LI H,et al. Preparation and characterization of Na and F co-doped hydroxyapatite coating reinforced by carbon nanotubes and SiC nanoparticles[J]. Mater. Lett. ,2018,218: 161.

[87] YANG Z,ZHOU X,NIE H,et al. Facile construction of manganese oxide doped carbon nanotube catalysts with high activity for oxygen reduction reaction and investigations into the origin of their activity enhancement[J]. ACS Appl. Mater. Interfaces,2011,3: 2601.

[88] MATSUNAGA R,MATSUDA K,KANEMITSU Y. Observation of charged excitons in hole-doped carbon nanotubes using photoluminescence and absorption spectroscopy[J]. Phys. Rev. Lett. ,2011,106: 037404.

[89] PAN Y,LIU Y,LIN Y,et al. Metal doping effect of the M-Co$_2$P/Nitrogen-doped carbon nanotubes(M= Fe, Ni, Cu) hydrogen evolution hybrid catalysts[J]. ACS Appl. Mater. Interfaces,2016,8: 13890.

[90] MA X,ADAMSKA L,YAMAGUCHI H,et al. Electronic structure and chemical nature of oxygen dopant states in carbon nanotubes[J]. ACS Nano,2014,8: 10782.

[91] ZHANG Z,CHO K. Ab initio study of hydrogen interaction with pure and nitrogen-doped carbon nanotubes[J]. Phys. Rev. B,2007,75: 075420.

[92] BRITZ D,KHLOBYSTOV A. Noncovalent interactions of molecules with single walled carbon nanotubes[J]. Chem. Inform. ,2006,37: 38.

[93] YANG Z,CHEN X,CHEN C, et. al, Noncovalent-wrapped sidewall multiwalled carbon nanotubes functionalization of with polyimide[J]. Polymer Comp. ,2007,1: 36-41.

[94] QI Z,TAN Y,WANG H,et al. Effects of noncovalently functionalized multiwalled carbon nanotube with hyperbranched polyesters on mechanical properties of epoxy composites [J]. Polym. Test. ,2017,38: 47.

[95] CHERPAK V,KOROLOVYCH V,GERYAK R,et al. Robust chiral organization of cellulose nanocrystals in capillary confinement[J]. Nano Lett. ,2018,18: 11.

[96] WANG Y,LIU Z,WANG X,et al. Rapid and quantitative analysis of exosomes by a chemiluminescence immunoassay using superparamagnetic iron oxide particles[J]. J. Biomed. Nanotechnol. ,2019,15: 1.

[97] 李瑞东,侯立安,张志利,等.碳纳米管-环糊精复合材料对 Eu(Ⅲ)的吸附[J].原子能科学技术,2010,44: 1043-1046.

[98] FU Y,YANG C,LVOV Y,et al. Antioxidant sustained release from carbon nanotubes for preparation of highly aging resistant rubber[J]. Chem. Eng. J. ,2017,6: 142.

[99] BRITZ D,KHLOBYSTOV A. Noncovalent interactions of molecules with single walled carbon nanotubes[J]. Chem. Inform. ,2006,7: 637.

[100] SABAGHIAN S,RASEKH B,YAZDIAN F, et al. Effect of starch/CNT on bio desulfurization using molecular dynamic simulation[J]. J. Mol. Model. ,2019,25: 352.

[101] BARZEGAR A,MANSOURI A,AZAMAT J,et al. Molecular dynamics simulation of non-covalent single-walled carbon nanotube functionalization with surfactant peptides[J]. J. Mol. Graphics Modell. ,2016,64: 75.

[102] LIU L,WANG T,LI J,et al. Self-assembly of gold nanoparticles to carbon nanotubes using a thiol-terminated pyrene as interlinker[J]. Chem. Phy. Lett. ,2003,5: 747.

[103] YANG D,HENNEQUIN B,SACHER E. XPS Demonstration of $\pi\pi$ interaction between Benzyl mercaptan and multiwalled carbon nanotubes and their use in the adhesion of Pt nanoparticles[J]. Chem. Mater. ,2006,18: 5033.

[104] 田胜,池昊,顾晨露,等.碳纳米管的功能化修饰及其药物负载的研究进展[J].江苏大学学报(医学版),2021,31: 38-43.

[105] ALAM J,ALAM M,DASS L,et al. Development of plasticized PLA/NH_2-CNTs nanocomposite: potential of NH_2-CNTs to improve electroactive shape memory properties[J]. Polym. Compos. ,2014,35: 2129.

[106] WANG X,YANG G,CHAI G,et al. Fabrication of heterostructured UIO-66-NH_2/CNTs with enhanced activity and selectivity over photocatalytic CO_2 reduction [J]. Int. J. Hydrogen Energ. ,2020,45: 30634.

[107] XU Z,ZHANG D,LI Z,et al. Waterproof flexible pressure sensors based on electrostatic self-assembled MXene/NH_2-CNTs for motion monitoring and electronic skin[J]. ACS

Appl. Mater. Interfaces,2023,15: 32569.

[108] WANG L,FENG S,ZHAO J,et al. A facile method to modify carbon nanotubes with nitro/amino groups[J]. Appl. Surf. Sci. ,2010,256: 6060.

[109] ZAPOROTSKOVA I,BOROZNINA N,DRYUCHKOV E,et al. Surface functionalization of CNTs by a nitro group as a sensor device element: theoretical research[J]. J. Mater. Sci. Technol. ,2021,6: 113.

[110] 许苗,李彩兰,蔡永杰,等. 碳纳米管非共价功能化的应用进展[J]. 化学与生物工程,2023,40: 1-7.

[111] LEI Y,XIONG C,DONG L,et al. Ionic liquid of ultralong carbon nanotubes[J]. Small,2007,3: 1889.

[112] LIU P,LI Y,WU C,et al. Theoretical estimation on electrical conductivity,synergy effect and piezoresistive behavior for nanocomposites with hybrid carbon nanotube/graphene based on modified Bethe lattice method[J]. Comp. Mater. Sci. ,2022,202: 110986.

[113] HWANG T,LEE J,MUN J,et al. Surface-modified carbon nanotube coating on high-voltage $LiNi_{0.5}Mn_{1.5}O_4$ cathodes for lithium ion batteries[J]. J. Power Sources,2016,322: 40.

[114] ZHOU X,TIAN Z,LI J,et al. Synergistically enhanced activity of graphene quantum dot/multi-walled carbon nanotube composites as metal-free catalysts for oxygen reduction reaction[J]. Nanoscale,2014,6: 2603-2607.

[115] ZHOU X,NIE H,YAO Z,et al. Facile synthesis of nanospindle-like Cu_2O/straight multi-walled carbon nanotube hybrid nanostructures and their application in enzyme-free glucose sensing[J]. Sensors & Actuators,B: Chem. ,2012,168: 1-7.

[116] NIE H,YAO Z,ZHOU X,et al. Nonenzymatic electrochemical detection of glucose using well-distributed nickel nanoparticles on straight multi-walled carbon nanotubes [J]. Biosens. Bioelectron. ,2011,30: 28-34.

[117] SUN X,SUN H,LI H,et al. Developing polymer composite materials: Carbon nanotubes or graphene? [J]. Adv. Mater. ,2013,25: 5153-5176.

[118] JIA C,ZHOU X,WANG C,et al. Study on friction and wear properties of NBR/CNT composite bearing material[J]. China Ship Repair,2019,32: 37.

[119] SONG P,SONG J,ZHANG Y. Stretchable conductor based on carbon nanotube/carbon black silicone rubber nanocomposites with highly mechanical,electrical properties and strain sensitivity[J]. Compos. Part B-Eng. ,2020,191: 107979.

[120] LAACHACHI A,VIVET A,NOUET G,et al. A chemical method to graft carbon nanotubes onto a carbon fiber[J]. Mater. Lett. ,2008,62: 394-397.

[121] NASIBULIN A,PIKHITSA P,JIANG H,et al. A novel hybrid carbon material[J]. Nat. Nanotech. ,2007,2: 156-161.

[122] DONG X,LI B,WEI A,et al. One-step growth of graphene-carbon nanotube hybrid materials by chemical vapor deposition[J]. Carbon,2011,49: 2944-2949.

[123] ZHU X,NING G,FAN Z,et al. One-step synthesis of a graphene-carbon nanotube hybrid decorated by magnetic nanoparticles[J]. Carbon,2012,50: 2764-2771.

[124] YANG Z,ZHOU X,JIN Z,et al. A facile and general approach for the direct fabrication of 3d,vertically aligned carbon nanotube array/transition metal oxide composites as non-

Pt catalysts for oxygen reduction reactions[J]. Adv. Mater. ,2014,26: 3156-3161.

[125] LIU Z,WANG J,KUSHVAHA V,et al. Poptube approach for ultrafast carbon nanotube growth[J]. Chem. Commun. ,2011,47: 9912-9914.

[126] LI P,YANG Z,SHEN J,et al. Subnanometer molybdenum sulfide on carbon nanotubes as a highly active and stable electrocatalyst for hydrogen evolution reaction[J]. ACS Appl. Mater. Interfaces,2016,8: 3543-3550.

[127] YANG J,YANG Z, LI L, et al. Highly efficient oxygen evolution from CoS_2/CNT nanocomposites: Via a one-step electrochemical deposition and dissolution method[J]. Nanoscale,2017,9: 6886-6894.

[128] SHEN J,YANG Z,GE M,et al. Neuron-inspired interpenetrative network composed of cobalt-phosphorus-derived nanoparticles embedded within porous carbon nanotubes for efficient hydrogen production[J]. ACS Appl. Mater. Interfaces,2016,8: 17284-17291.

[129] HOU J,ZHOU X, YANG Z, et al. The electrochemical synthesis of CNTs/N-Cu_2S composites as efficient electrocatalysts for water oxidation[J]. J. Nanopart. Res. ,2020, 22: 12.

[130] GE M,ZHANG X,XIA S,et al. Uniform formation of amorphous cobalt phosphate on carbon nanotubes for hydrogen evolution reaction [J]. Chin. J. Chem. , 2021, 39: 2113-2118.

[131] ZHAN Y,LI Y,YANG Z,et al. Synthesis of a MoS_x-O-PtO_x electrocatalyst with high hydrogen evolution activity using a sacrificial counter-electrode[J]. Adv. Sci. , 2019, 6: 1801663.

[132] ZHAN Y,ZHOU X, NIE H, et al. Designing Pd/O Co-doped MoS_x for boosting the hydrogen evolution reaction[J]. J. Mater. Chem. A,2019,7: 15599-15606.

[133] ZHENG X,NIE H,ZHAN Y,et al. Intermolecular electron modulation by P/O bridging in an IrO_2-CoPi catalyst to enhance the hydrogen evolution reaction[J]. J. Mater. Chem. A,2020,8: 8273-8280.

[134] SURYANARAYANA C. Mechanical alloying and milling[J]. Prog. Mater. Sci. ,2001, 46: 1-184.

[135] 何天兵,何晓磊,唐鹏钧,等. 一种碳纳米管快速短化及在金属粉末中均匀分散的方法: CN106513662A[P]. 2016-10-31.

[136] 郑涛,张美杰,毛鸥,等. 一种导电导热的碳纳米管浆料制备用水冷球磨筒体: CN205731469U[P]. 2016-11-30.

[137] 郭超,邓炜,赵屹坤,等. 一种超声、均质分散碳纳米管水性浆料生产设备, CN215139421U[P]. 2021-12-14.

[138] ROSCA I,WATARI F,UO M,et al. Oxidation of multiwalled carbon nanotubes by nitric acid[J]. Carbon,2005,43: 3124-3131.

[139] MC C, COLEMAN J, CZERW R, et al. Microscopy studies of nanotube-conjugated polymer interactions[J]. Synth. Met. ,2001,121: 1225-1226.

[140] HILL D,LIN Y,RAO A,et al. Functionalization of carbon nanotubes with polystyrene [J]. Macromolecules,2002,35: 9466-9471.

[141] FUGETSU B,HAN W,ENDO N,et al. Disassembling single-walled carbon nanotube bundles by dipole/dipole electrostatic interactions[J]. Chem. Lett. ,2005,34: 1218-1219.

[142] 华成杰.石墨烯-炭黑复合填料水性导电碳浆性能研究[D].北京:中国矿业大学,2017.

[143] 祁传磊.碳纳米管导电浆料的制备及其在锂电池中的应用[D].北京:中国石油大学(北京),2016.

[144] XIE Y,QIAN L,LIN D,et al. Growth of homogeneous high-density horizontal SWNT arrays on sapphire through a magnesium-assisted catalyst anchoring strategy[J]. Angew. Chem. Int. Edit. ,2021,133: 9416-9419.

[145] LIU D,XIANG K,ZHANG S,et al. En route to high-density chiral single-walled carbon nanotube arrays using solid trojan catalysts[J]. Small,2023,19: 2205540.

[146] LIU K,WANG W,WU M,et al. Intrinsic radial breathing oscillation in suspended single-walled carbon nanotubes[J]. Phys. Rev. B,2011,83: 113404.

[147] HASSANIEN A, TOKUMOTO M, KUMAZAWA Y, et al. Atomic structure and electronic properties of single-wall carbon nanotubes probed by scanning tunneling microscope at room temperature[J]. Appl. Phys. Lett. ,1998,73: 3839-3841.

[148] KIM P,ODOM T W,HUANG J L,et al. Electronic density of states of atomically resolved single-walled carbon nanotubes: Van Hove singularities and end states[J]. Phys. Rev. Lett. ,1999,82: 1225.

[149] LAMBIN P,LUCAS A A,CHARLIER J C. Electronic properties of carbon nanotubes containing defects[J]. J Phys. Chem. Solids,1997,58: 1833-1837.

[150] CHICO L, CRESPI V H, BENEDICT L X, et al. Pure carbon nanoscale devices: Nanotube heterojunctions[J]. Phys. Rev. Lett. ,1996,76: 971.

[151] MCDOWELL B W,TABER B N,MILLS J M,et al. Modulation of carbon nanotube electronic structure by grain boundary defects in RbI on Au(111)[J]. J. Phys. Chem. Lett. ,2024,15: 439-446.

[152] IIJIMA S. Helical microtubules of graphitic carbon[J]. Nature,1991,354: 56-58.

[153] YOSHIDA H,TAKEDA S,UCHIYAMA T,et al. Atomic-scale in-situ observation of carbon nanotube growth from solid state iron carbide nanoparticles[J]. Nano Lett. ,2008, 8: 2082.

[154] JIN Z,CHU H B,WANG J Y,et al. Ultralow feeding gas flow guiding growth of large-scale horizontally aligned single-walled carbon nanotube arrays[J]. Nano Lett. ,2007,7: 2073-2079.

[155] GAO M,ZUO J M,TWESTEN R D,et al. Structure determination of individual single-wall carbon nanotubes by nanoarea electron diffraction[J]. Appl. Phys. Lett. ,2003,8: 2703-2705.

[156] DRESSELHAUS M S, DRESSELHAUS G, SAITO R, et al. Raman spectroscopy of carbon nanotubes[J]. Phys. Rep. ,2005,409: 47-99.

[157] JORIO A,SAITO R,HAFNER J,et al. Structural (n, m) determination of isolated single-wall carbon nanotubes by resonant Raman scattering[J]. Phys. Rev. Lett. ,2001, 86: 1118-1121.

[158] KATAURA H,KUMAZAWA Y,MANIWA Y. Optical properties of single-wall carbon nanotubes[J]. Synth. Met. ,1999,103: 2555-2558.

[159] BACHILO S,STRANO M,KITTRELL C,et al. Structure-assigned optical spectra of single-walled carbon nanotubes[J]. Science,2002,298: 2361-2366.

[160] O'CONNELL M，BACHILO S，HUFFMAN C，et al. Band gap fluorescence from individual single-walled carbon nanotubes[J]. Science，2002，297：593-596.

[161] TSYBOULSKI D，ROCHA J，BACHILO S，et al. Structure-dependent fluorescence efficiencies of individual single-walled carbon nanotubes[J]. Nano Lett.，2008，8：1270-1270.

[162] YANG F，WANG X，ZHANG D，et al. Chirality-specific growth of single-walled carbon nanotubes on solid alloy catalysts[J]. Nature，2014，510：522-524.

[163] ZHANG S，KANG L，WANG X，et al. Arrays of horizontal carbon nanotubes of controlled chirality grown using designed catalysts[J]. Nature，2017，543：234-238.

[164] JOH D，HERMAN L，JU S，et al. On-chip rayleigh imaging and spectroscopy of carbon nanotubes[J]. Nano Lett.，2010，11：1.

第3章

碳纳米管在锂离子电池中的应用

3.1 锂离子电池与碳纳米管

当前,随着石油、天然气等传统化石燃料的日益枯竭,全球对风能、太阳能、地热能等可再生能源的关注显著提升。然而,这些清洁能源的间歇性和地域局限性,使得其稳定供能成为一大难题。在此背景下,锂离子电池(lithium ion battery, LIB)凭借其卓越的能量储存能力,成为连接可再生能源与稳定电力供应之间的关键桥梁,实现了飞速的技术进步与市场扩展。锂离子电池作为先进的电化学储能装置,其核心竞争力在于高能量密度、高功率输出,以及长期稳定的循环性能。这些特性不仅满足了便携式电子设备对轻量化和长效续航的需求,也为智能交通系统的电动化转型提供了强大的动力支持,同时在智能医学诊疗等新兴领域展现出广阔的应用前景。

从市场应用层面观察,锂离子电池已深度融入我们的日常生活,从智能手机到便携式计算机,再到电动汽车,其身影无处不在。智能手机单个电池容量一般介于$15 \sim 25$ W·h之间,便携式计算机电池的容量范围在$50 \sim 100$ W·h,电动汽车容量则大幅提升至$10 \sim 50$ kW·h。电池的迅速发展给人类带来了全新的生活方式。

2019年诺贝尔化学奖的颁发,不仅是对J. B. Goodenough、M. S. Whittingham和A. Yoshino三位科学家在锂离子电池领域开创性贡献的认可(图3-1),也是对全球范围内锂离子电池技术持续创新与广泛应用的肯定。这一奖项不仅彰显了锂离子电池在能源转型中的重要地位,也激励着更多科研工作者投身于新能源与储能技术的研发,共同探索更加清洁、高效、可持续的能源未来。

锂离子电池工作的示意图如图3-2所示。锂离子电池在充电过程中,锂离子会从富锂正极(如磷酸铁锂)脱出,通过电解液运输到电池负极,并嵌入负极材料(如石墨)的晶格中,同时电子由外部电路流向负极(电流流向正极)。此时,电池正极由富锂状态转变为高电位的贫锂状态,负极则处于低电位富锂状态。放电过程则与之相反,锂离子从富锂负极脱出,通过隔膜嵌入贫锂状态的电池正极,同时电子从外部电路流入电池正极。在充放电过程中,锂离子在正、负极之间往返嵌入/脱嵌,因此锂离子电池也被形象地称为"摇椅"电池。

图 3-1　2019 年诺贝尔化学奖获得者

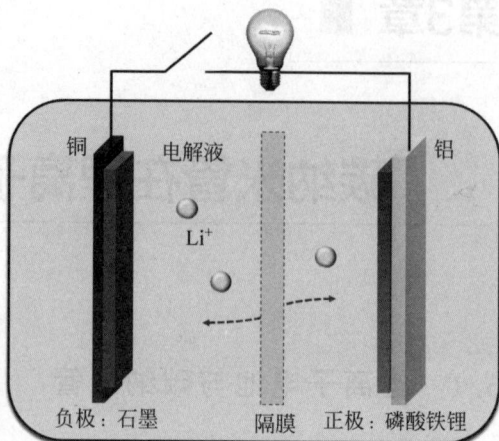

图 3-2　锂离子电池工作示意图

锂离子电池的正极材料体系丰富多样,主要可划分为三大类:一是以 $LiMO_2$（M 代表 Ni、Co、Mn 等元素）为代表的层状结构材料及其衍生的二元、三元复合材料,这类材料因其独特的层状结构而展现出优异的电化学性能;二是拥有橄榄石结构的 $LiMPO_4$（M 为 Fe、Mn 等）系列材料,它们以高稳定性和良好的安全性著称;三是尖晶石结构的 $LiMn_2O_4$ 等材料,同样在锂离子电池领域占据重要地位。

锂离子电池的负极材料主要包括碳材料与非碳材料两大类。碳材料中,石墨类碳材料占据了核心地位,包括天然石墨和经过人工处理的人造石墨,它们因具备良好的导电性和结构稳定性而得到广泛应用。此外,无定形碳材料（如软碳和硬碳）也是重要的补充,它们在特定应用场景下展现出独特的优势。非碳材料中,硅基材料、钛酸锂和锡基材料等备受瞩目。特别是硅负极,其理论比容量高达 $4200\ mA\cdot h/g$,远超传统碳材料,因此在追求高能量密度的动力电池领域展现出巨大的应用潜力和发展前景。

锂离子电池的正负极材料常面临电子导电性不佳及结构稳定性问题,这限制了其性能的进一步提升。碳纳米管作为一种具有管状石墨结构的材料,其室温电导率可高达 $10^3\ S/cm$,展现了卓越的电子传导能力。此外,碳纳米管独特的一维结构可以增强电极材料间的结合力,有助于解决结合力弱而导致的性能下降问题。将碳纳米管作为导电添加剂引入锂离子电池的正负极材料中,能够构建连续的三维电子导电网络,不仅能显著提升电极的电子传输效率,还能增强热导率,有助于电池在高倍率充放电条件下保持稳定,并延长其循环使用寿命。

本章将深入探讨碳纳米管在锂离子电池中的具体应用及最新研究,展示其在提升电池性能方面的独特优势和广阔前景。

3.2 碳纳米管在锂离子电池正极材料中的应用

正极材料作为锂离子电池电化学性能的核心要素,其特性直接关联到电池的能量密度、功率密度、循环稳定性及安全性。理想的正极材料需具有高能量密度(高放电电压与高质量比容量)、高功率密度(快速 Li^+ 扩散与电子迁移)、优异的循环稳定性与安全性(晶体结构在 Li^+ 脱嵌过程中保持稳定,能承受应力应变)、低成本易制备及环境友好等特质。然而,当前正极材料仍面临高电压下结构不稳、高温容量衰减及低电导率等挑战。

碳纳米管凭借其独特的导电骨架与结构支撑作用,成为优化正极材料性能的关键添加剂。与正极材料复合后,碳纳米管不仅增强了材料的整体稳定性,还显著提升了电池的电化学性能与安全特性。其独特的导电网络有效缩短了 Li^+ 的扩散路径,加速了电荷传输,为实现电池的快充提供了有力支持。本节将从正极辅材的视角,深入剖析碳纳米管在层状、尖晶石及橄榄石结构正极材料中的作用机制。通过探讨碳纳米管与正极材料的相互作用及其对电池性能的构效关系,进一步揭示碳纳米管作为理想添加剂在提升正极材料性能方面的巨大潜力。

3.2.1 碳纳米管应用于层状结构正极材料

Goodenough 等最先提出将 $LiCoO_2$ 作为可充电锂电池的正极材料。自其商业化以来,一直是便携式电子设备最主要的正极材料之一,推动了锂离子电池的快速发展。如图 3-3 所示,层状 $LiCoO_2$ 属于 α-$NaFeO_2$ 构型,阳离子排列在(111)晶面[1]。尽管理论上 $LiCoO_2$ 拥有高达 274 mA·h/g 的比容量潜力,但实际应用中,其放电比容量往往仅能达到理论值的一半左右,这主要归因于高电压条件下材料结构的不稳定,进而导致容量受限。

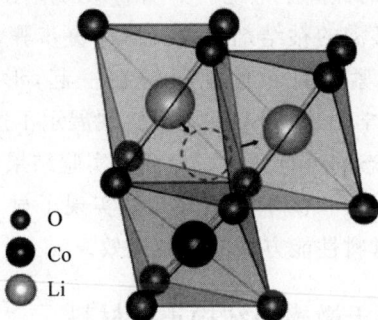

- O
- Co
- Li

图 3-3 层状结构的 $LiCoO_2$ 的晶体模型[1]

2010 年,Park 等[2]研究了碳纳米管与高性能导电炭黑(Super P)作为添加剂对 $LiCoO_2$ 基锂离子电池性能的影响。通过图 3-4 所呈现的不同倍率条件下的充放电曲线可以看出,当向电池中加入 8 wt% 的碳纳米管时,与加入同等量 Super P 的电池相比,前者的极化现象显著减弱。更为显著的是,碳纳米管的加入还大幅提升了电池的循环稳定性,为 $LiCoO_2$ 基锂离子电池的性能优化提供了有力支持。

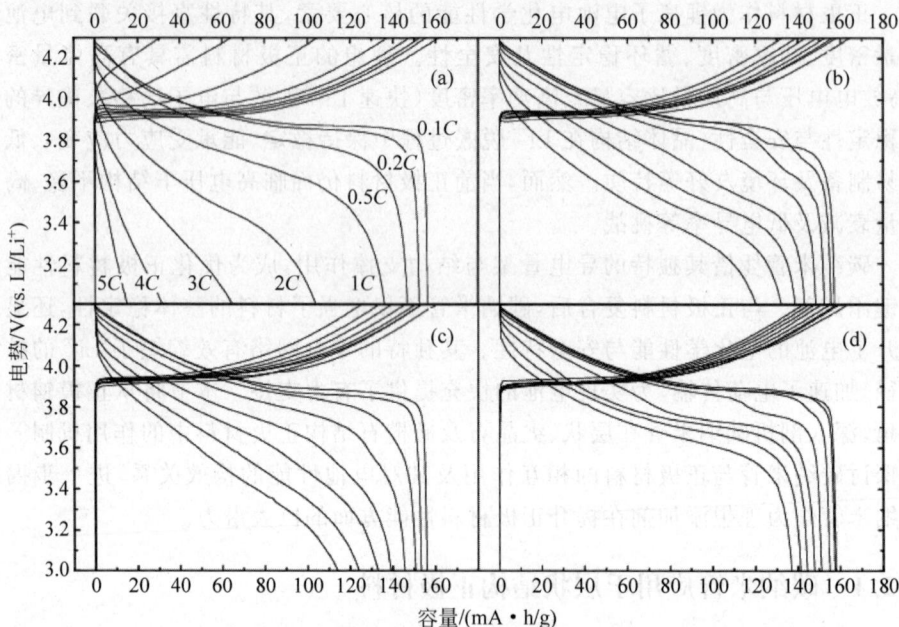

图 3-4　不同倍率条件下的充放电曲线[2]

(a) 2 wt% Super P;(b) 8 wt% Super P;(c) 2 wt% Super P+4 wt% MWCNTs;(d) 8 wt% MWCNTs

　　碳纳米管不仅具有优异的导电性,其独特的一维结构还能实现在无粘结剂和集流体条件下直接构建正负极极片。2016 年,Hasegawa 和 Noda[3]采用 $LiCoO_2$ 作为正极活性材料,结合负极材料,并在两者中均添加 1 wt% 的碳纳米管,成功制备了无粘结剂、无集流体的锂离子电池。如图 3-5(a)所示,该创新性的电极片制备过程摒弃了传统方法中必需的粘结剂及集流体涂覆步骤,转而利用碳纳米管的一维特性将活性电极材料紧密且稳固地束缚在一起,形成了独立的电极结构。图 3-5(b)~(e)则通过光学照片和 SEM 图像直观展示了这种新型结构的正极和负极,充分证明了其物理形态的可行性和稳定性。实验结果表明,这种含有 1 wt% 碳纳米管的电池在循环稳定性和倍率性能方面均实现了显著提升,进一步凸显了碳纳米管在优化层状正极材料性能方面的卓越成效。

3.2.2　碳纳米管应用于橄榄石结构正极材料

　　橄榄石型 $LiFePO_4$ 结构如图 3-6 所示,每个晶胞有 4 个 $LiFePO_4$ 单元,由 FeO_6 八面体、LiO_6 八面体和 PO_4 八面体交替排列形成,其中 Fe 原子占据八面体位置,P 原子占据四面体位置[4]。$LiFePO_4$ 的结构稳定,具有优异的循环稳定性能。然

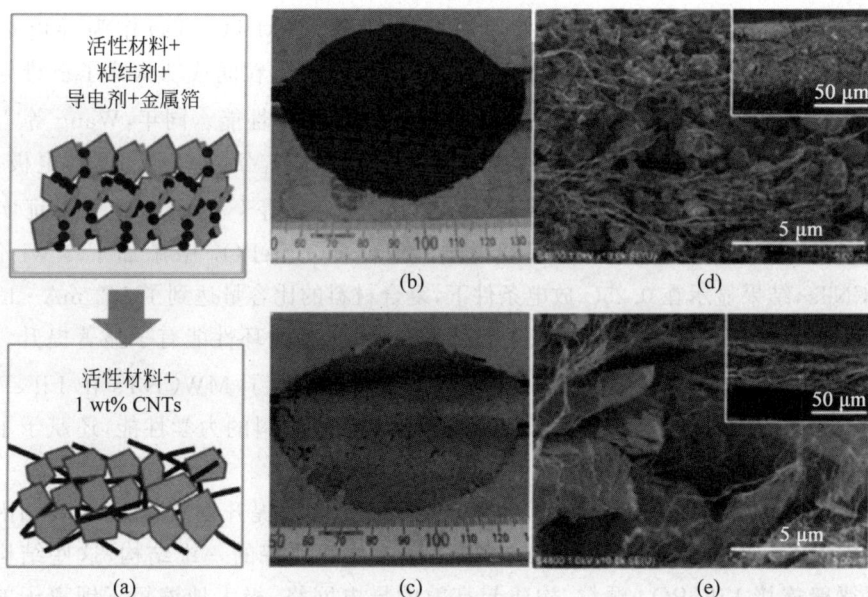

图 3-5 （a）传统电极和无粘结剂/集流体电极示意图；无粘结剂/集流体负极的（b）光学照片和（d）SEM 图像；无粘结剂/集流体正极的（c）光学照片和（e）SEM 图像[3]

而,这类正极材料也有明显缺点,例如电导率较低,受聚阴离子基团较大的影响而导致理论比容量偏低(理论比容量 170 mA·h/g)。

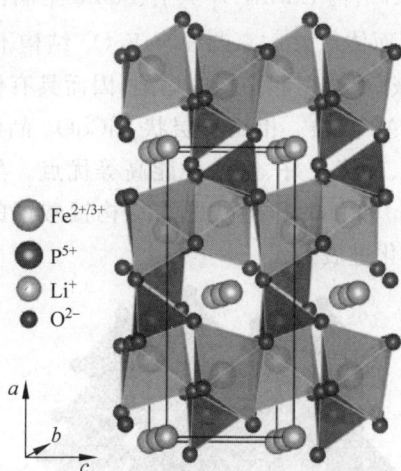

图 3-6 橄榄石型 $LiFePO_4$ 结构的示意图[4]

为了克服 $LiFePO_4$ 导电性不佳的缺陷,研究人员常采用多种策略进行改性处理,包括离子掺杂、表面包覆、精细调控晶粒的形状与尺寸,以及添加高效导电剂等。其中,将碳纳米管与 $LiFePO_4$ 进行复合能够有效提升复合材料的电子传输效率,进而赋予整个电池体系优异的电化学性能。

2007 年，Li 等[5] 创新性地采用多壁碳纳米管（MWCNTs）作为导电剂对 LiFePO$_4$ 进行包覆改性，发现 MWCNTs 在 LiFePO$_4$ 颗粒间成功构建了三维导电网络结构，这一突破性进展显著改善了 LiFePO$_4$ 的倍率性能。同年，Wang 等[6] 则通过固相法与微波加热法的结合，成功制备了 LiFePO$_4$/MWCNTs 复合电极，该电极展现出了显著提升的循环稳定性。2008 年，Jin 等[7] 的研究进一步证实了 MWCNTs 对 LiFePO$_4$ 性能的积极影响。他们向 LiFePO$_4$ 中添加了 5 wt％ 的 MWCNTs，结果显示在 0.25C 放电条件下，复合材料的比容量达到了 142 mA·h/g，相较于纯相 LiFePO$_4$ 及添加导电炭黑的 LiFePO$_4$，其循环性能有了显著提升。时间推移至 2012 年，Ozan 等[8] 采用静电纺丝技术，实现了 MWCNTs 在 LiFePO$_4$ 颗粒表面的均匀分散，这一技术不仅增强了电池活性材料的力学性能，还赋予了材料出色的可逆性。

总之，MWCNTs 与 LiFePO$_4$ 的复合之所以能有效提升电池性能，主要归因于两大方面：一是 MWCNTs 卓越的电化学性能及其独特的一维结构，这些结构如同桥梁般连接 LiFePO$_4$ 颗粒，构建起高效的导电网络，极大地缩短了锂离子的扩散路径；二是 MWCNTs 自身的高导电率加速了电子的转移速率，从而对 LiFePO$_4$ 的倍率性能产生了积极的促进作用。

3.2.3 碳纳米管应用于尖晶石结构正极材料

如图 3-7 所示，尖晶石结构 LiMn$_2$O$_4$ 具有 Fd3m 空间群，Mn 原子占据八面体位置，Li 原子主要占据四面体位置[9]。与 α-NaFeO$_2$ 结构不同，Li$^+$ 可从 LiMn$_2$O$_4$ 尖晶石晶格中可逆地脱嵌，不会引起结构的塌陷，因而具有优异的倍率性能和稳定性，理论比容量为 148 mA·h/g。相比于层状 LiCoO$_2$ 晶体，LiMn$_2$O$_4$ 作为电极材料具有价格低、电位高、环境友好、安全性能高等优点。然而，受限于 Mn 溶解、姜-泰勒效应（Jahn-Teller）和氧缺陷等，尖晶石结构锰酸锂的晶体在高温下的容量衰减严重，限制了其产业化进展。

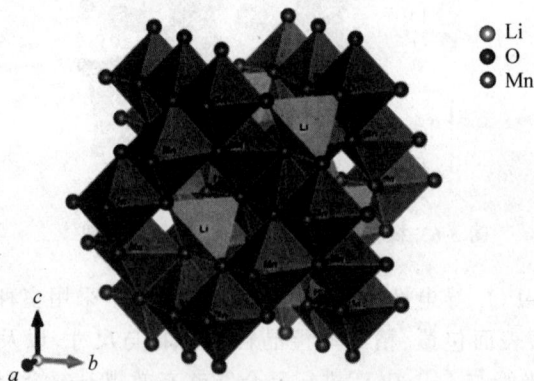

图 3-7 尖晶石结构 LiMn$_2$O$_4$ 示意图[9]

2008 年，刘群[10]制备的 $LiMn_2O_4/CNTs$ 正极复合材料在 0.2C 条件下的首次充放电比容量及库仑效率均优于纯 $LiMn_2O_4$ 正极材料，这一发现直接证明了 CNTs 在提高 $LiMn_2O_4$ 充放电效率方面的有效性。随后，在 2009 年，Ma 等和 Liu 等分别采用微波水热法[11]和溶胶-凝胶法[12]，成功合成了 CNTs 包覆的 $LiMn_2O_4$ 正极材料。这两种方法均显著提升了复合材料的循环性能，为 $LiMn_2O_4$ 正极材料的改性开辟了新的路径。

2010 年，彭清林[13]的研究进一步揭示了 CNTs 在 $LiMn_2O_4$ 改性中的多重作用，他利用 CNTs 作为碳源对 $LiMn_2O_4$ 进行表面包覆，发现 CNTs 不仅提高了 $LiMn_2O_4$ 的离子导电率，还因其优异的吸附性能而有效减少了 $LiMn_2O_4$ 与电解液的直接接触；这一改进不仅降低了 Mn 的溶解，还成功抑制了姜-泰勒效应的发生，从而进一步提升了材料的性能。到了 2013 年，Tang 等[14]通过先水热合成后高温处理的方法，也成功制备了高质量的 CNTs 包覆的 $LiMn_2O_4$ 正极复合材料。与未包覆的 $LiMn_2O_4$ 相比，该复合材料的循环性能得到了显著改善，再次验证了 CNTs 在提升 $LiMn_2O_4$ 正极材料性能方面的巨大潜力。

3.3　碳纳米管在锂离子电池负极材料中的应用

3.3.1　碳纳米管作为锂离子电池负极材料的优势

负极材料作为锂离子电池性能的核心要素，其特性直接关系到电池的充放电效率、能量密度等关键指标。理想的负极材料应具有嵌锂反应电位低、结构稳固、高电导率等优点。基于不同的反应机理，锂离子电池负极材料可细分为四大类：嵌入反应型（如石墨、$Li_4Ti_5O_{12}$、TiO_2、$LiVPO_4F$ 等）、转化反应型（如过渡金属氧化物、氟化物、磷化物、硫化物等）、合金化反应型（如 Sn 基、Sb 基、Si 基合金等）以及有机化合物型（包括聚合物掺杂、自由基聚合物、有机小分子盐类等负极材料）。然而，这些材料在实际应用中常面临循环稳定性不足、电池容量受限、电压滞后等挑战。

为了克服这些难题，将碳基材料与负极材料复合成为一种有效的策略。在此背景下，碳纳米管凭借其独特优势脱颖而出：①卓越的导电性能，其纤维状结构能够紧密连接电极活性材料，构建连续的三维导电网络，显著提升电极的导电效率及活性物质利用率；②优异的力学性能，为电极极片带来更高的韧性，有效缓解充放电过程中由体积变化导致的材料剥落问题，确保活性物质颗粒在充放电循环中保持稳定的电接触，从而延长电极的循环寿命；③具备一定的嵌锂能力，不削减负极材料的容量；④通过均匀掺杂，碳纳米管能显著提升电解质在电极材料中的渗透效率，进一步优化电池性能。

3.3.2　碳纳米管直接作为锂离子电池负极材料

碳纳米管可直接作为锂离子电池的负极材料。碳纳米管直径为纳米级,管壁的层与层之间也是纳米级,这种特殊的微观结构使其具有优越的储锂性能。锂离子不仅可以嵌入其管内,也可以嵌入管壁层间的缝隙中。早在 1998 年,Martin 等[15]就通过 CVD 法制备得到碳纳米管,发现其比容量能达到 490 mA·h/g。1999 年,Beguin 等[16]发现碳纳米管的首次放电比容量高达 952 mA·h/g,然而其放电比容量迅速降低至 447 mA·h/g。不可逆比容量高的原因主要是碳纳米管表面的氧杂质及其高比表面积,导致产生大量副反应,造成极大的不可逆容量损失,影响其直接作为锂离子电池负极材料的应用。随后,碳纳米管更多地与其他负极材料进行复合应用于锂离子电池中。

3.3.3　碳纳米管应用于嵌入反应型负极材料

常见的嵌入反应型负极材料有石墨、TiO_2、$Li_4Ti_5O_{12}$ 等。其中,石墨以其低成本、低储锂电位及长循环寿命等优势,在锂离子电池负极材料领域占据主导地位。为进一步提升性能,碳纳米管与石墨的结合策略应运而生,不仅保留了石墨的嵌锂优势,还通过融合二维(2D)石墨与一维(1D)碳纳米管构建三维网络,显著增强了离子与电子的传输效率。

Sun 等[17]采用球磨法成功合成了黑磷-石墨-碳纳米管(BP/G/CNTs)复合纳米结构。电化学测试结果表明,该材料在 0.15 A/g 的电流密度下展现出 1375 mA·h/g 的初始可逆比容量,即便经过 450 次循环,比容量仍能维持在 1031.7 mA·h/g 的高水平;而在更高电流密度(2 A/g)下,经过 3000 次循环后,其比容量仍保持在 508.1 mA·h/g,彰显了卓越的循环稳定性和高倍率性能。Chen 等[18]将羧基化的多壁碳纳米管与氨基化的中间相碳微球粉末混合,并通过超声波分散技术制备出负极复合材料。在 0.7C 的放电条件下,该复合材料表现出 254.4 mA·h/g 的放电比容量,且首次库仑效率达到 78%,再次证明了碳纳米管对提升石墨基材料比容量及倍率性能的重要作用。

TiO_2 具有结构稳定、资源丰富以及成本低廉等优势,被视为锂离子电池负极材料领域的潜力新星。然而,其固有的导电性不足成为制约 TiO_2 在快速充电应用中的关键因素。为克服这一挑战,将碳纳米管引入 TiO_2 负极材料中,旨在通过两者结合而实现电化学性能的提升。Zhu 等[19]采用温和的溶胶-凝胶法,以阵列排布的 CNTs 作为导电基底,生长出超小粒径的非晶 TiO_2 纳米颗粒。随后,通过真空抽滤技术将这些纳米颗粒与 CNTs 紧密结合,形成了自支撑膜结构。进一步经过退火处理,非晶 TiO_2 纳米颗粒转化为超分散的 TiO_2 纳米晶粒,从而制得了 TiO_2/CNTs 自支撑膜(图 3-8)。电化学测试结果表明,在极端条件下,即 60C 的超高倍率充放电时,TiO_2/CNTs 自支撑膜仍能展现出高达 105 mA·h/g 的比容量,这一性能明显优于众多已报道的 TiO_2 材料。而且,在 30C 的电流密度下经过长达 2500 次的循环后,其容量几乎未见衰减,充分证明了该复合材料在循环稳定性方面的卓越表现。

图 3-8 TiO_2/CNTs 自支撑膜制备流程[19]

尖晶石钛酸锂($Li_4Ti_5O_{12}$,LTO)理论比容量为 175 mA·h/g,具有零应变嵌入特性、结构稳定性及快速相变能力的优点,已成为快速储能领域中的研究热点。然而,LTO 作为低电子传导率的 p 型半导体,其导电性能不佳,限制了其实际应用潜力。为了克服这一局限,将 LTO 与碳纳米管复合成为提升电子导电率及离子传输效率的有效策略。Tu 等[20]采用了化学气相沉积结合原子层沉积技术,制备了碳纳米管负载 LTO 核壳阵列(CC-CNTs/LTO)(图 3-9),并将其应用于锂离子电池负极材料中。该材料利用碳纳米管作为导电桥梁,不仅有效分散了 LTO 颗粒,还构建了三维导电网络,从而大幅提升了电极的导电性能。电化学测试数据充分验证了 CC-CNTs/LTO 核壳阵列电极的卓越性能:在高达 30C 的电流密度下,该电极仍能维持 102 mA·h/g 的比容量,展现了优异的高倍率性能。此外,结合LTO 本身固有的高稳定性,该复合电极在 10C 电流密度下经历 5000 次循环后,比

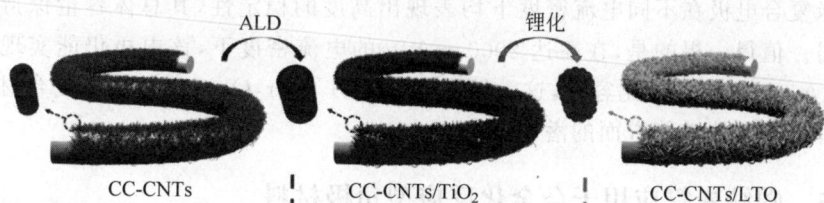

图 3-9 CC-CNTs/LTO 的制备示意图[20]

容量依然保持为初始值的 86%，同时库仑效率几乎达到 100%，凸显了其超长的循环稳定性。

3.3.4 碳纳米管应用于转换反应型负极材料

2000 年，Tarascon 和 Armad[21] 首次提出基于转换反应的负极材料，他们发现三维过渡金属氧化物纳米材料能够发生多电子的锂化和脱锂化反应。该类反应的本质为置换反应，其反应过程可以表示为

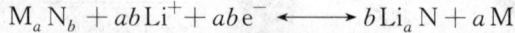

$$M_a N_b + abLi^+ + abe^- \rightleftharpoons bLi_a N + aM$$

随后的研究表明，除过渡金属氧化物，氟化物、磷化物、硫化物、硒化物、氯化物以及氮化物也可以发生类似的可逆转换反应。由于反应过程涉及较高的活化能，转换反应型负极材料通常通过纳米化及与导电碳材料复合加速其电化学过程。

Fe_3O_4 作为一种典型的转换反应型负极材料，以其高达 924 $mA \cdot h/g$ 的理论比容量、丰富的储量和低廉的成本，在锂离子电池领域展现出巨大潜力。然而，锂离子在嵌入与脱出过程中所引起的 Fe_3O_4 晶体结构显著变化乃至电极粉化问题，对其电化学性能构成严峻挑战。为解决这一问题，研究者们探索了将碳纳米管与 Fe_3O_4 结合的策略。碳纳米管凭借其优异的导电性和机械性能，不仅能够提升 Fe_3O_4 的电导率，还能有效缓解其体积膨胀问题。Xiong 等[22] 通过喷雾干燥法，成功合成了空心的 $Fe_3O_4/C/CNTs$ 微球，这种复合结构在 100 mA/g 的电流密度下，经过 100 次循环后，其可逆比容量仍能稳定保持在 1200 $mA \cdot h/g$，彰显了优异的电化学性能。Liu 等[23] 同样取得了显著成果，他们制备的 Fe_3O_4-CNTs 复合电极材料，在极端大电流（10 A/g）条件下，展现出了高达 232.7 $mA \cdot h/g$ 的放电比容量，且库仑效率达到 98.7%；在长达 9999 次的循环测试后，该材料的放电比容量仍能维持在 179.44 $mA \cdot h/g$，同时库仑效率更是高达 99.98%，充分证明了 Fe_3O_4-CNTs 复合电极在大电流充放电条件下的极高稳定性。

Cr_2O_3 材料以独特的低转换反应电势（0.2～1.0 V(vs. Li^+/Li)）在锂离子电池领域引起了关注，其在锂化过程中可转化为金属 Cr 和 Li_2O。然而，去锂化过程面临的一个关键挑战是，即便氧化电位提升至 3 V，仍有部分 Cr 未能完全转化为 Cr_2O_3，这一现象直接导致了材料的首周库仑效率偏低及循环性能受限。Guo 等[24] 利用碳纳米管表面丰富的官能团与 Cr^{3+} 之间的强相互作用，在碱性溶液条件下通过原位化学共沉淀技术，成功制备了 Cr_2O_3-CNTs 纳米复合电极（图 3-10）。该纳米复合电极在不同电流密度下均表现出高度的稳定性，其总体容量保持率令人瞩目。值得一提的是，在高达 2000 mA/g 的电流密度下，该电极仍能实现高达 719 $mA \cdot h/g$ 的可逆比容量，这一结果充分证明了 Cr_2O_3-CNTs 纳米复合材料在提升锂离子电池性能方面的潜力。

3.3.5 碳纳米管应用于合金化反应型负极材料

合金负极材料体系定义为能与锂金属发生可逆合金化反应的单质或化合物，

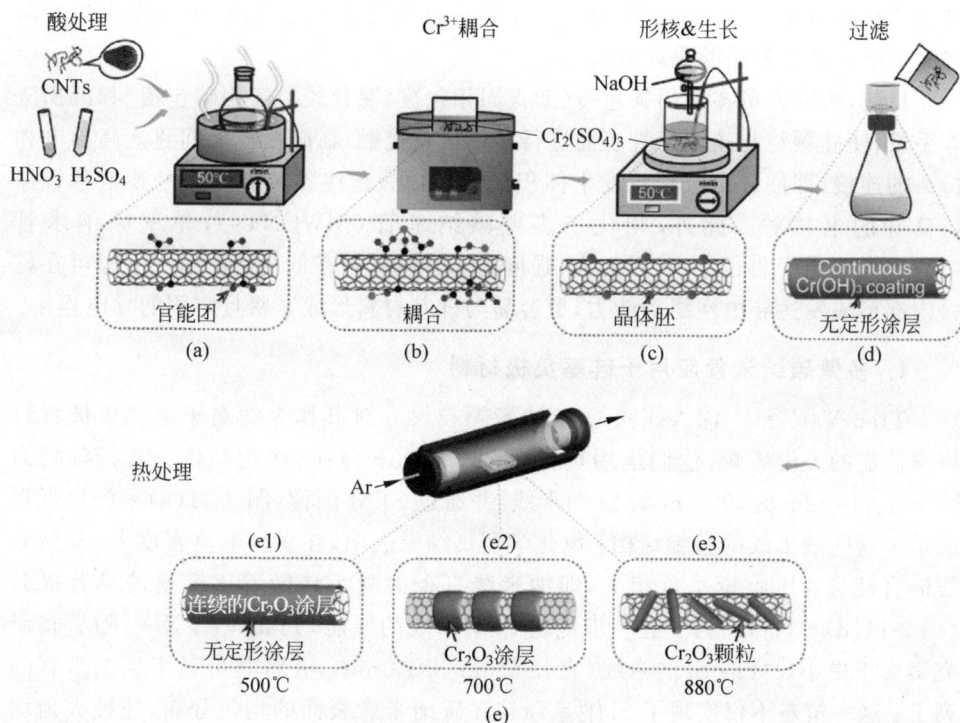

图 3-10 Cr_2O_3-CNTs 制备流程[24]

其核心组分涵盖主族金属：第ⅣA族（Si、Ge、Sn、Pb）、第ⅤA族（Sb、Bi）及铝、镁等轻质金属；过渡金属：Zn、Cd、Ag、Au等；金属化合物：SnO_2（理论比容量1494 mA·h/g）、Si_3N_4（～2100 mA·h/g）、CoP（～1600 mA·h/g）等。其中硅基负极材料展现出突破性优势：①超高理论比容量。约4200 mA·h/g（石墨负极的11.3倍），配合高工作电压平台（0.01～0.4 V vs. Li^+/Li），可将锂电池能量密度提升至450 W·h/kg以上；②本质安全性。合金化反应电位高于锂沉积电位（0 V vs. Li^+/Li），从根本上抑制枝晶生长风险；③产业化可行性。硅元素地壳丰度高达26.8%（质量占比），且价格低廉，为其大规模商业化应用奠定了坚实的基础。

硅作为锂离子电池负极材料，仍存在一系列问题。硅的导电性能较差，并且在嵌锂和脱锂的过程中，会产生剧烈的体积膨胀（300%），导致电极粉化、脱落以及固体电解质界面（solid electrolyte interface，SEI）膜不稳定，最终破坏电极结构的完整性，使硅基电极在充放电循环过程中出现严重的容量衰减现象。在硅基负极材料的研发与应用中，碳纳米管的引入为这一领域带来了革命性的变化。碳纳米管以其独特的一维结构、优异的导电性和机械强度，成为改善硅负极材料性能、解决体积膨胀问题的理想选择。通过复合碳纳米管，硅基负极材料不仅能够有效缓解充放电过程中的体积变化，提高循环稳定性，还能进一步提升材料的导电性，优化电池的整体性能[25]。因此,碳纳米管在硅基负极材料中的应用,正逐步成为推动锂离子电池技术发展的重要方向之一。

目前,研究人员多采用碳包覆(沥青固相包覆、混合烃类气相碳包覆)和沉积法等手段,使硅颗粒与碳纳米管表面进行多元位点接触,在硅颗粒之间建立高导电和持久的连接,即使硅负极颗粒发生体积膨胀、粉化,这些颗粒仍可通过碳纳米管保持良好的电接触。此外,相比于多壁碳纳米管(MWCNTs),单壁碳纳米管(SWCNTs)由于直径小、长径比大、强度高、柔性好,且在低剂量的情况下即可在材料内部形成发达导电网络的能力,更容易与硅基材料形成紧密且牢固的导电连接。

1. 多壁碳纳米管应用于硅基负极材料

Tran-Van 等[26]深入探究了 Si 纳米颗粒尺寸对其作为锂离子电池负极材料倍率性能的关键影响,他们运用热丝化学气相沉积技术,成功制备了直径分别为65 nm、210 nm 及 490 nm 的 Si 纳米线,并通过 SEM 图像(图 3-11(a)~(c))直观展示了这些纳米线的精细结构;电化学测试结果表明,在多种电流密度下,Si 纳米线的直径与其比容量呈负相关,即纳米线直径的减小伴随着比容量的显著提升(图 3-11(d)~(f))。为了进一步优化 Si 纳米线的性能,Tran-Van 等[27]随后将研究聚焦于更小尺寸的 Si 纳米线(直径 5 nm 和 10 nm),并将其负载于碳纳米管阵列上;这一策略不仅实现了 Si 纳米颗粒在碳纳米管表面的均匀分布,还极大地增强了 Si 纳米线的导电性能;实验结果显示,经过碳纳米管复合的 Si 纳米线在高达5C 的倍率下,达到了 1890 mA·h/g 的比容量,显著高于纯 Si(在相同条件下比容量约为 500 mA·h/g),充分验证了碳纳米管在提高 Si 负极材料导电性能及倍率性能方面的卓越效果。

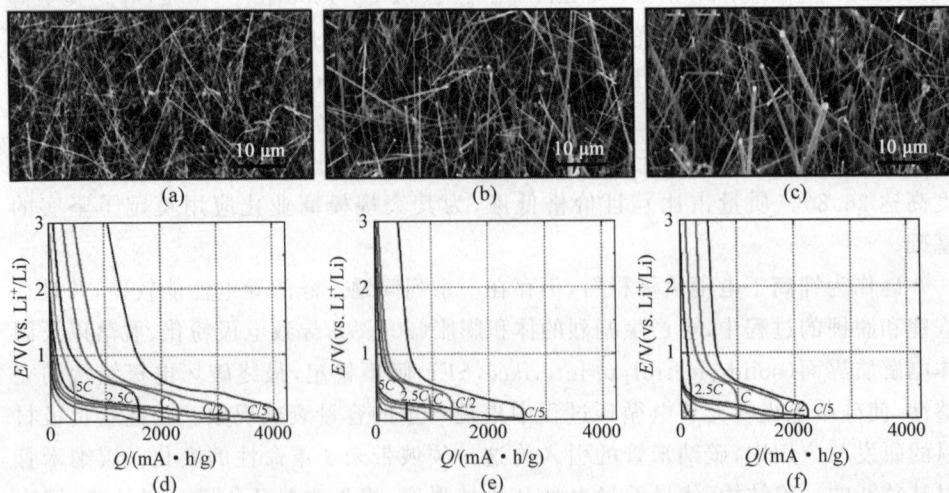

图 3-11 (a)~(c)三种不同直径的硅纳米线的 SEM 图像;(d)~(f)不同倍率条件下的充放电曲线[26]

随后,众多研究聚焦于碳纳米管与Si的复合策略,旨在显著提升其电化学性能。Shu等[28]利用化学气相沉积(CVD)法成功制备了一种独特的笼状CNTs/Si复合材料。他们通过在Si颗粒表面预埋Ni-P合金作为催化剂,引导CNTs在Si颗粒上生长,形成既卷曲又具一定长度的CNTs阵列。这些CNTs交织成笼状结构,将Si颗粒紧密而巧妙地包裹其中。笼状结构的电极具有双重优势:一方面,柔韧的CNTs包覆层有效缓冲了Si在充放电过程中由锂化/去锂化导致的巨大体积变化,显著提高了材料的结构稳定性;另一方面,CNTs网络内部形成的空隙不仅为Si的体积膨胀预留了空间,还作为连续的电子传导通道,确保了电子在复合材料中的高效传输,从而优化了整体的电化学性能。

Han等[29]采用镁热还原法将SiO_2转化为Si,随后在Si颗粒上依次包覆酚醛树脂与SiO_2层。利用SiO_2作为催化剂,通过CVD技术在表面生长CNTs。同时,酚醛树脂在高温下转化为碳层。最终,经HF刻蚀去除SiO_2,制得具有空隙的Si/C/CNTs多重包覆复合材料(Si@C@v@CNTs)(图3-12)。该材料独特的双重碳包覆与空隙结构,有效缓冲了Si的体积膨胀,显著提升了电化学性能。

图3-12 Si@C@v@CNTs制备流程[29]

Fu等[30]通过电沉积法制备了超薄柔性Si/CNTs复合材料,他们通过改变电沉积时间,控制硅沉积的质量负载。例如,4 h和6 h电沉积(记为Si/CNTs-4和Si/CNTs-6),硅的负载量分别约为1.1 mg/cm^2和1.5 mg/cm^2。经过电沉积后,脆性硅沉积物附着在CNTs的壁上,导致Si/CNTs复合材料的抗拉强度比原始CNTs明显提升,且复合材料仍然可以弯曲/扭曲多次而不损坏,表现出良好的柔韧性。在不同的充放电电流密度下,柔性Si/CNTs复合材料表现出较高的容量。李建斌等[31]运用简单的喷雾干燥方法,制备出具有石榴型结构的Si/CNTs复合负极材料(图3-13),当CNTs含量为15 wt%时,该复合负极材料中形成了独特的网络结构,并表现出最佳的储锂性能。

其他碳材料与碳纳米管共同构筑三维结构而提升Si基负极材料性能的研究也有一定进展。Wang等[32]通过交替浸涂法制备了CNTs/rGO/Si-NP复合材料作为锂离子电池负极;还原氧化石墨烯(rGO)将整个Si/CNTs完全包裹来提供机械保护,CNTs网络提供了快速的电子传递途径;这样,在整个基底表面而不是单

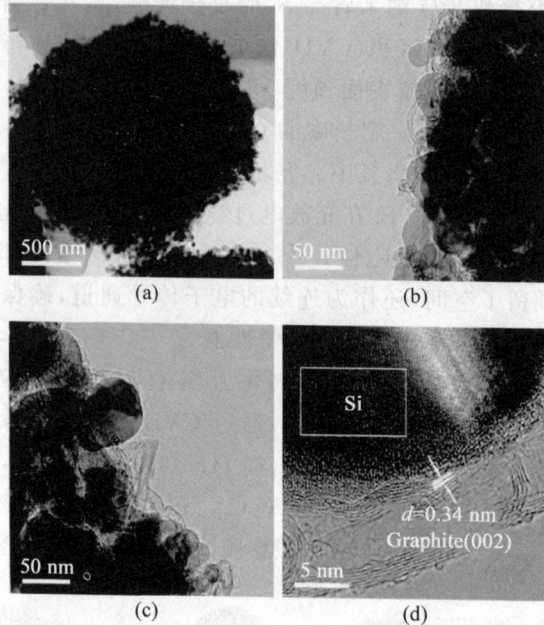

图 3-13 **(a)~(c)s-Si/15 wt% CNTs 的 TEM 图像；**
(d)s-Si/15 wt% CNTs 的高分辨率 TEM 图像[31]

个纳米 Si 颗粒表面形成稳定的 SEI 膜，从而保证了较高的循环稳定性。Gao 等[33]通过静电纺丝技术和煅烧策略制备了 N、P 掺杂的硅/碳纳米管/碳纳米纤维 (Si/CNTs/CNF)复合材料(图 3-14)。与传统涂布工艺相比，该方法制备的复合负极材料无需添加粘结剂和导电剂，从而简化了实验步骤。Si/CNTs/CNF 呈现典型的纤维网络结构，不仅可以有效抑制 Si 纳米材料的体积膨胀，加速锂离子的传输，而且掺杂 N、P 元素可以提供更多的电化学活性位点，从而体现出优异的性能。

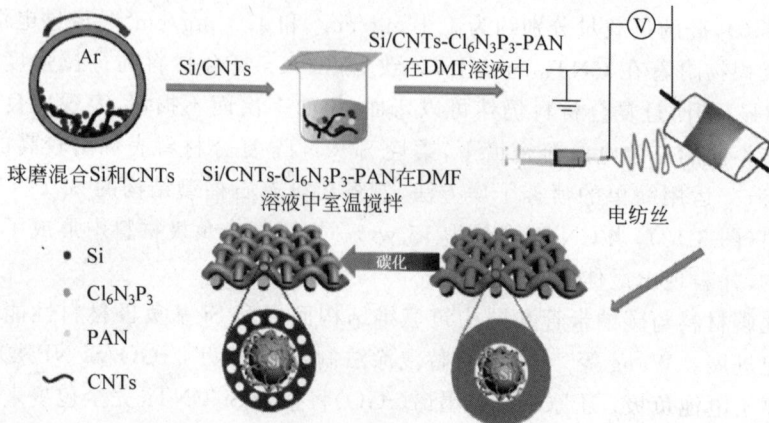

图 3-14 **N、P 掺杂 Si/CNTs/CNF 复合材料的合成过程示意图[33]**

综上可知,将碳纳米管引入硅基负极材料中可以作为导电剂,在锂嵌入和脱出过程中,提供稳定和丰富的导电通道。同时,通过设计和制备具有独特网络结构的复合材料,不但可以有效抑制硅基负极材料在充放电过程中发生体积变化,而且可以加快电子、离子扩散速率,从而改善其储锂性能。但是,在循环过程中,硅基材料的体积膨胀使其与导电网络脱离,SEI 反复形成及被破坏,依然是造成硅基负极材料循环稳定性变差的核心因素。而要解决这些问题,需要从全方位、多角度去思考,并结合立体硅碳构造、功能粘结剂设计等方面综合分析、优化,这样才能真正实现将碳纳米管在硅基负极材料中的理想应用。

2. 单壁碳纳米管应用于硅基负极材料

不同于导电炭黑与多壁碳纳米管,单壁碳纳米管具有极高的长径比,更加优异的机械强度和柔韧性。将单壁碳纳米管添加到硅基负极材料中,能紧紧地包裹在硅基负极材料的表面,不仅提供致密的导电网络,而且可以有效改善极片的力学性能。针对 SWCNTs 与 MWCNTs 对硅基负极材料性能的影响,清华大学张晨曦-魏飞团队[34]制备了基于 SWCNTs 和 MWCNTs 为导电剂的硅基负极材料,并通过原位拉曼光谱测试分析了两种碳管在电池循环过程中的受力状态,深入探索两种碳管在工况下的工作机理(图 3-15)。原位拉曼光谱测试结果表明,电池循环过程中,SWCNTs 会持续呈现应力,说明 SWCNTs 在整个循环过程中与硅基材料未发生明显得脱离。该稳定结构得益于 SWCNTs 优异的柔韧性及其与活性材料间强大的范德瓦耳斯力相互作用,确保了电接触的连续性和高效性,进而赋予了电极

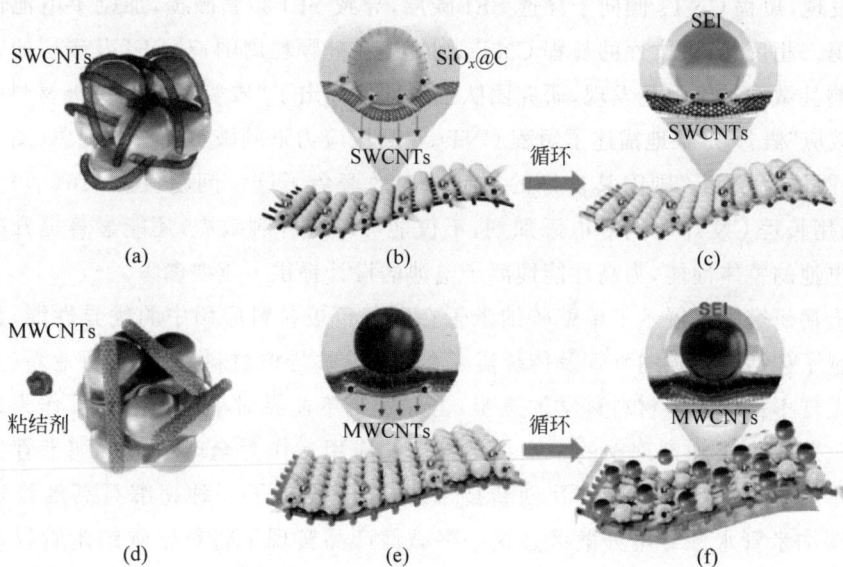

图 3-15　SWCNTs 和 MWCNTs 在硅基负极材料中的不同行为[34]

卓越的倍率性能和循环稳定性。相对比，MWCNTs 在循环过程中则表现出了更为复杂的受力模式，即拉应力与压应力的反复切换。这种现象揭示了 MWCNTs 与硅基材料之间的接触相对刚性，缺乏足够的灵活性适应硅体积的显著变化，导致接触界面在循环中频繁滑脱，严重影响了电接触的稳定性，最终限制了电池性能的提升。

此外，该科研团队设计了一系列实验探索不同长度与结构的碳纳米管（包括短程单壁 SW-s、短程多壁 MW-s、长程单壁 SW-l 及长程多壁 MW-l）在硅基负极材料中的应用效果及其背后的机理[35]。通过电化学测试，发现长程 CNTs（尤其是长程单壁 SW-l）展现出最为卓越的循环稳定性和倍率性能，其表现优于短程 CNTs 系列。为深入剖析这一现象，研究者采用了温度敏感的电化学阻抗谱技术，依据阿伦尼乌斯（Arrhenius）方程计算了不同电极材料中 Li^+ 在 SEI 层内的扩散活化能。结果显示，长程 SWCNTs 电极的锂离子扩散活化能最低，意味着其 Li^+ 扩散速率最快，这一发现与循环与倍率测试结果高度吻合。为进一步揭示性能差异的根源，该团队利用飞行时间二次离子质谱（TOF-SIMS）、X 射线光电子能谱（XPS）及冷冻透射电子显微镜（cryo-TEM）等先进技术，分析了 CNTs 对 SEI 层的具体影响。研究揭示，短程 CNTs 形成的 SEI 层富含 LiF，而 LiF 比 Li_2CO_3 和 Li_2O 具有较高的锂离子扩散能垒，从而减缓了 Li^+ 的传输速度。此外，通过原位拉曼光谱监测电极循环过程中 CNTs 的应力状态，发现短程 CNTs 承受了更大的压应力，这归因于硅基负极材料在充放电循环中的显著体积变化。结合 TEM 观察（图 3-16（a）～（c））发现，短程 CNTs 倾向于穿透 SEI 碳层，导致 SEI 频繁破损，加剧了电池性能的衰退。相反地，更柔性的长程 CNTs 则缠绕在硅颗粒周围，对 SEI 及碳层的完整性影响甚微。基于上述发现，研究团队创新性地提出了"碳管在硅基负极材料中的针刺效应"概念，形象地描述了短程 CNTs 在高压应力下刺破 SEI 层的现象（图 3-16（d）），而长程 CNTs 则因其良好的柔韧性有效避免了这一问题（图 3-16（e））。因此，采用长程 CNTs 作为导电添加剂，不仅能够减轻针刺效应，还能显著提升硅基负极电池的整体性能，为高性能锂离子电池的设计提供了重要参考。

上述研究成果展示了单壁碳纳米管在硅基负极材料应用中的优异性能，其表现超越了包括多壁碳纳米管及传统炭黑在内的众多导电材料，树立了行业新标杆。这一发现不仅推动了材料科学的进步，也加速了工业界对单壁碳纳米管作为硅基负极材料导电添加剂理念的全面接纳与广泛应用。作为全球单壁碳纳米管生产的领军者，OCSiAl 公司凭借其创新技术，成功开发出了一种超细且高度稳定的单壁碳纳米管水性导电分散液。这一突破性产品实现了将单壁碳纳米管以水性介质形式直接融入电池负极浆料的制备过程，极大地简化了生产工艺并提升了效率。

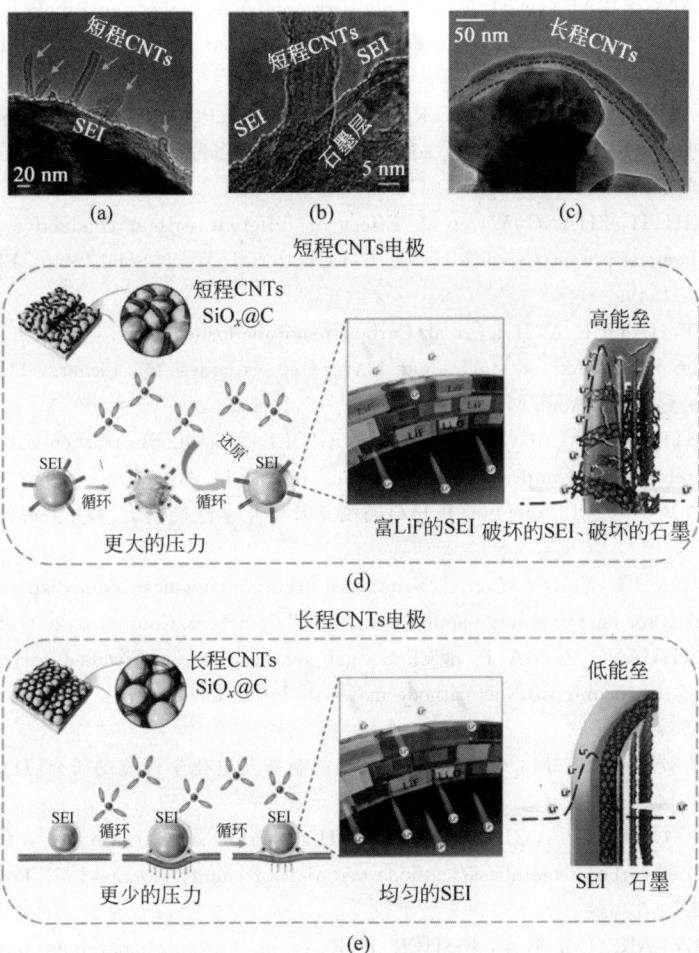

图 3-16 （a）、（b）SW-s 和（c）SW-l 电极表面 SEI 形貌；（d）短程 CNTs 和（e）长程 CNTs 在电池中的 SEI 示意图[35]

参考文献

[1] 徐丛,孙菲,杨文革,等.高压对钴酸锂的晶体结构和离子导电率的影响[J].高压物理学报,2017,31：529.

[2] PARK J,LEE S,KIM J,et al. Effect of conducting additives on the properties of composite cathodes for lithium-ion batteries[J]. J. Solid State Electrochem.,2010,14：593.

[3] HASEGAWA K,NODA S. Lithium ion batteries made of electrodes with 99 wt％ active materials and 1 wt％ carbon nanotubes without binder or metal foils[J]. J. Power Sources,2016,321：155.

[4] OUYANG C,SHI S,WANG Z,et al. First-principles study of Li ion diffusion in LiFePO$_4$ [J]. Phy. Rev. B,2004,69：104303.

[5] LI X,KANG F,BAI X,et al. A novel network composite cathode of LiFePO₄/multiwalled carbon nanotubes with high rate capability for lithium ion batteries[J]. Electrochem. Commun. ,2007,9:663.

[6] WANG L, HUANG Y, JIANG R, et al. Nano-LiFePO₄/MWCNT cathode materials prepared by room-temperature solid-state reaction and microwave heating [J]. J. Electrochem. Soc. ,2007,154:A1015.

[7] JIN B,GU H, ZHANG W, et al. Effect of different carbon conductive additives on electrochemical properties of LiFePO₄-C/Li batteries[J]. J. Solid. State. Electrochem. , 2008,12:1549.

[8] OZAN T,HATICE A,JI L, et al. Carbon nanotube-loaded electrospun LiFePO₄/carbon composite nanofibers as stable and binder-free cathodes for rechargeable lithium-ion batteries[J]. ACS. Appl. Mater. Interfaces,2012,4:1273.

[9] BATTISTEL A, PALAGONIA M S, BROGIOLI D, et al. Electrochemical methods for lithium recovery:a comprehensive and critical review[J]. Adv. Mater. ,2020,32:1905440.

[10] 刘群.锂离子电池 LiMn₂O₄ 正极材料的制备及电化学性能研究[D].上海:上海交通大学,2008.

[11] MA S,NAM K,YOON W,et al. Nano-sized lithium manganese oxide dispersed on carbon nanotubes for energy storage applications[J]. Electrochem. Commun. ,2009,11:1575.

[12] LIU X, HUANG Z, MA P, et al. Sol-gel synthesis of multiwalled carbon nanotube-LiMn₂O₄ nanocomposites as cathode materials for Li-ion batteries[J]. J. Power Sources, 2010,195:4290.

[13] 彭清林.碳纳米管/LiMn₂O₄ 复合正极材料的制备及电化学性能的研究[D].南昌:南昌大学,2014.

[14] TANG M, YUAN A, ZHAO H, et al. High-performance LiMn₂O₄ with enwrapped segmented carbon nanotubesas cathode material for energy storage[J]. J. Power Sources, 2013,235:5.

[15] CHE G,LAKSHMI B B, FISHER E R, et al. Carbon nanotubule membranes for electrochemical energy storage and production[J]. Nature,1998,393:346.

[16] FRACKOWIAK E,GAUTIER S,GAUCHER H,et al. Electrochemical storage of lithium in multiwalled carbon nanotubes[J]. Carbon,1999,37:61.

[17] LI M,LI W,HU Y,et al. New insights into the high-performance black phosphorus anode for lithium-ion batteries[J]. Adv. Mater. ,2019,791:19.

[18] CHEN X,BI Q,SAJJAD M,et al. One-dimensional porous silicon nanowires with large surface area for fast charge-discharge lithium-ion batteries[J]. ACS nano,2018,8:285.

[19] ZHU K,LI C,JIAO Y, et al. Free-standing hybrid films comprising of ultra-dispersed titania nanocrystals and hierarchical conductive network for excellent high rate performance of lithium storage[J]. Nano Res. ,2021,14:2301.

[20] YAO Z,XIA X,ZHOU C,et al. Smart construction of integrated CNTs/Li₄Ti₅O₁₂ core/shell arrays with superior high-rate performance for application in lithium-ion batteries [J]. Adv. Sci. ,2018,5:1700786.

[21] TARASCON J,ARMAND M. Building better batteries[J]. Nature,2008,451:652.

[22] XIONG J,YANG Y,ZENG J,et al. The facile preparation of hollow Fe₃O₄/C/CNT

microspheres assisted by the spray drying method as an anode material for lithium-ion batteries[J]. J. Mater. Sci. ,2018,330：16447.

[23]　LIU J,NI J,ZHAO Y,et al. Grapecluster-like Fe_3O_4@C/CNT nanostructures with stable Li-storage capability[J]. J. Mater. Chem. A,2013,1：12882.

[24]　LUO S,CHEN B,MIN S, et al. A novel Cr_2O_3 coated CNTs system：Synthesis, microstructure regulation,and characterization[J]. Mater. Charact. ,2023,203：113069.

[25]　施连伟,赵灵智,李昌明. 碳纳米管及其复合材料在锂离子电池负极材料中的研究进展[J]. 材料导报：纳米与新材料专辑,2013,A2：131-135.

[26]　GOHIER A,LAÏK B,PEREIRA-RAMOS J-P,et al. Influence of the diameter distribution on the rate capability of silicon nanowires for lithium-ion batteries[J]. J. Power Sources, 2012,203：135.

[27]　GOHIER A, LAÏK B, KIM K, et al. High-rate capability silicon decorated vertically aligned carbon nanotubes for Li-ion batteries[J]. Adv. Mater. ,2012,24：2592.

[28]　SHU J,LI H,YANG R,et al. Cage-like carbon nanotubes/Si composite as anode material for lithium ion batteries[J]. Electrochem. Commun. ,2006,8：51.

[29]　HAN N,LI J,WANG X,et al. Flexible carbon nanotubes confined yolk-shelled silicon-based anode with superior conductivity for lithium storage[J]. Nanomaterials, 2021, 11：699.

[30]　FU J,LIU H,LIAO L,et al. Ultrathin Si/CNTs paper-like composite for flexible Li-ion battery anode with high volumetric capacity[J]. Front. Chem. ,2018：6：00624.

[31]　李建斌,任玉荣,彭工厂,等. 石榴状 Si/CNTs 复合负极材料的制备及其储锂性能研究[J]. 合成化学,2022,30：434.

[32]　WANG S,LIAO J,WU M, et al. High rate and long cycle life of a CNT/rGO/Si nanoparticle composite anode for lithium-ion batteries[J]. Part. Syst. Char. , 2017, 34：1700141.

[33]　GAO M,TANG Z,WU M,et al. Self-supporting N,P doped Si/CNTs/CNFs composites with fiber network for high-performance lithium-ion batteries[J]. J. Alloy. Compd. ,2021, 857,15：157554.

[34]　HE Z, XIAO Z, YUE H, et al. Single-walled carbon nanotube film as an efficient conductive network for Si-based anodes[J]. Adv. Funct. Mater. ,2023,33：2300094.

[35]　HE Z,ZHANG C,ZHU Y,et al. The acupuncture effect of carbon nanotubes induced by the volume expansion of silicon-based anodes [J]. Energy Environ. Sci. , 2024, 10：3358-3364.

第4章

碳纳米管在锂硫电池中的应用

4.1 锂硫电池简介

储能系统是智能电网、便携式电子设备和电动汽车的重要组成部分。可持续能源供应和低碳经济的需求，推动了可充电二次电池等环保、高能量密度储能设备的蓬勃发展。然而，目前的商用锂离子电池，受正负极材料中 Li^+ 嵌入/脱出化学反应的限制，能量密度几乎接近理论极限。较低的能量密度（300 W·h/kg）阻碍了其在能源相关领域的进一步发展。而且，传统的以钴酸锂及三元材料为正极的锂离子电池，由于钴金属资源短缺，也极大限制了大规模储能锂离子电池的进一步发展。为了实现超过 500 W·h/kg 高能量密度的目标，有必要探索新的电池系统。锂硫电池凭借多方面的优势在新型清洁能源的储存和转化中被科研界和产业界同时寄予厚望，是极具发展潜力的候选者。一方面，正极材料硫在地壳中储量丰富、易于获得；另一方面，硫单质具有高理论比容量（1675 mA·h/g）和高能量密度（2600 W·h/kg）的优势，适用于大型储能设备。

锂硫电池的工作机制依赖于电解质环境下锂金属负极和硫正极之间的可逆氧化还原反应。放电时，负极侧的金属锂被氧化，释放出 Li^+ 和电子，释放出的 Li^+ 和电子分别通过电解液和外部电路到达硫正极侧；在正极侧，硫通过接受 Li^+ 和电子被还原生成 Li_2S。充电过程发生的反应则相反。充放电过程中发生的氧化还原反应如图 4-1 所示。

虽然上述对电化学反应的基本描述显得直观而简单，但锂硫电池的实际充放电过程却异常复杂。图 4-2 显示了锂硫电池在醚类电解质中典型的充放电电压分布曲线。放电过程涉及两个阶段的转化。在第一阶段，环状 S_8 首先被锂化，形成可溶于电解液的 Li_2S_8（步骤Ⅰ），接着继续转化为可溶性的 Li_2S_6 和 Li_2S_4（步骤Ⅱ），平均电位约为 2.3 V，此阶段反应提供的比容量占硫理论比容量的 25%（418 mA·h/g）。进一步锂化发生在第二阶段，可溶性 Li_2S_4 转化为固体短链硫化物 Li_2S_2，对应的平均电压约为 2.1 V（步骤Ⅲ）。最终的斜坡对应于单相 Li_2S_2 向固态 Li_2S 的转变（步骤Ⅳ）。步骤Ⅲ和步骤Ⅳ的转化，提供了 75% 的理论比容量（1254 mA·h/g）。电压下降主要是由于电解液黏度的提高和不可避免的 Li_2S_2

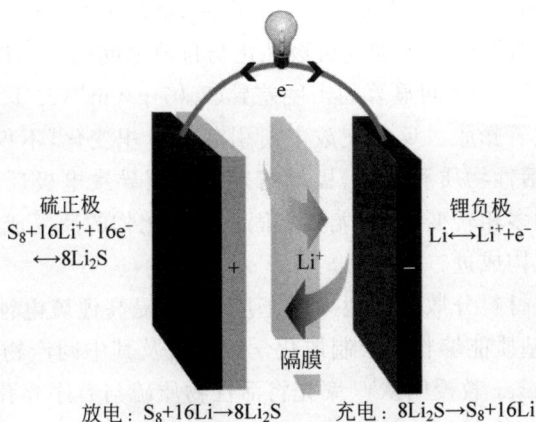

图 4-1　锂硫电池充放电过程中正负极发生的氧化还原反应[1]

成核过电位。在随后的充电过程中，Li_2S 将 Li^+ 释放到电解液中，再转化为中间产物多硫化物（LiPSs），最终转化为原始产物 S_8，形成可逆循环。

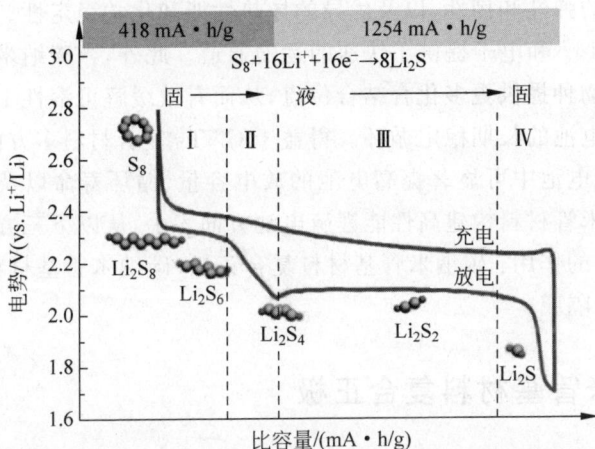

图 4-2　锂硫电池在醚类电解质中典型的充放电电压分布曲线[2]

　　尽管锂硫电池的研究历经数十年深耕，但它从实验室走向商业市场的进程仍受阻于多重技术瓶颈，主要包括硫正极的绝缘特性、可溶性 LiPSs 的穿梭现象，以及硫正极显著的体积膨胀问题。①硫的绝缘特性：单质硫及其放电终产物固相 Li_2S 展现出极低的电导率，显著减缓了电化学反应动力学。为应对此难题，电池体系中常需引入导电添加剂，但此举往往导致硫含量的相对降低，进而限制了电池的放电容量与能量密度。②LiPSs 穿梭效应：锂硫电池充放电循环中，多硫化物 Li_2S_n（特别是 $4 \leqslant n \leqslant 8$ 的长链形式）可高度溶于电解质中，这不仅引发正极活性物质分布不均与不可逆损失，还促使容量急剧下降。更严峻的是，这些可溶性 LiPSs 在电场与浓度梯度作用下，倾向于向负极迁移，与锂金属负极反应形成不溶性沉淀,既损耗硫活性物质又腐蚀负极表面。充电时,低阶 LiPSs 又转化为高阶形态并迁回正极,形成穿梭循环,严重加剧负极钝化与自放电问题。③体积膨胀挑战正极结构稳定性:硫与 Li_2S 之间显著的密度差异($2.07\ g/cm^3$ vs. $1.66\ g/cm^3$)导致放电过程中体积的显著膨胀。反复充放电所引起的体积变化,不仅使正极结构遭受破坏,还显著降低活性物质利用率,极端情况下甚至导致电极反应的终止。此外,锂硫电池体系中的多相转变过程,尤其是固态多硫化物的反复成核与溶解,对电极形貌与结构稳定性构成进一步威胁。

将绝缘硫活性材料分散在其他导电基质中,是提高锂硫电池性能最有效的策略之一,这些导电基质能够物理限制或化学结合硫及其中间产物 LiPSs。2009 年,"锂硫电池女王"Nazar 教授团队[3]率先将活性物质硫与有序介孔碳(CMK-3)复合而得到 CMK-3/S 复合材料用于锂硫电池正极,成功地抑制了"穿梭效应"。从此,开启了锂硫电池硫/碳复合正极新纪元,时至今日,还有不少学界人士继续从事此方面的研究。显然,将硫嵌入碳基体中制备碳/硫复合正极是一种有效的策略,该方案的提出为高性能硫正极的设计打开了一扇新的窗口。碳纳米管作为碳材料的一种,具有极高的弹性和韧性,以及优异的导热性能和化学稳定性。尤其是它突出的电学性能,为 Li^+ 和电子提供了快速的运输通道。此外,当碳纳米管与其他材料复合时,将为硫物种提供更多化合结合位点,从而有效缓解可溶性 LiPSs 的溶解和迁移,保证锂硫电池的长期稳定循环。得益于 CNTs 复合材料多方面突出的性能,将其应用于锂硫电池中可显著提高电池的放电容量、循环寿命以及倍率性能。因此,本章从碳纳米管材料构建高性能锂硫电池方面入手,从以下三方面阐述碳纳米管在锂硫电池中的作用:碳纳米管基材料复合正极,碳纳米管基材料插层膜,碳纳米管基材料修饰隔膜。

4.2　碳纳米管基材料复合正极

碳纳米管是一种特殊的一维纳米材料,是由多层中间空心的同轴管状结构构成,层与层之间保持着一定的距离,并形成孔隙。这种独特结构作为纳米级反应的理想载体,为纳米级物质的运载提供有效的空间和路径。因此,碳纳米管在锂硫电池中应用具有广阔的发展前景和重要的理论价值[4]。

4.2.1　碳纳米管/硫复合正极

在锂硫电池的电极制备过程中,为了提高电极的电导率,通常会添加导电添加剂,主要是炭黑和石墨粉,这对于低电导率的电活性材料尤其必要,特别是对电荷快速转移有着高要求的大功率锂硫电池,导电添加剂的添加变得更加重要。碳纳米管由于其高电子导电性的优势和在整个电极结构中构建纳米级电路的有效性,已被作为导电添加剂而广泛研究。从几何角度看,零维炭黑颗粒遵循"点对点"的导电模式,在这种模式下,紧密接触的颗粒需要高质量加载才能形成有效的电子传递路径。相比之下,碳纳米管遵循"线对点"的导电模式,可以为电子传递提供远距离连接。这表明碳纳米管的高传导效率允许在很少额外质量的情况下构建有效的传导网络,相当于活性物质含量的相对增加,从而提高电极容量[5]。此外,碳纳米管的良好导热性能使电极内部有效散热,潜在地降低了电池热失控风险。碳纳米管是一种典型的一维碳纳米材料,表现出高的机械强度和优越的化学稳定性,而且其高纵横比能够为电极提供长程导电性,这些优势使碳纳米管非常适合用作硫宿主,因此已广泛用作锂硫电池的正极材料。最早将碳纳米管用作锂硫电池正极载体材料的是 Lee 课题组[6],他们在硫正极中添加了少量的多壁碳纳米管后,发现比容量大幅提高,即从不添加时的 $400\ mA \cdot h/g$ 增加到 $480\ mA \cdot h/g$。不仅如此,容量保持率也得到了改善,从原本的 25% 提高到 62%。但由于硫与碳材料的接触不够充分,仍限制其比容量的提升。为了让硫与碳之间更好地接触,在上述工作的基础上,研究者将硫与碳纳米管混合均匀后于 155℃ 下加热,此时硫黏度较低,利用毛细管效应,硫可以很好地进入碳纳米管内部空间,让两者的接触更加充分。自此,大多数研究以各种特殊形貌的碳纳米管为硫正极的载体材料提高锂硫电池的电化学性能。例如图 4-3(b),Zhou 等[7] 利用 C_2H_2 在含硫酸盐的氧化铝(AAO)模板上气相沉积,得到垂直生长的碳纳米管,将其与硫熔融复合,最后得到柔性的碳/硫(S-CNTs)复合物,用作锂硫电池正极材料。实验证明,与 CNTs 熔融复合后的硫正极相比纯的硫正极,性能得到了大幅提升。一方面,这得益于 CNTs优良的导电性;另一方面,CNTs 特殊的结构在一定程度上能有效将 LiPSs 限制于管壁内部,缓解穿梭效应。

碳纳米管能提供长程电子传输路径,已被证明可以有效地提升高硫含量锂硫电池的电化学性能。Jin 等[8] 开发了一种管中碳结构,在硫/CNTs 复合材料中填充了大直径非晶 CNTs,确保了高效的电接触。硫含量高达 85 wt% 的复合材料显示出 $1673\ mA \cdot h/g$ 的高放电比容量,已接近理论值($1675\ mA \cdot h/g$);然而,由于在电极的制造过程中添加了导电添加剂和粘结剂(10 wt%~30 wt%),电极的最终硫含量并不高。在这方面,无附加添加剂或粘结剂的独立式硫/CNTs 电极显示出优势。Moon 等[9] 以 AAO 为模板生长独立 CNTs 阵列,将硫灌入 CNTs 中,并取得了 81 wt% 的高硫含量,封装的硫电极表现出 $1520\ mA \cdot h/g$ 的高比容量,表明 CNTs 有效地促进了电子和离子传输,并确保硫参与电化学转化反应。Sun等[10]通过控制 CNTs 在空气中的氧化程度,将大量的中孔引入超取向碳纳米管(SACNTs)中,以获得多孔碳纳米管(PCNTs)(图 4-3(a));PCNTs 保持了高柔性和充分的管间相互作用,可以形成独立电极。在硫含量为 70 wt% 时,S-PCNTs 复合材料的初始放电比容量为 $1109\ mA \cdot h/g$,在 100 次循环后可以保持 $760\ mA \cdot h/g$的比容量。

Cheng 课题组[11] 构建了用于硫浸渍的 SWCNTs 导电网络。厚度约为 6 nm

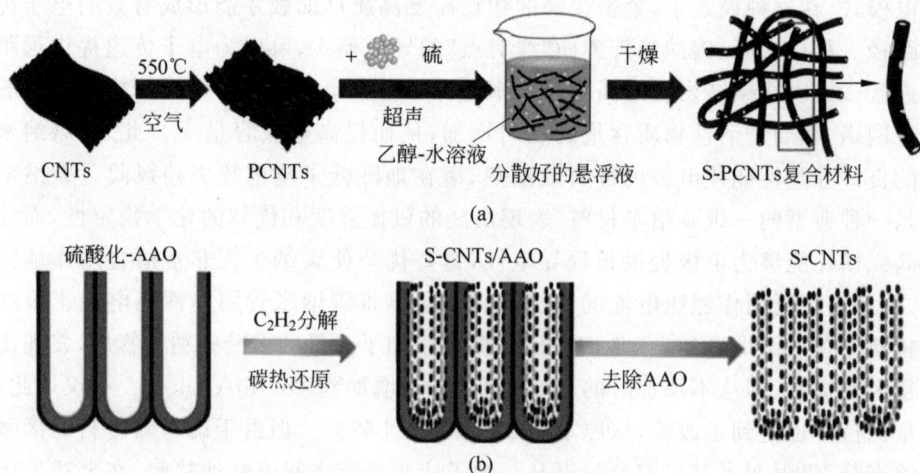

图 4-3 (a)S-PCNTs 复合材料的合成与表征；(b)C_2H_2 在含硫酸盐的 AAO 模板
中热分解以及去除 AAO 后生成 S-CNTs 的过程示意图[9]

的硫均匀地围绕交织排布的 SWCNTs,缩短了电子和 Li^+ 的扩散路径,有利于实现高效的硫利用。因此,在硫含量为 95 wt%,载硫量为 7.2 mg/cm^2 的高活性物质负载情况下,这种材料表现出 8.63 $mA \cdot h/cm^2$ 的高比表面积容量(对应于 1200 $mA \cdot h/g$ 的比容量),远高于锂离子电池的比表面积容量(4 $mA \cdot h/cm^2$),表明渗透 CNTs 网络的高传导效率。

尽管碳纳米管的引入能够有效增强硫正极的电子传导性,并借助其多孔结构对可溶性 LiPSs 产生物理限域作用,但多硫化物在电解液中的溶解-扩散行为仍会导致显著的穿梭效应。因此,在正极体系中构建具有化学锚定功能的活性位点,实现对 LiPSs 溶解行为的动态抑制及其迁移路径的主动阻断,已成为提升锂硫电池循环稳定性的关键策略。从界面作用机理分析,由于非极性碳材料与极性 LiPSs 之间缺乏强化学键合作用,单纯依靠碳基体的物理吸附难以实现对多硫化物的长效稳定。针对这一挑战,研究者提出通过极性官能团与 LiPSs 之间的化学吸附协同物理限域作用构建双重稳定机制。Joo 团队[12]在此方向上取得重要进展：通过羟基化改性多壁碳纳米管(OH-MWCNTs)与硫的原位复合,创新性地构筑了具有化学吸附功能的三维导电网络。该设计基于以下原理：①原位硫沉积技术可精准调控硫在 MWCNTs 表面的包覆形态,形成核壳结构以优化硫的分散状态；②羟基(—OH)等极性官能团与 LiPSs 间的强偶极-偶极相互作用,可显著提升对多硫化物的化学锚定能力[13]。在充放电过程中,OH-MWCNTs 展现出双重功能优势：放电阶段,硫活性物质与锂离子反应生成的 LiPSs 在溶解过程中,被 MWCNTs 表面高密度的羟基通过化学梯度作用快速捕获,形成动态吸附-转化循环；充电阶段,化学吸附作用可抑制 LiPSs 向电解液中的自由扩散。这种"物理限域-化学锚定"协同机制不仅将 LiPSs 有效约束在正极区域,更通过促进多硫化物的界面快速转化,大幅削弱了穿梭效应的影响,为高稳定性锂硫电池的设计提供了新思路。

此外,在碳纳米管上开孔或在壁上形成孔也是一种有效缓解 LiPSs 在电解液中穿梭的方法。这种策略不仅可以增强 Li^+ 的扩散,还可以使更多的硫填充在碳纳米管内部,这将有利于吸附 LiPSs 并缓解硫的体积膨胀。Yang 课题组[14]设计了一种温和的一步氧化方法,通过碳纳米管与来自高温雾化水流的 O 之间的化学反应生成多孔碳纳米管(图 4-4)。较高的比表面积和孔体积证实了 PCNTs 与原 CNTs 相比具有更高的孔隙率。含 78 wt%硫的 PCNTs-S 复合正极材料组装的电池在 $0.2C$ 下表现出 1382 mA·h/g 的首次可逆比容量,即使在 15C 的倍率下也可以保留 150 mA·h/g 的可逆比容量。

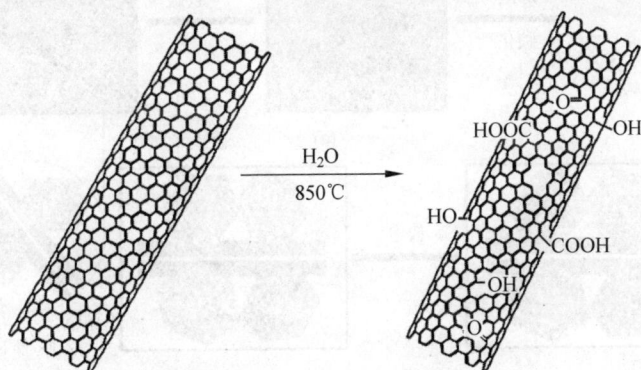

图 4-4 PCNTs 的合成过程示意图[14]

总的来说,碳纳米管作为硫正极的载体材料,具有以下优点:①其一维结构有利于电子和离子的运输,良好的导电性使正极材料中无需再额外添加导电剂;②碳纳米管内部空间表面提供了足够的空间负载硫和缓解体积膨胀;③碳纳米管容易获得,目前已实现商业化。但是原始的碳纳米管为两端封口结构,有限的比表面积和孔隙容积导致活性物质硫的严重团聚,同时也导致它与电解液之间有限的接触面积。而且碳纳米管表面呈化学惰性,不能有效地吸附 LiPSs,导致循环性能仍然不够理想。这些碳纳米管的固有特质,限制了其在锂硫电池中更进一步的发展。为了有效改善碳纳米管/碳复合物正极材料的电化学性能,许多研究工作通过多种方法对碳纳米管进行改性和对碳/硫界面进行修饰。

4.2.2 碳纳米管/碳/硫复合正极

三维结构碳材料作为活性物质硫的载体,在锂硫电池研究工作中也受到了广泛的关注。Shao 等[15]提出通过简单的水热法,利用三维互连结构将多孔碳纳米片(PC)和碳纳米管紧密结合在一起,从而制备了三维互连多孔碳纳米片/碳纳米管(PC/CNTs)作为载硫储层。值得注意的是,它具有几个结构上的优势:①PC 具有丰富的分层孔隙,可以显著增加硫负载,且 PC 的强吸附能力有效提高了对 LiPSs 的物理限制;②CNTs 提供了连通的导电途径,可以促进电子传输并保持结构完整性;③结合一维 CNTs 和二维 PC 的三维互连结构为电子/离子快速传输提供了更多途径,加速了电解质渗透。得益于两种碳成分的协同作用,以及合理设计的三维互连结构,硫正极具有较高的可逆比容量、优越的循环性能和优异的倍率能力。PC/CNTs 与 S 复合后(S-PC/CNTs)(图 4-5),在 2C 下的长循环性能测试中,单圈循环容量衰减率为 0.1%。

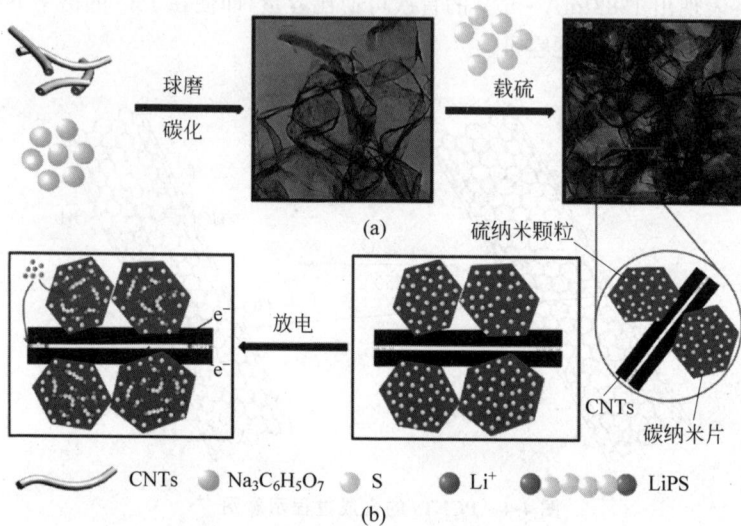

图 4-5　(a)通过碳化和载硫工艺制备 S-PC/CNTs 复合材料的示意图;
(b)PC/CNTs 储层捕获硫和多硫化物的机理示意图[15]

为了促进硫物质在高倍率下的氧化还原动力学,并抑制 LiPSs 的穿梭,Yang[16]将一种由超高温(2850℃)处理制备的三维 CNTs/石墨烯组成的 sp^2 碳结构与硫偶联得到复合材料(2850CNTs-Gra-S),用于锂硫电池。作为主体材料的 2850CNTs-Gra 表现出近乎完美的 sp^2 杂化结构,因为超高温处理不仅修复了 CNTs 和石墨烯中的原始缺陷,而且在它们之间形成了新的 sp^2 C—C 键。三维 sp^2 碳网确保了超快的离子/电子传输和高效的散热,从而在锂硫电池以超高倍率运行时保护隔膜的完整性。

Zhang 团队[17]通过结合长度较短和较长的 CNTs 形成分层导电网络制造独立 CNTs-S 纸电极,使其具有超高的载硫能力,面密度达到 $6.3 \sim 17.3 \ mg/cm^2$。其中选择了平均直径为 15 nm、长度为 $10 \sim 50 \ \mu m$ 的短程 MWCNTs 作为支持硫的短程导电网络;使用直径为 50 nm、长度为 $1000 \sim 2000 \ \mu m$ 的垂直排列超长碳纳米管(VACNTs)作为长程导电网络和分层独立式纸电极的互穿粘结剂。如图 4-6 所示,通过自下而上的方法,先将硫充分分散到 MWCNTs 网络中,得到 MWCNTs@S 复合材料,然后将 MWCNTs@S 和 VACNTs 分散在乙醇中,进行真空过滤制备得到较大的 CNTs-S 薄膜。因为硫可以通过 π-π 离域增强相互作用而使 CNTs 表面具有高亲和力，所以 CNTs 不需要表面活性剂或额外的表面修饰就能形成较大的薄膜。这些具有多层 CNTs 支架可以容纳使用金属箔集流体所能负载的 5～10 倍以上的硫，同时保持高硫利用率。此外，通过将这些电极逐层地堆叠成类似千层面的结构，硫的装载能力可以进一步成倍增加。

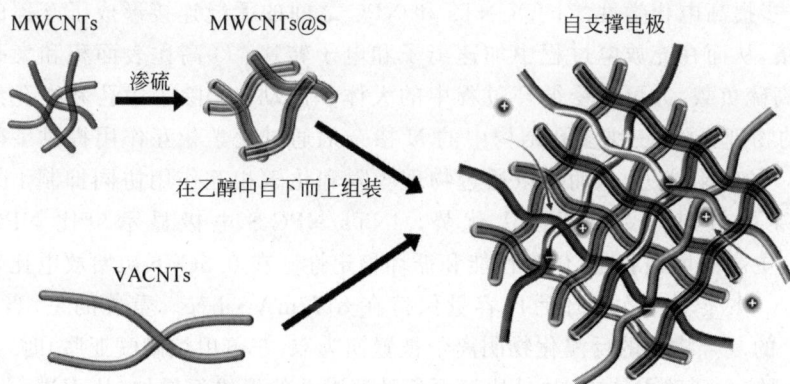

图 4-6 通过简单的自下而上方法，制备具有超高硫负载能力的分层独立电极示意图[17]

　　化学掺杂在提高碳材料的化学结合能力和导电性方面非常有效。2014 年，Zhang 团队[18]设计了一种新型的 N 掺杂排列 CNTs/石墨烯（N-ACNTs/Gra）三明治式分层结构（图 4-7），作为高性能锂硫电池的正极材料。通过两步 CVD 法生长制备排列的 CNTs 穿透石墨烯纳米片，构建了具有高效电子转移通道和离子扩散通道的三维连续导电框架。此外，N 掺杂诱导了丰富的缺陷和活性位点，以提高对 LiPSs 的化学吸附能力。以 N-ACNTs/Gra 为正极材料组装的电池，在 1C 下获得了 1152 mA·h/g 的高初始放电比容量，并且在 80 次循环后保持了 880 mA·h/g 的高放电比容量。即使在 5C 的超高电流倍率下，也能提供 770 mA·h/g 的高可逆比容量。这种高倍率性能可以归因于其独特三明治式结构的三维导电网络。

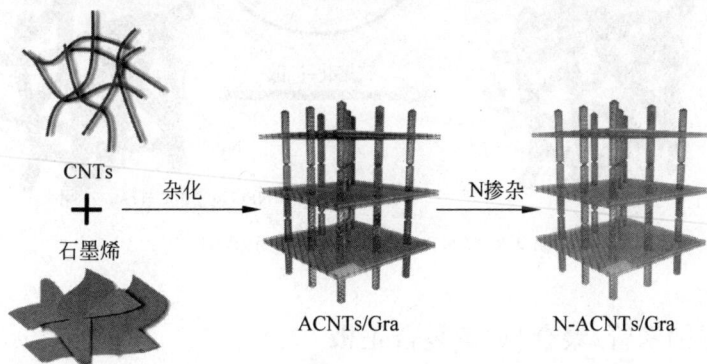

图 4-7 以石墨烯和排列 CNTs 构筑的 **N-ACNTs/Gra** 复合物合成示意图[18]

Pan 等[19]将商用碳纳米管与一种主链为咪唑基离子聚合物(ImIP)衍生的 N 掺杂多孔碳(NPC)相结合,提出了一种用于高性能锂硫电池的新型三维硫宿主材料 CNTs/NPC(图 4-8)。与报道的基于 CNTs 的混合碳材料相比,此三维材料具有以下优点:①ImIP 的结构多样性为在分子水平上调控碳材料的结构和性能提供了可能性,可通过调整主阳离子骨架和交换反阴离子调整 NPC 的组成和孔隙率,进一步提高电化学性能;②CNTs 和 NPC 之间的无缝连接形成了互连的三维导电网络,从而在充放电过程中加速离子和电子转移;③高比表面积和大孔体积可进行高硫负载,并可承受循环过程中的大体积波动;④除了中孔和微孔结构对 LiPSs 的物理吸附,三维多孔结构中的 N 掺杂剂通过化学相互作用提供了额外的对 LiPSs 的吸附能力,从而可以通过物理吸附和化学相互作用协同抑制 LiPSs 的溶解和穿梭效应。受益于以上优势,CNTs/NPC-S 电极显示出比 NPC-S 和 CNTs-S 更高的可逆容量、倍率性能和循环稳定性。在 0.5C 下初始放电比容量为 1065 mA·h/g,300 次循环后比容量保持在 817 mA·h/g。重要的是,当 CNTs 和 ImIP 的复合物中的反溴化物阴离子被置换为双(三氟甲烷磺酰亚胺)时,杂原子硫被协同结合到碳主体中,并且比表面积随着微孔的形成而增加,从而进一步改善电化学性能。这为优化锂硫电池正极材料的多孔结构和掺杂成分提供了一种新方法。

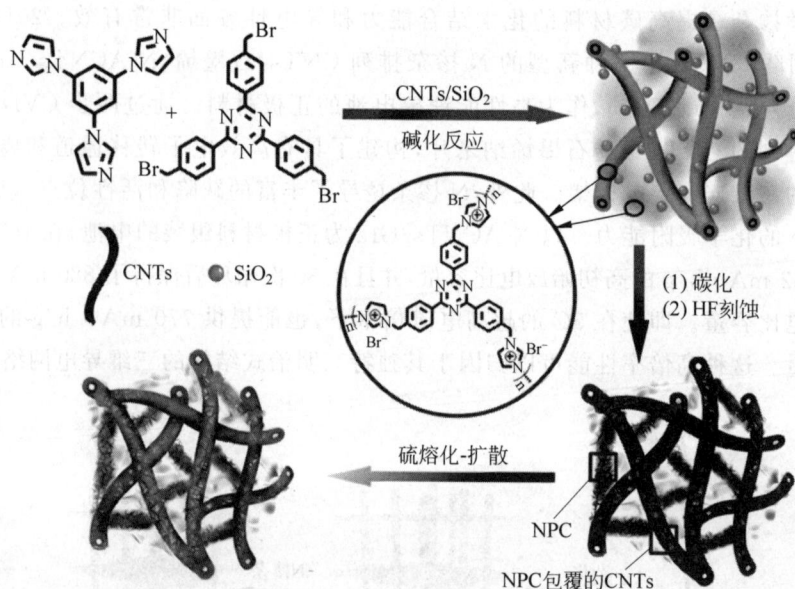

图 4-8　CNTs/NPC-S 合成的示意图[19]

4.2.3　碳纳米管/聚合物/硫复合正极

聚吡咯(PPy)和聚苯胺(PAN)等常见的导电聚合物,在充放电过程中可以发生氧化还原反应,所以被广泛应用在能量存储装置中。但在锂硫电池中,导电聚合物通常不是作为能量存储的活性物质,而是作为活性物质硫的导电材料和载体,有望降低硫颗粒尺寸,抑制 LiPSs 迁移。基于这个目的,Liang 等[20]将聚吡咯应用在锂硫电池中,并探究了形貌对电池性能的影响。与粒状聚吡咯相比,管状聚吡咯更有利于硫分布,而且管的交错排列提供了导电网络,为 Li$^+$ 和电子提供了有效的传输途径,从而得到稳定的充放电循环性能。

Ma 团队[21]在锂硫电池界面工程设计方面取得突破性进展,通过酰胺化反应将富含氨基的聚乙烯亚胺(PEI)聚合物与羟基/羧基双功能化多壁碳纳米管共价键合,成功构建了具有化学吸附功能的 CNTs-PEI 复合载体(图 4-9)。通过密度泛函理论(DFT)计算揭示了作用机理:PEI 中的氨基与 LiPSs 间存在强相互作用,同时互连 CNTs 网络显著提升了电极的导电性。溶解动力学实验进一步证实,相较于纯 CNTs 体系,CNTs-PEI 复合载体使 LiPSs 溶解速率和平衡浓度下降,这归因于其独特的双重抑制机制:热力学上通过强化学吸附降低 LiPSs 自由能,动力学上构建扩散能垒延缓迁移过程。该研究工作通过"化学锚定-物理限域"协同作用实现了对穿梭效应的立体化抑制,为高稳定性锂硫电池的设计提供了重要理论依据。

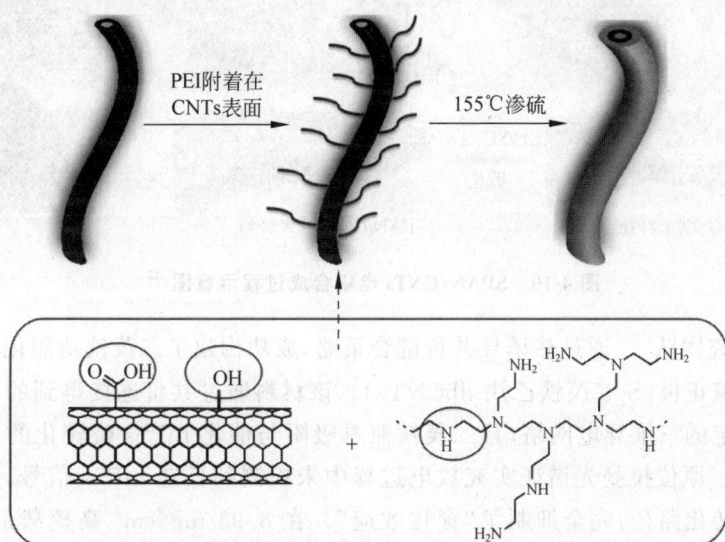

图 4-9　制备 CNTs/PEI/S 纳米复合材料的示意图[21]

硫化聚丙烯腈(SPAN)作为一种新型有机硫正极材料,在传统碳酸酯基电解质以及醚基电解质中均体现出优异循环稳定性,近年来在锂硫电池领域备受关注。Liu 等[22]结合静电纺丝与热处理的方法,成功制备了具有独立结构的 SPAN/CNTs 复合电极(图 4-10)。该材料体系展现出独特的结构优势:一方面,碳纳米管与 SPAN 纳米纤维形成的三维交织网络显著提升了电极的电子传导性,同时构筑了高效的离子传输通道;另一方面,通过热解过程将 S 以—S$_2$—、—S$_3$—短链形式共价键合于聚丙烯腈(PAN)碳化主链中,这种结构设计使得材料在碳酸酯类/醚类电解液中均表现出高度可逆的氧化还原特性。从电化学反应机制分析,SPAN 的锂化过程呈现单相固-固反应特征,其放电终产物为单一相的 Li_2S。值得注意的是,首次放电过程中 Li^+ 与 $C{=}N$ 基团发生部分不可逆副反应,残留的 Li^+ 通过原位掺杂作用有效提升了材料本征导电性。通过引入碳纳米管构建复合导电网络,SPAN/CNTs 电极在 800 mA/g 高电流密度下展现出卓越的循环稳定性:经过 1000 次循环后仍保持 1180 mA·h/g 的可逆容量,且未出现容量衰减现象。然而,该材料体系仍存在亟待突破的技术瓶颈。首先,受限于 PAN 基体的低硫负载量(通常小于 40%),导致体系质量比容量受限;其次,约 1.8 V 的平均放电电压显著低于传统硫基正极(约 2.1 V),造成体积能量密度降低。这些关键参数的限制使得 SPAN 体系在实现高能量密度储能目标方面仍面临挑战,后续研究需在保持其循环稳定性的同时,着力提升硫含量和放电平台电压。

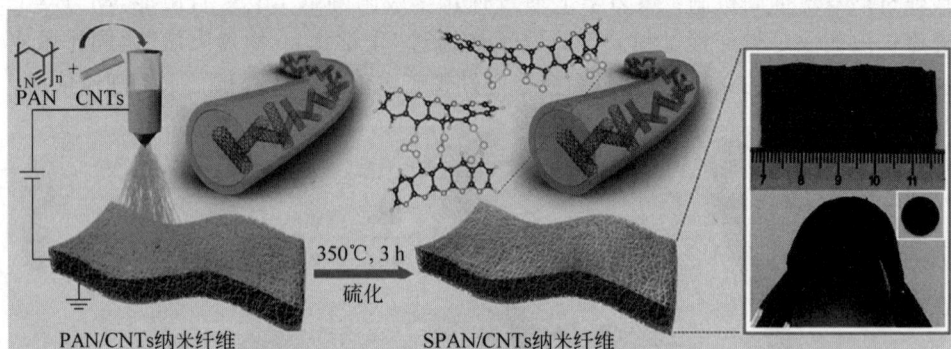

图 4-10 SPAN/CNTs 电极合成过程示意图[22]

Li 研究团队[23]通过热诱导共价键合策略,成功构建了二茂铁功能化双键碳纳米管复合硫正极(S-二茂铁乙炔-dbCNTs)。该材料通过共价连接得到的稳定结构构筑了稳定的三维导电网络,且二茂铁兼具吸附与催化 LiPSs 硫转化的双重功能(图 4-11)。原位拉曼光谱证实充放电过程中未检测到长链 LiPSs 信号,证实其改变了硫的转化路径,完全抑制了"穿梭效应"。在 8.93 mg/cm^2 高硫载量下,该正极展现出优异的综合性能:14.96 mA/cm^2 电流密度下经 400 次循环后容量保持率达 81.97%,其面积容量高于商用钴酸锂体系。此外,其表现出引人注目的低温适应性——在 0℃ 低温环境中仍保持 685 mA·h/g 的高比容量,600 次循环后容量保持率高达 75.54%,突破了传统硫正极在低温工况下的性能瓶颈。

总体来说,由于单体合成的过程相对简单、条件温和,适合大规模生产聚合物。在一些研究中,导电聚合物被证明不仅有利于增强导电性,而且能加速有机硫化物之间氧化还原反应的动力学[24]。但是对比其他正极材料,聚合物难以合成更为复杂、精细的结构。而且聚合物在导电性方面没有特别大的优势,在没有导电剂的情

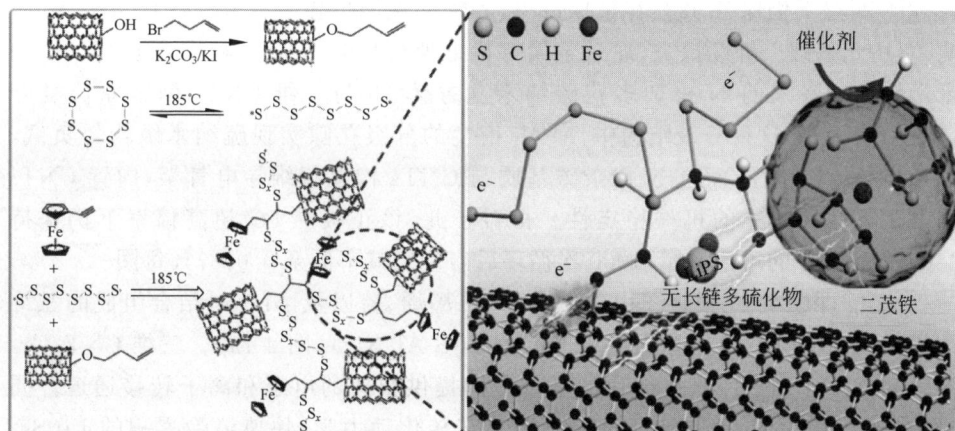

图 4-11 S-二茂铁乙炔-dbCNTs 的制备示意图[23]

况下,聚合物很难单独充当硫正极材料载体。因此,在制备正极材料时经常需要辅助添加导电剂,这必然会降低正极的硫含量,从而牺牲整个正极的质量能量密度。

4.2.4 碳纳米管/无机物/硫复合正极

在锂硫电池催化界面工程领域,过渡金属硫化物因其独特的电子结构与催化活性备受关注。其中,Co_3S_4 凭借 $3.3×10^5$ S/m 的超高本征电导率及丰富的极性活性位点,成为优化硫正极反应动力学的理想选择[25]。Jin 团队[26] 于 2017 年率先设计出具有拓扑优化结构的 CNTs/ Co_3S_4 纳米盒(CNTs/ Co_3S_4-NBs),通过将硫封装于中空纳米盒内,构建了三维连续导电网络(图 4-12(a))。该体系通过三重协同机制实现性能突破:①交错排布的 CNTs 网络提供高速电子传输通道;②Co_3S_4 纳米盒的极性表面通过 Co—S 键与 LiPSs 形成强化学吸附,结合空间限域效应将 LiPSs 扩散路径限制在纳米尺度。实验表明,S@CNTs/Co_3S_4-NBs 正极

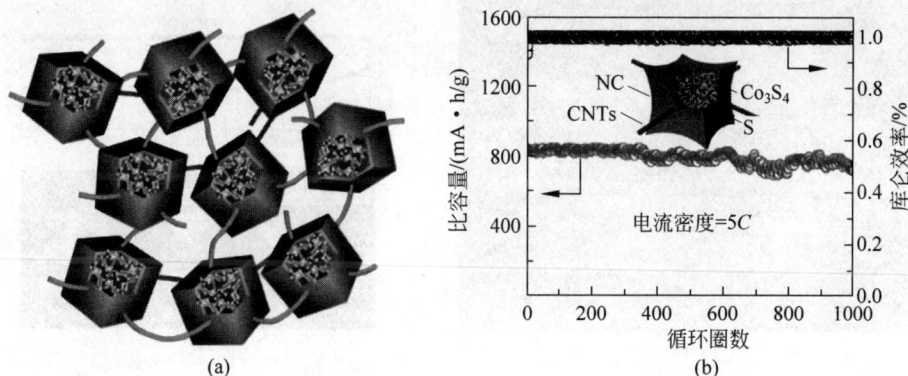

图 4-12 (a)S@CNTs/Co_3S_4-NB 中形成的三维交错 CNTs 导电网络示意图[26],以及(b) S@CNTs/Co_3S_4@NC 在 5C 下的长循环性能[27]

在 50℃ 高温下仍保持 92％ 容量保持率，其倍率性能也显著提升。2019 年，Cao 团队[27]在此基础上继续探究，通过金属有机框架（MOF）模板法精准合成 Co_3S_4 纳米颗粒均匀嵌入的 N 掺杂多孔碳纳米立方体，并与三维 CNTs 网络原位复合（图 4-12(b)）。这种分级结构中，MOF 衍生的分级孔隙实现硫纳米级均匀负载，缩短离子传输路径，而且 N 掺杂碳基质与 CNTs 构建三维导电骨架，内置 CNTs 网络赋予材料优异的机械稳定性。得益于此，该正极在 $5C$ 超高倍率下仍保持 $850\ mA \cdot h/g$ 的可逆容量，1000 次循环后容量衰减率低至 0.0137％ 每圈。

Yang 课题组[28]设计了由碳纳米管、石墨烯、硫以及 Al_3Ni_2 结合组成的三维网络结构的锂硫电池正极材料（CNTs/Gra-S-Al_3Ni_2）（图 4-13）。三维 CNT/Gra 网络和 Al_3Ni_2 的引入，在极片的垂直方向提供快速的电子和离子转移通道。同时，Al_3Ni_2 中的 Ni 也能够通过提高 LiPSs 转化动力学，快速消除累积的 LiPSs。由于上述优点，该优化的电极在 $0.2C$ 下获得了更高的初始放电比容量（1401 $mA \cdot h/g$），当电极在 $1C$ 下循环 800 次后，仍然保持 $496\ mA \cdot h/g$ 的可逆比容量，单次循环衰减率仅有 0.055％。将活性物质面密度增加至 $3.30\ mg/cm^2$ 时，电极在 $2.76\ mA/cm^2$ 的电流密度下循环 200 次后仍保留了 $622\ mA \cdot h/g$ 的高放电比容量，容量保留率为 85.9％。

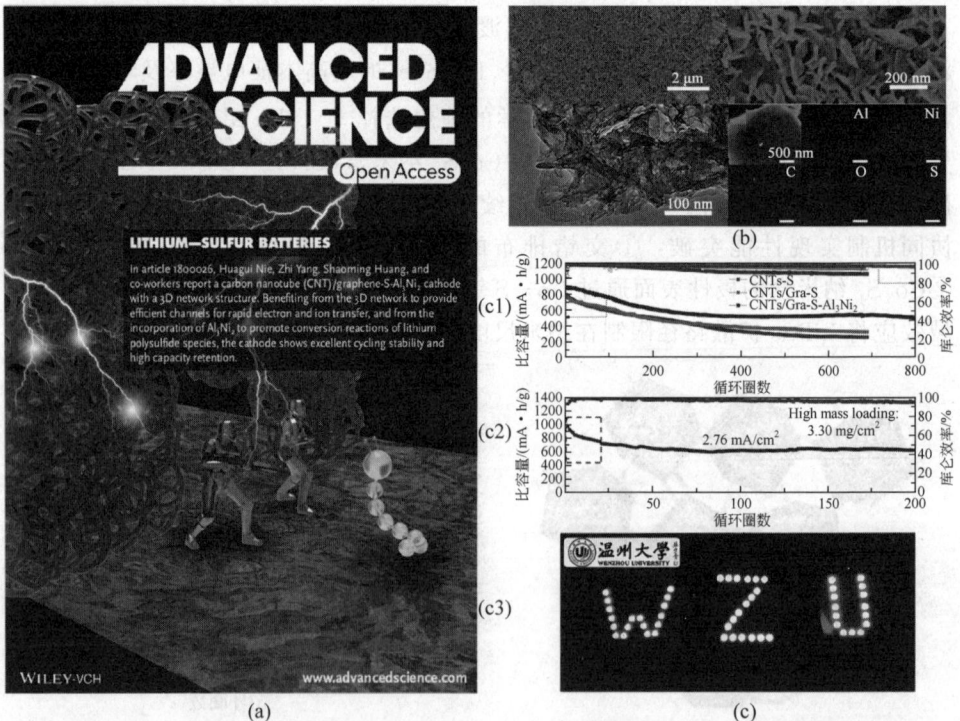

图 4-13 （a）杂志封面；（b）CNTs/Gra-S-Al_3Ni_2 结构表征及（c）电化学性能测试[28]

该课题组[29]继续在碳/硫正极中加入市售的钛硅石-1(TS-1)得到 CNTs-S/TS-1 电极(图 4-14),可以实现与 LiPSs 的强化学相互作用。原位紫外可见光谱和其他实验结果证实,TS-1 介质的加入,使 S_8^{2-} 和 S_3^{*-} 自由基在放电过程中直接转化,有效地加速了可溶性 LiPSs 的动力学,调节了固体硫化物的均匀成核和生长。这些特点使 TS-1 复合硫阴极在 0.1C 时具有 1459 mA·h/g 的超高初始比容量。此外,该电极在 4.9 mg/cm^2 的高载硫量下仍有较高的面积容量(3.84 mA·h/cm^2)和稳定的长循环性能。

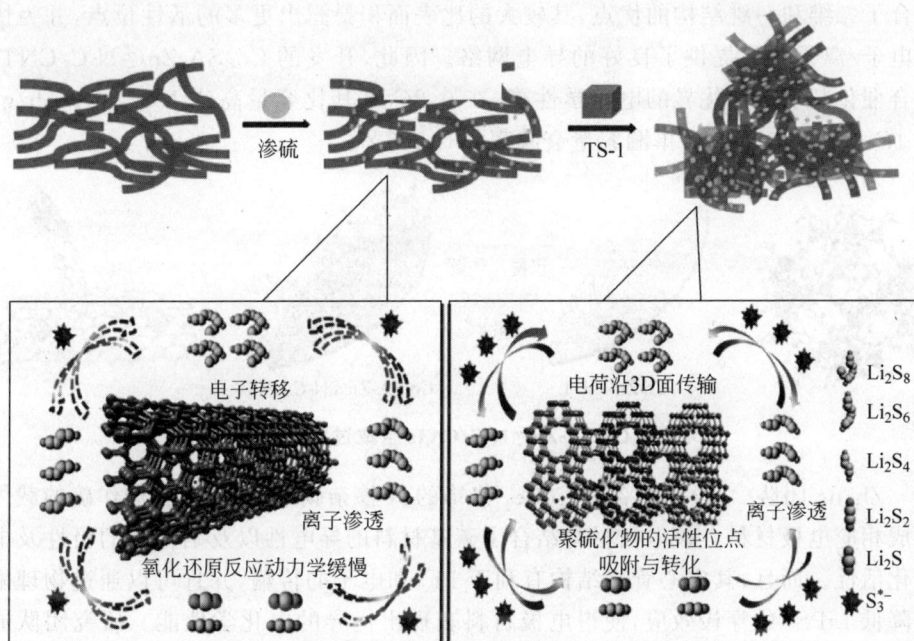

图 4-14　CNTs-S/TS-1 电极的合成过程示意图[29]

Wang 团队[30]首次报道了过渡金属磷化物作为硫宿主材料,以促进高性能锂硫电池中 LiPSs 的吸附和氧化还原。通过在碳纳米管上合成 MoP 纳米颗粒,开发了一种对 LiPSs 既具有强亲和力又能提高其氧化还原动力学的 CNTs-MoP 复合材料。使用氧化石墨烯-硫复合材料(GO-S)和 CNTs-MoP 作为正极的锂硫电池表现出优秀的循环稳定性和倍率能力。在 1000 多次循环中,单圈容量衰减率低至 0.017%。为了阐明过渡金属磷化物和 LiPSs 之间的化学相互作用,该团队继续报告了 CoP 纳米颗粒应用于锂硫电池正极上的表面化学现象[31]。通过一系列研究发现,CoP 纳米颗粒与 LiPSs 的强结合源于纳米颗粒表面在环境条件下产生的 Co-O-P 氧化层,从而激活 Co 位点,使其与 LiPSs 中带负电荷的 S 位点化学结合,形成 Co—S 键。相比之下,具有还原表面的原始 CoP 纳米颗粒几乎不能吸附或结合任何 LiPSs。该工作获得了高容量、稳定循环的硫正极,在电化学性能测试中,具有 7 mg/cm^2 的高面载硫量硫电极可以稳定地循环 200 次,面积容量维持在

$5.6\ mA \cdot h/cm^2$。同时,该工作也揭示了这种表面氧化诱导的 LiPSs 结合机制存在于许多过渡金属磷化物和硫族化合物中,如 MoP、Ni_2P、FeP、CoS 和 $CoSe_2$。

Wang 等[32]制备了一种由 Co 纳米颗粒、单原子 Zn 及 N 掺杂碳纳米管、多孔碳纳米片构成的复合催化剂 Co/SA-Zn@N-C/CNTs(图 4-15)。实验和理论研究表明,强耦合的 Co 纳米颗粒和单原子 $Zn-N_4$ 诱导电荷再分配,在形成有利的电子结构的同时,有效地整合 LiPSs,并通过降低从 Li_2S_2 到 Li_2S 的势垒催化其转化反应。原位生成的 CNTs 接枝在多孔碳纳米片上,形成的 Co/SA-Zn@N-C/CNTs 结合了二维和一维结构的优点,其较大的比表面积暴露出更多的活性位点,并为快速电子/离子转移提供了良好的导电网络。因此,开发的 Co/SA-Zn@N-C/CNTs 复合催化剂表现出优异的电化学性能,在 0.2C 下其比容量高达 $1302\ mA \cdot h/g$,在 1C 下循环 800 次后单圈容量衰减率为 0.033%。

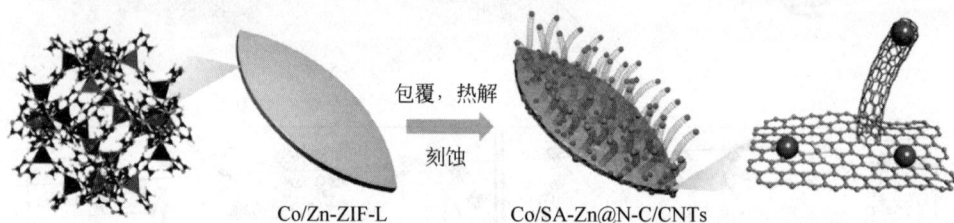

包覆,热解
刻蚀

Co/Zn-ZIF-L   Co/SA-Zn@N-C/CNTs

图 4-15　Co/SA-Zn@N-C/CNTs 合成过程示意图[32]

Zhang 团队[33]合作制备了 $CoSe_2$ 修饰的 N 掺杂碳纳米管,将其用作硫的载体制成相应电极材料。该电极材料结合了碳基材料的导电性以及硒化物的极性及电催化活性。而且,其空心管状结构有利于 Li^+ 和电子的传输,并且可以通过物理限域降低 LiPSs 的穿梭效应,使得电极材料表现出优异的电化学性能。研究团队通过理论计算建立了 Li_2S_n 和样品材料的吸附模型,发现 N 掺杂和硒化物的修饰使载体材料整体具有较强的极性,对于 LiPSs 表现出更强的吸附能力。同时,$CoSe_2$ 材料对于 $Li_2S_n(4 \leqslant n \leqslant 8)$ 到 Li_2S 的转化具有较强的电催化活性,极大提升了电池的动力学性能。

4.2.5　碳纳米管/仿生材料/硫复合正极

酶作为一种温和的绿色催化剂,在各种生理应激过程中展现出了惊人的催化能力。酶能加速化学反应速率,对于特定的底物和反应,化学反应速率可以提高多达 10^{19} 倍。向大自然学习,让生命现象成为科学设计思想的源泉。Yang 团队基于仿生设计理念,设计了一系列仿生材料应用于锂硫电池中。例如,根据生命体中血红蛋白(其活性中心为氯化血红素 hemin)能高效输送氧气这一特性,同时考虑到硫和氧是同主族元素,具有类似的化学性质,Yang 课题组[34]提出了一种仿生分子催化剂的设计思路,如图 4-16(a)所示,将 hemin 接枝到带有官能团的碳纳米管(CNTs-FG)上得到 CNTs-FG@hemin 复合材料,并将其应用于硫正极,用于促进

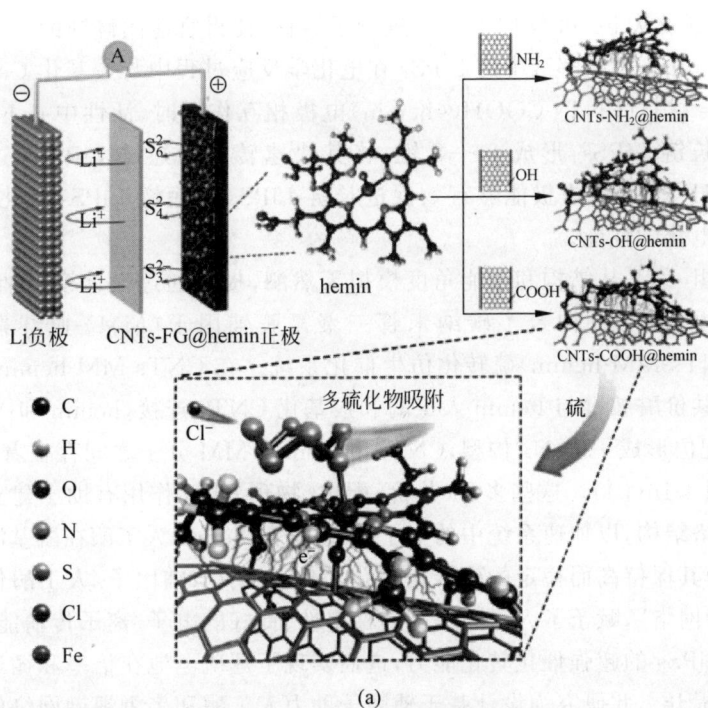

(a)

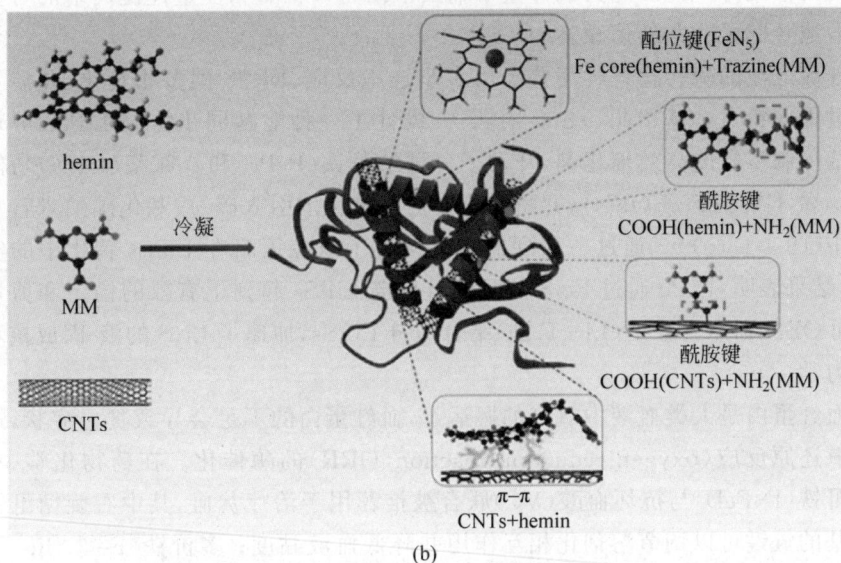

(b)

图4-16 （a）基于三种 CNTs-FG@hemin 正极（FG＝NH$_2$、OH、COOH）的锂硫电池结构示意图，以及多硫化物在 CNTs-COOH@hemin 正极上的吸附机理[34]；（b）CNTs-MM-hemin 复合物的合成路径示意图[35]

锂硫电池反应中 LiPSs 的快速转化。一系列研究发现 hemin 与 CNTs 之间形成了 π-π 共轭,使电子从 Fe 和 N 向 CNTs 进行了转移,使得官能团修饰的 CNTs 能更好地吸附 hemin。当电解液中的 LiPSs 在电化学反应过程中与羧基化 CNTs 接枝 hemin 的复合材料(CNTs-COOH@hemin)电极相互作用时,活性中心 Fe 作为结合位点捕捉长链 LiPSs,形成 Fe—S 键,将其快速转化为短链 LiPSs。这也表明 CNTs-COOH@hemin 电极能够有效促进长链 LiPSs 向短链 LiPSs 转化,从而获得了优异的电化学性能。

该课题组[35]又从结构和功能角度模拟天然酶,提出通过设计模拟辅因子,将其引入锂硫电池体系,构筑了碳纳米管三聚氰胺辅因子(MM)-血红素人工酶(hemin)(CNTs-MM-hemin)硫转化仿生催化系统。在 CNTs-MM-hemin 中,MM 辅因子通过共价酰胺键与 hemin 人工酶和羧基化 CNTs 连接,hemin 和 MM 之间通过 Fe-N 配位形成了 FeN_5 构型,CNTs 和 hemin/MM 分子之间存在着物理 π-π 相互作用(图 4-16(b))。这些多重(共价、配位、物理)相互作用有助于建立共价交联的催化网络结构,以加速系统中的电子转移,抑制 hemin 人工酶在醚基溶剂中的溶解,从而使其保持高而稳定的硫转化催化活性。Li^+ 与辅因子/人工酶作用形成的"多重锂键网络",赋予了人工酶更高的稳定性、良好的电子/离子传输能力,以及对长、短链 LiPSs 的超强催化转化能力,进而实现了锂硫电池在倍率和循环耐久性方面的大幅提升。此研究为设计基于辅因子助力人工酶和多重锂键网络的可充电锂硫电池开辟了一条新途径。

锂硫电池的硫转化过程需要经历多步连串反应、固-液-固多相转化,并涉及锂补给过程等特点。基于此,Yang 团队[36]设计了一种能够同步协调 LiPSs 剪切和锂补给控制步骤的高效催化剂,开发了一种酞菁铁(FePc)和八氟萘(OFN)功能化的石墨烯(Gh/FePc+OFN),并将其作为仿生催化剂引入硫/羧基化碳纳米管复合正极中(图 4-17(a))。通过一系列的研究阐述了双控策略在 LiPSs 转化中的实现方式,结果表明,FePc 通过 Fe-S 的配位对长链 LiPSs 起到了有效的锚定和剪切作用;而 OFN 则通过锂键(Li—F 键)结合短链 LiPSs,加速了 Li_2S 的液-固成核和生长动力学。

血红蛋白是人类血液中氧气的搬运工,血红蛋白的不足会导致贫血症状,进而影响氧还原反应(oxygen reduction reaction,ORR)的酶催化。在药物化学中,右旋糖酐铁(INFeD)与抗坏血酸(VC)联合被推荐用于治疗贫血,其中右旋糖酐链富含羟基的氢键可以调节溶剂化相互作用并降低血液黏度;多价铁(Fe^{2+}/Fe^{3+})中心有利于氧的携带和转化。而且,该药物被吸收后具有良好的补血效果,可在常温下催化三相(催化剂/溶剂/氧)反应界面复杂的 ORR。ORR 催化剂设计思路对解决锂硫电池面临的硫还原反应(sulfur reduction reaction,SRR)问题具有很好的参考价值。受此启发,Yang 团队[37]再次开发了一种高效的 VC@INFeD 催化剂引入硫/CNTs 复合正极中。如图 4-17(b)所示,在 VC@INFeD 催化剂中,INFeD

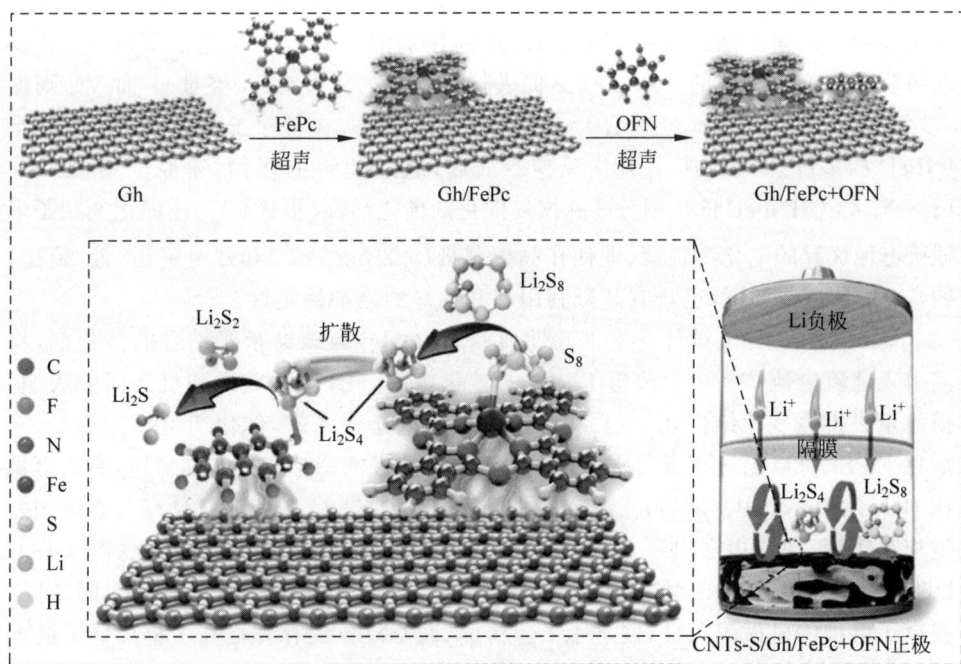

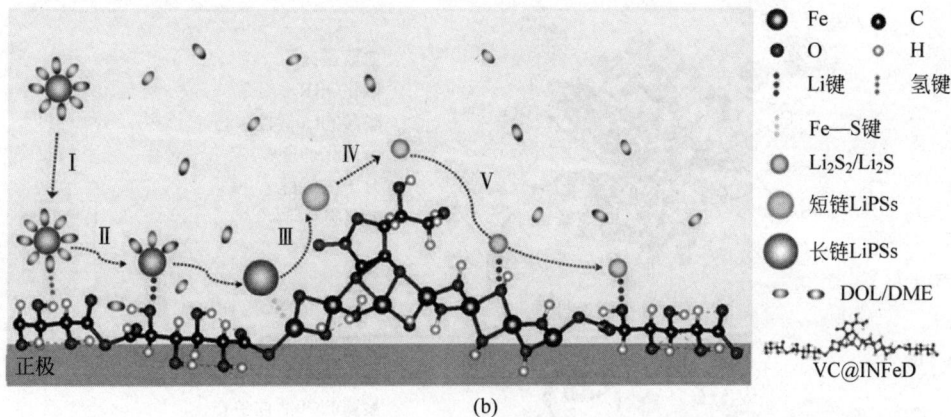

图4-17 Gh/FePc＋OFN 的（a）制备过程示意图及应用于锂硫电池中的机制[36]，
（b）VC@INFeD 分子催化剂调节锂硫化学的示意图[37]

的—OH 通过与二氧戊环/二甲醚（DOL/DME）分子的醚（—O—）形成氢键与溶剂化 Li$^+$ 或 LiPSs 簇结合（步骤 Ⅰ）。随着放电深度的增加，由于锂键的键能大于氢键，在 INFeD 上由锂键取代氢键形成（步骤 Ⅱ）。值得注意的是，与化学 Li—O 键相比，锂键的键能要弱得多，这有利于锚定的 Li$^+$/LiPSs 在催化剂上的转移。该过程有助于加速 Li$^+$/LiPSs 的解溶剂化，并将其固定在催化剂上，从而在正极/

电解质界面实现局部高浓度 Li^+/LiPSs 分布，这满足了催化反应的首要条件，即大量底物的富集。随后，在 VC@INFeD 催化剂的不同催化位点上实现了 LiPSs 的级联转化：INFeD 的 Fe^{3+}/Fe^{2+} 促进长链 LiPSs 的裂解（步骤Ⅲ）；而 VC 则促进短链 LiPSs 的还原（步骤Ⅳ）。与放电不同的是，在整个充电过程中，主要是 INFeD 的多价态铁加速了氧化反应。最后，通过锂键的作用，还原产物（Li_2S_2/Li_2S）与 VC@INFeD 催化剂分离并恢复催化剂催化活性（步骤Ⅴ）。该催化剂赋予了锂硫电池优异的电化学性能，即使在高硫载量（$5.2\ mg/cm^2$）和贫电解质（液/硫比，约 $7\ \mu L/mg$）条件下，也具有高硫利用率和良好的循环稳定性。

　　Yang 团队[38]又设计开发了改性血蓝素（DHc）与碳纳米管结合的催化剂，将其引入锂硫电池体系中以改善 LiPSs 的转化效率。DHc 的结构和机制研究表明，得益于去折叠 β-片结构，Cu、O、N 活性位点得以充分暴露，催化通道更加通畅，溶剂化 LiPSs 可以通过与蛋白质骨架上大量暴露的官能团形成分子间氢键，有效聚集在 DHc 的微环境中。随后，去溶剂化的 LiPSs 通过 S—O 键和 Li—N 键与官能团发生相互作用，加速电子/Li^+ 向活性中心 Cu 的传输，促进 LiPSs 的转化（图 4-18）。DHc 的引入使得 LiPSs 在反应微环境中富集，降低了催化活性位点的空间位阻，提高了电极的机械耐久性，促进了 Li^+ 传输，而 CNTs 的存在提高了整个体系的电子和离子的传输能力，从而提升了锂硫电池的电化学性能。

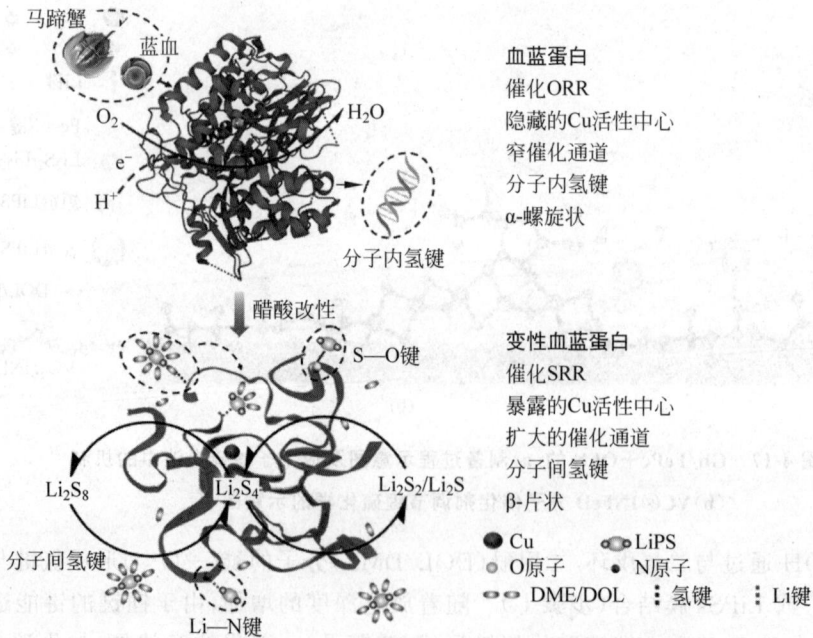

图 4-18　从生物化学到锂硫化学的 DHc 设计灵感示意图[38]

4.3　碳纳米管基材料插层膜

LiPSs 在电解质中的溶解和迁移会导致循环过程中活性材料的严重不可逆损失,这是锂硫电池面临的严峻挑战之一。在硫正极和聚合物隔膜之间引入夹层(插层膜),已被证明是解决这些问题的有效方法。夹层结构对 LiPSs 具有较强的化学/物理吸附特性,不仅能阻隔 LiPSs 的穿梭,同时可以通过插层膜材料和结构的设计来调控电解液中 LiPSs 的催化转化。插层膜结构也发挥着嵌入导电网络的作用,选择性地输运 Li^+。因此,夹层的插入有效地阻挡了正极侧 LiPSs 的迁移,同时促进了 Li^+ 的扩散和电子转移。目前多种纳米碳材料已被报道用来作为插层膜,特别是具有独特一维结构的碳纳米管,由于具有优越的柔韧性、优异的导电性和良好的化学稳定性,已被作为插层膜结构引入锂硫电池中而广泛研究。

4.3.1　碳纳米管插层膜

由于碳纳米管固有的交织特性,可以很容易地制备具有良好柔韧性和高孔隙率的独立碳纳米管基插层膜。Su 和 Manthiram[40] 在锂硫电池中引入了 MWCNTs 夹层。MWCNTs 夹层在电极中形成了一个额外的电路,使得正极界面电阻大大降低,且 MWCNTs 夹层的应用将中间 LiPSs 有效地固定在正极侧,缓解了可溶性 LiPSs 向负极的扩散(图 4-19);受益于该插层膜,对应电池的电化学性能显著提高,放电容量和循环稳定性都有所增强。在此之后,许多其他基于 MWCNTs 的锂硫电池插层膜也不断被开发出来。例如,Kim 等[41] 将 MWCNTs 与电解质混合制备了自组装的 MWCNTs 膜涂覆在硫电极的顶部;自组装 MWCNTs 插层膜比纯MWCNTs 插层膜结构更平坦紧密;电化学测试发现,经 0.5C 循环 100 次后,自组

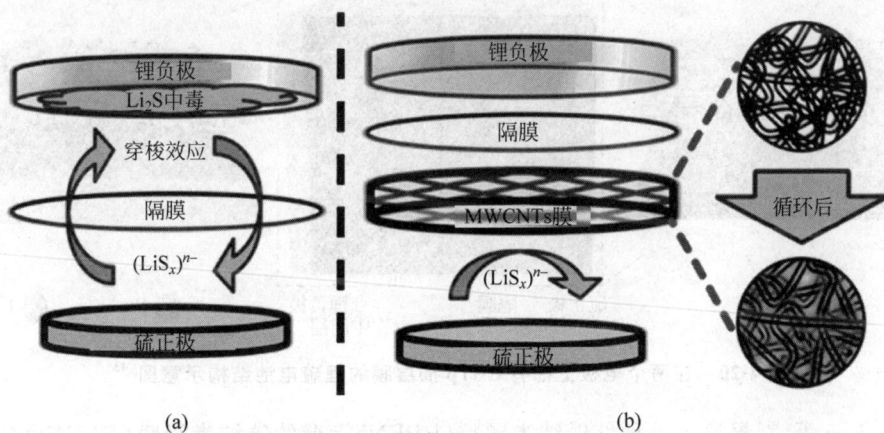

图 4-19　可充电锂硫电池的结构示意图

(a) 存在严重穿梭效应和 Li_2S 问题的传统结构;(b) MWCNTs 插层膜的新结构[40]

装的 MWCNTs 插层膜表面仅存在微小的孔隙,且形状比纯 MWCNTs 插层膜更为致密,表现出更稳定的性能。

SWCNTs 的直径较小(约 10 nm)且相对均匀,加上其优异的力学和电学性能,被视为锂硫电池中锚定 LiPSs 的理想主体材料。许多工作都致力于将 SWCNTs 基材料作为插层膜结构应用于锂硫电池正极中。例如,Kaiser 等[42]合成了一种精密的交织结构 SWCNTs 悬空薄膜作为 LiPSs 阻挡层,并将其插入硫正极和隔膜之间,减轻了由 LiPSs 引起的穿梭效应,提高了活性炭硫复合材料的放电能力,对应电池的初始比容量提高到 1674 mA·h/g,这是目前文献报道的最高初始比容量。

Zhao 课题组[43]通过在电解液和锂硫电池两电极之间插入碳纳米管纸(CNTp)插层膜,实现了对正极和负极的双重保护(图 4-20)。首先具有中孔结构的碳纳米管与 LiPSs 之间存在着很大的亲和力,CNTp 插层膜可以有效地抑制 LiPSs 的溶解和穿梭。即使可能有少量的 LiPSs 穿过隔膜向锂负极方向扩散,那么在负极和隔膜之间的第二个 CNTp 插层膜可以作为一个加强的屏障,进一步防止 LiPSs 与锂负极反应。此外,还发现 CNTp 可以细化电解液与电极之间的界面,分别促进正极和负极形成均匀电流和 Li^+ 分布,避免了锂枝晶的形成。因此,即使在 12.1 mg/cm^2 的超高载硫量和 5C(25 mA/cm^2)的高倍率下,也能实现较高的活性物质利用率。

Li 等[39]比较了由碳纳米管和石墨烯或两者复合组成的高柔性独立插层膜结构对锂硫电池电化学性能的影响。该结构具有尺寸可扩展、超轻、无粘结剂等特点,可大规模应用于锂硫电池。结果表明,以上三种插层膜均表现出对 LiPSs 明显的吸附能力,其中碳纳米管效果最好。此外,这种简单、可放大的碳基网络结构制备方法可以促进其在电池工业中的应用。

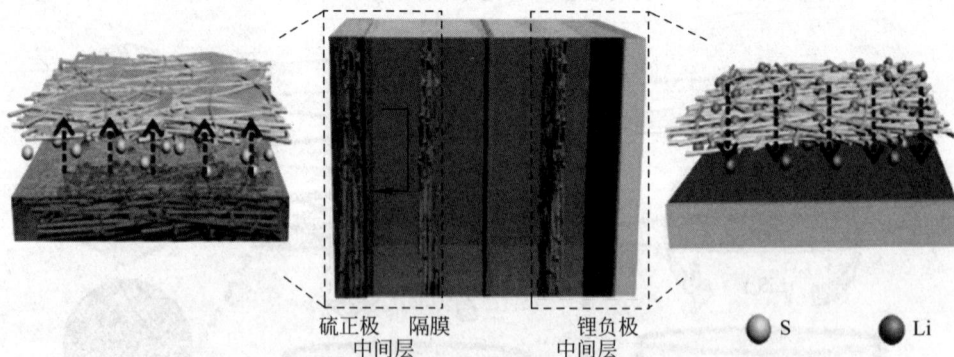

硫正极　隔膜　　　　锂负极
中间层　　　　　　　中间层　　　　　　　　● S　　● Li

图 4-20　在两个电极上都有 CNTp 插层膜的锂硫电池结构示意图[43]

Lee 等[44]报道了一种红磷纳米颗粒(RPEN)涂覆的碳纳米管膜(RPEN@CF)作为新型锂硫电池插层膜,它显示出对 LiPSs 的强化学吸附、良好的柔性和优异的导电性。通过脉冲激光烧蚀的方法超快生产出均匀形态的 RPEN,然后通过直接旋转法沉积在碳纳米管膜上。RPEN@CF 夹层为 Li^+ 和电子转移提供了途径,并加强了其与 LiPSs 的强化学相互作用。密度泛函理论计算表明,RPEN 的纳米结构和分散性对提高 Li^+ 和电子转移动力学以及实现 LiPSs 的有效捕获具有重要意义。

4.3.2　碳纳米管/碳复合插层膜

石墨烯(Gra)具有官能团丰富、比表面积大、导电性好等特点,在储能材料领域引起了越来越多的关注。研究者们将 Gra 与 MWCNTs 结合作为插层膜引入锂硫电池中,以抑制 LiPSs 的迁移。例如,Huang 等[45]通过将 MWCNTs 与氧化石墨烯(GO)薄片结合,合成了独立式 GO/MWCNTs 薄膜并应用于锂硫电池。该薄膜表现出高电子导电性以及较强的吸附 LiPSs 能力,有效地提高了锂硫电池的电化学性能。添加 GO/MWCNTs 的电池在 0.1C 时的初始比容量高达 1370 $mA \cdot h/g$,在 0.2C 下循环 300 次后,放电比容量仍保持在 671 $mA \cdot h/g$,相应的容量衰减率为每循环 0.043%。Shi 等[46]报道了一种由压缩石墨烯/碳纳米管(Gra/CNTs)气凝胶构建的独立式、密集紧凑的集成正极(Gra/CNTs-S//Gra/CNTs),这种材料可以同时作为硫宿主正极材料(Gra/CNTs-S)和插层膜(Gra/CNTs);通过 GO/CNTs 气凝胶的自扩散燃烧快速还原法制备的 Gra/CNTs 气凝胶具有三维互连多孔网络、大比表面积(363 m^2/g)和高导电性(67 S/m),Gra/CNT-s 正极具有超高的体积质量密度(1.64 g/cm^3)和优良的电子和离子输运网络;同时,压缩后的超轻 Gra/CNTs 薄膜可以作为柔性夹层,通过化学作用和物理约束协同抑制 LiPSs 穿梭。因此,紧凑型正极在 0.2C 时仍获得了 1286 $mA \cdot h/g$ 的高比容量,在 2C 下循环 500 次后,其单圈衰减率低至 0.06%,显示出长期可循环性能。

Gra 也可通过直接掺杂获得更好的 LiPSs 捕获能力。例如 Yang 团队[47]使用 CNTs 作为硫宿主制备硫正极,以轻巧的多功能多孔硫-N 双掺杂石墨烯(SNGE)作为插层膜(图 4-21)。结果表明,引入 SNGE 后电池具有优异的导电性、LiPSs 捕获能力和调节 Li_2S_2/Li_2S 生长的能力。电化学性能测试表明,SNGE 插层膜使 PCNT-S 负极在 0.25C 时提供了约 1460 $mA \cdot h/g$ 的可逆比容量,并在 40C 下,比容量仍保留在 130 $mA \cdot h/g$。关键的是,该负极在 8C 下可循环 1000 次,表现出超高的循环稳定性,单圈容量衰减率仅为 0.01%。

Kong 等[48]设计并制备了一种比表面积高达 2184 m^2/g 的 sp/sp^2 杂化全碳插层膜(图 4-22),该插层膜是由 Gra 和 H 取代石墨炔(HsGDY)涂层构成。HsGDY 的二维网络和丰富的孔隙结构可以实现对 LiPSs 的快速物理吸附。原位拉曼光谱和非原位 X 射线光电子能谱(XPS)结合密度泛函理论计算证实了 HsGDY 中的乙炔键可以捕获 LiPSs 中的 Li^+,这是由于乙炔活性位点对 Li^+ 有很强的吸附作用。HsGDY 作为插层膜对 LiPSs 的强物理吸附和化学锚定作用促进了 LiPSs 的转化,进一步抑制了穿梭效应。

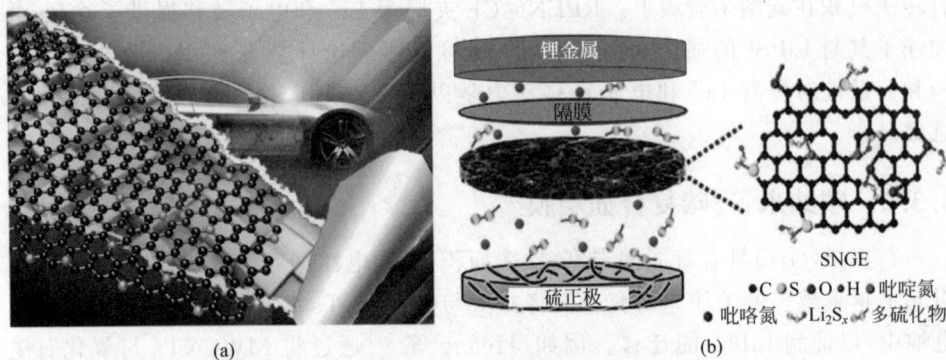

图 4-21 (a)SNGE 及(b)应用于锂硫电池中的示意图[47]

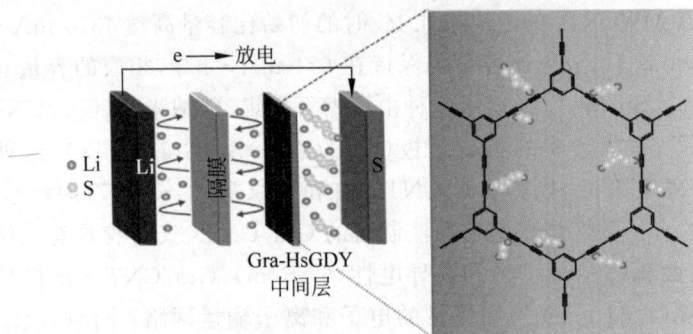

图 4-22 用 Gra-HsGDY 插层膜修饰的锂硫电池原理图[48]

4.3.3 碳纳米管/聚合物复合插层膜

导电性聚合物,如聚苯胺(PANI)、聚吡咯(PPy)、聚噻吩(PTh)和聚 3,4-乙烯二氧噻吩(PEDOT),以其低密度、高导电性、易于制备和独特的物理/化学性质等优势广泛应用于硫/碳电极材料涂层领域。Wang 等[49]用市售的 3,4-乙烯二氧噻吩和聚丙乙烯(PEDOT:PSS)和碳纳米管分散体制备了柔性、高导电性、轻质的 PEDOT:PSS-CNTs 薄膜,作为插层膜引入硫正极侧。PEDOT:PSS 不仅可以通过化学吸附限制 LiPSs 迁移到锂负极,还可以作为辅助"电流收集器",提高硫正极的电子导电性,降低电池的极化。CNTs 成功地构建了多孔运输通道,促进了 Li$^+$ 的快速扩散。因此,具有 PEDOT:PSS-CNTs 插层膜的锂硫电池表现出优异的循环性能、较高的放电容量和倍率性能。

部分生物小分子,如二硫苏糖醇(DTT)、维生素 C 和谷胱甘肽等在室温下能自发高效剪断存在于蛋白质中的双硫键(—S—S—),从而破坏蛋白质的三维结构。受这一现象的启发,Yang 课题组[50]将 DTT 辅助切割 LiPSs 的概念引入锂硫电池体系中,设计了具有 Gra/DTT 插层膜的多孔碳纳米管/硫正极(PCNTs-S@Gra/

DTT），如图 4-23 所示。实验证实 DTT 可以通过与 LiPSs 高效反应而快速消除
LiPSs 在电解液中的累积。借助 DTT 的此特殊功能，Gra/DTT 插层膜使 PCNTs-
S 正极表现出了优异的倍率性能和循环稳定性。特别引人关注的是，此 PCNTs-
S@Gra/DTT 电池在 5C 的高倍率下也能保持高的循环稳定性，循环 1100 圈后对
应的单圈容量衰减率仅为 0.036%。

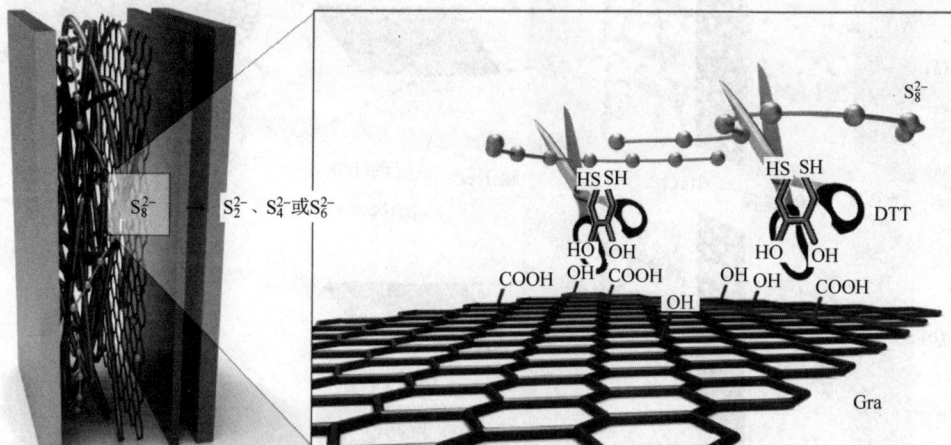

图 4-23 具有 Gra/DTT 插层膜的锂硫电池电极结构示意图[50]

Kim 等[51]设计了一种聚丙烯酸（PAA）包覆单壁碳纳米管（PAA-SWCNTs）
的超薄薄膜作为功能插层膜。SWCNTs 可以对 LiPSs 进行物理阻挡作用，PAA
链上丰富的羧基通过形成氢键有效抑制 LiPSs 的扩散。此外，独立式 SWCNTs 薄
膜因其高导电性和柔性而被认为是理想的碳支架，当它插入硫正极和隔膜之间时，
可以作为硫储层和双电流收集器促进电子和 Li^+ 的转移。在 PAA 和 SWCNTs 的
协同作用下，具有 PAA-SWCNTs 夹层的硫正极与具有原始 SWCNTs 夹层的硫正
极相比，在循环 200 次后保持了更高的容量保持率。即使在高电流密度下，具有
PAA-SWCNTs 夹层的硫正极也表现出更高的比容量和更好的循环保留率。

4.3.4 碳纳米管/金属化合物复合插层膜

金属化合物等极性材料，如金属硫化物、金属氧化物、金属催化剂等，可能与
LiPSs 产生强烈的化学相互作用，一些研究人员将它们与 MWCNTs 结合，作为插
层膜应用在锂硫电池中。Wang 等[52]利用二硫化钒/碳纳米管复合材料（VS_2/
CNTs）、碳纳米纤维（CNF）衬底和石墨烯涂层（GN）集成了一种多组分夹心式插层
膜（CNF@VS_2/CNTs@GN），如图 4-24 所示。VS_2/CNTs 对 LiPSs 具有较强的
亲和力，有效地抑制了锂硫电池的自放电。CNF 衬底作为支撑框架，提高了电解
液的润湿性，降低了 Li^+ 的扩散阻抗。GN 作为第二捕获剂，有效回收了失活硫。
VS_2/CNTs 吸附剂、CNF 衬底和 GN 的复合组分在抑制 LiPSs 穿梭和自放电方面

表现出良好的协同效应。此外,该中间层增强了锂硫电池的氧化还原动力学并表现出优异的倍率性能。多组分夹心式复合材料插层膜的协同效应为解决电池自放电和提高电池循环稳定性提供了新的策略。

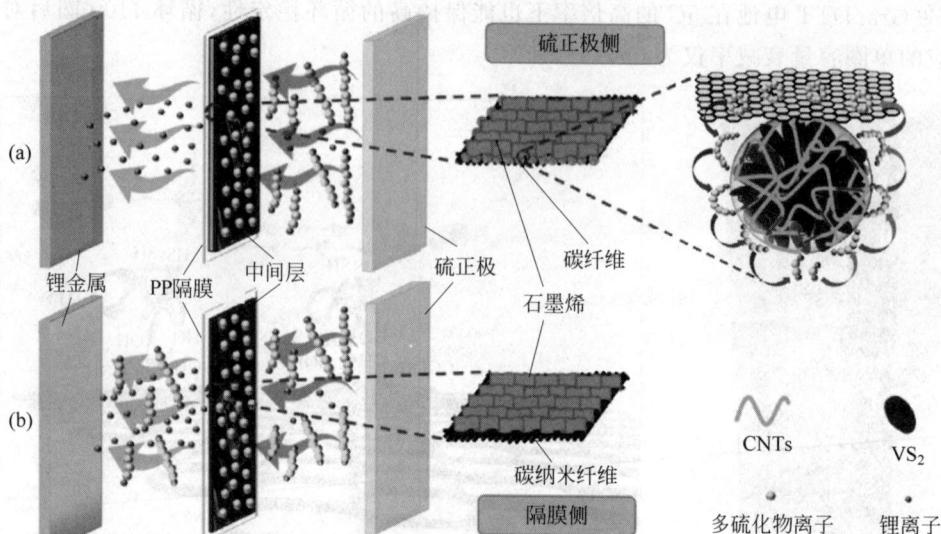

图 4-24　(a)CNF@VS$_2$/CNTs@GN 和(b)CNF@CNTs@GN 插层膜结构在锂硫电池中的
作用示意图[52]

　　金属化合物除了具有与 LiPSs 之间的强烈化学相互作用,其高电导性也能大大提升锂硫电池的容量与稳定性。Yang 等[53]通过涂布器涂布的方法,将石墨烯/二氧化钛(TiO$_2$)复合材料作为夹层涂刷在多孔碳纳米管-S(PCNTs-S)正极材料表面(图 4-25),该夹层不但厚度薄而且质量很轻,其质量大约只占整个电极材料质量的 7.8%。涂刷石墨烯/TiO$_2$夹层的正极的放电容量和循环稳定性得到了显著提高,尤其是在较高倍率 2C 和 3C 下循环 1000 次后容量衰减率分别为 0.01% 和 0.018%,表现出了超高的循环稳定性。他们通过扫描电镜(SEM)、能量色散 X 射线分析(EDX)和 XPS 结果证实,这种石墨烯/TiO$_2$夹层中,石墨烯主要以物理方式对活性物质和多硫化物进行拦截,以抑制其穿梭效应的发生。TiO$_2$ 在复合材料中也起了重要作用,通过化学键与活性物质硫和多硫化物进行吸附,以抑制穿梭效应的发生。两者以协同的方式共同提高体系的电化学性能。

　　该团队[54]还提出了一种通用且环保的水蒸气蚀刻方法,用于制造结合有 H 和 O 的多孔 TiS$_2$(HOPT)。与原始 TiS$_2$相比,HOPT 的电导率、孔隙率、化学吸附能力和电催化活性都得到了显著提高。该合成方法还可以扩展到制造其他高导电性过渡金属二卤化物,例如多孔 NbS$_2$ 和 CoS$_2$。HOPT 既可以用作导电剂的替代品,又可以用作插层膜材料的添加剂。基于该材料的锂硫电池,在 0.5C 下循环 300 次后仍保有 950 mA·h/g 的放电比容量,在 1/10C 下循环 1000 次后有 374 mA·

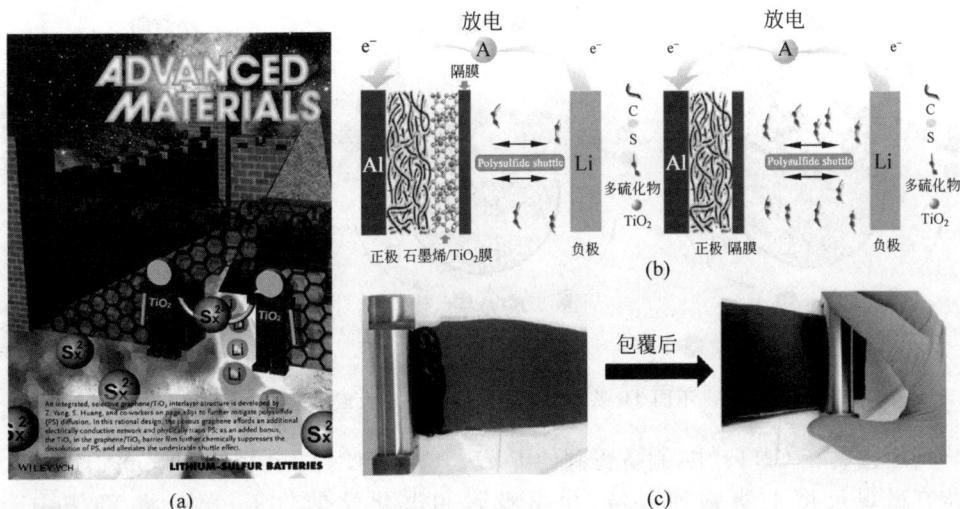

图 4-25 （a）杂质封面；（b）石墨烯/TiO$_2$ 插层膜应用于锂硫电池的示意图及（c）制备方法[53]

h/g 的放电比容量，在 1/30C 下经过 2500 次循环后仍有 172 mA·h/g 的可逆比容量，单圈容量衰减率低至 0.015%。在充电 20 s 后，串联的基于该电极的 4 个半电池可以驱动 60 个发光二极管指示器模块（功率 3 W）。该设备的瞬时电流密度和功率密度分别达到 275 A/g 和 2611 W/g，展现了其出色的大功率放电性能，以及在电动汽车和其他大型储能系统中的潜在应用。

为了同时催化锂硫电池的氧化和还原反应，该团队[55]继续将 Gra 与变价金属化合物结合，将具有 4f 电子结构的稀土 Tb 与 Gra 进行物理超声分散，并在空气或氧气环境中热处理，形成具有不同价态 Tb 氧化物的 Gra-Tb^{x+} 复合物，将其作为插层膜涂覆于硫/CNTs 表面。XPS 结果表明，在空气中处理的样品中，Tb^{3+}、Tb^{4+} 共同存在，形成了 Tb$^{3+/4+}$ 氧化物。一系列原位/非原位表征技术以及密度泛函理论计算分析表明，Tb$^{3+/4+}$ 氧化物 f 轨道电子填充适中，可作为电子存储器在锂硫电池充放电过程中动态释放/接收电子。如图 4-26 所示，不同价态的 Tb 选择性催化长链和短链 LiPSs 转化，因此表现出优越的循环稳定性（1C 下循环 500 次，单圈衰减率为 0.087%），以及高硫负载、贫电解液能力（面载硫量为 5.2 mg/cm^2，液/硫比为 7.5 mL/mg）。此外，该团队尝试在插层膜中加入了 O 掺杂 Sb$_2$S$_3$ 纳米片（SS-O NS）[56]和三(4-氟苯基)膦钯（TFPP）[57]等材料，并同样提高了锂硫电池的性能与稳定性。

美国弗吉尼亚大学 Li 课题组[58]报道了一种气-液-固（VLS）和固-液-固（SLS）的组合方法，成功地从棉花中衍生出 Fe/Fe$_3$C 修饰的多壁碳纳米管（Fe/Fe$_3$C-MWCNTs），其中棉花分解成含碳气体和无定形碳，无定形碳作为 MWCNTs 生长的碳源。该研究将棉织物转化为活性炭织物（ACT），同时以棉布为底物和碳源，如图 4-27 所示。在形成 CNTs 的过程中，Fe/Fe$_3$C 作为有效的电化学吸附催化剂被

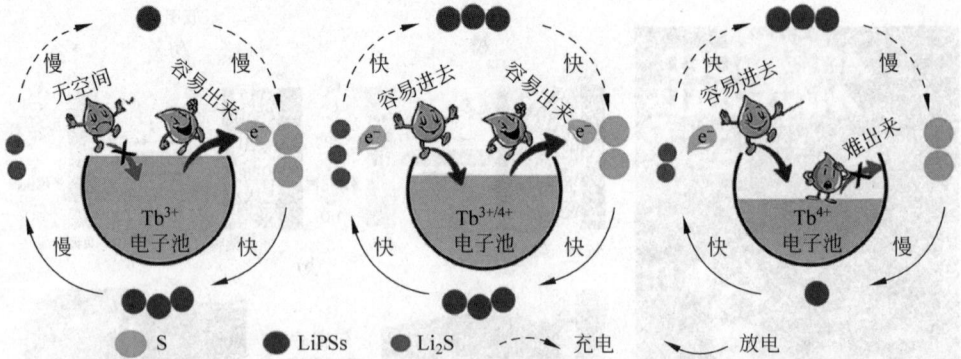

图 4-26 不同 Tb 氧化物催化硫氧化还原反应机理示意图[55]

均匀地包裹在 CNTs 中,制备得到的 Fe/Fe$_3$C-MWCNTs 孔径约 40 nm。这种结构在微观尺度上集物理限域、化学吸附和电化学催化于一体,将 Fe/Fe$_3$C-MWCNTs 与 ACT 结合,采用硫熔融扩散法制备锂硫电池正极(Fe/Fe$_3$C-MWCNTs@ACT/S)。得益于 Fe/Fe$_3$C-MWCNTs 出色的机械和化学性能,减轻了 CNTs 的变形并抑制了 LiPSs 的溶解。将 Fe/Fe$_3$C-MWCNTs@ACT 作为插层膜组装的锂硫电池显示出优秀的电化学性能,在 400 次循环后容量保持率为 95.5%,在高充放电倍率(1C)下表现出 1000 次循环的卓越寿命。

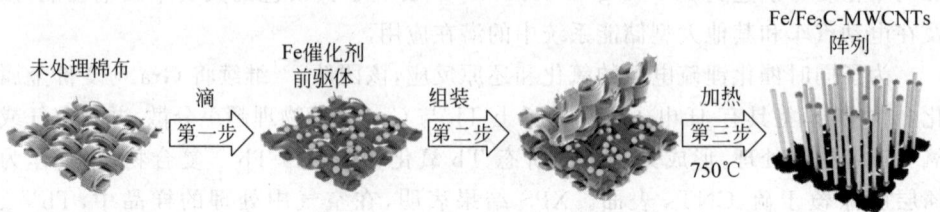

图 4-27 Fe/Fe$_3$C-MWCNTs 夹层制备示意图[58]

4.4 碳纳米管基材料修饰隔膜

除了插层膜,直接对隔膜进行修饰也可以抑制可溶性 LiPSs 的穿梭,并对溶解在电解液中的 LiPSs 进行催化转化。

4.4.1 碳纳米管修饰隔膜

Chung 和 Manthiram[59] 开发了一种碳纳米管修饰的隔膜,作为锚定可溶性 LiPSs 的屏障;碳纳米管修饰层不仅可以作为上层集流体用于电子的快速传输,提高硫利用率,同时还能作为过滤器捕获和吸附 LiPSs;同时,碳纳米管的多孔网络结构有利于电解液的渗透和电子/离子的扩散。因此,碳纳米管修饰的隔膜用于组装电池时表现出优越的长循环性能。此后,碳纳米管改性的锂电池隔膜用于提高锂电池性能的研究得到了更多的关注。例如 Ponraj 等[60]将羟基功能化碳纳米管(CNTs-OH)涂覆在隔膜上,由于 CNTs-OH 具有良好的导电性,且羟基与 LiPSs 之间有强相互作用,可以同时提高硫的利用率,并减缓 LiPSs 在锂硫电池中的穿梭。

4.4.2　碳纳米管/碳修饰隔膜

纳米复合材料由于不同组分的协同作用,通常具有比单组分材料更好的性能,近年来引起了研究者的广泛关注。例如,Pang 等[61]制备了多壁碳纳米管与 N 掺杂碳量子点(NCQD)复合材料(MWCNTs/NCQD),作为锂硫电池隔膜上的涂层。具有大比表面积和富氧官能团的 NCQD 可作为 LiPSs 的高效吸附剂,同时 MWCNTs 有利于增强复合材料的导电性。因此,具有 MWCNTs/NCQD 修饰隔膜的电池表现出优异的电化学性能,并极大地抑制了电池的自放电。

4.4.3　碳纳米管/聚合物修饰隔膜

碳纳米管聚合物复合材料修饰隔膜,可通过物理阻隔和化学结合的双重方式在锂硫电池中捕获 LiPSs。Lee 等[62]开发了一种具有三层结构的功能纳米材料修饰的隔膜,该夹心式隔膜结构将多壁碳纳米管包裹的聚醚酰亚胺(PEI/MWCNTs)纳米层作为顶层和底层,具有良好机械性能和优异导电性的聚偏氟乙烯-六氟丙烯(PVDF-HFP)纳米复合材料作为中间层。Wang 团队[63]通过甲苯二异氰酸酯(TDI)上的异氰酸酯基与有机分子三(羟丙基)膦(THPP)和羟基化多壁碳纳米管(CNT-OH)的酯化反应,成功构建了一种新型多功能界面层。研究发现,该界面层不仅能够快速将液相多硫化物(Li_2S_n, $4 \leqslant n \leqslant 8$)催化转化为固相 Li_2S,还能够诱导锂负极表面形成稳定的 SEI,进而减少锂负极枝晶的形成。

4.4.4　碳纳米管/金属化合物修饰隔膜

金属基化合物主要包括金属氧化物、金属磷化物、金属硼化物和金属氢氧化物等,它们与 LiPSs 之间存在极性化学相互作用,能抑制锂硫电池中 LiPSs 的穿梭。Hong 等[64]制备了 Ce-MOF/MWCNTs 复合材料,作为高载硫量锂硫电池(6 mg/cm^2)隔膜的涂层材料。在 0.1C 时,使用改性隔膜的电池可提供 993.5 mA·h/g 的初始放电比容量,在 200 次循环后仍保留 886.4 mA·h/g 的比容量。由于催化活性位点分布均匀、比表面积大、电子导电性好,Ce-MOF/MWCNTs 可以减缓 LiPSs 扩散到锂负极,促进 LiPSs 的高效催化转化,从而表现出优异的电化学性能。Yao 等[65]成功地剥离了二维硫化锑(Sb_2S_3)薄纳米片,并将其与多壁碳纳米管结合得到 Sb_2S_3/MWCNTs,以改性 PP 隔膜。理论计算证实了 Sb_2S_3/MWCNTs 与 LiPSs 具有较强的相互作用。Shao 等[66]通过一步水热合成法将

MoSe$_2$ 原位生长在碳纳米管表面,然后经真空抽滤将 MoSe$_2$/CNTs 修饰到商业 PP 隔膜上。MoSe$_2$ 和 CNTs 协同作用,有效抑制了 LiPSs 的穿梭;其中,CNTs 具有良好的导电性和较高的比表面积,不仅可作为电荷传输的快速通道,还对 LiPSs 穿梭起到了物理阻挡的作用。MoSe$_2$ 均匀地修饰在 CNTs 表面,实现了对 LiPSs 的强吸附,从而有效地抑制了穿梭效应。

参考文献

[1] SEH Z,SUN Y,ZHANG Q,et al. Designing high-energy lithium-sulfur batteries[J]. Chem. Soc. Rev. ,2016,45: 5605-5634.

[2] FANG R,ZHAO S,SUN Z,et al. More reliable lithium-sulfur batteries: Status,solutions and prospects[J]. Adv. Mater. ,2017,29: 1606823.

[3] JI X,LEE K,NAZAR L. A highly ordered nanostructured carbon-sulphur cathode for lithium-sulphur batteries[J]. Nat. Mater. ,2009,8: 500-506.

[4] GOODING J. Nanostructuring electrodes with carbon nanotubes: A review on electrochemistry and applications for sensing[J]. Electrochim. Acta,2005,50: 3049-3060.

[5] LANDI B,GANTER M,CRESS C,et al. Carbon nanotubes for lithium ion batteries[J]. Energy Environ. Sci. ,2009,2: 638-654.

[6] HAN S,SONG M,LEE H,et al. Effect of multiwalled carbon nanotubes on electrochemical properties of lithium/sulfur rechargeable batteries[J]. J. Electrochem. Soc. , 2003, 150: A889-A893.

[7] ZHOU G,WANG D,LI F,et al. A flexible nanostructured sulphur-carbon nanotube cathode with high rate performance for Li-S batteries[J]. Energy Environ. Sci. ,2012,5: 8901.

[8] JIN F,XIAO S,LU L, et al. Efficient activation of high-loading sulfur by small CNTs confined inside a large CNT for high-capacity and high-rate lithium-sulfur batteries[J]. Nano Lett. ,2016,16: 440-447.

[9] MOON S,JUNG Y,JUNG W,et al. Encapsulated monoclinic sulfur for stable cycling of Li-S rechargeable batteries[J]. Adv. Mater. ,2013,25: 6547-6553.

[10] SUN L,WANG D, LUO Y, et al. Sulfur embedded in a mesoporous carbon nanotube network as a binder-free electrode for high-performance lithium-sulfur batteries[J]. ACS nano,2016,10: 1300-1308.

[11] CHENG X,HUANG J,ZHANG Q,et al. Aligned carbon nanotube/sulfur composite cathodes with high sulfur content for lithium-sulfur batteries[J]. Nano Energy,2014,4: 65-72.

[12] KIM J,FU K,CHOI J,et al. Hydroxylated carbon nanotube enhanced sulfur cathodes for improved electrochemical performance of lithium-sulfur batteries[J]. Chem. Commun. , 2015,51: 13682-13685.

[13] CHEN L,YU H,LI W,et al. Interlayer design based on carbon materials for lithium-sulfur batteries: A review[J]. J. Mater. Chem. A,2020,8: 10709.

[14] XIAO Z,YANG Z,NIE H,et al. Porous carbon nanotubes etched by water steam for high-rate large-lapacity lithium-sulfur batteries[J]. J. Mater. Chem. A. ,2014,2: 8683-8689.

[15] YANG W,YANG W,SONG A,et al. 3D interconnected porous carbon nanosheets/carbon nanotubes as a polysulfide reservoir for high performance lithium-sulfur batteries[J]. Nanoscale,2018,10: 816-824.

[16] RUAN C,YANG Z,NIE H,et al. Three-dimensional sp^2 carbon networks prepared by ultrahigh temperature treatment for ultrafast lithium-sulfur batteries[J]. Nanoscale,2018, 10: 10999-11005.

[17] YUAN Z,PENG H,HUANG J,et al. Hierarchical free-standing carbon-nanotube paper electrodes with ultrahigh sulfur-loading for lithium-sulfur batteries[J]. Adv. Funct. Mater. ,2014,24: 6105-6112.

[18] TANG C,ZHANG Q,ZHAO M,et al. Nitrogen-doped aligned carbon nanotube/graphene sandwiches: Facile catalytic growth on bifunctional natural catalysts and their applications as scaffolds for high-rate lithium-sulfur batteries[J]. Adv. Mater. ,2014,26: 6100-6105.

[19] PAN H,CHENG Z,XIAO Z,et al. The fusion of imidazolium-based ionic polymer and carbon nanotubes: One type of new heteroatom-doped carbon precursors for high-performance lithium-sulfur batteries[J]. Adv. Funct. Mater. ,2017,27: 1703936.

[20] LIANG X,LIU Y,WEN Z,et al. A nano-structured and highly ordered polypyrrole-sulfur cathode for lithium-sulfur batteries[J]. J. Power Sources,2011,196: 6951-6955.

[21] MA L,ZHUANG H,WEI S,et al. Enhanced Li-S batteries using amine-functionalized carbon nanotubes in the cathode[J]. ACS Nano,2016,10: 1050-1059.

[22] WANG X,QIAN Y,WANG L,et al. Sulfurized polyacrylonitrile cathodes with high compatibility in both ether and carbonate electrolytes for ultrastable lithium-sulfur batteries[J]. Adv. Funct. Mater. ,2019,29: 1902929.

[23] LI Z,LU Y,ZENG Q,et al. A new covalently linked ferrocene-containing organosulfur cathode material for high stability lithium-sulfur batteries[J]. J. Mater. Chem. A,2022, 10: 25188-25200.

[24] ZHOU W,YU Y,CHEN H,et al. Yolk-shell structure of polyaniline-coated sulfur for lithium-sulfur batteries[J]. J. Am. Chem. Soc. ,2013,135: 16736-16743.

[25] WERNER S,WOLD A. Preparation and electrical properties of some thiospinels[J]. J. Solid State Chem. ,1972,4: 286-291.

[26] CHEN T,ZHANG Z,CHENG B, et al. Self-templated formation of interlaced carbon nanotubes threaded hollow Co_3S_4 nanoboxes for high-rate and heat-resistant lithium-sulfur batteries[J]. J. Am. Chem. Soc. ,2017,139: 12710-12715.

[27] ZHANG H,ZOU M,ZHAO W,et al. Highly dispersed catalytic Co_3S_4 among a hierarchical carbon nanostructure for high-rate and long-life lithium-sulfur batteries[J]. ACS Nano,2019,13: 3982-3991.

[28] GUO Z,NIE H,YANG Z,et al. 3D CNTs/graphene-S-Al_3Ni_2 cathodes for high-sulfur-loading and long-life lithium-sulfur batteries[J]. Adv. Sci. ,2018,5: 1800026.

[29] CHAN D,XIAO Z,GUO Z,et al. Titanium silicalite as a radical-redox mediator for high-energy-density lithium-sulfur batteries[J]. Nanoscale,2019,11: 16968-16977.

[30] MI Y,LIU W,LI X,et al. High-performance Li-S battery cathode with catalyst-like carbon nanotube-MoP promoting polysulfide redox[J]. Nano Res. ,2017,10: 3698-3705.

[31] ZHONG Y,YIN L,HE P,et al. Surface chemistry in cobalt phosphide-stabilized lithium-

sulfur batteries[J]. J. Am. Chem. Soc. ,2018,140(4)：1455-1459.

[32] WANG R,WU R,YAN X,et al. Implanting single Zn atoms coupled with metallic Co nanoparticles into porous carbon nanosheets grafted with carbon nanotubes for high-performance lithium-sulfur batteries[J]. Adv. Funct. Mater. ,2022,32：2200424.

[33] WANG M,FAN L,SUN X,et al. Nitrogen-doped CoSe$_2$ as a bifunctional catalyst for high areal capacity and lean electrolyte of Li-S battery[J]. ACS Energy Lett. , 2020, 5：3041-3050.

[34] DING X,YANG S,ZHOU S,et al. Biomimetic molecule catalysts to promote the conversion of polysulfides for advanced lithium-sulfur batteries[J]. Adv. Funct. Mater. , 2020,30：2003354.

[35] ZHOU S,YANG S,CAI D,et al. Cofactor-assisted artificial enzyme with multiple Li-bond networks for sustainable polysulfide conversion in lithium-sulfur batteries[J]. Adv. Sci. , 2022,9：e2104205.

[36] ZHOU S,YANG S, DING X,et al. Dual-regulation strategy to improve anchoring and conversion of polysulfides in lithium-sulfur batteries[J]. ACS nano,2020,14：7538-7551.

[37] LI T,CAI D, YANG S,et al. Desolvation synergy of multiple H/Li-bonds on an iron-dextran-based catalyst stimulates lithium-sulfur cascade catalysis[J]. Adv. Mater. ,2022, 34：e2207074.

[38] LIANG C,YANG S, CAI D, et al. Adaptively reforming natural enzyme to activate catalytic microenvironment for polysulfide conversion in lithium-sulfur batteries[J]. ACS Appl. Mater. Interfaces,2023,15：1256-1264.

[39] LI M,WAHYUDI W,KUMAR P,et al. Scalable approach to construct free-standing and flexible carbon networks for lithium-sulfur battery[J]. ACS Appl. Mater. Interfaces,2017, 9：8047-8054.

[40] SU Y,MANTHIRAM A. A new approach to improve cycle performance of rechargeable lithium-sulfur batteries by inserting a free-standing MWCNT interlayer[J]. Chem. Commun. ,2012,48：8817-8819.

[41] KIM H,HWANG J,MANTHIRAM A,et al. High-performance lithium-sulfur batteries with a self-assembled multiwall carbon nanotube interlayer and a robust electrode-electrolyte interface[J]. ACS Appl. Mater. Interfaces,2016,8：983-987.

[42] KAISER M,WANG J,LIANG X,et al. A systematic approach to high and stable discharge capacity for scaling up the lithium-sulfur battery[J]. J. Power Sources,2015, 279：231-237.

[43] ZHAO M,LIU X,ZHANG Q,et al. Graphene single-walled carbon nanotube hybrids one-step catalytic growth and applications for high-rate Li-S batteries[J]. ACS Nano,2012,6：10759-10769.

[44] LEE J,SONG H,MIN K A,et al. Laser-ablated red phosphorus on carbon nanotube film for accelerating polysulfide conversion toward high-performance and flexible lithium-sulfur batteries[J]. Small Methods,2021,5：e2100215.

[45] HUANG J,XU Z,ABOUALI S,et al. Porous graphene oxide/carbon nanotube hybrid films as interlayer for lithium-sulfur batteries[J]. Carbon,2016,99：624-632.

[46] SHI H, ZHAO X, WU Z,et al. Free-standing integrated cathode derived from 3D

graphene/carbon nanotube aerogels serving as binder-free sulfur host and interlayer for ultrahigh volumetric-energy-density lithium sulfur batteries[J]. Nano Energy,2019,60: 743-751.

[47]　WANG L,YANG Z,NIE H,et al. A lightweight multifunctional interlayer of sulfur-nitrogen dual-doped graphene for ultrafast,long-life lithium-sulfur batteries[J]. J. Mater. Chem. A,2016,4: 15343-15352.

[48]　KONG S,CAI D,LI G,et al. Hydrogen-substituted graphdiyne/graphene as an sp/sp^2 hybridized carbon interlayer for lithium-sulfur batteries[J]. Nanoscale, 2021, 13: 3817-3826.

[49]　WANG A,XU G,DING B,et al. Highly conductive and lightweight composite film as polysulfide reservoir for high-performance lithium-sulfur batteries[J]. Chem. Electro. Chem. ,2017,4: 362-368.

[50]　HUA W,YANG Z,NIE H,et al. Polysulfide-scission reagents for the suppression of the shuttle effect in lithium-sulfur batteries[J]. ACS Nano,2017,11: 2209-2218.

[51]　KIM J,SEO J,CHOI J,et al. Synergistic ultrathin functional polymer-coated carbon nanotube interlayer for high performance lithium-sulfur batteries[J]. ACS Appl. Mater. Interfaces,2016,8: 20092-20099.

[52]　WANG L,HE Y,SHEN L,et al. Ultra-small self-discharge and stable lithium-sulfur batteries achieved by synergetic effects of multicomponent sandwich-type composite interlayer[J]. Nano Energy,2018,50: 367-375.

[53]　XIAO Z,YANG Z,WANG L,et al. A lightweight TiO_2/graphene interlayer,applied as a high effective polysulfide absorbent for fast,long-life lithium-sulfur batteries[J]. Adv. Mater. ,2015,27: 2891-2898.

[54]　XIAO Z, YANG Z, ZHOU L, et al. Highly conductive porous transition metal dichalcogenides via water steam etching for high-performance lithium-sulfur batteries[J]. ACS Appl. Mater. Interfaces,2017,9: 18845-18855.

[55]　YU S,YANG S,CAI D,et al. Regulating f orbital of Tb electronic reservoir to activate stepwise and dual-directional sulfur conversion reaction[J]. InfoMat,2022,5: e12381.

[56]　ZHANG Y,YANG S,ZHOU S,et al. Oxygen doping in antimony sulfide nanosheets to facilitate catalytic conversion of polysulfides for lithium-sulfur batteries[J]. Chem. Commun. ,2021,57: 3255-3258.

[57]　LAI Y,NIE H,XU X,et al. Interfacial molecule mediators in cathodes for advanced Li-S batteries[J]. ACS Appl. Mater. Interfaces,2019,11: 29978-29984.

[58]　CHEN R, ZHOU Y, LI X. Cotton-derived Fe/Fe_3C-encapsulated carbon nanotubes for high-performance lithium-sulfur batteries[J]. Nano Lett. ,2022,22: 1217-1224.

[59]　CHUNG S,MANTHIRAM A. High-performance Li-S batteries with an ultra-lightweight MWCNT-coated separator[J]. J. Phys. Chem. Lett. ,2014,5: 1978-1983.

[60]　PONRAJ R,KANNAN A,AHN J,et al. Effective trapping of lithium polysulfides using a functionalized carbon nanotube-coated separator for lithium-sulfur cells with enhanced cycling stability[J]. ACS Appl. Mater. Interfaces,2017,9: 38445-38454.

[61]　PANG Y,WEI J,WANG Y,et al. Synergetic protective effect of the ultralight MWCNTs/ NCQDs modified separator for highly stable lithium-sulfur batteries[J]. Adv. Energy

Mater. ,2018,8：1702288.

［62］ LEE Y,KIM J,KIM J,et al. Spiderweb-mimicking anion-exchanging separators for Li-S batteries[J]. Adv. Funct. Mater. ,2018,28：1801422.

［63］ YANG B,GUO D,LIN P,et al. Hydroxylated multi-walled carbon nanotubes covalently modified with tris（hydroxypropyl）phosphine as a functional interlayer for advanced lithium-sulfur batteries[J]. Angew. Chem. Int. Edit. ,2022,61：e202204327.

［64］ HONG X,SONG C,YANG Y,et al. Cerium based metal-organic frameworks as an efficient separator coating catalyzing the conversion of polysulfides for high performance lithium-sulfur batteries[J]. ACS Nano,2019,13：1923-1931.

［65］ YAO S,CUI J,HUANG J,et al. Novel 2D Sb_2S_3 nanosheet/CNT coupling layer for exceptional polysulfide recycling performance[J]. Adv. Energy Mater. ,2018,8：1800710.

［66］ SHAO Z,WU L,YANG Y,et al. Carbon nanotube-supported $MoSe_2$ nanoflakes as an interlayer for lithium-sulfur batteries[J]. New Carbon Mater. ,2021,36：219-226.

第5章

碳纳米管在钠离子电池和钾离子电池中的应用

5.1 钠/钾离子电池简介

近年来,社会对环境保护的重视极大地推动了绿色环保、成本低廉的新型可再生可持续能源的发展,如太阳能、风能和地热能等,同时对动力电池及储能器件的需求也日益增大。目前,锂离子电池仍然占据电化学储能市场的主要份额,是最具代表性的清洁能源器件。但是,锂资源的储量有限,无法满足对储能器件日益增长的需求,寻求锂离子电池的替代器件是未来储能器件发展的趋势。如图 5-1(a)和(b)所示,处于同一主族的钠元素和钾元素具有与锂元素相似的物理化学性质,而且具有资源丰富(丰度:锂元素 0.0017%,钠元素 2.3%,钾元素 0.083%),成本低(Li_2CO_3:7400 美元每吨,Na_2CO_3 500 美元每吨,K_2CO_3 1000 美元每吨),工作电位合适($E_0(Li^+/Li) = -3.04$ V,$E_0(Na^+/Na) = -2.71$ V,$E_0(K^+/K) = -2.93$ V)等优势。如图 5-1(b)所示,虽然钠离子和钾离子的半径大于锂离子的,但是在电解

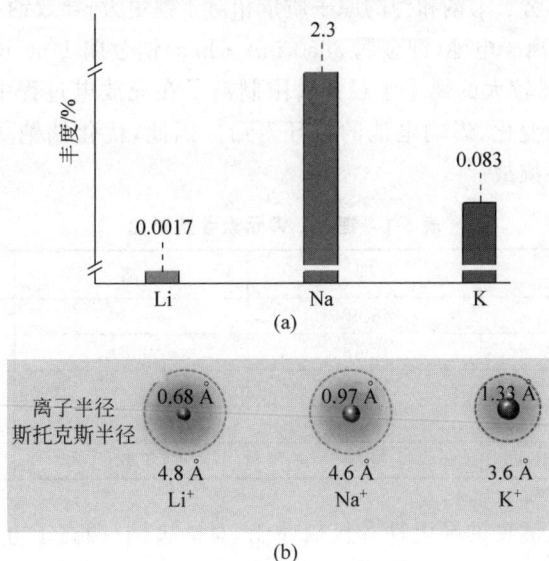

图 5-1　(a)Li、Na、K 丰度对比；(b)Li^+、Na^+、K^+ 半径及斯托克斯半径对比[1]

液中,钠离子和钾离子的斯托克斯半径小于锂离子的,因此具有更快的动力学性质。综上,钠离子电池和钾离子电池在便携式储能设备和大规模储能领域极具应用前景[1]。

与锂离子电池类似,钠/钾离子电池的工作原理也称为"摇椅式"机制,即通过钠/钾离子在充放电过程中可逆地在正极和负极之间脱出和嵌入,从而实现电能的存储和释放。如图 5-2 所示,充电时,钠/钾离子从正极脱出,经过电解液和隔膜嵌入负极,同时电子通过外电路流入负极与钠/钾离子结合发生氧化还原反应;放电时,钠/钾离子从负极脱出经过电解液回到正极,同时电子从负极流入正极,使得过渡金属还原到低价,整个充放电过程保持电荷平衡。

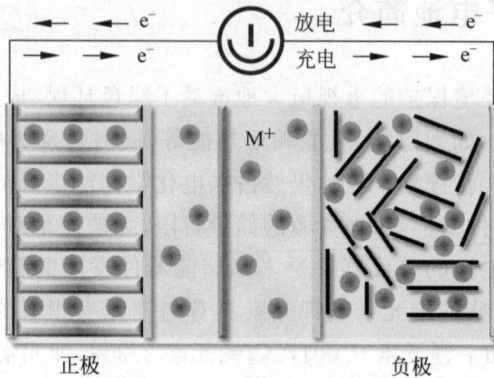

图 5-2　钠/钾离子电池工作原理

锂、钠、钾元素的具体参数见表 5-1。相对于锂离子电池,钠/钾离子电池存在一些不可忽略的劣势:①钠和钾的原子质量相对于锂更大,导致钠/钾离子电池的能量密度很难媲美锂离子电池(锂金属 3860 mA·h/g,钠金属 1165 mA·h/g,钾金属 686 mA·h/g);②较大的离子半径显著限制离子在充放电过程中的脱嵌行为,从而产生明显的体积变化,影响电池的循环寿命。因此,优化储钠/钾离子电池的电极材料仍然是主要挑战。

表 5-1　锂、钠、钾元素参数对比

元　素	锂	钠	钾
原子质量/(g/mol)	6.9	23	39
离子半径/Å	0.68	0.97	1.33
斯托克斯半径/Å	4.8	4.6	3.6
熔点/℃	180.5	97.7	63
质量比容量/(mA·h/g)	3860	1165	686

碳纳米管因其优良的导电性和机械性能,对解决钠/钾离子电池存在的问题起到了关键作用。接下来,本章将详细介绍碳纳米管在钠/钾离子电池中的应用和研究。

5.2　碳纳米管在钠离子电池电极材料中的应用

5.2.1　钠离子电池负极概述

负极是组成钠离子电池的关键,很大程度地影响电池的整体性能。开发具有优良储钠性能的负极材料,对推进钠离子电池进一步发展至关重要。金属钠具有容量高的优势,但是其"钠枝晶"和界面不稳定问题,会造成电池短路和安全隐患。为了促进钠离子电池的发展,开发新型负极材料迫在眉睫。理想的负极材料应该满足如下要求:①具有较低的放电电位,使电池能够输出较高的工作电压;②脱嵌钠的极化较小,以确保电池具有优良的循环稳定性;③具有较好的储钠容量,以保证电池的高能量密度;④材料与电解液有良好的化学稳定性和兼容性;⑤电极材料资源丰富,成本低廉,工艺简单,环境友好。目前已被提出的有可能作为钠离子电池负极的材料,包括金属氧化物(TiO_2、$Na_2Ti_3O_7$、Fe_2O_3、Co_3O_4 等)、有机负极材料、合金负极材料(如 Sn、P、Sb、Bi 等)以及碳基负极材料等。根据电极材料的嵌钠机制,钠离子电池负极材料又分为插层类、合金化和转化型负极材料。

1) 插层类负极材料

碳材料是典型的插层类负极材料。碳材料可分为石墨、膨胀石墨和无定形碳。石墨的层间距为 3.35 Å,在酯基电解质中几乎没有嵌入钠离子的能力,因此不能作为负极材料。然而,在醚基电解质中,溶剂化的钠离子可以共嵌入石墨层中,体现出一定的容量。无定形碳和膨胀石墨的层间距大于石墨,在酯基电解质中同时表现出吸附与嵌入机制。MXene 作为一类新开发的二维金属碳化物,具有较大的层间距,也体现出优越的储钠性能。除碳材料以外,TiO_2、Nb_2O_5 等氧化物作为负极材料,同样体现出插层反应机制。整体来说,硬碳由于插层容量高、充电/放电电压平台低和成本低廉,在钠离子电池的负极应用中具有很大的潜力。

2) 合金化负极材料

合金类材料具有较高的理论比容量和较低的工作电压,故在负极材料中具有较好的应用前景。金属或类金属通过形成二元金属化合物储存钠,此类材料目前大多集中在第ⅣA族(Si、Ge、Sn 和 Pb)和第ⅤA族(P、As、Sb 和 Bi)中。它们通过合金化的反应机制与钠离子进行反应,反应通用方程式如下:

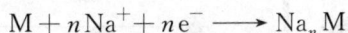

$$M + nNa^+ + ne^- \longrightarrow Na_nM$$

其中,Na_nM 是一种二元合金;n 为转移的电子数,n 的数值和负极元素的原子质量决定了材料的理论比容量。P 的 n 为 3,理论比容量为 2596 mA·h/g,是目前报道的理论比容量最高的钠离子电池负极材料。Sn 和 Sb 的 n 分别为 3.75 和 3,对应 847 mA·h/g 和 660 mA·h/g 的理论比容量。硅的 n 为 0.76,体现出 725 mA·h/g 的高比容量。整体看,合金材料的比容量远高于碳基材料的。然而,采用合金材料的钠合金在充放电过程中,多个 Na^+ 的吸收会引起巨大的体积变化,体积变化幅度为 200%~400%，导致电极材料在充放电过程中粉碎，循环稳定性较差。

3）转化型负极材料

P、S、O、N、F、Se 等元素与金属或非金属元素结合，形成氧化物、硫化物、硒化物、氟化物和氮化物，通常可作为转化型负极材料，电化学反应式如下：

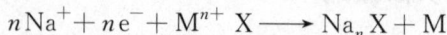

$$n\text{Na}^+ + ne^- + \text{M}^{n+}\text{X} \longrightarrow \text{Na}_n\text{X} + \text{M}$$

若 M 是非活性元素，则它对容量没有贡献。若 M 也是储钠的活性元素，非金属元素 X 与 M 结合后，会产生转化型和合金化两种组合的反应机制，从而产生比纯合金化金属更高的容量。例如，Sb_2O_4 的理论比容量为 1127 mA·h/g，远高于 Sb 的理论比容量（660 mA·h/g）。

转化元素和合金元素的结合能产生协同效应，其中合金元素的放电产物可以提高导电性，而转换元素的放电产物可以防止合金元素放电产物结块。但是，转化型负极材料在充放电过程中较大的体积膨胀是实际应用的主要障碍。

5.2.2 碳纳米管作为钠离子电池负极材料

1. 纯碳纳米管作为钠离子电池负极材料

虽然多壁碳纳米管具有良好的导电性，但由于其层间距较小，限制了钠离子的储存，所以纯碳纳米管用于钠离子电池负极材料时表现出相对较低的比容量。Chang 等[2]对比了石墨烯纳米片、多壁碳纳米管、中间相碳微球、活性炭作为钠离子电池负极材料时的比容量。在 30 mA/g 的电流密度下，石墨烯纳米片表现出了最高的可逆比容量，约 220 mA·h/g，而多壁碳纳米管的可逆比容量仅为 82 mA·h/g。这是因为多壁碳纳米管的层间间隔不足、活性位点低，不利于钠离子的插入，阻碍了碳纳米管直接作为钠离子电池负极材料的应用。

在实际应用中，碳纳米管通常采用特定的修饰或与其他材料复合提高其储钠性能。Saroja 等[3]通过经典的 Hummers 法将多壁碳纳米管结构部分打开，扩大了碳纳米管的层间距，并引入带 O 的官能团（图 5-3）。将该材料制备为钠离子电池负极时，在 20 mA/g 的电流密度下表现出 510 mA·h/g 的储钠比容量，将电流密度提升至 50 mA/g 和 100 mA/g 时，比容量依然保持为 249 mA·h/g 和

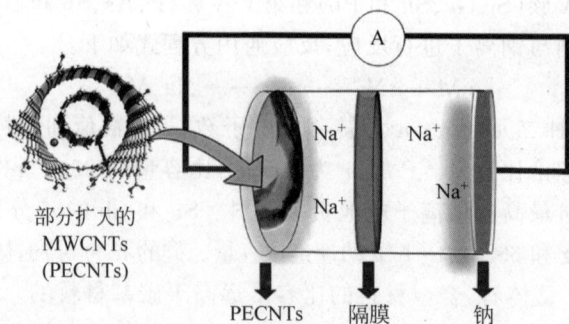

图 5-3　部分拓展的多壁碳纳米管的结构示意图[3]

165 mA·h/g。该研究结果表明,通过对碳纳米管层间距和表面化学性质的调控,碳纳米管的储钠容量能得到显著提高。

对碳纳米管进行掺杂也是一种常用的改性方法,通过引入杂原子增加碳材料内部的缺陷位置,不仅可以增加用于储钠的活性位点,提高对钠的吸附能力和电子电导率,而且能增强电极与电解液的界面浸润性。常用的掺杂原子主要包括 N、S 和 P 等,N 和 C 在元素周期表中位置相邻,具有相近的原子尺寸,更易掺杂到碳纳米管结构中,因此得到了相对广泛的研究。Ding 等[4]使用 V_2O_5 纳米线(NWs)作为模板,聚多巴胺提供氮源,通过聚合和热处理制备了直径约 100 nm、壁厚约 10 nm 的 N 掺杂碳纳米管(N-CNTs),合成过程如图 5-4(a)所示。图 5-4(b)~(d)分别展示了 V_2O_5 纳米线、聚合物包覆的 V_2O_5 纳米线(V_2O_5 NW@PDA),以及经过热处理和 KOH 刻蚀去除 V_2O_5 之后得到 N-CNTs 的 SEM 图像,可以看到 N-CNTs 很好地保留了 V_2O_5 纳米线的形貌。图 5-4(e)~(g)为 N-CNTs 的 TEM

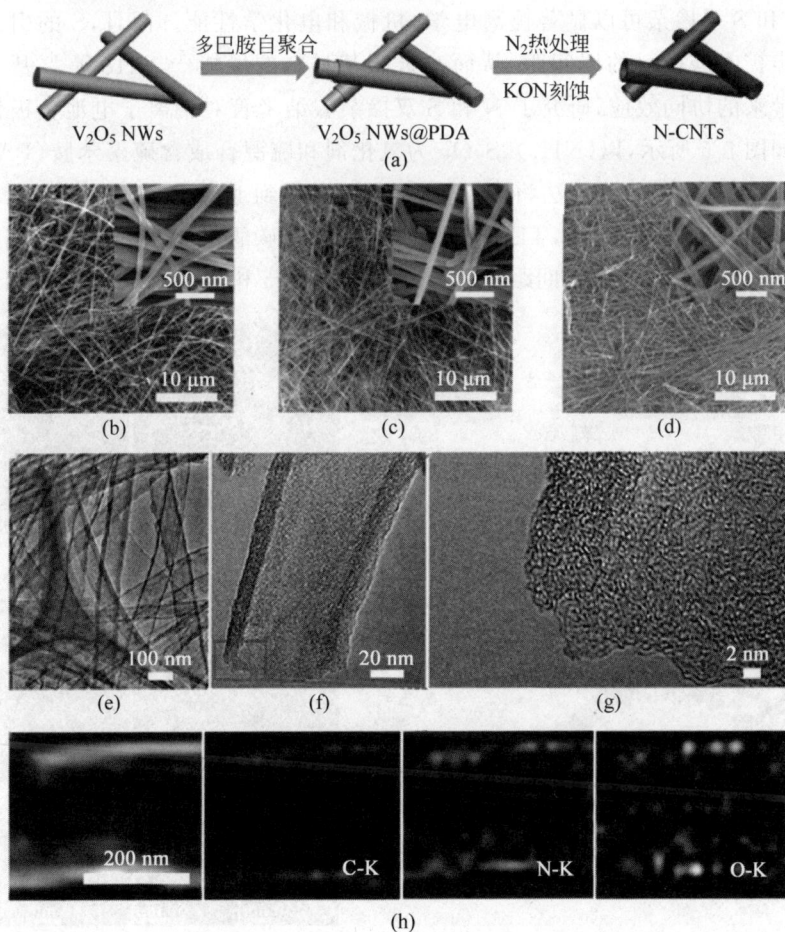

图 5-4 (a)N-CNTs 的合成示意图;N-CNTs 对应的(b)~(d)SEM 图像和(e)~(g)HRTEM 图像;(h)N-CNTs 中的 C、N、O 元素分布[4]

图像,体现出了其中空的纳米线结构。中空管状结构具有大比表面积和多级孔结构,提供了丰富的活性位点和钠离子传输通道,且超薄壁缩短了钠离子的扩散距离,有利于钠离子电池动力学性能的提升。EDS(图 5-4(h))结果表明,C、N 和 O 均匀分布在管壁,证明 N 成功掺杂到碳纳米管中。N 原子的引入提高了碳纳米管的电子电导率、反应活性和对钠离子的吸附能力,从而能显著提高其比容量和倍率性能。作为钠离子电池的负极,N-CNTs 在 200 mA/g 下的放电比容量为 179.1 mA·h/g,即使在高电流密度 10 A/g 下仍保持 91.7 mA·h/g 的比容量。随后分别在 1 A/g 和 5 A/g 的电流密度下循环 1000 次后,N-CNTs 的比容量保持在 125.5 mA·h/g 和 104.2 mA·h/g,显示出高比容量和良好的循环稳定性。

除 N 掺杂外,在碳基体中掺杂 S 也可以进一步提高其倍率和循环稳定性能。N 的电负性(3.04)比 C 的电负性(2.55)大,S 的电负性(2.58)与 C 的电负性几乎相似,而 S 的大尺寸有利于调整碳材料的电子性质,易于极化电子对,产生电荷位。因此,N 和 S 双掺杂可以显著提高电学、机械和电化学性能。而且,S 的引入还可以进一步扩大碳材料的层间距,从而改善碳基材料的性能[5]。He 等[6]基于双原子掺杂带来的协同效应,研究了 N 和 S 双掺杂碳纳米管对钠离子电池负极性能的影响。如图 5-5 所示,以 $(NH_4)_2S_2O_8$ 为氧化剂和硫源合成含硫聚苯胺(PANI)纳米管,随后采用自降解模板法将其进行碳化,制备得到 N、S 共掺杂的碳纳米管(S/N-CT)。图 5-5(b)和(c)中,TEM 图像体现了中空碳管结构;图 5-5(d)和(e)中,HRTEM 图像显示了碳的层间距分别扩大至 0.378 nm 和 0.407 nm。图 5-5(f)表明,

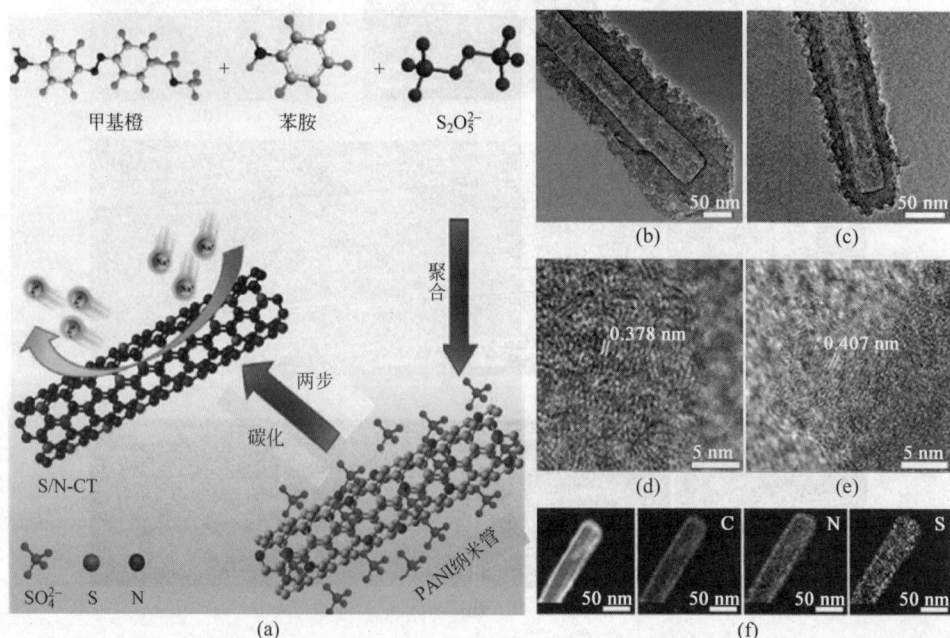

图 5-5　PANI 纳米管经碳化、高温转化为 S/N-CT 的制备示意图[6]

N 和 S 均匀分布在碳纳米管中。电化学性能结果表明，S/N-CT 作为负极材料具有较高的可逆容量，在 100 mA/g 下的比容量为 340 mA·h/g。更重要的是，S/N-CT 电极在高电流密度下仍体现出优异的性能，在 5 A/g 的条件下充放电超过 3000 次循环后仍可获得 141 mA·h/g 的放电比容量。优异的电化学性能归因于 N 和 S 双掺杂对碳纳米管的电化学性能提升起到了关键性的作用。

碳纳米管独特的一维结构可以增加电极和电解液之间的接触，促进电解液渗透，并很好地适应体积变化。而且，碳纳米管具有比表面积大、导电性优异、化学稳定性好、机械强度高等特点，与其他负极材料复合，可以显著提升负极的导电性，并缓解体积膨胀，对提升负极的容量和循环稳定性起到重要作用。

2. 碳纳米管复合材料作为钠离子电池负极材料

1）碳纳米管与碳基材料复合

硬碳具有无序化的微观结构，碳层间距大、比表面积大和纳米级的孔隙可以存储大量钠离子，是钠离子电池负极理想的候选材料之一。然而硬碳的导电性较差，是影响电池容量和倍率性能的主要障碍。为了解决这一问题，Suo 等[7] 利用碳纳米管负载 3-氨基苯酚-甲醛树脂（3-AFR）球，经过碳化后制备了碳纳米管连接的硬碳球（HCS）复合材料（HCS-CNTs），制备工艺如图 5-6 所示。图 5-6(b)~(d) 中，SEM 图像显示了 HCS-CNTs 的形貌和结构，HCS 尺寸约为 350 nm，均匀分布在 CNTs 表面，犹如葡萄挂在藤蔓上。图 5-6(d)~(f) 显示 HCS 与 CNTs 紧密相连，由 CNTs 构成的骨架能为材料的电子输运提供快速的导电路径。将 HCS-CNTs 复合材料作为钠离子电池的负极材料时，经过 160 次循环后，可逆比容量为 151.7 mA·h/g，当电流密度为 1 A/g 时，经过 500 次循环后比容量仍为 95.1 mA·h/g；即使在更高的电流密度 3 A/g 下，比容量仍能达到 71.7 mA·h/g，表现出优异的长循环寿命和倍率性能。因此，将 CNTs 加入 HCS 中，可以显著提高电池负极的容量。

虽然石墨和碳纳米管不能直接作为钠离子电池负极材料，但是将石墨与碳纳米管复合，能表现出优异的储钠性能。Lu 等[8] 基于第一性原理计算了石墨-碳纳米管（Gr-CNTs）复合碳材料在钠离子电池中的应用，如图 5-7(a) 和 (b) 所示，在石墨层和 CNTs 垂直连接的地方形成了七边形和四边形交错的碳环，复合后的石墨层间距由原来的 0.324 nm 扩大到了 0.430 nm，形成膨胀石墨。CNTs 穿插石墨的这种复合碳材料，保持了石墨层间良好的电子导电性，并为钠离子提供了快速传输的离子通道（图 5-7(c)~(e)）。研究结果表明，通过微观形貌设计，可以获得性能优异的石墨基钠离子电池负极材料。

2）碳纳米管与合金型材料复合

Bi 和 Bi 基复合材料具有合适的合金电压（约 0.6 V vs. Na/Na$^+$）和特殊的层状结构，沿 c 轴方向的层间距 d(003) 为 3.95 Å，被认为是具有应用潜力的钠离子电池负极材料。为了改善体积应变，Hu 等[9] 在强碱溶液中通过电还原 Bi$_2$O$_3$/

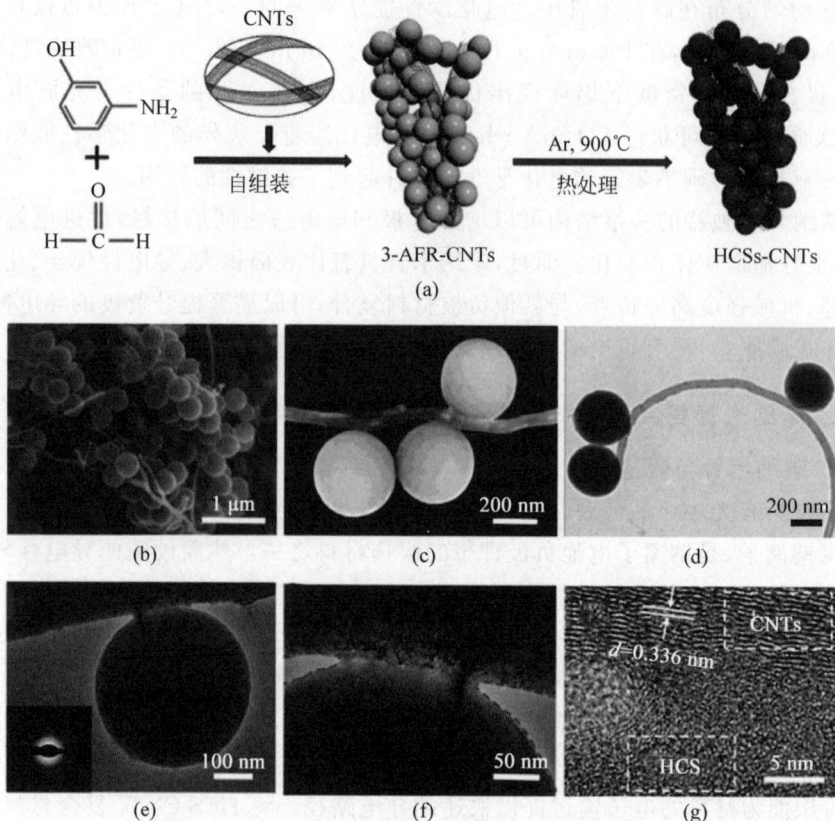

图 5-6　(a)HCS-CNT 的制备工艺图；(b)、(c)HCS-CNT 的 SEM 图像，
以及(d)～(g)TEM 和 HRTEM 图像[7]

CNTs 合成了 Bi/CNTs 复合材料(图 5-8)。如图 5-8(a)所示，在电还原制备材料的过程中，CNTs 作为骨架，电子优先沿 CNTs 转移到 Bi$_2$O$_3$ 与 CNTs 之间的界面，提高了 Bi$_2$O$_3$ 的还原速率，从而减小了 Bi 的晶粒尺寸。图 5-8(c)和(d)分别为 Bi$_2$O$_3$ 和电还原后 Bi 的 SEM 图像，可以看到 Bi$_2$O$_3$ 的颗粒尺寸较大。电解前，Bi$_2$O$_3$ 原料为均匀分布的带状颗粒，平均尺寸约为 10 μm(图 5-8(c))；电还原后，由于 Bi 的结晶和晶粒生长，电解后的 Bi 尺寸增大到约 20 μm(图 5-8(d))。相反，在相同条件下，由 Bi$_2$O$_3$/CNTs 作为原材料经过电还原得到的 Bi/CNTs 中，Bi 的尺寸较小，约为 3 μm(图 5-8(e))，说明在 Bi$_2$O$_3$ 中加入 CNTs 可以调控 Bi 的尺寸。这是因为电子可以沿着 CNTs 转移到 Bi$_2$O$_3$/CNTs 颗粒的内部，而不是只存在于 Bi/Bi$_2$O$_3$ 界面。因此电子转移路径增加，Bi 的形核数增加，从而减小了 Bi 的晶粒尺寸。在电化学性能测试中，Bi/CNTs 负极在 1.0 A/g 的电流密度下循环 2000 次后，比容量保持为 381.6 mA·h/g，体现出了优异的循环稳定性。电化学性能测试结果证明，碳纳米管与 Bi 复合，并经过形貌调控，可以有效缓解 Bi 的体积膨胀，从而提升电极的循环稳定性。

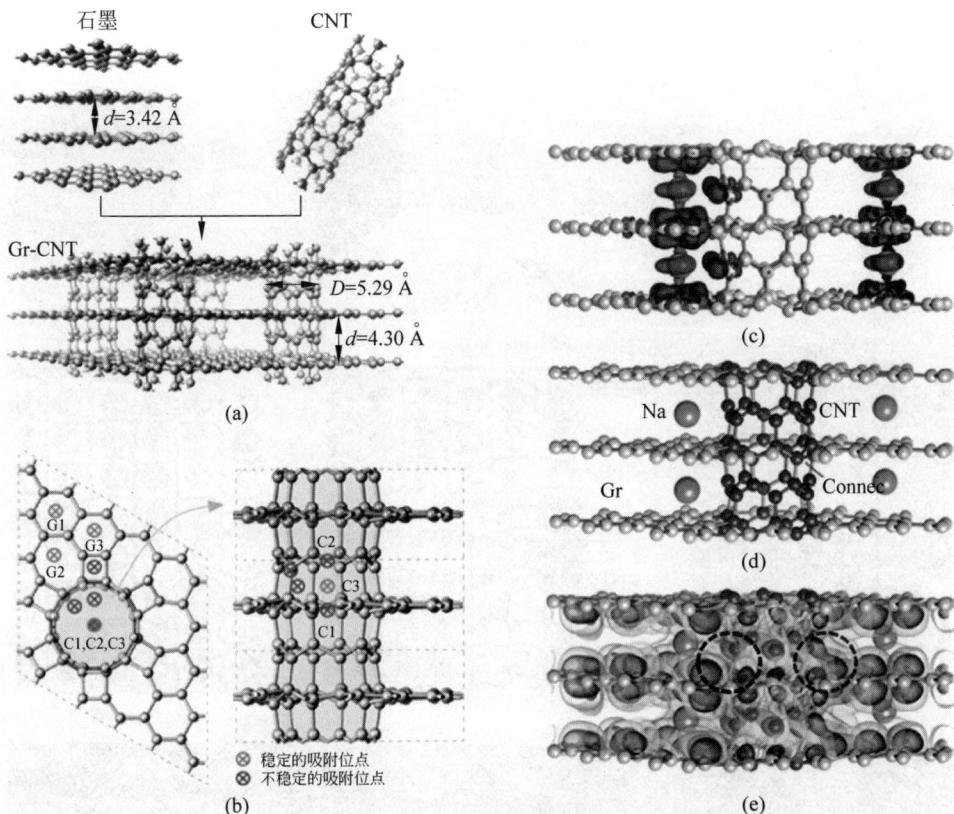

图 5-7 （a）Gr-CNTs 的分层复合结构示意图；（b）吸附部位示意图；
（c）～（e）Na 与 Gr-CNTs 的相互作用[8]

3）碳纳米管与转化型材料复合

为了改善转化型材料体积膨胀大、易剥落和电子导电性差等问题，将转化型材料与碳纳米管复合以达到提升电化学性能的目的。

Hou 等[10]利用酰胺键将过渡金属硫化物和羧基化碳纳米管共价耦联，制备了共价耦合的 ZnS/CNTs 复合材料（CC-ZnS/CNTs）。图 5-9 为水热法合成 CC-ZnS/CNTs 的示意图，硫脲分解产生的 S^{2-} 与 Zn^{2+} 反应生成 ZnS 纳米颗粒。在合成中，硫脲分子中的 S 原子对 ZnS 纳米颗粒中的 Zn 原子具有很强的亲和性，高浓度溶液中大量的硫脲分子吸附在 ZnS 纳米颗粒上，阻碍了 ZnS 纳米颗粒的生长，起到了封盖剂的作用。同时，水热反应过程中加入羧基化碳纳米管，其表面的羧基可以与 ZnS 表面硫脲中的氨基进行共价耦联，加强 CNTs 与 ZnS 之间的作用力。若将羧基化碳纳米管替换为纯碳纳米管，没有共价耦联作用后，CNTs 与 ZnS 之间的接触变弱，则不能达到控制 ZnS 颗粒尺寸的作用。图 5-9（b）为经过水热处理后得到的 ZnS 纳米球的 SEM 图像，ZnS 纳米球的直径约为 150 nm。从图 5-9（c）可以看到，与纯碳纳米管复合的 ZnS（ZnS/CNTs）球的直径约为 100 nm，ZnS 与

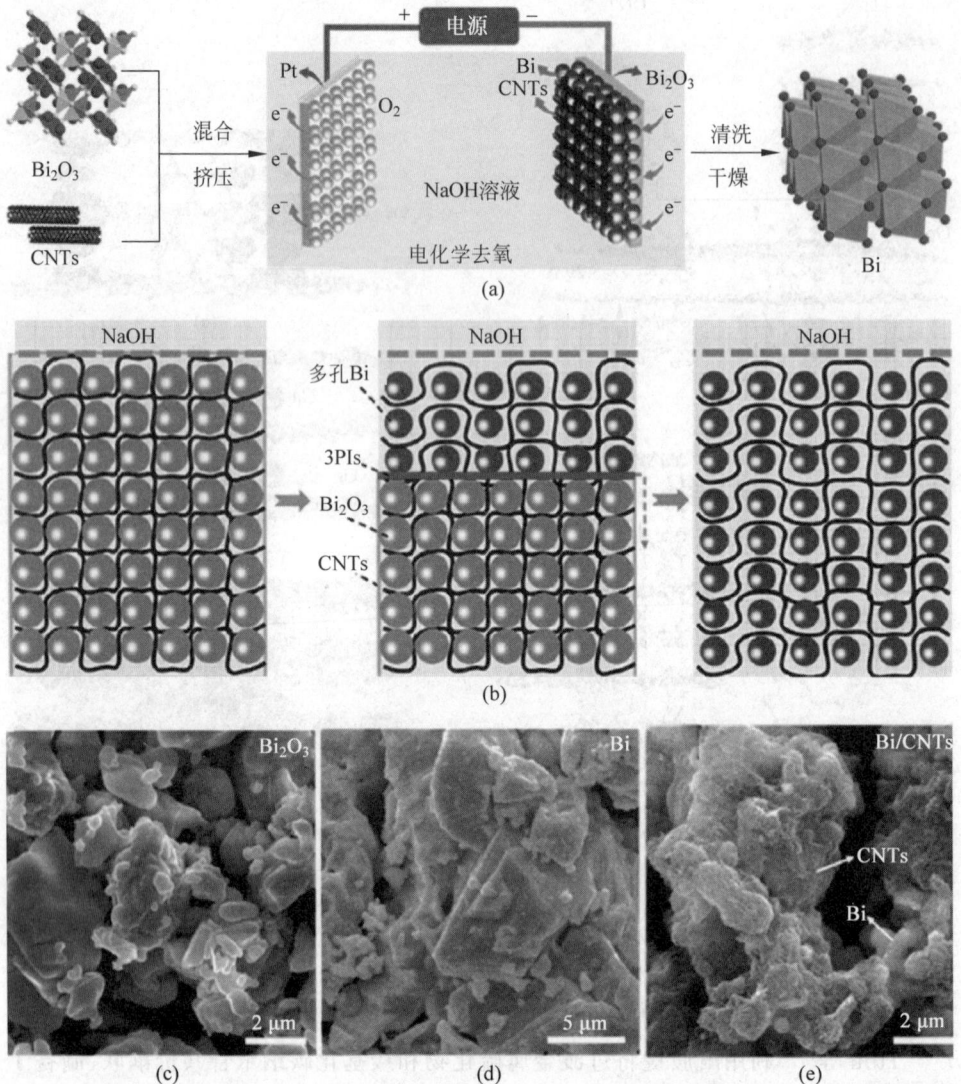

图 5-8 （a）Bi_2O_3 或 Bi_2O_3/CNTs 电还原 Bi 或 Bi/CNTs 复合材料的过程；（b）Bi_2O_3/CNTs 电还原的电化学过程示意图；（c）Bi_2O_3 和（d）其电还原得到的 Bi 的 SEM 图像；（e）Bi/CNTs 的 SEM 图像[9]

CNTs 之间的接触较弱。图 5-9（d）和（e）分别展示了的 CC-ZnS/CNTs 的 SEM 图像和 TEM 图像，表明在引入羧基化碳纳米管后，10 nm 左右的 ZnS 纳米颗粒被很好地分散，并大部分锚定在 CNTs 管束上。图 5-9（f）和（g）中，HRTEM 图像表明，ZnS 和 CNTs 之间紧密接触。共价耦合形成的 CC-ZnS/CNTs 具有致密的异质界面，促进电子从 CNTs 管束向 ZnS 纳米颗粒转移，防止机械断裂，有利于提高 ZnS 纳米颗粒的循环性能和倍率性能。电化学测试结果表明，CC-ZnS/CNTs 表现出优异的循环稳定性和倍率性能,当电流密度为 5000 mA/g 时经过 500 次充放电循环后,可逆比容量仍为 314 mA·h/g。

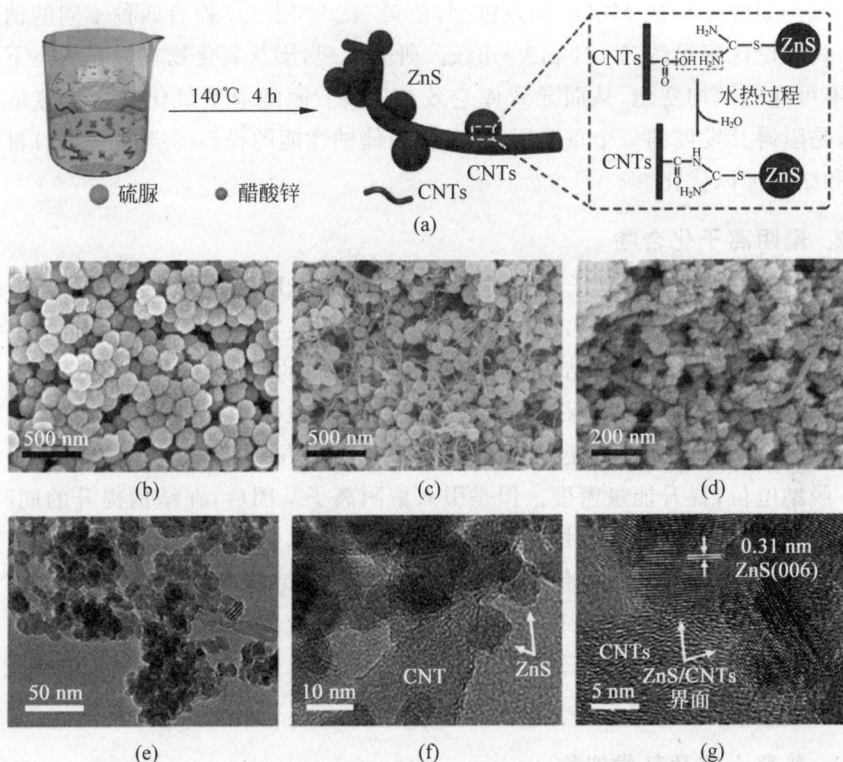

图 5-9　(a)CC-ZnS/CNTs 的制备及其合成机理示意图;(b)纯 ZnS、(c)ZnS/CNTs 和(d)CC-ZnS/CNTs 的 SEM 图像;(e)~(g)CC-ZnS/CNTs 的 TEM 图像和 HRTEM 图像[10]

5.2.3　钠离子电池正极概述

在钠离子电池中,正极材料不仅为电池提供钠源,还参与了复杂的电化学反应过程,理想的正极材料应具备以下特点:①较高的工作电压和可逆储钠比容量;②在充放电过程中保持良好的结构稳定性;③具有高的钠离子扩散速率和电子电导率[11]。目前钠离子电池正极材料主要包括过渡金属氧化物、聚阴离子化合物、普鲁士蓝及其类似物。

1. 过渡金属氧化物

依托于锂离子电池体系中过渡金属氧化物的研发,研究人员成功合成出类似的 $Na_x MO_2$(M=Co、Ni、Fe、Mn 和 V 等)正极材料应用于钠离子电池。研究显示,$Na_x MO_2$ 具有成本低廉、合成工艺可控、毒性低等优点。由于钠的含量与合成条件对 $Na_x MO_2$ 的结构影响较大,一般可分为层状氧化物和隧道型氧化物。

层状氧化物 $Na_x MO_2$ 是由共边的 MO_6 八面体形成的过渡金属层状结构和位

于过渡金属层间的碱金属离子组成,其理论比容量能达到 240 mA·h/g。隧道型氧化物如 $Na_{0.44}MnO_2$,Mn^{4+} 与一半的氧原子形成 MO_6 八面体型,而剩下的 Mn^{3+} 则与氧原子形成 MnO_5 四角锥型,使得 $Na_{0.44}MnO_2$ 拥有两种不同的钠离子隧道,其理论比容量约为 121 mA·h/g。研究发现,层状氧化物在过充状态下容易发生不可逆的结构变化,从而导致库仑效率下降;而隧道型氧化物的比容量相对较低,是阻碍其发展的一个重要因素。因此,储钠性能的提高需要进一步对材料的组成和结构加以优化。

2. 聚阴离子化合物

聚阴离子材料作钠离子电池正极材料时表现出诸多优点:①阴离子基团 $((PO_4)^{3-}$、$(SiO_4)^{4-}$、$(SO_4)^{2-}$、$(BO_3)^{3-})$ 可以稳定材料的结构,保证电极材料在锂离子嵌入/脱出过程中结构稳定,提升电极材料的循环稳定性;②聚阴离子化合物具有钠离子扩散通道,保证钠离子电池在充放电过程中具有较高的扩散动力学;③聚阴离子基团可改变过渡金属元素周围的配位环境,容易调控电极材料的嵌钠/脱钠电位,提升能量密度。但是引入聚阴离子基团后,在结构提升的同时,也降低了电极材料的理论比容量。

常见的聚阴离子化合物包括磷酸盐、焦磷酸盐、钠超离子导体(NASICON)结构化合物和氟磷酸盐。$NaFePO_4$ 是最典型的磷酸盐材料,主要以无定形、磷铁钠矿型和橄榄石型三种结构形态存在,不同结构形态的 $NaFePO_4$ 的电化学性能差异较大。

3. 普鲁士蓝及其类似物

普鲁士蓝(PB)及其类似物(PBAs)成本较低,比容量和能量密度高,倍率性能优异,未来潜力较大。PBAs 材料的化学通式为 $Na_x M[Fe(CN)_6]$,式中的 M 代表过渡金属如 Fe、Mn、Ni、Co 和 Cu 等。晶格中 $Fe(CN)_6$ 和 M 按照 Fe—C≡N—M 排列构成三维骨架,面心立方顶点位置上为过渡金属 M,其中的氰根 C≡N 位于立方体的棱上,钠离子则占据立方体的间隙位置。不同于过渡金属氧化物和聚阴离子化合物,PBAs 晶格具有大储钠间隙位点(直径约 0.46 nm)和较宽的通道((100)方向,宽度约 0.32 nm),因此产生 $1.0 \times 10^{-9} \sim 1.0 \times 10^{-8}$ cm^2/s 的高扩散系数。此外,PBAs 含有两种不同的氧化还原活性中心:M^{2+}/M^{3+}(M = Fe、Co 和 Mn 等)和 Fe^{2+}/Fe^{3+},两者都可以发生完全的电化学氧化还原反应,通过立方相 FeⅢFeⅢ$(CN)_6$↔立方相 NaFeⅢFeⅡ$(CN)_6$↔菱方相 Na_2FeⅡFeⅡ,CN_6 的 2 个 Na^+ 可逆的嵌入/脱出过程实现双电子转移容量,使 PBAs 具有约 170 mA·h/g 的理论比容量,远高于大多数层状氧化物(100～150 mA·h/g)和聚阴离子化合物类(约 120 mA·h/g)。基于其三维开放框架结构、间隙位大、资源丰富及高理论比容量等优势,PB 及 PBAs 成为最具应用价值的钠离子电池正极材料之一。但是,PB 类正极材料量产的难点主要在于结晶水和缺陷难以去除,且导电性能较差。

5.2.4　碳纳米管在钠离子电池正极中的应用

1. 碳纳米管/过渡金属氧化物复合正极

层状锰氧化物钠（$Na_x MnO_{2+y}$，$y=0.05\sim0.25$）与其他材料相比，具有理论比容量高（$240\sim250$ mA·h/g）、成本低和原材料来源丰富等优点，近年来成为钠离子正极材料的研究热点。如图 5-10 所示，Zhong 等[12]通过水热法制备了具有管状形貌的锰酸钠纳米颗粒，再用化学气相沉积法在锰酸钠表面均匀生长了直径约 20 nm 的碳纳米管，构建了类蚕茧核壳结构的 $Na_{0.7}MnO_{2.05}$ 纳米管/碳纳米管（NMO/CNTs）复合材料，形成有利于更快转移离子和电子的致密网状结构，增强了电化学动力学，改善了结构稳定性，循环性能显著提高。碳纳米管外壳弥补了过渡金属氧化物低导电性的缺点，大大提升了其电子传输速率。此外，碳纳米管优良的机械性能起到保护层的作用，有效提高了纳米材料的结构稳定性，进而增加了其循环稳定性。

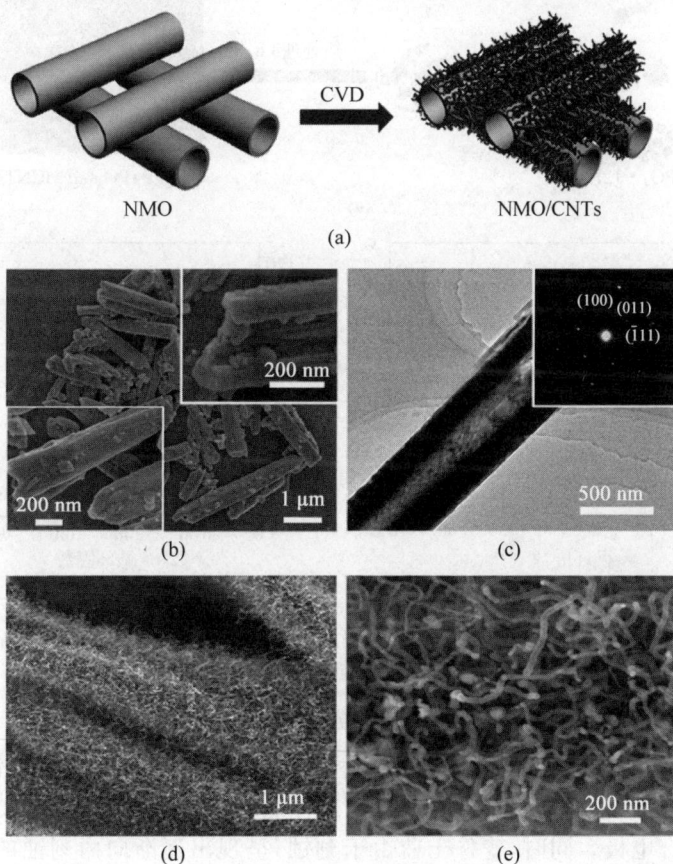

图 5-10　（a）NMO/CNTs 复合材料的合成示意图；（b）、（c）NMO/CNTs 的 TEM-HRTEM 图像；（d）、（e）NMO/CNTs 的 SEM 图像[12]

2. 碳纳米管/聚阴离子化合物复合正极

Xia 等[13]使用简单的共沉淀法获得了 $FePO_4$ 与多壁碳纳米管的混合前驱体（$FePO_4$@MCNTs）。以 $FePO_4$@MCNTs 和 $Na_3PO_4 \cdot 12H_2O$ 通过固相反应法合成了铁基磷酸盐复合材料 $Na_3Fe_2(PO_4)_3$@MCNTs，合成过程如图 5-11 所示。该复合材料作为钠离子电池正极材料，显著提高了钠离子的存储性能，在电流密度为 10 mA/g 时，表现出 101 mA·h/g 的优异可逆比容量。图 5-11（c）显示了 $Na_3Fe_2(PO_4)_3$@MCNTs 在 100 mA/g 的电流密度下的长循环稳定性能和相应的库仑效率，500 次循环后的可逆放电比容量仍然保持在 96 mA·h/g，且没有任何容量衰退，平均库仑效率在 98% 以上。与纯 $Na_3Fe_2(PO_4)_3$ 相比，MCNTs 的引入可以有效提高倍率性能和循环稳定性，经过 500 次循环后比容量由 61 mA·h/g 提高到 95 mA·h/g。

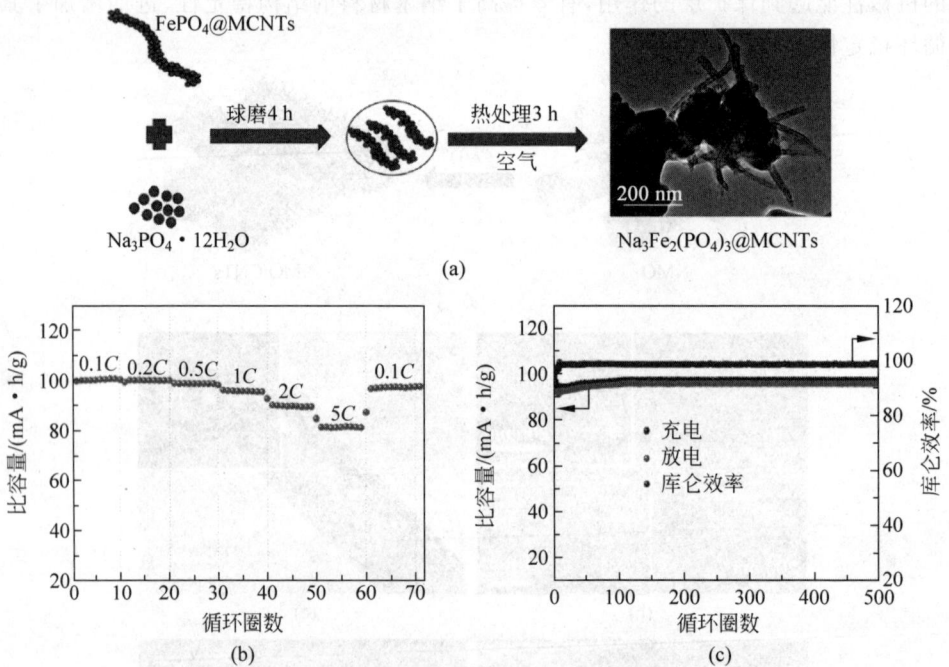

图 5-11 （a）$Na_3Fe_2(PO_4)_3$@MCNTs 的合成过程及机理，以及其（b）倍率性能和（c）循环稳定性[13]

3. 碳纳米管与普鲁士蓝及其类似物复合正极

将碳纳米管与普鲁士蓝复合，可以显著提高普鲁士蓝正极的导电性和结构稳定性。Chu 等[14]利用苯甲酸对普鲁士蓝晶体进行刻蚀，并与 CNTs 复合，形成柔性自支撑复合电极。同时，普鲁士蓝由于刻蚀，呈现出逐渐向内刻蚀的中空结构。这种逐步空心结构使普鲁士蓝对晶格膨胀具有更好的耐受性，可以缩短钠离子的扩散路径，增强电子导电性，优化氧化还原反应，从而拥有优异的倍率性能、高比容量和长循环寿命。图 5-12(b)的 XRD 图证实经过刻蚀后的普鲁士蓝保持了原有的晶相。图 5-12(c)和(d)的 SEM 图像表明,CNTs 形成相互交联的网络结构,普鲁士蓝均匀分散在其中,且普鲁士蓝表面有明显向内逐步刻蚀的结构。该材料受益于独特的空心结构,为钠离子提供了更短的离子扩散路径,CNTs 的引入进一步提高了导电性和结构稳定性。电化学阻抗谱(EIS)测试结果表明,CNTs 显著降低了电极的阻抗。充放电循环和倍率测试表明,在 5C 的电流密度下经过 500 次循环后,仍然保持高容量和稳定性,在 20C 的大电流密度下依旧还有 68.6 mA·h/g 的比容量。

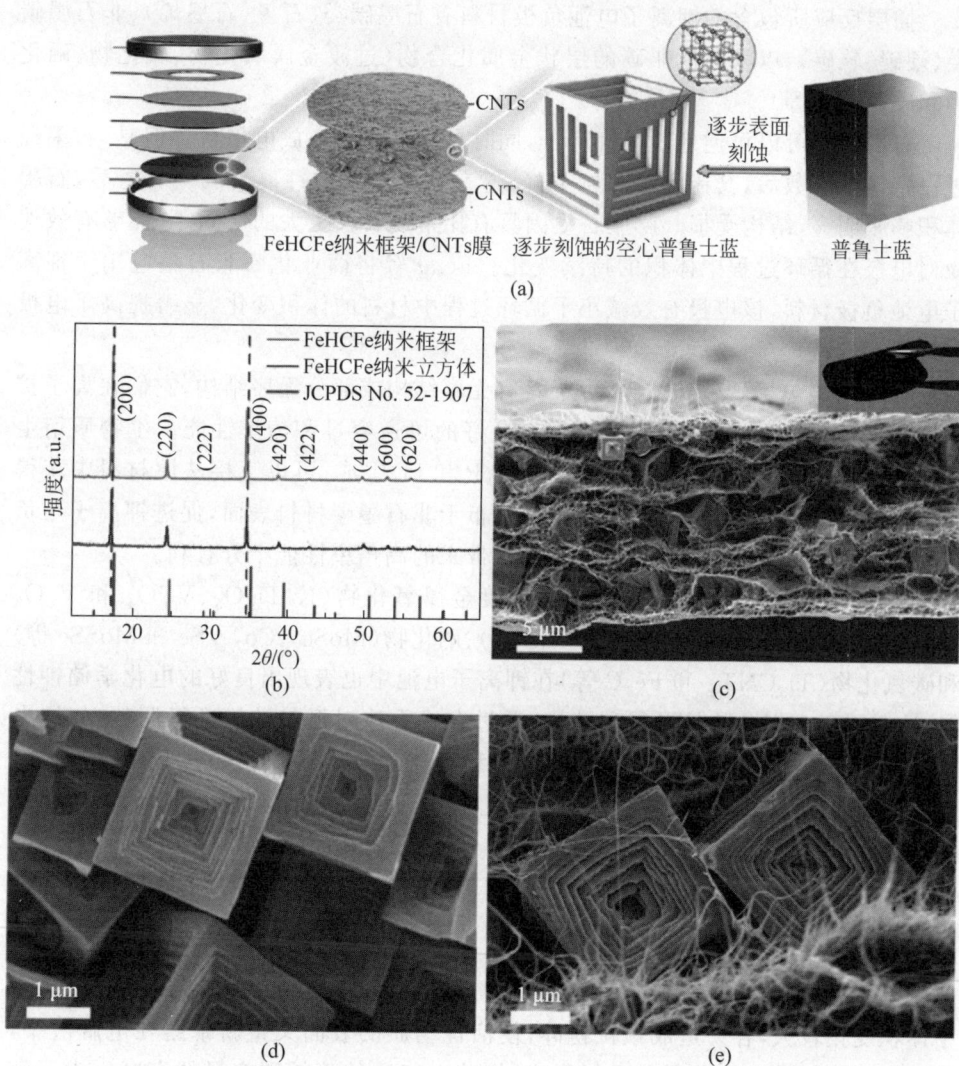

图 5-12 (a)FeHCFe/CNTs 的制备过程示意图;(b)逐步空心 FeHCFe 纳米框架和 FeHCFe 纳米管的 XRD 图;(c)FeHCFe 纳米框架/CNT 复合材料的 SEM 图像;(d)、(e)逐步空心 FeHCFe 的 SEM 图像[14]

5.3 碳纳米管在钾离子电池电极材料中的应用

5.3.1 钾离子电池负极材料概述

与钠离子电池负极材料类似,根据反应机制的区别,钾离子电池负极材料也可以分为插层类、合金化和转化型负极材料。

1. 插层类负极材料

插层反应所包含的钾离子电池负极材料有石墨碳类(石墨、石墨烯)、非石墨碳类(硬碳、软碳),以及其他非碳的层状金属化合物(过渡金属氧化物、硫化物、硒化物和碳氮化物等)。

石墨层间可以可逆地脱嵌钾离子,同时具有良好的充放电平台。但是,石墨经过一定循环次数后,其比容量急剧下降,这是由于较大的钾离子嵌入石墨后,石墨体积膨胀明显,结构受损。膨胀石墨因具有比常规石墨更大的层间距,能够有效地应对电极在循环过程中体积的持续变化。Feng 等将商业化膨胀石墨应用于钾离子电池负极材料,该电极有效减小了循环过程中材料的体积变化,显著提高了电极的循环稳定性[15]。

非石墨碳包括硬碳和软碳,由于具有无序结构或部分无序结构,它们在离子扩散和电子传输方面体现出优势,显示出良好的可逆容量和倍率性能。生物质衍生碳的原材料由碳元素和各种杂原子(N、S、P 和 O)组成,可以直接从原材料中获得杂原子掺杂的碳,掺杂提供的活性位点分布于非石墨碳材料表面,促进钾离子与负极之间的相互作用,对于提高赝电容效应带来的高倍率性能十分有利。

其他非碳的层状金属化合物,如过渡金属氧化物($K_2Ti_2O_5$、VPO_4 和 V_2O_3 等)、硫化物(MoS_2、WS_2、ReS_2 和 CoS 等)、硒化物($MoSe_2$、$Co_{0.85}Se$ 和 $MoSSe$ 等)和碳氮化物(Ti_3CNT_z 和 Fe_3C 等)在钾离子电池中也表现出良好的电化学储钾性能,这归因于它们独特的形貌和结构,通过合成方法对形貌结构进行调整(如纳米空心盒和量子点等)以及碳基材料的包覆和复合,可以缓解充放电过程中电极材料的体积膨胀,增加其导电性,有效地改善它们作为钾离子电池负极材料的循环和倍率性能。

2. 合金化负极材料

第Ⅳ主族或第Ⅴ主族元素如 Ge、Sn、Si、Sb 和 P 等能够与碱金属发生合金化反应,这类材料通常具有很高的储钾容量。但是,合金化负极材料在充/放电过程中体积变化较大,容易造成颗粒粉碎,使活性物质的表面又重新暴露在电解液中,导致固态电解质膜的破裂和反复形成,加速电解质的消耗和容量的衰减。为了解决以上问题,可以从金属材料的结构及其复合材料的设计方面入手,如纳米化、碳包覆、与碳基材料复合、在负极表面引入保护层以及采用适配的电解质等。

3. 转化型负极材料

钾离子电池的转化型负极材料主要为过渡金属氧化物（CuO、Ti_6O_{11}、Co_3O_4-F_2O_3/C）、过渡金属硫化物（SnS_2、Sb_2S_3、FeS_2、NiS、Cu_2S、ZnS、CoS）和过渡金属硒化物（$FeSe_2$、$ZnSe$、$NiSe_2$）等。在电化学反应过程中，转化型负极材料中的过渡金属离子还原为金属态，其他元素与钾离子反应生成新化合物。

在充放电过程中，转化型负极材料伴随体积变化，导致活性材料粉碎，严重地限制了它们的倍率性能和循环稳定性。为了提升它们的电化学性能，通过设计纳米结构或将它们与具有高导电性的碳复合，从而得到接触面积大、电化学反应位点丰富、扩散路径短、电子电导率高的材料。而且，与碳基材料复合后，材料的韧性提高，可以缓解循环过程中的体积变化。

表 5-2 中总结了部分负极材料在锂/钠/钾离子电池体系中的比容量[16]，不同负极材料的比容量和性能差距较大。

表 5-2　不同负极材料在锂/钠/钾离子电池中的比容量对比

负极材料种类	锂离子电池/ （mA·h/g）	钠离子电池/ （mA·h/g）	钾离子电池/ （mA·h/g）
石墨	约 370	约 5	约 200
硬碳	约 500	约 300	约 200
软碳	约 300	约 300	约 200
氧化石墨	约 350	约 30	约 5
活性炭	约 40	约 60	约 60
单壁碳纳米管	约 700	约 130	约 90
多壁碳纳米管	约 60	约 30	约 90
石墨烯	约 800	约 300	约 300
锡	约 500	约 400	约 150
铅	约 570	约 600	约 250
钛酸盐	约 165 （$Li_4Ti_5O_{12}$）	约 100 （$Na_2Ti_5O_{12}$）	约 110 （$K_2Ti_8O_{17}$）

5.3.2　碳纳米管作为钾离子电池负极材料

与钠离子电池不同，碳纳米管可作为钾离子电池的负极材料，并表现出较高的容量。但是，钾离子的嵌入和脱出导致约 61% 的体积膨胀，造成容量快速衰减。Pramudita 等[17] 对单壁和多壁碳纳米管作为钾离子电池负极材料进行了研究，发现单壁碳纳米管在第一次放电过程中产生了 1000 mA·h/g 的高放电比容量。然而，在第一次充电时，单壁碳纳米管的比容量大幅下降，仅为 196 mA·h/g。经过20 次和 50 次循环后，比容量逐渐降低到 110 mA·h/g 和 85 mA·h/g，表明单壁碳纳米管作为钾离子电池负极材料时循环稳定性欠佳。多壁碳纳米管在第一次放电时产生了更高的比容量,高达 3858 mA·h/g,但在第一次充电时降至 351 mA·h/g。在随后的循环中,多壁碳纳米管的比容量快速衰减,在第 50 次循环时电极的充放电比容量仅为 73.9 mA·h/g 和 84.8 mA·h/g。

为了解决这些问题,Han 等[18]通过化学气相沉积法,控制前驱体进料速率等实验参数,合成了具有分层海绵结构的多壁碳纳米管(HCNTs)。如图 5-13(a)所示,HCNTs 的内层是由致密的石墨碳组成,而外层是由无序的无定形碳组成。图 5-13(b)中,SEM 图像显示 HCNTs 之间相互交联,进一步连接成具有大孔体积、高导电性的超多孔体海绵 HCNTs,促进钾离子的嵌入与脱出,加速了动力学性

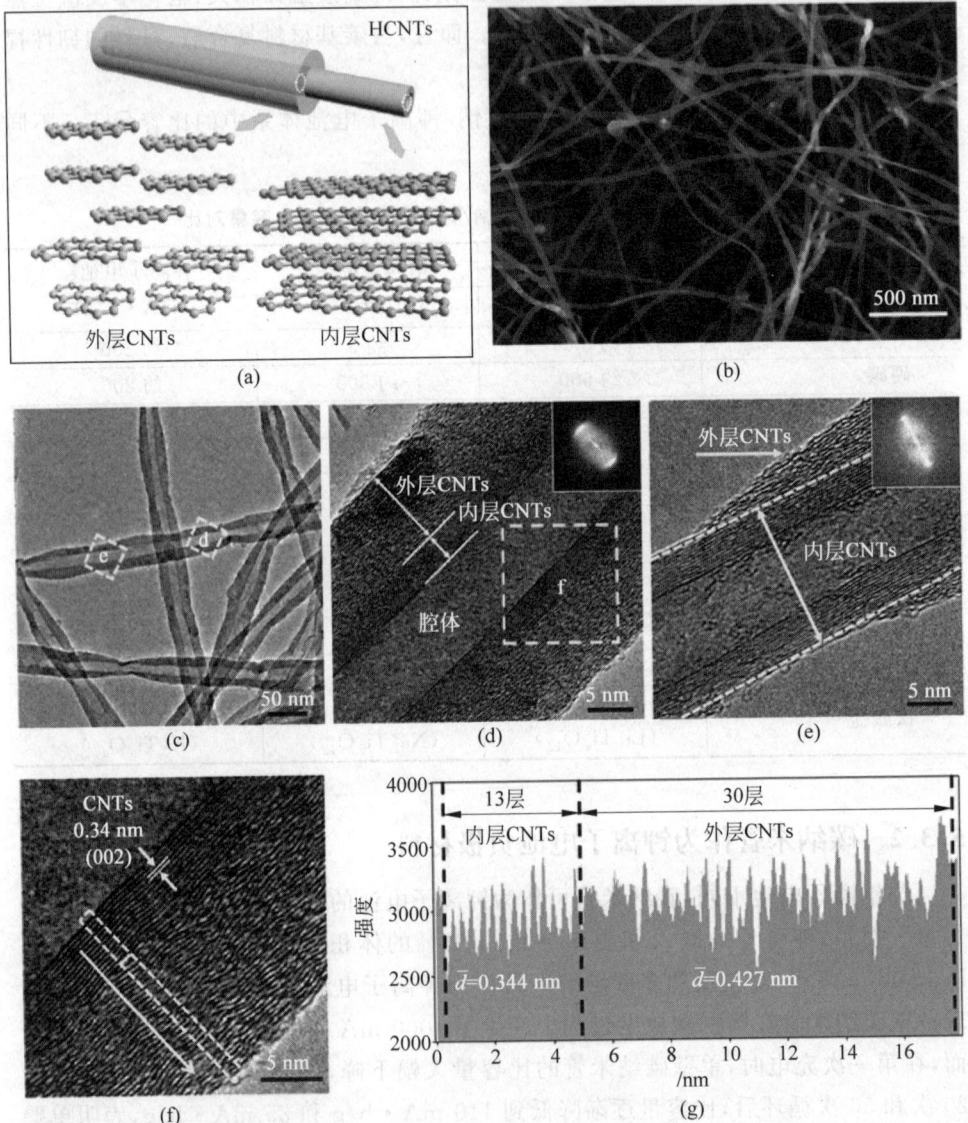

图 5-13　HCNTs 的微观 SEM 和 TEM 形貌表征及尺寸分布[18]

能。图 5-13(c)~(f)中，TEM 图像清晰可见碳纳米管的内层紧密，层间距为 0.344 nm，与石墨的层间距相近。碳纳米管的外层较为稀疏，层间距扩大至 0.427 nm。这种内紧外疏的结构提高了钾离子的扩散速率，而且可以缓解碳纳米管的体积膨胀。电化学性能测试中，它表现出了 232 mA·h/g 的可逆比容量和超过 500 次循环的长循环稳定性能。

5.3.3 碳纳米管复合材料作为钾离子电池负极材料

1. 碳纳米管与插层型材料复合

为了提高石墨的储钾性能，Yu 等[19]通过化学气相沉积法成功地合成了三维交联的碳纳米管改性石墨碳泡沫(GCF)自支撑电极(CNTs/GCF)(图 5-14)。碳纳米管优异的电子导电性可以降低界面阻抗，加速钾离子扩散。而且，碳纳米管的高比表面积可以通过吸附钾离子而增加赝电容。电化学性能测试结果表明，CNTs/GCF 电极在 100 mA/g 的电流密度下循环 800 次之后比容量保持在 226 mA·h/g，体现出了较高的容量和优异的稳定性能。

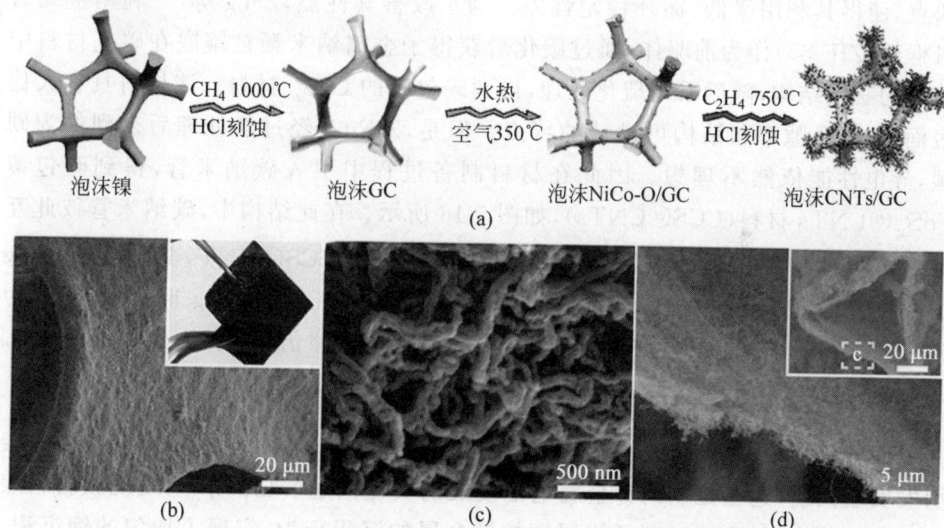

图 5-14　(a)CNTs/GCF 的合成过程和(b)~(d)CNTs/GCF 的形貌和结构[19]

2. 碳纳米管与合金型材料复合

磷是一种典型的合金型负极材料，储钾后的最终产物为 K_3P，其理论比容量高达 2596 mA·h/g。但是，实际测试中红磷的储钾比容量通常低于 1500 mA·h/g，相应的钾化产物仍存在争议，在钾离子电池中的应用还处于初级阶段。

红磷的绝缘性导致其倍率和循环性能较差，而且储钾后体积变化较大，限制了它的应用。为了改善上述问题，可以将磷限制在碳载体中，不仅可提高负极的导电性,而且可以缓解磷的体积膨胀。若能最大限度地负载磷,实现高负载量磷,则能显著提高负极的容量。Sun 等[20]提出"量体裁衣"策略,利用氧化和水热剪切碳纳米管的方法,制备了一种高氮掺杂的、具有一维和二维分级结构的碳基底材料(N-SGCNTs),并利用高温渗磷的方法将 41.2 wt% 的纳米磷颗粒完全负载在碳基底中,制备出具有优异电化学性能的 P@N-SGCNTs 复合材料,如图 5-15 所示。N-SGCNTs 骨架不仅提供了高电导率和分层孔,而且由于其固有耦合的三维骨架,在循环时还提供了结构兼容性和稳定性。电化学性能测试结果表明,P_2@N-SGCNTs 在钾离子电池中表现出了 762 mA·h/g 的高可逆比容量,在 2.0 A/g 的大电流密度下比容量仍有 354 mA·h/g。而且,P_2@N-SGCNTs 同样具有优异的长循环稳定性,循环 1000 次后仍可保持 319 mA·h/g 的可逆比容量。此外,研究人员通过实验和理论计算,确定了最终产物为 K_4P_3 的钾离子存储机理。

3. 碳纳米管与转化型材料复合

过渡金属硫化物是一种典型的转化型负极材料,具有较高的理论比容量。然而,过渡金属硫化物电导率低、离子扩散率低、反应动力学缓慢和体积膨胀严重的缺点,使得其利用率低、循环稳定性差。为了改善其性能,Zeng 等[21]利用金属有机框架(ZIF-67)作为前驱体,通过碳化后获得了金属纳米颗粒镶嵌在碳基材料中的均匀三维结构,随后采用硫化处理,得到碳包覆的 CoS_x 材料。该材料具有大比表面积、高孔隙率和结构可设计的特点。但是,ZIF-67 经过热处理后得到的为硬碳,导电性能依然不理想。因此在材料制备过程中引入碳纳米管,得到碳包覆 CoS_x@CNTs 材料(CCS@CNTs),如图 5-16 所示。在此结构中,碳纳米管彼此互联,CoS_x 的丰富孔隙和互联复合网络产生的通道使 CCS@CNTs 具有 147 m^2/g 的大比表面积,因此表现出了显著的倍率特性。在 50 mA/g 时的比容量为 585 mA·h/g,将电流密度提升至 1000 mA/g 时,比容量仍然保留为 296 mA·h/g。

4. 碳纳米管与钾金属复合

钾金属电极极容易形成枝晶,造成电池容量衰减、效率低及使用寿命短,并会引发安全问题,这些是制约钾金属电池发展的关键问题。Liu 等[22]发现碳材料表现出极好的亲钾性,通过碳纤维层调控钾金属的沉积行为,实现了均匀的钾沉积。基于碳质轻、比表面积高,构建钾-碳负极有望保持金属钾电极的高理论比容量。该课题组进一步将碳材料与钾金属结合,并系统对比研究了碳材料种类(还原石墨烯、氧化石墨烯、石墨、碳纳米管、硬碳、碳量子点)与金属钾的反应活性,以及对钾-碳负极的物相、显微结构和物理化学性质的影响规律,发展了高温熔融混合-辊压技术,制备了厚度约为 50 μm 的高杨氏模量(4.2 GPa,金属钾杨氏模量为 2.3 GPa)、高钾自扩散系数($2.37×10^{-8}$ cm^2/s,金属钾自扩散系数约为 $0.9×10^{-8}$ cm^2/s)且耐高温(200℃)的钾-10 wt% 还原氧化石墨烯(rGO)负极(图 5-17)[23]。钾金属与碳材料复合可有效解决固态钾金属电池面临的界面电阻大、枝晶形成和金属钾负极强度/

(a)

(b)

(c)

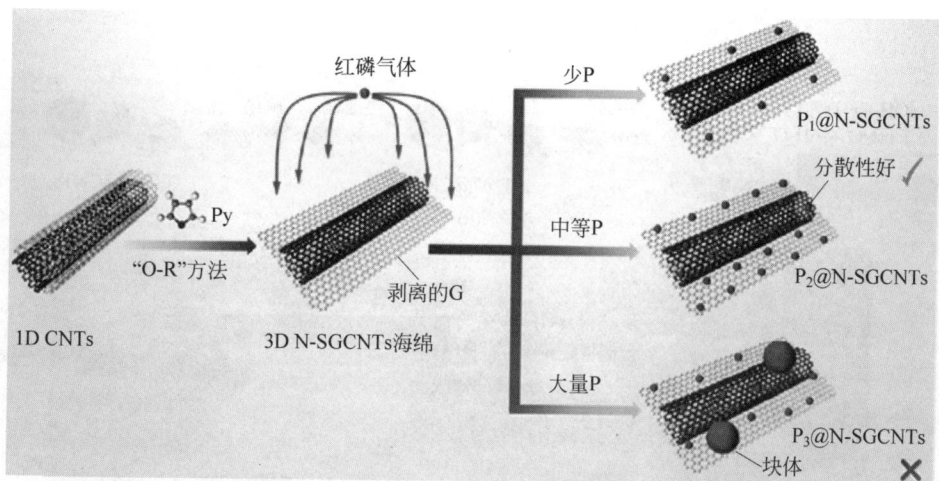

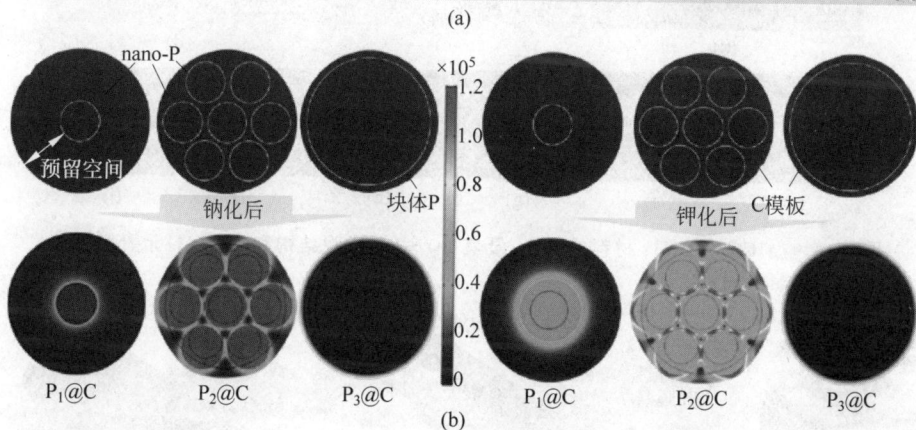

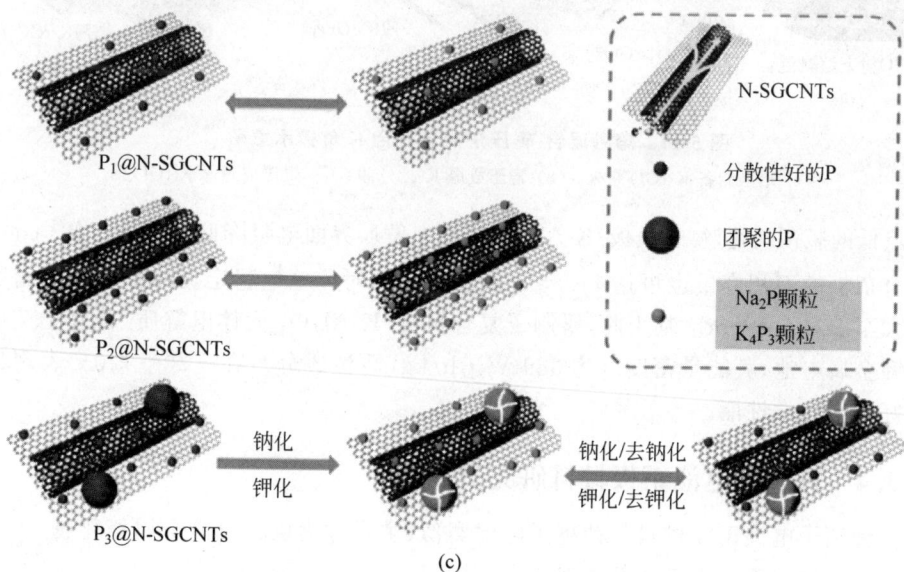

图 5-15 P@N-SGCNTs 复合材料的合成路线[20]

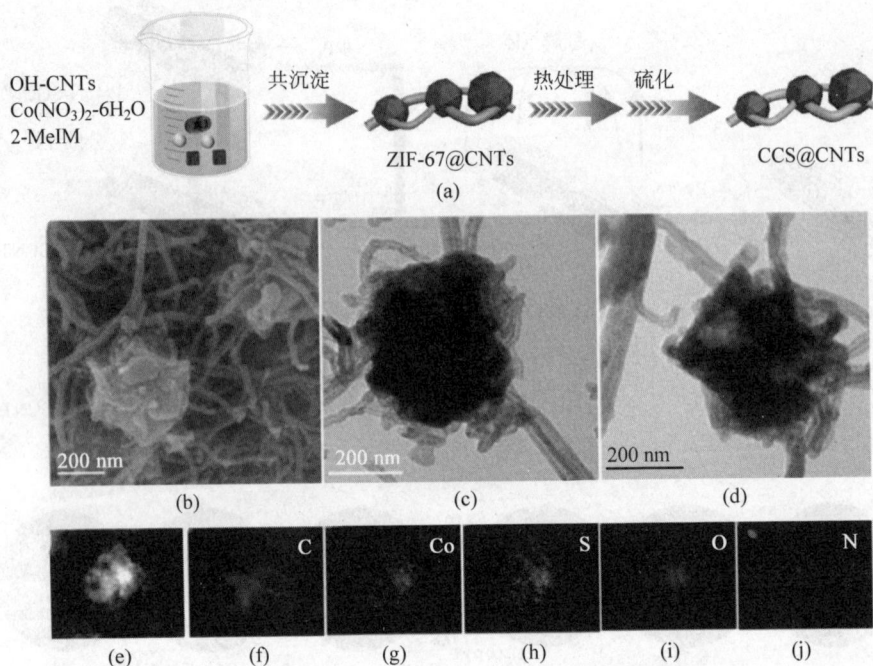

图 5-16　（a）CCS@CNTs 材料的制备，及其（b）～（d）微观结构和（e）～（j）元素表征[21]

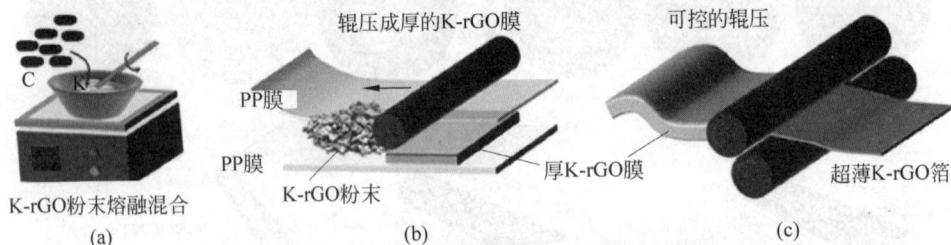

图 5-17　熔融混合-辊压法制备复合 K 负极示意图[23]

（a）熔融制备 K-rGO 粉末；（b）辊压成厚 K-rGO 膜；（c）辊压成超薄 K-rGO 箔

熔点低的瓶颈问题，复合负极/K-Al$_2$O$_3$ 固体电解质界面电阻降低为约 1.3 Ω·cm^2，复合负极的面积容量也可达 11.86 mA·h/cm^2，对称电池稳定循环临界电流密度增大至 2.8 mA/cm。基于此，研制了复合负极/K-Al$_2$O$_3$ 固体电解质/普鲁士蓝固态钾金属电池，其能量密度可达 389 W·h/kg（活性成分），在 -20～120℃ 表现出良好的电化学性能。

5.3.4　钾离子电池正极材料研究进展

钾离子电池正极材料与钠离子电池类似，主要分为层状过渡金属氧化物、聚阴离子化合物和普鲁士蓝及其类似物。

1. 层状过渡金属氧化物

在层状过渡金属氧化物的充/放电过程中,钾离子插层到 MO_2 形成的骨架结构中时伴随着相结构的转变。但是研究发现,在高电压下的多级相变导致了电极材料的不可逆膨胀,并进一步导致容量的快速衰减,通常可以采用的方法是:①降低工作电压的上限,避免形成中间相导致的不可逆膨胀;②通过在 M 位点引入多元过渡金属离子,可以有效解决在高电压条件下的相变容量衰减,提高层状过渡金属氧化物的比容量;③碱金属元素(如 Na 元素)的掺杂是增强其电化学钾存储性能的有效方法,其主要作用为稳定层状结构;④N 原子部分取代 O 可有效提高电子电导率并扩大层间距,从而可以容纳更多的钾离子插层并促进离子迁移;⑤设计多孔纳米结构电极可以帮助减轻结构破坏,例如将层状金属氧化物编织成稳定的骨架,骨架结构形成的多孔促进钾离子的快速扩散,实现高倍率性能,相对稳定的骨架还可以减少由大的体积变化引起的分层,从而获得良好的循环稳定性。

2. 聚阴离子化合物

目前,已研究了焦磷酸盐、氟磷酸盐和氟草酸盐等聚阴离子化合物作为钾离子电池的正极材料。这些聚阴离子化合物中的大多数包含铁和钒元素,表现出极高的工作电压。

聚阴离子化合物具有各种结构和组成,如 $K_{3-x}Rb_xV_2(PO_4)_3/C$、$K_3V_2(PO_4)_2F_3$、$KVOPO_4$、$KVPO_4F$、$K_{1-x}VP_2O_7$、$K_4Fe_3(PO_4)_2(P_2O_7)$ 和 $KFeC_2O_4F$ 等,平均电压均在 3.7 V 以上,具有出色的电压平台。但是,K 基聚阴离子化合物具有较低的振实密度,这将导致较低的体积能量密度;此外,普通电解质在高工作电压下易分解,从而导致低的循环稳定性和库仑效率。因此,未来的研究也应集中在开发与聚阴离子化合物高工作电压匹配的新型电解质上。

3. 普鲁士蓝及其类似物

普鲁士蓝具有开放的框架、可控的结构、出色的循环稳定性、易制备和低成本等优点。普鲁士蓝类似物的每个晶胞都具有八个亚晶胞,这些亚晶胞具有八个可用的间隙位点,可以容纳过渡金属离子。开放的框架可以促进普鲁士蓝类似物结构中各种嵌入离子的快速扩散,这有利于倍率性能。

目前,许多研究集中在通过掺杂和共掺杂 Fe、Co、Ni、Zn 和 Mn 等过渡金属离子优化普鲁士蓝类似物的组成。通过合成条件(pH 值、温度和气氛等)控制过渡金属的种类及含量,所制备的多元普鲁士蓝类似物的放电容量有明显提高。由于大多数普鲁士蓝类似物通过共沉淀法制备,因此不可避免地存在间隙水,间隙水改变了普鲁士蓝类似物的结晶度,对电极材料的比容量产生不利影响。通过控制普鲁士蓝类似物合成过程中的晶体生长速度以及热处理,可以有效降低间隙水含量,从而改善电化学储钾性能;另外,当普鲁士蓝类似物中的配位离子数量增加时,可用于电化学过程的活性位点会增加,从而促进电解质/电极相互作用。

5.3.5　碳纳米管在钾离子电池正极中的应用

聚阴离子电极材料因其稳定的电化学性能，已成为钾离子电池正极材料的重要候选体系。在钠离子电池领域，Ellis 团队[24]率先报道的铁基氟磷酸盐 Na_2FePO_4F（NFPF）展现出显著优势：其独特的二维钠离子通道结构可实现 $124\ mA \cdot h/g$ 的储钠容量，同时伴随微小的体积形变，表现出优异的循环稳定性。基于 NFPF 在钠离子存储中的优异表现，Mahmoud 等研究者[25]通过喷雾干燥技术成功制备了 NFPF/CNTs 复合电极材料，并创新性地将其应用于钾离子电池体系。研究团队首先在钠离子半电池中对复合材料进行深度脱钠处理（预充电），随后将该脱钠态电极转移至钾离子电池体系进行性能评估。在 $0.8\ M\ KPF_6$/EC：PC 电解液体系中，未经预充电处理的 NFPF/CNTs 电极在 $C/10$ 倍率下仅表现出 $82\ mA \cdot h/g$ 的可逆容量（相当于 $NaKFePO_4F$ 理论比容量 $115\ mA \cdot h/g$ 的 71%）。而经过预脱钠处理的电极展现出显著提升的电化学性能，其首周放电容量达到 $104\ mA \cdot h/g$（图 5-18），接近理论比容量的 90%。这种性能提升归因于预脱钠过程有效清除了材料中的钠离子占据位点，为钾离子的可逆嵌入/脱出创造了更优的传输通道。

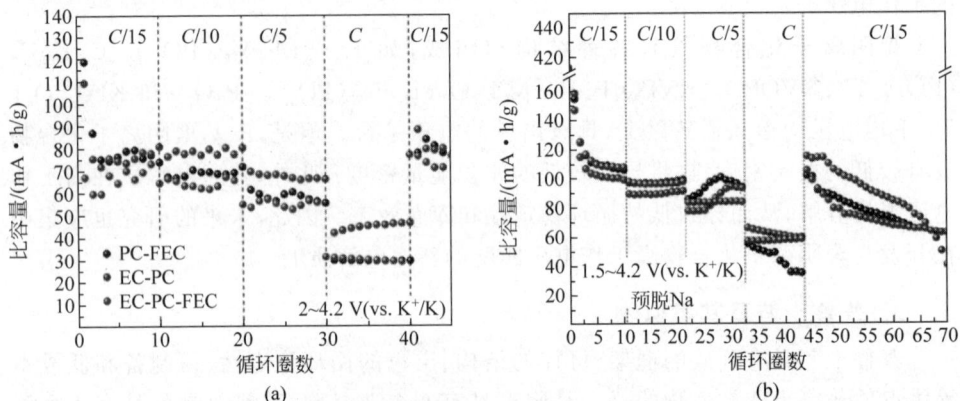

图 5-18　（a）NFPF 直接作为钾离子电池正极时，以及（b）先在钠离子电池中完全脱钠（充电）后再作为钾离子电池正极时的倍率性能[25]

由于同族的 $Li_3V_2(PO_4)_3$ 和 $Na_3V_2(PO_4)_3$ 正极材料分别在锂离子电池和钠离子电池中成功应用，磷酸钒钾（$K_3V_2(PO_4)_3$，KVP）也引起了广泛的关注。钒具有多元价态，以及较高的电化学活性和氧化还原电位，而且 PO_4^{3-} 基团为材料结构带来了优异的热稳定性。但是，磷酸盐的导电性能很低，导致材料的容量和循环性能不尽如人意。Huang 等[26]将无定形碳包覆的 KVP 纳米颗粒、碳纳米管和还原氧化石墨烯（rGO）纳米片组成混合正极（KVP/C/CNTs/rGO），利用三种碳材料在电极中提供电子转移途径，并抑制在重复的钾嵌入和脱出过程中产生应变，显著提高了电极材料的倍率性能和循环性能。

　　在普鲁士蓝及其类似物正极材料中,通过纳米复合材料的多孔三维网络,可以提供大比表面积,这对提高其电化学性能具有很大的作用。Zarbin 等[27]利用沉淀和电化学方法,将含有铁填充的单壁碳纳米管或多壁碳纳米管沉积在塑料衬底上,制备得到透明的柔性电极。如图 5-19(a)所示,碳纳米管中填充的铁基材料作为电合成普鲁士蓝的反应前驱体,生成 CNTs/普鲁士蓝纳米复合薄膜。同时,他们分别将 SWCNTs(图 5-19(b))和 MWCNTs(图 5-19(c))通过上述方法与普鲁士蓝复合,将其应用于钾离子电池正极中,SWCNTs/普鲁士蓝复合材料和 MWCNTs/普鲁士蓝的电池容量分别达到 $8.3\ \mathrm{mA \cdot h/cm^3}$ 和 $2.7\ \mathrm{mA \cdot h/cm^3}$,体现出其应用前景。

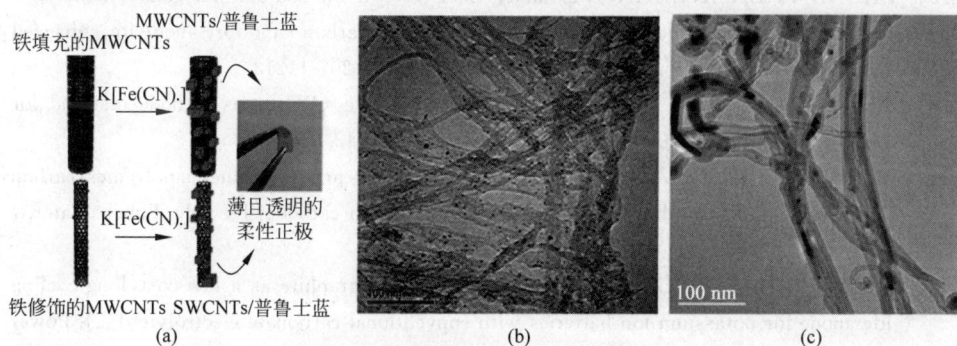

图 5-19　(a)普鲁士蓝的改性以及(b),(c)CNTs 的微观形貌[27]

参考文献

[1] KIM H,KIM J,BIANCHINI M,et al. Recent progress and perspective in electrode materials for K-ion batteries[J]. Adv. Energy Mater. ,2018,8:1702384.

[2] LUO X,YANG C,PENG Y,et al. Graphene nanosheets,carbon nanotubes,graphite,and activated carbon as anode materials for sodium-ion batteries[J]. J. Mater. Chem. A,2015,3:10320-10326.

[3] SAROJA K,MURUGANATHAN M,MUTHUSAMY K,et al. Enhanced sodium ion storage in interlayer expanded multiwall carbon nanotubes[J]. Nano Lett. ,2018,18:5688-5696.

[4] XIANG K,CHEN M,HU J,et al. Intertwined nitrogen-doped carbon nanotube microsphere as polysulfide grappler for high-performance lithium-sulfur batteries[J]. Chemelectrochem,2019,6:1466-1474.

[5] KOTAL M,KIM J,KIM K J,et al. Sulfur and nitrogen Co-doped graphene electrodes for high-performance ionic artificial muscles[J]. Adv. Mater. ,2016,28:1610-1615.

[6] FAN X,CHEN L,BORODIN O,et al. Non-flammable electrolyte enables Li-metal batteries with aggressive cathode chemistries[J]. Nat. Nanotechnol. ,2018,13:715-722.

[7] SUO L,ZHU J,SHEN X,et al. Hard carbon spheres interconnected by carbon nanotubes as high-performance anodes for sodium-ion batteries[J]. Carbon,2019,151:1-9.

[8]　MA J,YANG C,LI Q,et al. 3D hierarchical graphene-cnt anode for sodium-ion batteries：A first-principles assessment[J]. Adv. Theor. Simul. ,2022,5：2200227.

[9]　HU Z,LI X,QU J,et al. Electrolytic bismuth/carbon nanotubes composites for high-performance sodium-ion battery anodes[J]. J. Power Sources,2021,496：229830.

[10]　HOU T,LIU B,SUN X,et al. Covalent coupling-stabilized transition-metal sulfide/carbon nanotube composites for lithium/sodium-ion batteries [J]. ACS Nano, 2021, 15：6735-6746.

[11]　WEI F,ZHANG Q,ZHANG P,et al. Review-research progress on layered transition metal oxide cathode materials for sodium ion batteries [J]. J. Electrochem. Soc. , 2021, 168：50524.

[12]　ZHONG Y,XIA X,ZHAN J,et al. A CNT cocoon on sodium manganate nanotubes forming a core/branch cathode coupled with a helical carbon nanofibre anode for enhanced sodium ion batteries[J]. J. Mater. Chem. A,2016,4：11207-11213.

[13]　XIA X,CAO Y,YAO L,et al. Mcnt-reinforced $Na_3 Fe_2 (PO_4)_3$ as cathode material for sodium-ion batteries[J]. Arab. J. Sci. Eng. ,2020,45：143-151.

[14]　WAN P,XIE H,ZHANG N,et al. Stepwise hollow prussian blue nanoframes/carbon nanotubes composite film as ultrahigh rate sodium ion cathode[J]. Adv. Funct. Mater. , 2020,30：2002624.

[15]　AN Y,FEI H,ZENG G,et al. Commercial expanded graphite as a low-cost,long-cycling life anode for potassium-ion batteries with conventional carbonate electrolyte[J]. J. Power Sources,2018,378：66-72.

[16]　MIN X,XIAO J,FANG M,et al. Potassium-ion batteries：Outlook on present and future technologies[J]. Energy Environ. Sci. ,2021,14：2186-2243.

[17]　PRAMUDITA J C,SEHRAWAT D,GOONETILLEKE D,et al. An initial review of the status of electrode materials for potassium-ion batteries[J]. Adv. Energy Mater. ,2017, 7：1602911.

[18]　WANG Y,WANG Z,CHEN Y,et al. Hyperporous sponge interconnected by hierarchical carbon nanotubes as a high-performance potassium-ion battery anode[J]. Adv. Mater. , 2018,30：e1802074.

[19]　ZENG S,ZHOU X,WANG B,et al. Freestanding CNT-modified graphitic carbon foam as a flexible anode for potassium ion batteries[J]. J. Mater. Chem. A,2019,7：15774-15781.

[20]　RUAN J,MO F,LONG Z,et al. Tailor-made gives the best fits：Superior Na/K-ion storage performance in exclusively confined red phosphorus system[J]. ACS Nano,2020, 14：12222-12233.

[21]　ZENG X,TONG H,CHEN S,et al. Construction of carbon-coated cobalt sulfide hybrid networks inter-connected by carbon nanotubes for performance-enhanced potassium-ion storage[J]. Chin. J. Chem. Eng. ,2022,40：1313-1320.

[22]　XIAO K,WU J,YAN H,et al. Intercalation-deposition mechanism induced by aligned carbon fiber toward dendrite-free metallic potassium batteries[J]. Energy Storage Mater. , 2022,51：122-129.

[23]　WU J,ZHOU W, WANG Z,et al. Building K-C anode with ultrahigh self-diffusion coefficient for solid state potassium metal batteries operating at -20 to 120℃[J]. Adv.

Mater. ,2023,35：e2209833.

［24］ ELLIS B,MAKAHNOUK W,MAKIMURA Y,et al. A multifunctional 3. 5 V iron-based phosphate cathode for rechargeable batteries［J］. Nat. Mater. ,2007,6：749-753.

［25］ BODART J, ESHRAGHI N, SOUGRATI M, et al. From Na_2FePO_4 F/CNT to $NaKFePO_4$ F/CNT as advanced cathode material for K-ion batteries［J］. J. Power Sources, 2023：555.

［26］ ZHAO W,SHEN Y,ZHANG H,et al. Hybrid cathodes composed of $K_3V_2(PO_4)_3$ and carbon materials with boosted charge transfer for K-ion batteries［J］. Surfaces,2020,3：1-10.

［27］ NOSSOL E, SOUZA V, ZARBIN A. Carbon nanotube/Prussian blue thin films as cathodes for flexible,transparent and ITO-free potassium secondary battery［J］. J. Colloid Interface Sci. ,2016,478：107-116.

第6章

碳纳米管在锂金属负极中的应用

6.1 锂金属负极概述

6.1.1 锂金属电池的机遇

随着电动汽车的推广和储能市场规模的不断扩大,人们对能源存储系统也提出了更高的要求。目前主流的锂离子电池其能量密度能达到 300 W·h/kg,石墨作为商业负极的比容量已超过 300 mA·h/g,接近其理论比容量(372 mA·h/g),因此以石墨作为负极的锂离子电池无法实现高能量密度的突破[1]。寻求高能量密度的负极取代石墨是下一代锂离子电池的重要发展方向。锂金属负极的理论比容量为 3860 mA·h/g,是石墨负极(372 mA·h/g)的 10 倍以上。锂金属的放电平台为 0 V(vs. Li),低于其他负极材料,更有利于电池发挥更高的能量密度。基于此,锂金属电池在下一代高能量密度电池中体现出巨大的应用前景[2]。图 6-1 对比了化石燃料、锂金属负极电池、石墨负极锂电池的能量密度,可以清晰地看出,无论匹配何种正极材料,金属锂取代石墨作为负极时均能大幅度提升能量密度[3]。

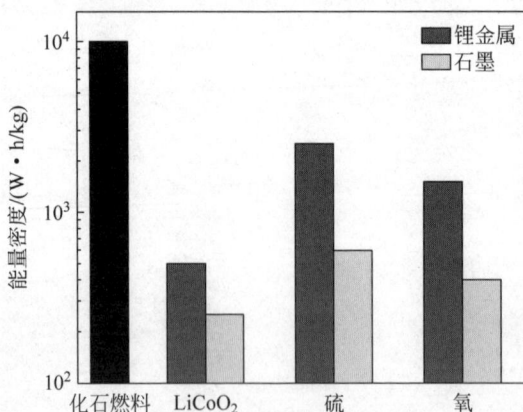

图 6-1　能量密度对比[3]

事实上,基于锂金属负极和 TiS_2 正极的电池在 20 世纪 70 年代就已经商业化投产。但是,锂金属负极循环稳定性能很差,而且极易产生安全性问题,因此又逐渐退出市场,取而代之的是具有更高安全性的石墨负极[4]。迄今为止,市场对于高能量密度电池的需求,又把具有高质量能量密度和体积能量密度的锂金属重新拉回舞台。因此,如何解决锂金属存在的问题,发挥锂金属电池的优势,将会是进一步推动新能源产业和大规模储能发展的重要方向[5]。

6.1.2 锂金属电池的挑战

锂金属电池的实际应用主要存在以下两个挑战。

1. 金属锂与电解液界面的不稳定

锂金属具有极强的还原性,与电解液接触后立即发生副反应,在锂金属表面形成固体电解质界面(solid electrolyte interphase,SEI)。自20世纪70年代开始,就有研究表明SEI是液态电池中必不可少的部分[6]。图6-2表示了SEI的形成与电极和电解液能级之间的关系:正负极的费米能级与电解液的最高占据分子轨道(HOMO)及最低未占据分子轨道(LUMO)之间的能量差决定了电解液在正负极表面的热力学稳定性,这是SEI形成的驱动力[7]。具体来说,当负极的费米能级高于电解液组分的最低未占据分子轨道时,电子从负极转移到电解液中,从而触发电解液的还原反应,在负极表面形成SEI;当正极的费米能级低于电解液组分的最高占据分子轨道时,电子就会从电解液转移到正极,使得电解液组分在正极表面被氧化分解形成正极固态电解质界面(cathode electrolyte interphase,CEI)。SEI和CEI为电子绝缘体,其形成可阻断电极和电解液之间的电子交换,使得电解液的分解反应停止。

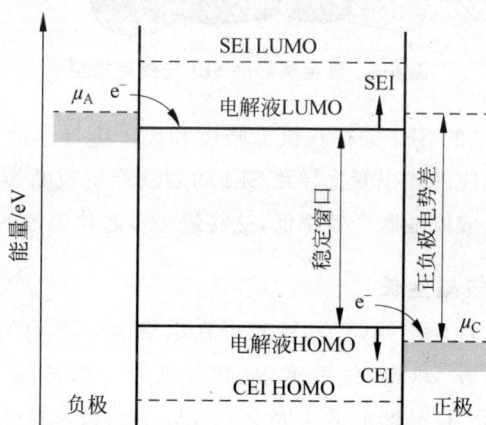

图6-2 电极和电解液的能量状态的示意图[7]

作为阻止电解液持续分解的重要界面,SEI和CEI是电池中必不可少的部分。本章为锂金属负极的内容,故主要介绍SEI的部分。理想的SEI需满足以下需求:①电子绝缘,这样可以阻碍电极与电解液之间的电子转移,从而阻止电极表面电解液持续分解造成的高内阻、低库仑效率、高自放电率及电解液干涸；②高离子电导率，SEI 必须保证锂离子的快速传输，使电池在充放电过程中离子在电解液与电极之间快速穿梭；③高机械稳定性，足够的强度和韧性可以承受电极在充放电过程中的体积膨胀与收缩；④高化学和电化学稳定性，SEI 组分能在电极界面稳定存在，且在电化学过程中不发生化学反应[8]。

在 SEI 的结构中，各个成分物质非均匀分布，根据其结构建立了不同的模型，主要包括马赛克模型和分层模型。其中，马赛克模型最为广泛认可。如图 6-3 所示，在锂金属或碳基等负极材料表面，靠近锂负极侧的 SEI 中存在 Li_2O，以及 Li_2CO_3 和 LiF 等热力学稳定的盐类，靠近电解质侧的 SEI 中存在聚烯烃和部分还原的碳酸盐。这些化合物像马赛克一样分布在电极上。

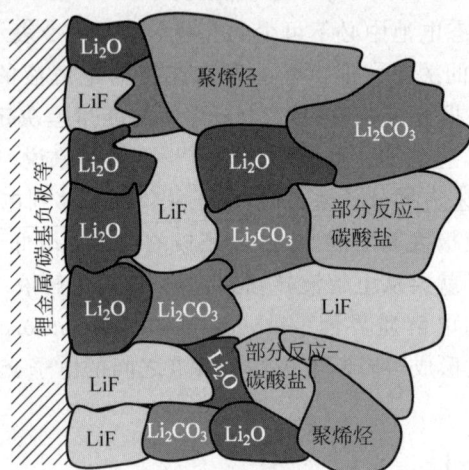

图 6-3　锂金属界面 SEI 马赛克模型

但是，实际情况中的 SEI 仍存在机械强度和离子电导率低等问题，锂金属表面反复沉积和溶解所造成的体积变化导致 SEI 的裂纹产生或断裂，重新裸露的锂金属表面形成新的 SEI，造成电池库仑效率低，这将进一步恶化电池的电化学性能[9]。

2. 不可控的锂枝晶生长

由于物理和化学性质不均匀等，锂离子在电极表面不均匀分布，形成成核"热点"，锂离子更倾向于在"热点"位置沉积，并逐渐形成锂枝晶，导致不均匀沉积现象[10]。如图 6-4 所示，枝晶的形成主要会造成以下问题：①活性物质损失，在不断剥离和沉积的过程中，枝晶容易从根部断裂从而与电极失去电接触，形成"死锂"，导致不可逆转的容量损失；②库仑效率低，锂金属负极的枝晶生长及体积膨胀导致 SEI 的破裂，使锂金属重新暴露在电解液中形成新的 SEI，造成锂离子电池的损耗；③短路和安全风险，枝晶不断生长会刺穿隔膜，导致正负极接触并短路，在短路瞬间产生的大量热量容易造成电池燃烧和爆炸的风险。

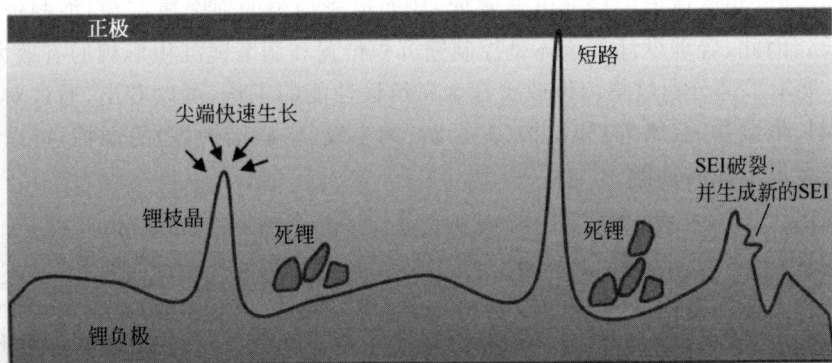

图 6-4　锂金属负极存在的问题[10]

为了定量分析枝晶产生的原因,Chazalviel 在 1990 年提出了空间电荷模型描述液态电解质中的锂离子分布情况,并定义枝晶生长的特征时间(τ)称为"Sand's 时间"(Sand's time)[11]。当达到 Sand's 时间时,负极表面的锂离子浓度降为零,表面电场分布不均匀,就会开始生长锂枝晶。τ 的计算公式如下:

$$\tau = \pi D \left(\frac{C_0 e}{2 J t_a} \right)^2$$

其中,C_0 为电解液中锂盐的初始浓度;D 为锂离子的扩散系数;e 为元电荷(1.6×10^{-19} C);t_a 为阴离子的迁移数;J 为电流密度。从上式可以看出,Sand's 时间与扩散系数以及锂盐初始浓度成正比,与阴离子迁移数和电流密度成反比。因此,有研究从电解液出发,通过提高锂盐浓度,或者改性隔膜以固定锂盐中的阴离子,从而提高锂离子的扩散系数和迁移数,以达到延长 Sand's 时间的目的。另外,降低电流密度也可以促进锂离子分布均匀,延长枝晶形成的时间。但是,研究人员发现,即使在相对较低的电流密度下,仍可以观察到锂枝晶的生长。这是由于实际的电极表面会存在局部不均匀的情况,造成电流密度分布不均匀及大量锂离子聚集,最终形成锂枝晶。

其他因素也能影响锂的成核和沉积:从能量角度看,较低的表面能和较高的迁移能更容易形成锂枝晶;从温度角度看,温度越高,枝晶成核半径越大,成核密度越小,锂沉积层越致密均匀[12]。

6.1.3　锂金属负极的解决方案

针对锂金属负极存在的问题,当前主要的解决方案包括集流体的设计、电解液的优化,以及制备人工 SEI。

1. 集流体设计

在锂金属沉积/溶解过程中,集流体起着举足轻重的作用。例如,多孔集流体不仅可以增大锂离子沉积的比表面积,而且可以均匀化电解液/集流体界面处的电场分布,降低集流体上的局部电流密度,从而形成均匀的锂金属沉积,抑制锂枝晶的生长。因此,合理设计集流体是控制锂沉积位置和调节锂沉积形貌的有效方法。图 6-5 展示了部分通过集流体改善锂金属负极性能的工作,可以看出,通过对材料(碳材料、聚合物、金属等)和结构(片层状、纳米线、空心结构等)的调控,可以有效改善锂金属电池的性能[13]。

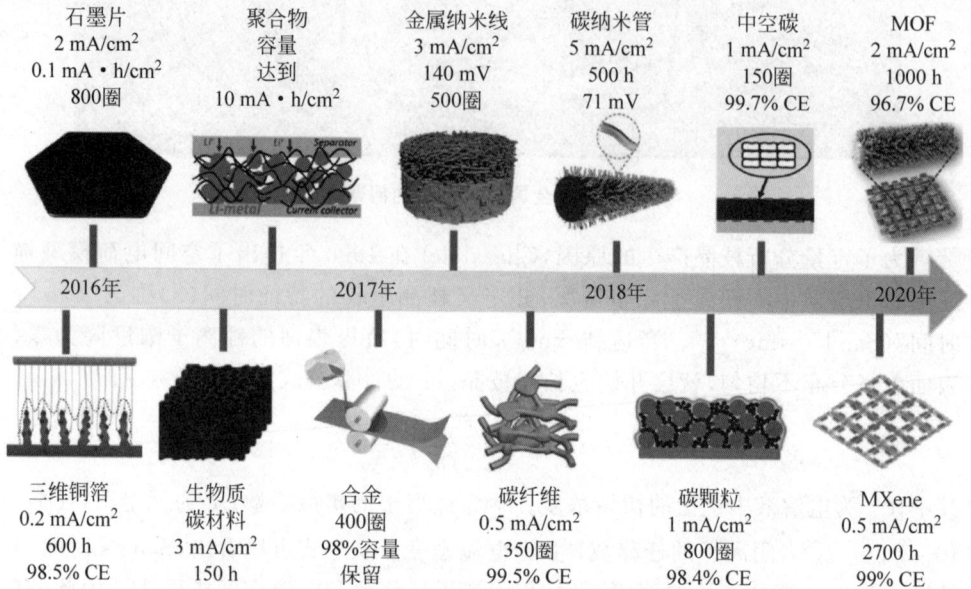

| 石墨片 2 mA/cm² 0.1 mA·h/cm² 800圈 | 聚合物 容量 达到 10 mA·h/cm² | 金属纳米线 3 mA/cm² 140 mV 500圈 | 碳纳米管 5 mA/cm² 500 h 71 mV | 中空碳 1 mA/cm² 150圈 99.7% CE | MOF 2 mA/cm² 1000 h 96.7% CE |

2016年 · 2017年 · 2018年 · 2020年

| 三维铜箔 0.2 mA/cm² 600 h 98.5% CE | 生物质 碳材料 3 mA/cm² 150 h | 合金 400圈 98%容量 保留 | 碳纤维 0.5 mA/cm² 350圈 99.5% CE | 碳颗粒 1 mA/cm² 800圈 98.4% CE | MXene 0.5 mA/cm² 2700 h 99% CE |

图 6-5　锂金属负极的改性集流体[13]

由于铜箔具有较高的稳定性和导电性,被广泛应用于锂金属的集流体[14]。近年来,其他材料作为集流体也得到了一定的关注,例如 Ti、Ni 和各种碳材料等[15]。与金属集流体相比,碳基集流体具有质量轻、柔韧性好、比表面积大、形貌多样性等优点,因此碳纳米管、多孔石墨、石墨化碳纤维等作为金属锂负极的集流体也得到了大量的研究[16]。

2. 电解液优化

电解液是电池的重要组成部分,主要包括溶剂、锂盐和添加剂。电解液是正负电极之间锂离子传输的载体,它的性质决定了锂离子的扩散动力学,尤其是电极表面附近的锂离子浓度,对锂金属的成核和沉积都起到重要的作用。此外,电解液的组成成分和浓度等参数,都会影响负极表面 SEI 的化学成分和结构。对电解液的优化主要包括调控电解液浓度和优化电解液组分两个方向。

根据 Sand's 时间公式,高浓度电解液可以延长电极表面锂离子耗尽的时间,抑制枝晶的产生,提高电池的临界电流密度。另外,高浓度电解液中,更多的锂盐参与和锂负极的副反应中,形成的 SEI 中含有更多的无机成分,如 LiF、Li_2O 等,更有利于提高 SEI 的机械性能和锂离子导电率。但是,高浓度电解液具有更高的黏度,会降低锂离子的扩散速率,达到一个临界值后,锂离子的扩散速率反而会随着锂盐浓度的升高而降低。而且,高盐浓度带来的高成本问题也限制了其商业化的发展。为了解决上述问题,Zheng 等[17]在 2018 年提出了局部高浓度电解液的概念(图 6-6),即引入稀释剂稀释高浓度电解液。由于这种稀释剂几乎不溶解锂盐,对原始电解液的溶剂化物结构影响很小,因此只会发生物理特性的变化,即更低的黏度和更好的润湿性,但保留了局部高浓度,保证了高的离子导电性。

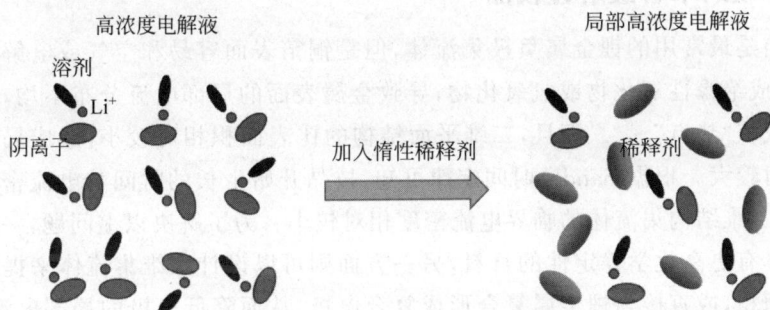

图 6-6　局部高浓度电解液示意图[17]

电解液组分优化,包括引入新型溶剂、锂盐或加入添加剂,都将参与 SEI 的形成过程,进而改善锂金属界面化学特性,缓解锂枝晶的生长。目前,研究人员开发了很多含氟溶剂和添加剂以形成富含 LiF 的 SEI,能有效达到提高锂金属负极稳定性的作用[18]。除 LiF 以外,含碘、溴溶剂所形成的 LiI 和 LiBr 等也可以作为电解液的添加剂。例如,Yang 等[19]将氯化苄(BzCl)作为电解液添加剂引入锂硫电池体系。BzCl 中的 Cl^- 可以参与 SEI 的演化,有助于形成稳定、均匀、致密的富含 LiCl 的 SEI,实现了锂的均匀沉积,有效抑制了锂枝晶的生长。此外,该团队[20]将 6-溴羟吲哚(BOD)引入锂硫电池中,该添加剂是由带有羰基的吡咯与 6 代溴苯环共轭组成,在加入锂硫电池之后迅速溶解,发生锂化从而具有良好的 Li^+ 运输/补充能力,并在负极侧与金属锂反应形成均匀稳定且富含 LiBr 的杂化 SEI 层,有效阻止了锂枝晶生长。

3. 构筑人工 SEI

通过优化电解液浓度和组分,可在负极/电解液界面处原位形成 SEI,其成分和结构往往无法精确控制。因此,通过人工方法可以更加精准地对 SEI 进行设计。许多聚合物可以作为人工 SEI 的成分,包括聚二甲基硅氧烷(PDMS)、聚乙烯醇(PVA)、聚多巴胺(PDA)等,不仅能为 SEI 提供柔韧性,而且聚合物与电解液有良好的浸润性,能促进锂离子的均匀分布,从而减少锂枝晶的形成。无机成分,如 LiF、Li_2CO_3、Li_2O 等,可以提升 SEI 的机械强度和离子电导率。如将高度极性的 β-PVDF 与 LiF 颗粒复合,形成具有多孔网状结构的 SEI,β-PVDF 网络能促进锂离子的均匀分布并为 SEI 提供优异的柔韧性,LiF 则能保证高离子电导率并提高机械强度[21]。另外，LiI、Li_3PS_4 等无机盐，以及碳酸甲酯锂、含有—CF_3 的有机盐等都作为人工 SEI 成分而得到了广泛的研究[22-25]。

6.2 碳纳米管-金属复合负极

6.2.1 碳纳米管缓解锂枝晶

铜箔是最常用的锂金属负极集流体，但是铜箔表面容易和空气或电解质发生反应，形成绝缘性氧化物或氢氧化物，导致金属表面的局部电流分布不均，并容易形成锂成核"热点"[26]。而且，二维平面结构的比表面积相对较小，造成局部电流密度相对较大。根据 Sand's 时间定律可知，枝晶开始生长的时间与电流密度成反比，因此二维结构集流体的临界电流密度相对较小。为了解决以上问题，一方面可以开发具有更高化学稳定性的材料，另一方面则可以设计三维集流体来提高负极的比表面积，或直接与锂金属复合形成复合电极，从而降低电极的局部电流密度。碳材料是最轻的材料之一，同时具有优良的导电性、柔韧性和形貌多样性，将碳材料取代铜箔作为集流体，可以有效地降低电池的局部电流密度，从而产生更均匀的电场，有效抑制锂枝晶的产生。特别是，碳纳米管具有比表面积大、导电性高、化学稳定性好、机械强度高等特点，其独特的一维结构可以形成相互连接的导电网络，可以为锂金属沉积提供足够空间，是理想的宿主材料。

锂金属的熔点为 180℃，当温度高于熔点时，锂金属从固态转变为液态，可为锂金属与碳纳米管复合提供良好的热力学和动力学条件。如图 6-7(a) 所示，Chen 等[27]通过喷雾干燥法构建了碳纳米管微球结构，随后通过熔融法将锂金属渗入上述结构中，制备得到 Li-CNTs 复合负极。在这个结构中，由 CNTs 构成的微球直径约 5 μm，显著提高了比表面积，从而降低局部电流密度，起到抑制锂枝晶形成和生长的作用。而且，锂金属的沉积发生在 Li-CNTs 微粒的内部空间，缓解了锂金属在充放电过程中的体积变化，并保护 SEI 结构不受破坏。电化学测试结果表明，Li-CNTs 复合负极具有高达 2000 mA·h/g 的比容量。上述 CNTs 微球虽然能一定程度上解决锂金属负极的枝晶问题，但是该微球的内部结构松散，电解液进入微球结构中会形成大量的 SEI，造成锂离子的损失，导致库仑效率低。因此，该课题组进一步引入乙炔黑(AB)，利用乙炔黑填充 CNTs 骨架内部中的孔隙，从而起到减少内部 SEI 的作用，如图 6-7(b) 所示。将乙炔黑引入 CNTs 微球中，所得到的 Li-CNTs-AB 复合负极的比容量高达 2800 mA·h/g，进一步提升了电极的电化学性能[28]。此后，为了让锂金属更加均匀地熔融进入 CNTs 骨架的内部，该课题组将 CNTs 膜/锂金属/CNTs 膜的三明治结构置于加热板上，如图 6-7(c) 所示，上层 CNTs 膜的温度更低，熔融的锂金属受到的压力差的力远大于自身的重力，利用三层结构上中下层之间的温度差提供的热力学和动力学条件，驱动熔融锂金属快速向上提升并注入上层 CNTs 膜中[29]，再通过翻转材料使得上下层中的锂金属均匀分布。这种方式制备得到的 CNTs 膜/锂金属复合材料中，锂金属非常均匀地分布在 CNTs 膜中，相互连接的 CNTs 网络为熔融锂提供了丰富的成核位点和均匀的局域电场，有效分散了局部电流密度，促进了锂离子在充放电过程中的输运，为后续电化学性能提供了很好的基础。

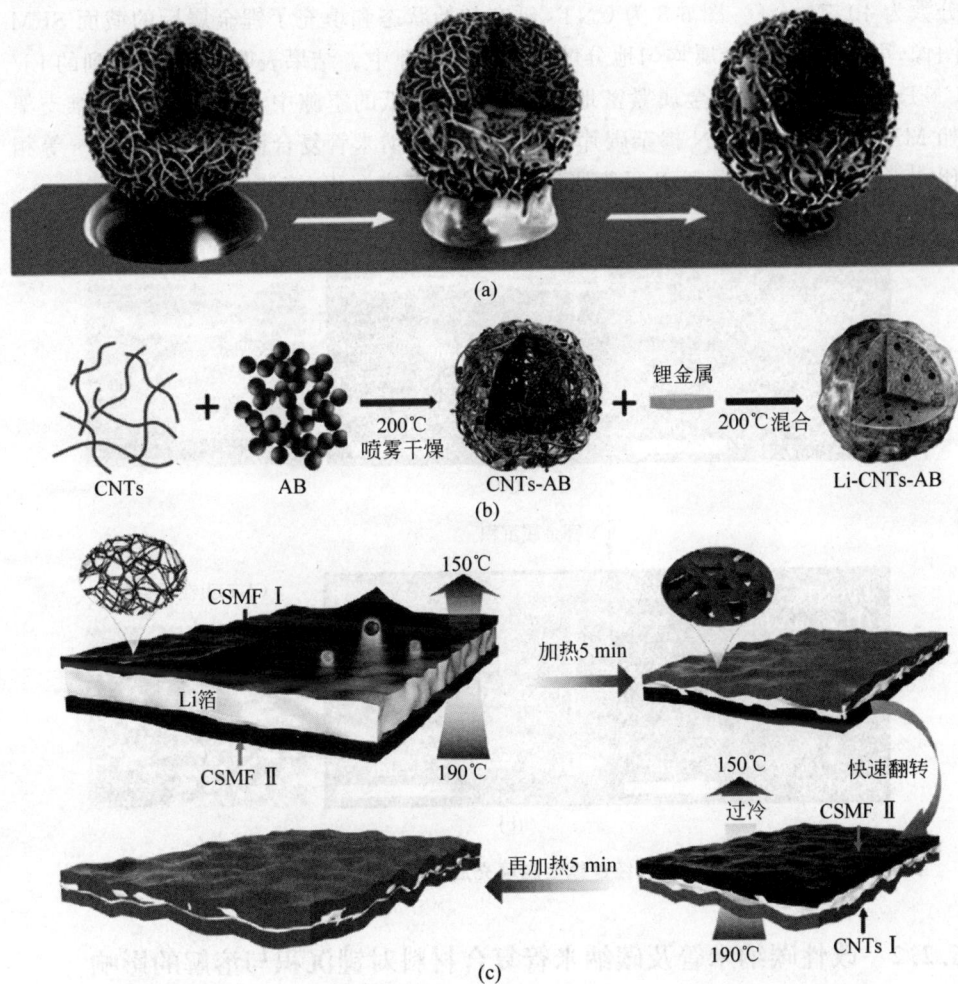

图 6-7 （a）喷雾干燥法制备碳纳米管微球[27]和（b）CNT-AB 复合微球[28]及其与锂金属复合示意图；（c）CNTs 膜/锂金属/CNTs 膜的三明治复合电极制备示意图[29]

碳纳米管除具有优异的导电性能之外，其柔性结构也是解决锂金属负极问题的另一个原因。锂金属在充放电过程中的体积变化会形成拉应力，导致锂金属结构断裂和电池失效。碳纳米管能有效缓解金属锂在沉积/剥离过程中的体积变化，是提高锂金属安全性、可逆容量和循环寿命的有效策略。利用此特性，Sun 等[30]将多壁碳纳米管制备成 CNTs 纸，构筑了优异的导电和机械网络，具有优异的抗拉强度、高导电性,而且 CNTs 管束之间的空隙提供了丰富的多孔结构,因此能提供丰富的锂成核位点、降低局部电流密度,并为锂金属的体积变化提供很好的缓冲保护。在 CNTs 纸中,孔结构占据了 73.1% 的空间。因此,假设 CNTs 纸中的孔完全被锂金属填充,且保证碳纳米管骨架是刚性的,那么 12 μm 厚的 CNTs 纸可以容纳厚度达 8.8 μm 的锂金属,其最大面积容量为 1.8 mA·h/cm²,锂金属的质量分数为 40.7 wt%。图 6-8 为 CNTs 纸在初始状态和填充了锂金属后的截面 SEM 图像,可以看到,锂金属均匀地分散在 CNTs 孔隙中。结果表明,该策略得到的 Li/CNTs 复合负极中,锂金属紧密地填充在 CNTs 纸的空隙中,与其他碳基三维支架如 MXene@CNF/Li、N 掺杂碳片和 N 掺杂的碳纳米管复合而成的 CS-CNTs 等相比[31-32],CNTs 纸的柔性和可膨胀结构是其能稳定沉积/溶解的关键因素。

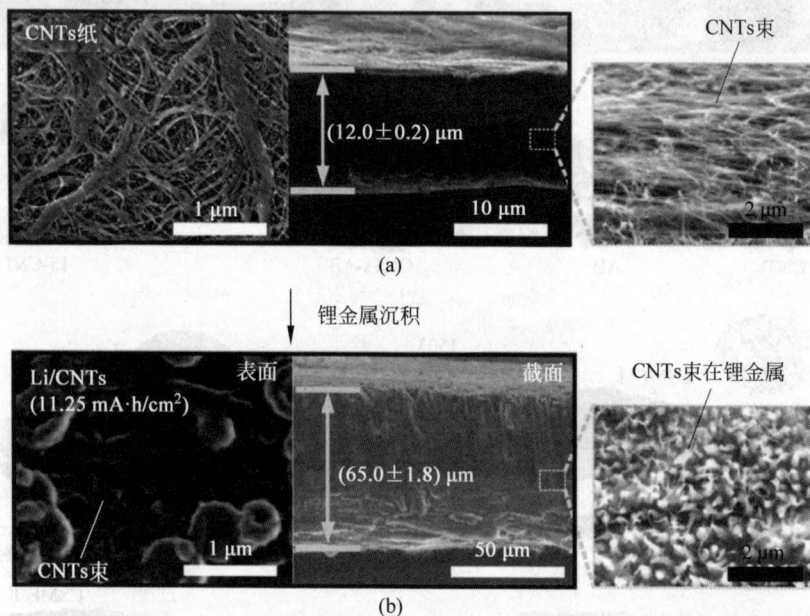

图 6-8　(a)碳纳米管纸及(b)经过锂金属填充后的碳纳米管纸的表面和截面 SEM 图[30]

6.2.2　改性碳纳米管及碳纳米管复合材料对锂沉积与溶解的影响

为了进一步提高碳纳米管对锂金属的亲核性,可以通过化学或物理方法对碳纳米管表面进行官能化或与其他具有高亲锂性的材料复合,促进锂离子在电极表面的均匀分布,加速锂离子的扩散和成核,进一步缓解锂枝晶问题。

1. 官能团改性碳纳米管

如图 6-9(a)所示,通过简单的酸处理将具有亲锂性的酰胺基团接枝到碳纳米管上(Af-CNTs),酰胺基团大幅度提高了对锂金属的亲核性,又保留了 CNTs 轻质、高抗拉强度和高比表面积的优点,能促进锂离子传输均质化,诱导锂均匀成核[33]。图 6-9(b)和(c)对比了铜箔和 A_f-CNTs 分别作为锂金属电池的集流体时锂金属的沉积过程：铜箔表面的锂金属在沉积过程中很容易形成锂枝晶，而 A_f-CNTs 表面均匀分布的酰胺基团能够在锂金属初始成核过程中降低成核势垒，引导锂沿碳纳米管沉积或进入三维腔体中。同时，A_f-CNTs 优异的电子导电性和三维结构，可以有效降低局域电流密度，多孔结构为锂离子的沉积提供了空间，有效缓解循环过程中的体积变化。因此，经过改性后的 A_f-CNTs 电极的界面电阻远低于未改性 CNTs 的电极，表现出非常低的过电位，良好的库仑效率和循环稳定性。在电流密度和面积容量分别为 $1\ mA/cm^2$ 和 $1\ mA \cdot h/cm^2$ 的条件下，对 A_f-CNTs 电极进行 300 次循环测试，结果表明 A_f-CNTs 电池的库仑效率高达 97.8%。对比而言，未经改性的铜电极的库仑效率在 92 次循环后则下降到了 56%。当电流密度增大到 $3\ mA/cm^2$ 时，未经处理的铜电极的过电位在 55 h 后迅速增加至 500mV 左右，而 A_f-CNTs 电极@Li 负极在循环时间达 880 h 后其过电位仍只有 36 mV 左右。高电流密度下的优异性质为锂金属电池在快充方面的发展奠定了基础。

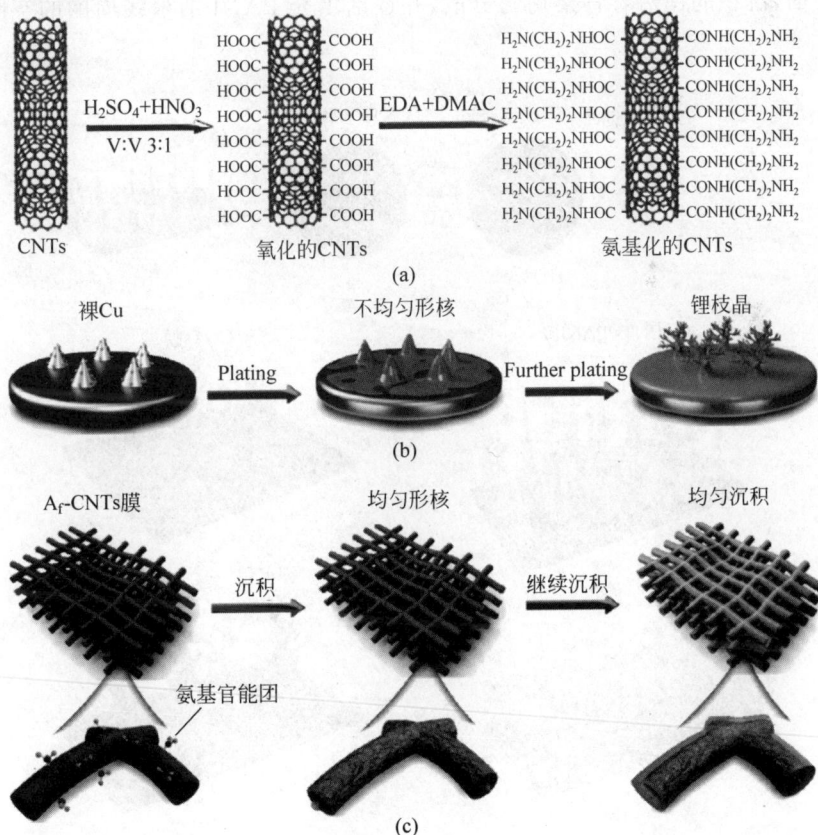

图 6-9 (a)碳纳米管酰胺化过程；锂金属在(b)铜箔及(c)A_f-CNTs 膜表面的沉积过程[33]

2. 碳纳米管/聚合物复合材料

柔性电极是未来发展的重要方向。传统的柔性锂金属电池使用无机电极组成金属集流体,锂金属在实际操作中会发生一定程度的弯曲变形并留下裂纹,电场在裂纹处增强,锂离子倾向于在裂纹处聚集成核,加速了锂枝晶的生长。有机聚合物比无机材料具有更好的柔性,而且结构多样化,其表面的官能团有利于降低锂成核过电势,在电池体系中加速反应动力学速率,被认为是下一代柔性电池极具前景的电极材料。

Zhang 等[34]研究制备了聚苯胺(PANI)纳米线改性的垂直碳纳米管阵列,用于负载锂金属得到复合材料(CNTs/PANI@Li)。PANI 纳米线复合的 CNTs 可以有效提高材料的比表面积和电活性,使得沉积的锂离子可以优先生长在 PANI纳米线外。同时垂直排列的 PANI 纳米线能为锂离子扩散提供离子通道,并提供大量的成核位点,降低电极表面局部电流密度,有效减少死锂的形成,提高 SEI 膜的稳定性。如图 6-10 所示,将 $0.5\ mA \cdot h/cm^2$ 面积容量的锂电镀到 CNTs/PANI电极表面,沉积的锂沿着骨架均匀分散,并逐渐填充 PANI 纳米线周围的空间,在

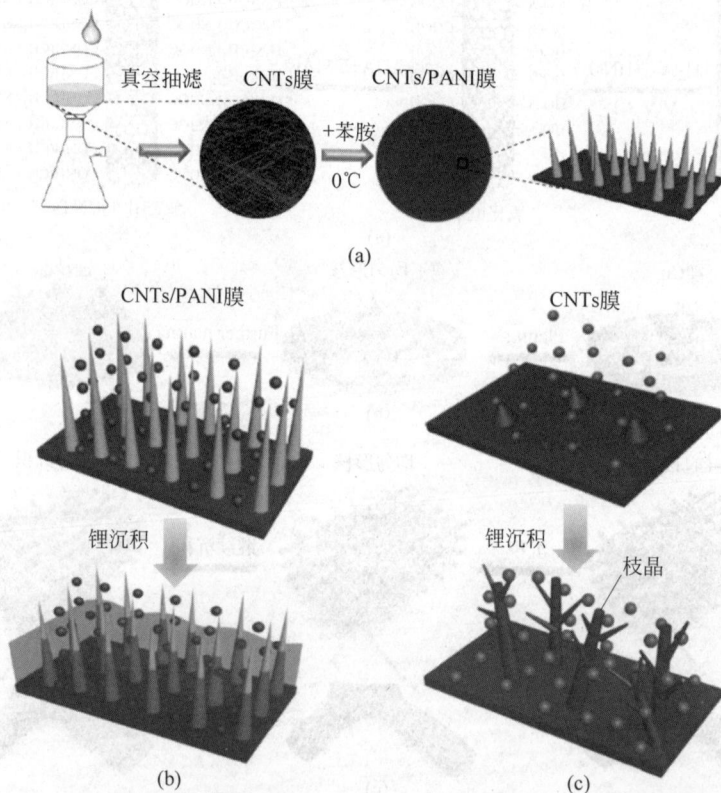

图 6-10　(a)CNTs/PANI 纳米线膜的制备过程;锂金属在(b)CNTs/PANI 膜和
　　　　　(c)CNTs 膜表面的锂沉积过程[34]

CNTs/PANI 基底上形成均匀的锂表面。相反,在未经改性的 CNTs 骨架上,锂离子集中在 CNTs 膜表面,并逐渐生长形成锂枝晶,进而造成体积膨胀和 SEI 膜破裂,并持续消耗电解液。

3. 碳纳米管/碳复合材料

碳纳米管的表面能高,且 π-π 键之间具有强相互作用力,导致容易发生聚集,造成比表面积和孔隙损失,从而影响碳纳米管在锂金属负极中的改性效果。利用碳材料结构形貌的多样性,将碳纳米管与其他碳材料复合,构建三维立体结构,可以防止碳纳米管团聚,降低锂离子的局域电流密度和离子通量,从而避免锂枝晶的形成,特别是在大容量的情况下可以有效地缓解锂金属的体积变化。

Zhao 等[32] 提出了一种绿色环保的策略,将生物质材料转化为大尺寸的 N 掺杂碳纳米片,并与 N 掺杂的碳纳米管进行复合得到复合材料(CS-CNTs)。图 6-11 为制备 CS-CNTs 的示意图,碳纳米片和 CNTs 共同构造的三维结构具有一定的机械强度,有效地解决了结构坍塌的问题,使其能缓解锂金属在沉积和溶解过程中的体积膨胀。Liu 等[35] 将 CNTs、MXene 和 SnO_2 复合,制备了一种亲锂的三维框架。在这种结构中,CNTs 网络通过相互交织加强机械强度,并提供足够的空隙容纳大量的锂金属;片层状的 MXene 与 CNTs 交联,不仅能防止 CNTs 聚集,而且层状结构的 MXene 纳米片还可以促进锂离子均匀分布;具有强亲锂性的 SnO_2 纳米颗粒均匀分散在 MXene 上,诱导锂均匀成核与沉积。在锂成核与沉积过程中,

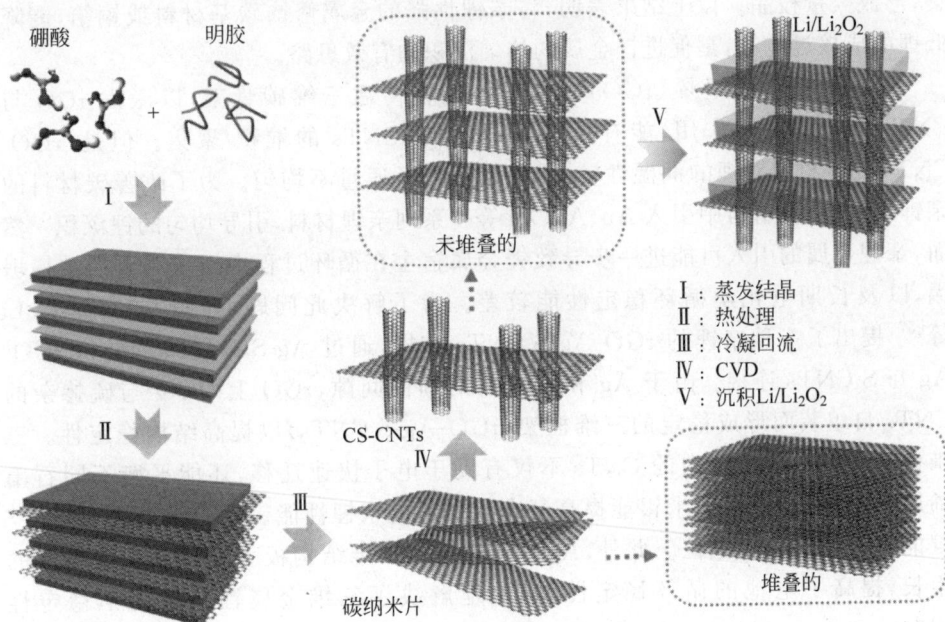

I：蒸发结晶
II：热处理
III：冷凝回流
IV：CVD
V：沉积Li/Li$_2$O$_2$

图 6-11　三维立体 CS-CNTs 结构[32]

亲锂的 SnO_2 优先吸引锂离子生成多个成核位点,诱导锂沉积;轻质稳定的 CNTs 薄膜作为相对疏锂的顶层,起到保护负极界面的作用,减少副反应产生的同时,保证锂离子的快速运输;MXene 夹层中的锂晶体继续引导底层的锂沉积,形成无枝晶的锂正极。该设计解决了高倍率、高负载锂金属电池中锂负极枝晶生长和体积变化的问题,在对称电池和全电池中都表现出高面积容量($8\ mA \cdot h/cm^2$)、高电流密度($40\ mA/cm^2$)和长周期寿命(700 圈)的性能。

4. 碳纳米管/金属及化合物复合材料

当锂金属在铜箔上沉积时,电压曲线在锂金属开始沉积时有一个显著的电压下降,随后是一个平坦的电压平台(图 6-12)。电压降底部与电压平台之间的差值即锂金属沉积的过电势,过电势越大,说明锂成核需要克服的成核势垒越大,更易造成"热点"和锂枝晶的形成。不同基底表面过电势的差异会造成锂金属成核与生长的极大差异。Yan 等[36]将含有 Au 图案的铜箔进行锂沉积,SEM 图像显示锂金属优先在 Au 表面沉积,且没有形成枝晶。在碳材料和铜箔的表面,则明显出现不均匀的成核与生长,并产生枝晶。进一步在不同的金属基底上进行锂金属沉积,发现过电势的排序为 Cu>Ni>Sn≈C≈Si>Pt≈Al>Au。以上结果表明,锂金属在铜基底上具有较大的过电势,这也是锂金属容易在铜箔表面形成锂枝晶的原因之一。在中空碳球内部修饰 Au 纳米颗粒,发现锂离子穿过碳层,优先在修饰了 Au 的内部中空结构中沉积。相反,在中空结构的纯碳材料中,锂金属在碳壳表面聚集,形成大量枝晶。以上结果表明,将亲锂性强的金属修饰碳基材料或铜箔,能降低锂的成核过电势,是促进锂金属的均匀沉积的有效思路。

将还原氧化石墨烯(rGO)和 CNTs 复合构建三维碳骨架,以激发 rGO 与 CNTs 之间的协同作用,能有效抑制 rGO 与 CNTs 的堆积/聚集。但是,rGO-CNTs 复合材料对锂的润湿性较差,导致锂离子通量不均匀。为了改善碳材料的亲锂性能,在碳材料中引入 Au、Ag、Zn 等一系列亲锂材料,引导均匀的锂沉积。然而,亲锂金属的引入可能进一步导致锂金属宿主在循环过程中出现严重的结构坍塌,以及长期电化学循环稳定性能较差。为了解决此问题,如图 6-13 所示,Li 等[37]提出了一种亲锂的 rGO-Ag-S-CNTs 结构,通过 Ag-S 高能共价键将 rGO-Ag 与 S-CNTs 连接。由于 Ag 和 S 之间的高能间隙,rGO 上的 Ag 与硫掺杂的 CNTs 自组装而形成稳定的三维框架(rGO-Ag-S-CNTs)以提高结构稳定性。三维框架中的石墨烯层内的 CNTs 不仅有助于电子快速迁移,还能平衡不同石墨烯层间的电子密度,纳米银能提高复合碳材料的亲锂性能。实验结果表明,Ag-S 键能有效地降低过电位。此外,Ag-S 键构成的三维结构极大地抑制了锂枝晶的生长,提高了电池的循环稳定性,有效地解决了三维金属锂负极的不稳定性问题。

此外,其他的金属及其化合物,如 Sn、In、Mg、Zn、ZnO 等与碳纳米管的复合材料也得到了广泛研究,成为降低锂金属成核过电势的有效策略[37]。

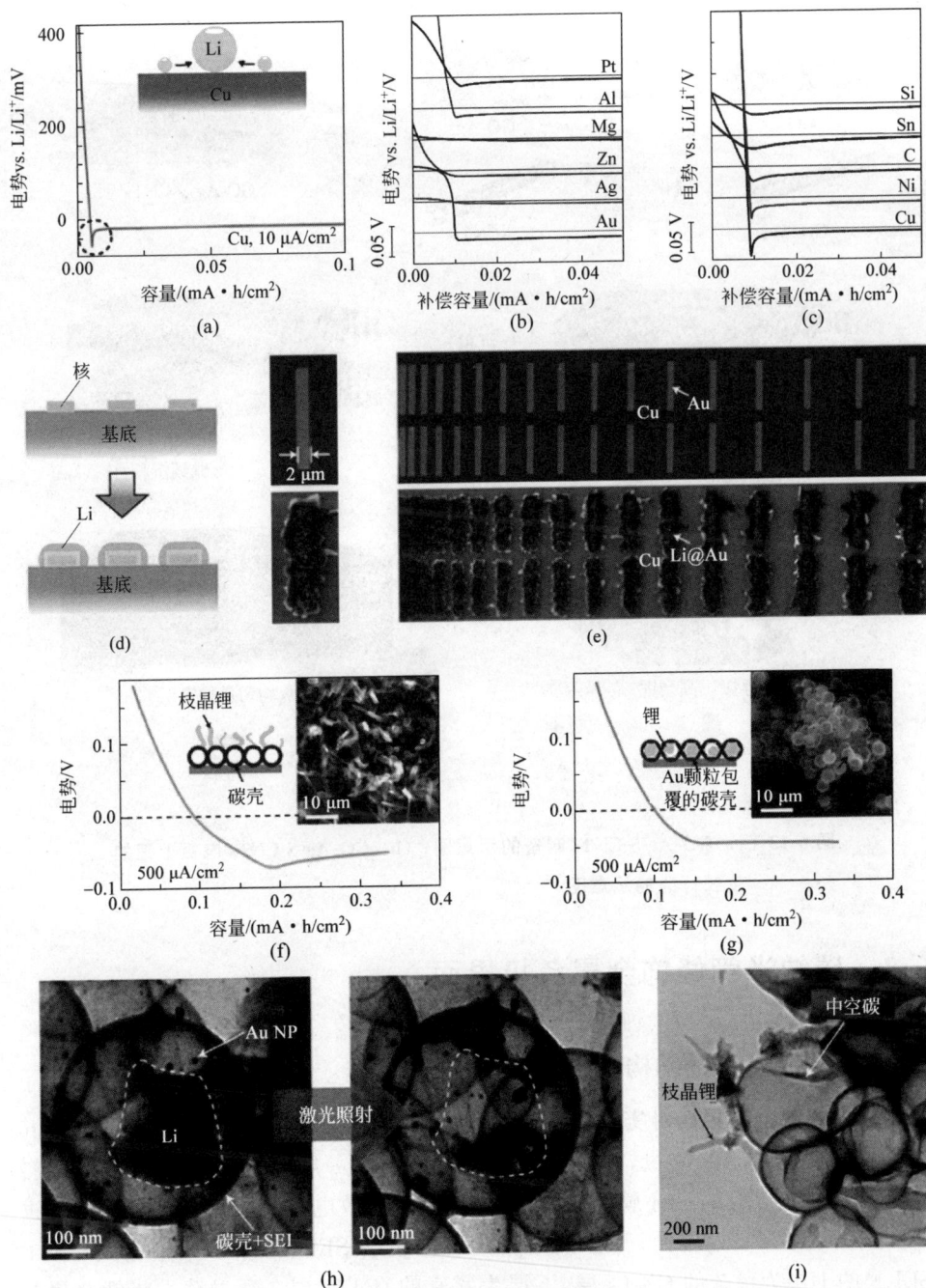

图 6-12 锂金属在(a)铜箔以及(b),(c)不同材料表面成核时的电化学曲线;(d)锂金属在基底上成核的示意图;(e)锂金属在有 Au 图案的铜箔表面成核时的 SEM 图像;锂金属在(f),(i)空心碳球,以及(g),(h)内部修饰了 Au 的空心碳表面沉积的电化学曲线和 SEM 图像[36]

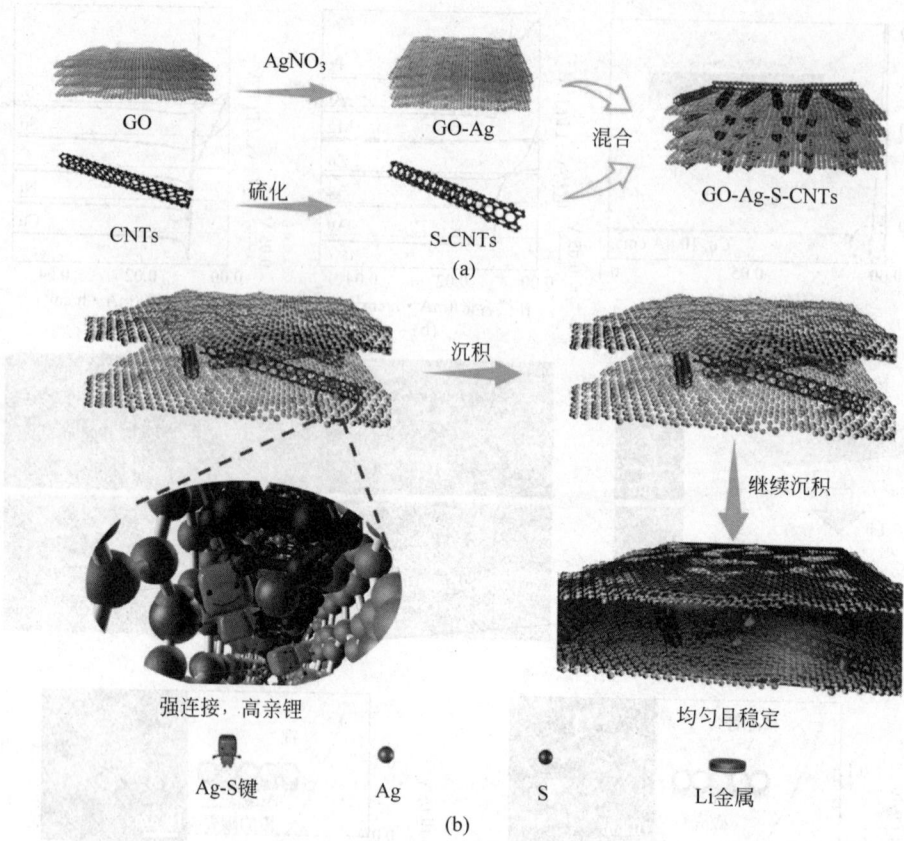

图 6-13 （a）GO-Ag-S-CNTs 制备的示意图；（b）rGO-Ag-S-CNTs 电极上锂的
生长行为的示意图[37]

6.3 碳纳米管修饰金属负极界面

6.3.1 碳纳米管辅助构筑人工 SEI

稳定的锂金属界面对实现锂金属的高效且均匀地沉积和剥离至关重要。Liu
等[38]通过控制 N_2 的流量，在熔融锂表面提前生成一层 Li_3N 作为人工 SEI 膜。
但是这种方法形成的 SEI 膜缺乏柔性，易在反复充放电过程中出现裂纹。他们进
一步利用碳纳米管的柔性，开发了 Li_3N/CNTs 复合 SEI 层。如图 6-14 所示，人工
SEI 膜的上层为稀疏的 CNTs 层，下层为紧密的 CNTs 层。通过蒸发将锂金属与
上述具有疏密上下结构的 CNTs 膜复合，标记为 Li@c/s-CNTs 复合电极。随后，
经过 N_2 处理在表面形成一层 Li_3N，得到 Li_3N@c/s-CNTs。由于上下 CNTs 的紧
密度不同，上下层结构表现出不一样的功能；均匀紧凑的一面将电解质和锂金属
完全分离，达到隔离的目的；分布稀疏的形貌增强了 Li_3N@c/s-CNTs 夹层的灵活

性,防止其在循环过程中开裂,并诱导锂金属沿其松散的网络结构逐渐沉积/溶解,三维结构能进一步降低局部电流密度,有助于减少枝晶的形成。

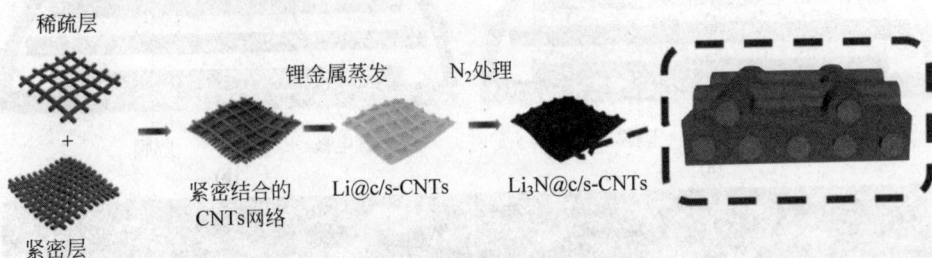

图 6-14　$Li_3N@c/s\text{-}CNTs$ 的生成过程[38]

6.3.2　碳纳米管修饰锂金属界面

锂离子在电极表面的消耗速率比电解液中锂离子的传输速率快,造成电极表面锂离子浓度低于电解液中的浓度,产生浓差极化。根据 Sand's 时间模型,当电极表面的锂离子浓度趋于 0 时,锂枝晶开始生长。

为了解决上述问题,可以在锂金属电极和隔膜之间引入中间缓冲层,调整锂离子的分布,加速锂离子的传输和均匀分布,从而抑制锂枝晶的生长。理想的中间缓冲层应具有一定的厚度和孔隙率,以便在锂沉积和剥离的过程中在较短时间内传输和储存锂。因此,中间层通过在锂与电解质之间建立稳定的界面,可以抑制锂枝晶的生长。碳纳米管膜具有孔隙率高、比表面积大、导电性好以及机械强度高等优点,是中间缓冲层的理想选择。

Zhang 等[39]将 CNTs 中间层插入隔膜和锂金属电极之间,如图 6-15(a)所示。电池在经过 100 次循环后保持了 77% 的容量,而未加入 CNTs 中间层的锂金属电池(图 6-15(b))的容量保持率低于 50%,证明了 CNTs 中间层能很好地延长电池的循环寿命。由图 6-15(c)观察到,在 500 次充放电循环后,通过 SEM 图像观察到,含有 CNTs 中间层的电池中(图 6-15(d)),锂金属负极的表面相较没有添加中间层的电池(图 6-15(c))具有更均匀和规则的形貌,证明 CNTs 中间层促进了均匀 SEI 的形成。由此可以得出结论,在充放电循环过程中,锂离子倾向于沉积分散在 CNTs 中间缓冲层的孔隙中,而不是形成锂枝晶。

Zhang 等[40]提出了一种固-固转移方法,在锂表面构建一个薄的亲锂多孔缓冲层(图 6-16)。以天然丝纤维(SF)为前驱体得到 N 和 S 双掺杂的碳纳米纤维,并与碳纳米管进行复合得到复合碳纤维薄膜(SFC/CNTs),在粘结剂的作用下,将其附着在聚酯(PET)膜上。干燥后,PET 膜上的缓冲层在适当的温度和压力下黏附于锂金属表面,缓冲层的厚度约 25 μm。这种固-固转移法可以避免缓冲层在制备过程中的溶剂腐蚀,而且能得到可延展的高质量缓冲层。加入 SFC/CNTs 缓冲层

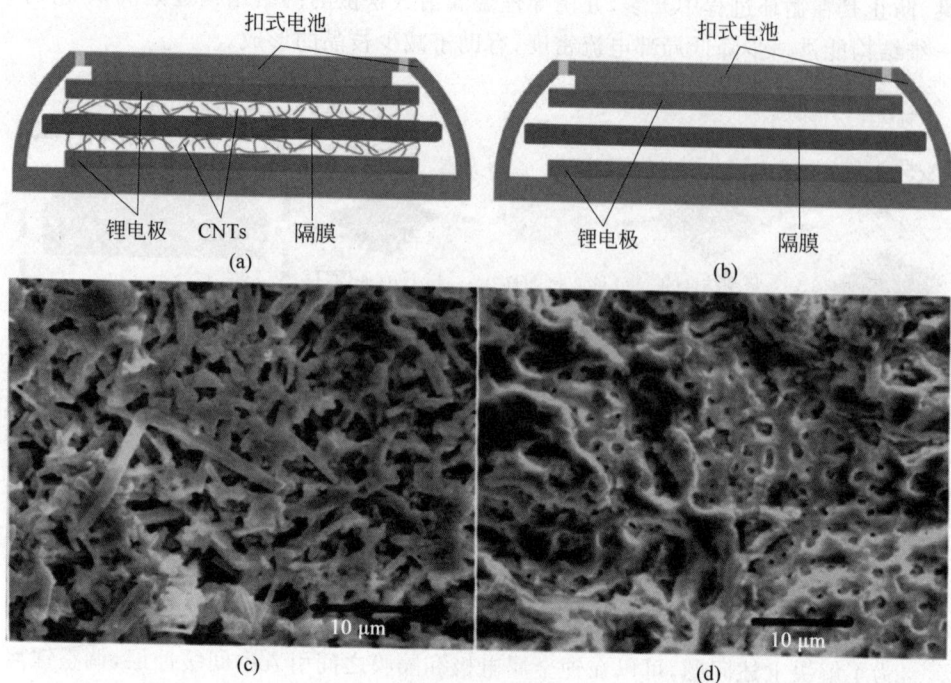

图 6-15 （a）有 CNTs 中间层及（b）无 CNTs 中间层的对称锂金属电池结构示意图；（c）无 CNTs 中间层及（d）有 CNTs 中间层的锂金属经 500 次循环后的表面 SEM 图像[39]

后，锂金属负极在 250 次循环的平均库仑效率达到 99.2%，在 390 次循环后的容量保持率为 80%，而未经处理的锂金属负极在 180 次循环后容量即下降到原来的 80%。SFC/CNTs 缓冲层将电池的寿命延长到原来的两倍以上。

隔膜作为电池的关键组成部分，它对电池的长循环稳定性和安全性都起到了决定性的影响。传统电池的隔膜通常为聚丙烯（PP）/聚乙烯（PE），具有成本低、化学和电化学稳定性好、机械强度较高等优点[41]。根据不同电池的需求，可对隔膜进行特定改性，实现不同的功能化作用。在锂硫电池中，研究人员在硫正极侧的隔膜表面修饰碳纳米管，可以抑制溶解的多硫化物在负极和正极之间的扩散（即穿梭效应），并捕捉隔膜上的多硫化物，通过导电的多孔碳纳米管薄膜而再次利用，实现硫的回收利用，从而提高锂硫电池的循环稳定性、库仑效率和速率性能[42]。在锂金属负极侧，碳纳米管作为屏障层可以防止锂枝晶生长，改性隔膜也能解决锂金属负极的界面问题。

Pan 等[43]设计了双面导电的三明治式的隔膜结构，如图 6-17 所示，在 20 μm 厚的电子绝缘玻璃纤维（GF）/纤维素纳米纤维（CNF）隔膜两侧都插入 5 μm 厚的电子导电 CNTs/CNF 层修饰。在锂金属电池中，面向锂金属负极侧的 CNTs/CNF 层使锂的沉积和剥离更加均匀，从而抑制锂枝晶的形成，提高锂金属负极的寿命。

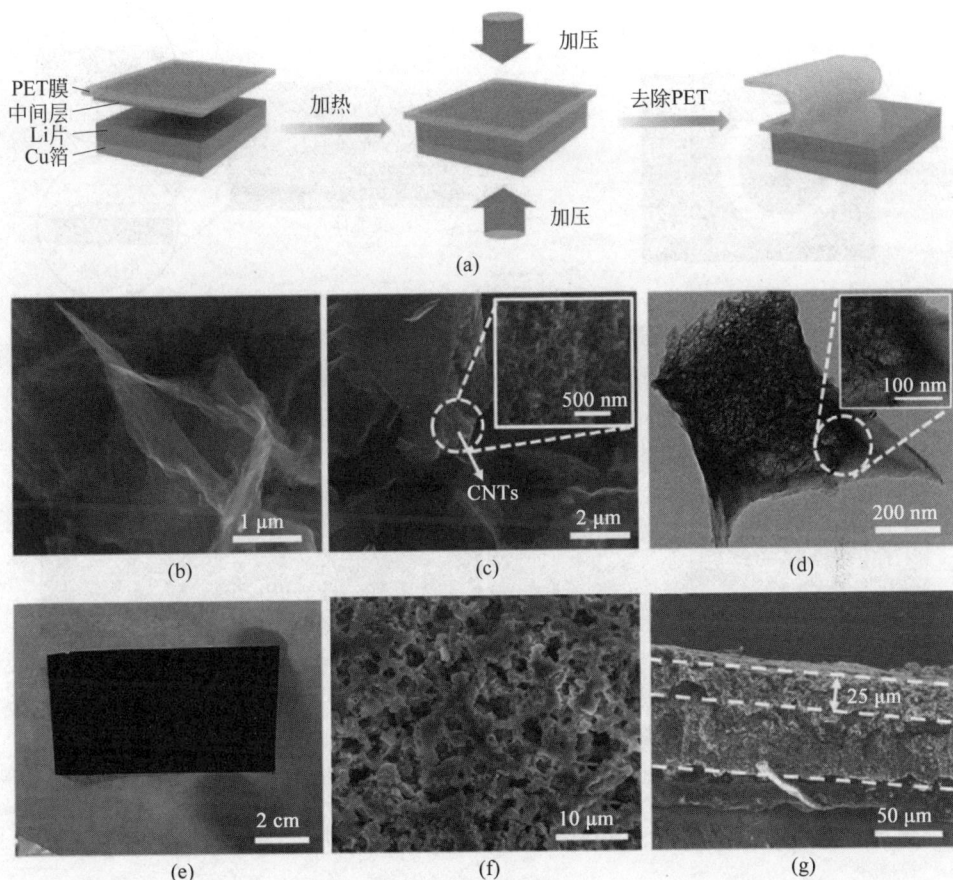

图 6-16　(a)天然丝纤维衍生碳(SFC)和碳纳米管复合材料的亲锂缓冲层(SFC/CNTs)的制备;SFC/CNTs 缓冲层的(b),(c)SEM 图像及(d)TEM 图像;(e)SFC/CNTs 缓冲层与锂片浇铸后形成的 SFC/CNTs-Li 照片(尺寸为 8 cm×4 cm);SFC/CNTs-Li 负极的(f)表面及(g)横截面 SEM 图像[40]

中间的 GF/CNF 层具有复合介孔和大孔结构,提供高效的离子传输通道,提高了电池的倍率性能。面向正极侧的 CNTs/CNF 层能降低正极的电子传递电阻,提高反应动力学性质。与商用 PP 隔膜相比,使用该双面导电的隔膜,锂金属负极在 1 mA/cm² 和 2 mA/cm² 电流密度下,表现出稳定的循环,约 50 个周期(即 200 h),在高电流密度 5 mA/cm² 下仍然具有较好的循环稳定性和较长的寿命。由磷酸铁锂复合正极和双面导电隔膜组成的电池,以 6C 的倍率循环 200 次后仍能保持约 80% 的容量,验证了其在长期高速率循环中仍具有良好性能。

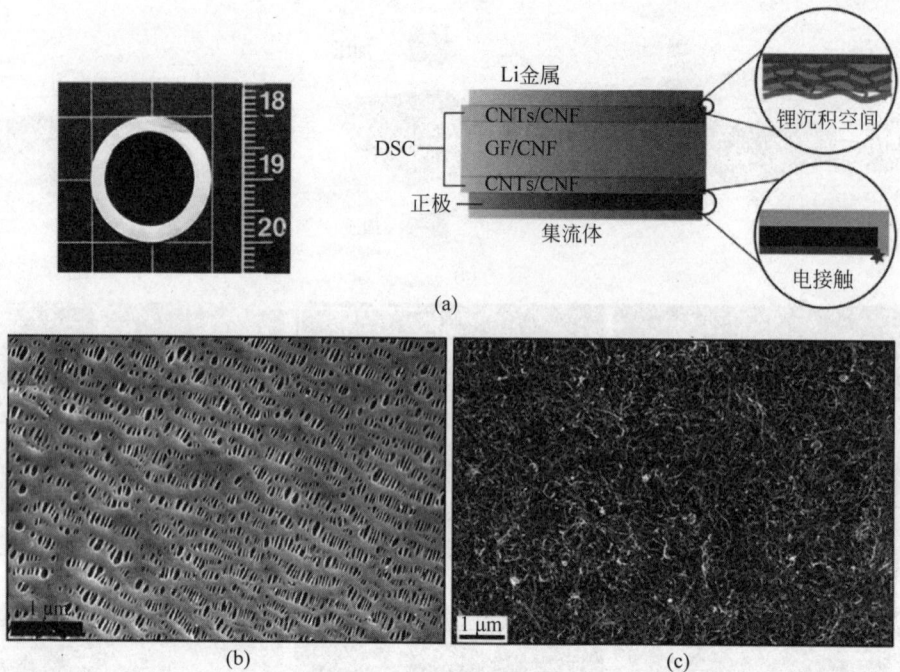

图 6-17 （a）三明治式隔膜照片及组装电池示意图；（b）PP 隔膜及（c）三明治隔膜表面的 SEM 照片[43]

参考文献

[1] CUI G,LI G,LUO D,et al. Three-dimensionally ordered macro-microporous metal organic frameworks with strong sulfur immobilization and catalyzation for high-performance lithium-sulfur batteries[J]. Nano Energy,2020,72：104685.

[2] GAO M,LI H,XU L,et al. Lithium metal batteries for high energy density：Fundamental electrochemistry and challenges[J]. J. Energy Chem. ,2021,59：666.

[3] VIJAYA K, MURUGANATHAN M, MUTHUSAMY K,et al. Enhanced sodium ion storage in interlayer expanded multiwall carbon nanotubes[J]. Nano Lett. ,2018,18：5688.

[4] DESHPANDE R,RIDGWAY P,FU Y,et al. The limited effect of VC in graphite/NMC cells[J]. J. Electrochem. Soc. ,2014,162：A330.

[5] WANG J,GE B,LI H,et al. Challenges and progresses of lithium-metal batteries[J]. Chem. Eng. J. ,2021,420：129739.

[6] ZHAO Q,STALIN S,ARCHER L,et al. Stabilizing metal battery anodes through the design of solid electrolyte interphases[J]. Joule,2021,5：1119.

[7] WANG H,ZHAI D,KANG F,et al. Solid electrolyte interphase （SEI） in potassium ion batteries[J]. Energy Environ. Sci. ,2020,13：4583.

[8] LIN D,LIU Y,CUI Y,et al. Reviving the lithium metal anode for high-energy batteries[J]. Nat. Nanotechnol. ,2017,12：194.

[9] GOODENOUGH J,KIM Y. Challenges for rechargeable Li batteries[J]. Chem. Mater. , 2010,22: 587.

[10] BRANDT K. Historical development of secondary lithium batteries[J]. Solid State Ionics, 1994,69: 173.

[11] SAND H. On the concentration at the electrodes in a solution,with special reference to the liberation of hydrogen by electrolysis of a mixture of copper sulphate and sulphuric acid [J]. Philos Mag. ,1901,1: 45.

[12] GAO X,ZHOU Y,HAN D,et al. Thermodynamic understanding of Li-dendrite formation [J]. Joule,2020,4: 1864.

[13] LI D,HU H,CHEN B,et al. Advanced current collector materials for high-performance lithium metal anodes[J]. Small,2022,18: e2200010.

[14] AN Y,FEI H,ZENG G,et al. Vacuum distillation derived 3D porous current collector for stable lithium-metal batteries[J]. Nano Energy,2018,47: 503.

[15] ZHANG X,WANG A,LV R,et al. A corrosion-resistant current collector for lithium metal anodes[J]. Energy Storage Mater. ,2019,18: 199.

[16] YANG G,LI Y,TONG Y,et al. Lithium plating and stripping on carbon nanotube sponge [J]. Nano Lett. ,2019,19: 494.

[17] ZHENG J,CHEN S,ZHAO W,et al. Extremely stable sodium metal batteries enabled by localized high-concentration electrolytes[J]. ACS Energy Lett. ,2018,3: 315.

[18] SHI P,ZHANG L,XIANG H,et al. Lithium difluorophosphate as a dendrite-suppressing additive for lithium metal batteries[J]. ACS Appl. Mater. Interfaces,2018,10: 22201.

[19] LIU Y,XIAO K,YANG S,et al. Organic electrolyte additive: dual functions toward fast sulfur conversion and stable Li deposition for advanced Li-S batteries [J]. Small, 2024: e2309890.

[20] ZOU J,HE P,ZHANG Y,et al. An electrolyte additive of bromoxoindole enables uniform Li-ion flux and tunable Li_2S deposition for high-performance lithium-sulfur batteries[J]. J. Mater. Chem. A,2024,12: 5520-5529.

[21] YU T,ZHAO T,ZHANG N,et al. Spatially confined LiF nanoparticles in an aligned polymer matrix as the artificial SEI layer for lithium metal anodes[J]. Nano Lett. ,2023, 23: 276.

[22] NAN Y,LI S,ZHU M,et al. Endowing the lithium metal surface with self-healing property via an in-situ gas-solid reaction for high-performance lithium metal batteries[J]. ACS Appl. Mater. Interfaces,2019,11: 28878.

[23] WANG H,WU L,XUE B,et al. Improving cycling stability of the lithium anode by a spin-coated high-purity Li_3PS_4 artificial SEI layer[J]. ACS Appl. Mater. Interfaces,2022, 14: 15214.

[24] LIU H,WANG X,ZHOU H,et al. Structure and solution dynamics of lithium methyl carbonate as a protective layer for lithium metal[J]. ACS Appl. Energy Mater. ,2018, 1: 1864.

[25] ZHANG W,ZHANG S,FAN L,et al. Tuning the LUMO energy of an organic interphase to stabilize lithium metal batteries[J]. ACS Energy Lett. ,2019,4: 644.

[26] LIU Y,GAO D,XIANG H,et al. Research progress on copper-based current collector for lithium metal batteries[J]. Energy Fuels. ,2021,35: 12921.

[27] WANG Y,SHEN Y,DU Z,et al. A lithium-carbon nanotube composite for stable lithium

anodes[J]. J. Mater. Chem. A, 2017, 5: 23434.

[28] GUO F, WANG Y, KANG T, et al. A Li-dual carbon composite as stable anode material for Li batteries[J]. Energy Storage Mater. , 2018, 15: 116.

[29] WANG Z, LU Z, GUO W, et al. A dendrite-free lithium/carbon nanotube hybrid for lithium-metal batteries[J]. Adv. Mater. , 2021, 33: e2006702.

[30] SUN Z, JIN S, JIN H, et al. Robust expandable carbon nanotube scaffold for ultrahigh-capacity lithium-metal anodes[J]. Adv. Mater. , 2018, 30: e1800884.

[31] WANG C, ZHENG Z, FENG Y, et al. Topological design of ultrastrong mxene paper hosted Li enables ultrathin and fully flexible lithium metal batteries[J]. Nano Energy, 2020, 74: 104817.

[32] ZHAO C, WANG Z, TAN X, et al. Implanting CNT forest onto carbon nanosheets as multifunctional hosts for high-performance lithium metal batteries[J]. Small Methods, 2019, 3: 1800546.

[33] WANG G, LIU T, FU X, et al. Lithiophilic amide-functionalized carbon nanotube skeleton for dendrite-free lithium metal anodes[J]. Chem. Eng. J. , 2021, 414: 128698.

[34] ZHANG M, LU R, YUAN H, et al. Nanowire array-coated flexible substrate to accommodate lithium plating for stable lithium-metal anodes and flexible lithium-organic batteries[J]. ACS Appl. Mater. Interfaces, 2019, 11: 20873.

[35] LIU Y, SUN C, LU Y, et al. Lamellar-structured anodes based on lithiophilic gradient enable dendrite-free lithium metal batteries with high capacity loading and fast-charging capability[J]. Chem. Eng. J. , 2023, 451: 138570.

[36] YAN K, LU Z, LEE H, et al. Selective deposition and stable encapsulation of lithium through heterogeneous seeded growth[J]. Nat. Energy, 2016, 1: 16010.

[37] LI X, HUANG S, YAN D, et al. Tuning lithiophilicity and stability of 3D conductive scaffold via covalent Ag-S bond for high-performance lithium metal anode[J]. Energy Environ. Mater. , 2023, 6: e12274.

[38] LIU H, ZHANG J, LIU Y, et al. A flexible artificial solid-electrolyte interlayer supported by compactness-tailored carbon nanotube network for dendrite-free lithium metal anode [J]. J. Energy Chem. , 2022, 69: 421.

[39] ZHANG D, ZHOU Y, LIU C, et al. The effect of the carbon nanotube buffer layer on the performance of a Li metal battery[J]. Nanoscale, 2016, 8: 11161.

[40] ZHANG S, YOU J, HE Z, et al. Scalable lithiophilic/sodiophilic porous buffer layer fabrication enables uniform nucleation and growth for lithium/sodium metal batteries[J]. Adv. Funct. Mater. , 2022, 32: 2200967.

[41] HUANG J, ZHANG Q, WEI F. Multi-functional separator/interlayer system for high-stable lithium-sulfur batteries: progress and prospects[J]. Energy Storage Mater. , 2015, 1: 127.

[42] KIM M, MA L, CHOUDHURY S, et al. Multifunctional separator coatings for high-performance lithium-sulfur batteries[J]. Adv. Mater. Interfaces, 2016, 3: 1600450.

[43] PAN R, SUN R, WANG Z, et al. Double-sided conductive separators for lithium-metal batteries[J]. Energy Storage Mater. , 2019, 21: 464.

第7章

碳纳米管在燃料电池中的应用

7.1 引言

随着全球经济持续发展,人类对能源的依赖程度日益加深。化石燃料作为主要能源来源,导致了一系列环境问题,如酸雨、臭氧层损耗和温室效应等,严重威胁着地球生态的长期稳定。鉴于此,积极开发可持续的环保能源以替代不可再生的化石燃料成为当务之急。燃料电池的工作原理基于燃料与氧气的化学反应,直接产生电能,过程无污染,资源可再生。而且,燃料电池在能量转换效率上表现卓越,超越了传统能源转换方式受卡诺循环限制的效率瓶颈,实现了化学能到电能的高效转化。基于这些优势,燃料电池在汽车、固定和便携式电源中有着广阔的应用前景[1]。

7.2 燃料电池简介

7.2.1 燃料电池的工作原理

燃料电池可以在等温条件下,通过氧化还原反应将燃料和氧化剂中的化学能转化为电能。根据不同的燃料,燃料电池可分为氢燃料电池、甲醇燃料电池、乙醇燃料电池等[2]。其中,氢燃料电池具有高能量密度、无污染、体积轻巧等诸多优点而成为近年来的研究热点。

如图 7-1 所示,氢燃料电池主要包含四大核心组件:氢氧供给系统、气体扩散层、高效催化剂层以及质子交换膜。在氢燃料电池中,O_2 通过供给系统流向阴极(正极),这里发生的是氧还原反应(oxygen reduction reaction,ORR)。同时,H_2 经由导气板进入阳极(负极),在催化剂的催化作用下进行氢氧化反应(hydrogen oxidation reaction,HOR),释放出电子。这些电子通过外部电路传递至阴极形成电流。H^+ 穿过质子交换膜到达阴极,与阴极上的氧还原反应产生的氢氧根离子结合生成水,再通过出水口排出。在氧还原反应、氢氧根离子结合以及氢氧化反应过程中都会释放热量,可以通过循环水系统冷却或者直接通过环境冷却。

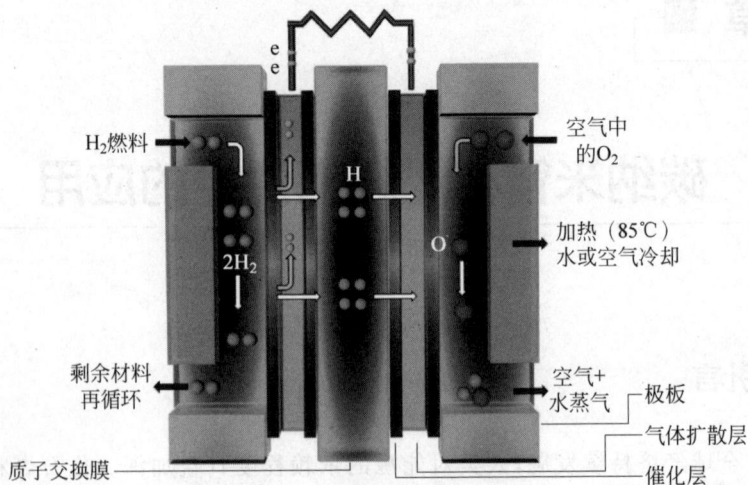

图 7-1 氢燃料电池示意图

在氢燃料电池中，阳极通入 H_2，阴极通入 O_2，总反应为：$2H_2 + O_2 \Longrightarrow 2H_2O$。根据电解液的不同，氢燃料电池中的反应过程也会发生变化。

当电解质为酸性时，反应式如下：

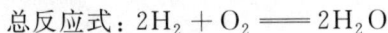

$$阳极：H_2 \longrightarrow 2H^+ + 2e^-$$

$$阴极：O_2 + 4H^+ + 4e^- \longrightarrow 2H_2O$$

$$总反应式：2H_2 + O_2 \Longrightarrow 2H_2O$$

当电解质为碱性时，阳极包含两个反应过程：

$$H_2 \Longrightarrow 2H^+ + 2e^-$$

$$2H^+ + 2OH^- \Longrightarrow 2H_2O$$

所以，阳极的电极反应式为

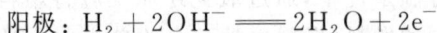

$$阳极：H_2 + 2OH^- \Longrightarrow 2H_2O + 2e^-$$

阴极的反应为：$O_2 + e^- \Longrightarrow O_2^-$，但是 O_2^- 在碱性条件下不能单独存在，只能结合 H_2O 生成 OH^-：$O_2^- + 2H_2O \Longrightarrow 4OH^-$。

因此，阴极的电极反应式为

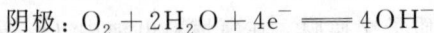

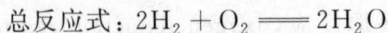

$$阴极：O_2 + 2H_2O + 4e^- \Longrightarrow 4OH^-$$

$$总反应式：2H_2 + O_2 \Longrightarrow 2H_2O$$

ORR 在燃料电池阴极上扮演着至关重要的角色，也是限制燃料电池能量转换效率提升的关键瓶颈[3]。这一反应高度依赖于铂（Pt）催化剂，但铂的高昂成本及其资源稀缺性，极大地阻碍了氢燃料电池技术的商业化进程。因此，可以从两个方面解决以上问题：①降低催化剂中铂的使用量，并提高铂的利用率和耐久性；②寻找并开发廉价、高效的无铂催化剂，以彻底摆脱对铂的依赖。

尽管 HOR 在动力学上相较于 ORR 更为迅速，但其高性能同样高度依赖于铂族金属催化剂。鉴于此,优化 HOR 催化剂依然是关键,包括提升铂金属催化剂的分散性以减少用量,以及探索无金属及非贵金属催化剂的替代方案。

接下来,本章将从碳纳米管基无金属催化剂、碳纳米管基贵金属催化剂及碳纳米管基非贵金属催化剂三个方面展开介绍。

7.2.2　燃料电池中的催化剂

为提高催化剂效率,可以通过选择合适的载体以抑制催化剂团聚,并充分利用载体与催化剂间的协同效应而增强性能。理想的载体需兼具高比表面积以增大活性位点、良好的导电性以确保电子传输顺畅、适宜的孔隙率以促进物质交换,以及强抗中毒性以维持长期稳定。作为电催化剂的核心支撑,载体材料对整体性能具有决定性影响。当前,载体材料的发展聚焦于两大方向:碳基与非碳基。其中,碳基载体因其成本优势及多样性受到更广泛的关注。碳基载体中,炭黑(如 Vulcan XC-72)具有高导电性与高比表面积,是最常用的载体[4]。然而,其耐腐蚀性不足,易致催化剂脱落,成为一大短板。为弥补此缺陷,科研工作者致力于探索新型碳基材料,力求在保留原有优势的同时,克服耐腐蚀性弱的问题。

近年来,碳纳米管凭借其独树一帜的结构特性,在燃料电池催化剂载体领域展现出广阔的应用前景[5]。具体而言,其优势体现在以下几个方面。①大比表面积:碳纳米管作为载体,其大比表面积极大地促进了铂催化剂颗粒的均匀分散,有效降低了铂的用量,实现了资源的高效利用与成本的有效控制。②高导电性能:在电化学反应中,电子与质子的转移效率至关重要。碳纳米管载体以其出色的电导率,构筑了电子传输的"高速公路",加速了电极反应中电子的传递与交换,显著提升了燃料电池的整体性能。③高稳定性:面对燃料电池运行环境中常见的强酸、强碱等恶劣条件,碳纳米管载体展现出了很高的抗腐蚀能力,有效防止了催化剂的团聚与失活,确保了燃料电池的稳定运行与长寿命。④结构与表面改性的灵活性:碳纳米管不仅自身结构可控,其表面还易于进行多样化的改性处理。这一特性使得研究人员能够根据需要,精准调控碳纳米管载体的结构与表面性质,从而进一步优化催化剂的稳定性,并创造出更为丰富的活性位点。

7.3　碳纳米管应用于燃料电池

7.3.1　碳纳米管基催化剂在燃料电池中的应用

1. 碳纳米管基无金属催化剂

原则上,纯净且拥有均匀 π 电子云的无缺陷碳纳米管对于 ORR 呈现惰性特性[6-7]。然而,在碳纳米管的生长过程中,缺陷及边缘碳原子的自然形成是不可避免的,这些非理想结构却意外地促进了 O_2 向 OOH* 的转化过程,从而成为催化

ORR 的活性热点[8-10]。为了充分利用并优化这一效应,研究者们通过引入杂原子掺杂的策略,进一步精细设计和调控碳纳米管中的缺陷类型及其含量,旨在显著提升其 ORR 催化性能[11]。例如,Dai 等[12]在 2009 年的 *Science* 杂志上报道了 N 掺杂阵列碳纳米管(VA-NCNTs)在增强 ORR 性能方面的突破性研究成果。他们成功地将 4%~6%原子比例的 N 元素掺入阵列碳纳米管中,这些 VA-NCNTs 展现出独特的竹节状形貌(图 7-2(a)和(b))。为了实际应用,研究团队进一步将 VA-NCNTs 转移到聚苯乙烯(polystyrene, PS)-非阵列碳纳米管导电复合薄膜上,制成了高效的 ORR 电极(图 7-3(c))。实验结果显示,与商业或同类铂基电极相比,VA-NCNTs 在四电子路径的 ORR 过程中展现出了显著提升的电催化活性,表现出更低的过电势和更优异的稳定性。通过理论计算发现(图 7-2(d)和(e)),N 掺杂不仅引发了周围碳原子电荷的重新分布,还显著增强了对氧分子的化学吸附能力,并加速了 ORR 过程中的电子转移速率,从而共同促进了 VA-NCNTs 在 ORR 中的性能。随后,Yang 等[13]发现除了碳纳米管以外,其他碳材料(如碳球)经过氮掺杂后也能表现出优异的 ORR 催化性能(图 7-3)。

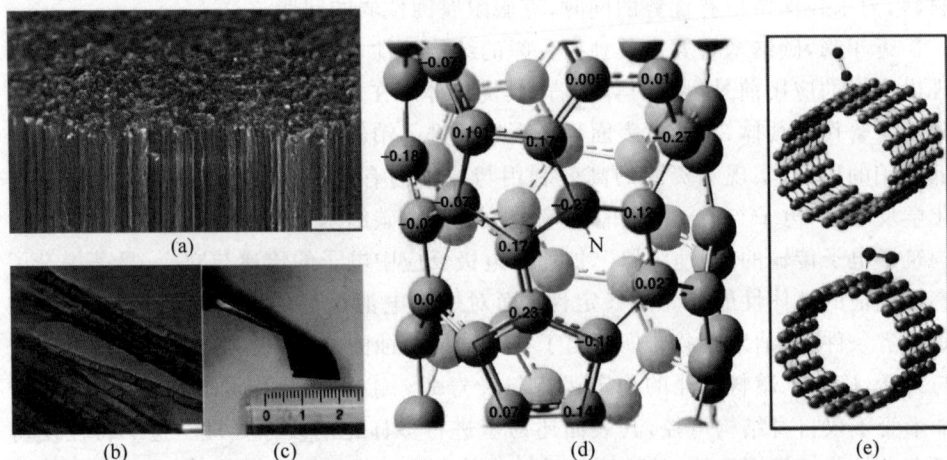

图 7-2　NCNTs 的(a)SEM 图像和(b)TEM 图像;(c)NCNTs 转移到聚苯乙烯(PS)-非阵列碳纳米管导电复合薄膜上的电子照片;(d),(e)为对 NCNTs 的理论计算[12]

随后,针对碳纳米管进行其他非金属元素掺杂的探索也逐渐兴起。与以往多聚焦于富电子元素(如 N)的掺杂不同,Hu 等[14]提出了一种新颖的视角,他们认识到,硼(B)作为一种缺电子原子,与 O 之间存在显著的电负性差异,这种差异可能促使 O 原子更易于吸附在 B 原子上,进而加速氧的解离过程。因此,Hu 等采用化学气相沉积技术,选取苯、三苯硼烷和二茂铁作为前驱体与催化剂,成功合成了 B 含量在 0~2.24%范围内的 B 掺杂碳纳米管(BCNTs)。实验数据显示,随着 B 掺杂量的增加,ORR 的起始电位与峰值电位均呈现正向偏移,同时电流密度也实现了显著提升,证明了 B 的掺杂对于增强 ORR 电催化性能具有积极作用,并且 ORR

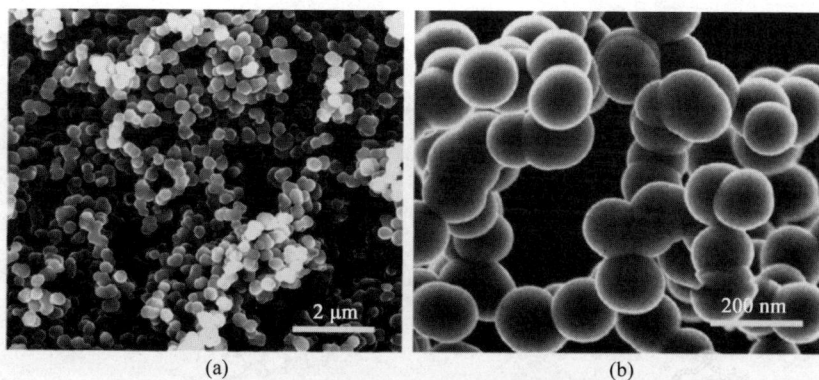

(a)   (b)

图 7-3　氮掺杂碳球应用于 ORR 催化[13]

性能的优化程度与 B 的掺杂含量之间存在着紧密的相关性。

　　上述研究表明，无论是引入富电子掺杂剂（如 N）还是缺电子掺杂剂（如 B），其核心均在于打破碳纳米管原有的电中性环境，进而创造出有利于 O 吸附的带电位点。这种结构上的微妙变化，显著提高了 ORR 过程中的催化效率。

　　与 N 和 B 相比，硫（S）元素因其与碳（C）相近的电负性（分别为 2.58 和 2.55）而展现出独特的掺杂效应。尽管 S 的引入对 C 原子电荷密度分布的直接影响较小，但它仍能显著促进碳材料的催化性能。Yang 等[15]通过化学气相沉积方法制备了 S 掺杂碳材料（图 7-4(a)），研究发现，C—S 键主要集中于材料的边缘或缺陷位点，这可能归因于 S 原子能促进五边形和七边形碳环。此外，S 的掺杂还改变了碳材料的自旋密度，进而优化了其结构，赋予其优于商业 Pt/C 催化剂的 ORR 性能。进一步地，该课题组采用二苯基二硒化物作为硒（Se）源，在 900℃高温下成功合成了 Se 掺杂的 CNTs/石墨烯复合材料（Se-CNTs-graphene-900），如图 7-4(b)所示[16]。相对于 S，Se 具有更大的原子尺寸和更高的极化率，不仅扩大了碳材料的层间距离，还促进了离子和电子的有效迁移与传导。这些结构上的优势使得 Se-CNTs-graphene-900 在 ORR 测试中展现优异的性能。该课题组继续探索了碘（I）掺杂石墨烯的可能性[17]。他们发现，随着热解温度从 500℃提升至 900℃，I 的价态可以从 I_5^- 转变为 I_3^-。这种转变可能是由于 I_3^- 具有较高的负电荷密度，进而在石墨烯表面引发更高的正电荷密度，从而改变了碳材料的物理化学性质，提升了其 ORR 性能（图 7-4(c)）。这些研究表明，通过精细调控掺杂元素的种类、含量及合成条件，可以实现对碳材料催化性能的精准优化。

　　双原子掺杂策略能够融合两种原子的优势并产生协同效应，从而显著促进 ORR 的进程。Dai 等[18]在这一领域取得了重要进展，他们利用三聚氰胺二硼酸为前驱体，成功制备了 N 和 B 双掺杂的阵列碳纳米管（VA-BCN），为了全面评估双掺杂效应，系统研究了未掺杂的阵列碳纳米管（VA-CNTs）、仅 N 掺杂的阵列碳纳米管（VA-NCNTs）以及仅 B 掺杂的阵列碳纳米管（VA-BCNTs）的电催化 ORR 活

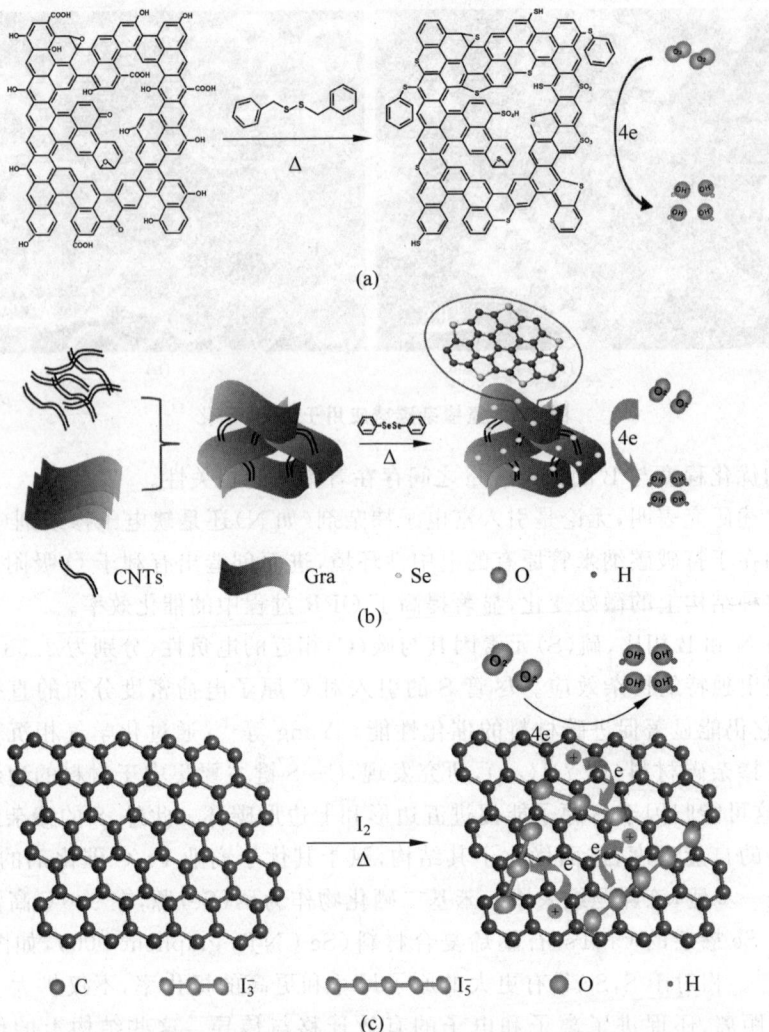

图 7-4 (a)S[15]、(b)Se[16]和(c)I[17]掺杂碳材料应用于 ORR

性。实验结果显示,双掺杂的 VA-BCN 纳米管在电催化 ORR 过程展现出明显的优势,其性能排序为:VA-BCN＞VA-NCNTs＞VA-BCNTs＞VA-CNTs。这一卓越性能归因于双掺杂体系中孤立的 N 和 B 原子不仅能够各自独立地与相邻 C 原子进行电荷转移,成为 ORR 的活性位点,而且相邻的 N 和 B 原子之间还发生了强烈的相互作用,进一步促进了与周围 C 原子的电荷转移过程,从而显著提升了其 ORR 的整体催化性能。通过线性扫描伏安法(LSV)测试及相应的理论计算,揭示了不同电极上 ORR 的反应路径差异。具体而言,VA-CNTs 和 VA-BCNTs 电极上的 ORR 在低过电位区主要通过 $2e^-$ 途径生成过氧化氢离子,随后过氧化氢的氧化也遵循 $2e^-$ 途径,导致在高过电位区域总体反应接近 $4e^-$。然而,在 VA-NCNTs

和 VA-BCN 电极上,ORR 则通过直接形成 OH⁻ 作为最终产物,在整个电位范围内均遵循高效的 $4e^-$ 途径,这与商业 Pt/C 电极的反应机制相似,因此展现出了更快的电子转移速率。综合而言,VA-BCN 纳米管电极凭借其高扩散电流密度、高正半波电位、高电子转移数和高动态电流密度的特点,在 ORR 催化领域展现出了应用潜力。这一研究成果不仅深化了我们对双原子掺杂效应的理解,也为开发高性能 ORR 催化剂提供了新的思路和方法。此外,Yang 等[19]利用模板法合成了 N 和 S 共掺杂三维碳泡沫(S-N-CF)(图 7-5),这项研究不仅验证了 N/S 双原子掺杂在促进 ORR 催化性能方面的协同效应,还揭示了三维连续网络孔结构对于提升电子传输速率的重要作用。这种独特的结构设计使得 S-N-CF 能够高效地进行电子传输,从而显著提高了其对 ORR 的催化性能。

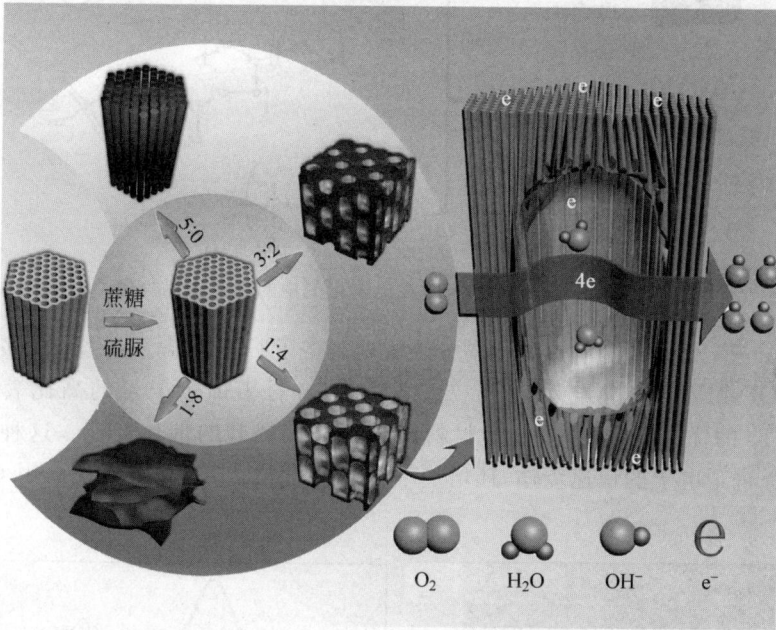

图 7-5　N/S 共掺杂碳材料应用于 ORR[19]

　　除了对碳纳米管进行杂原子掺杂以外,还可以将聚合物与碳纳米管复合制备 ORR 无金属催化剂。Sulong 等[20]分别将聚苯并咪唑(PBI)、全氟磺酸(nafion)和聚四氟乙烯(PTFE)涂覆到 MWCNTs 表面,并研究了这些复合材料在 ORR 催化中的表现(图 7-6)。实验结果显示,不同聚合物涂覆的 MWCNTs 纳米复合材料展现出了各异的形貌特征:MWCNTs/PBI 纳米复合材料呈现出独特的表面定向结构;MWCNTs/nafion 纳米复合材料则展现出良好的骨架结构和光滑的表面;而 MWCNTs/PTFE 复合材料中,MWCNTs 被 PTFE 缠绕,形成了无定向的结构。这些涂覆了聚合物的 MWCNTs 在 ORR 测试中表现出了更好的催化活性。这一性能提升可归因于两个主要因素:首先,聚合物的掺入有效地改变了 MWCNTs

的表面相容性,促进了催化剂与反应物之间的相互作用;其次,聚合物本身也发挥了催化剂粘结剂的作用,增强了催化剂在电极表面的附着力和稳定性。

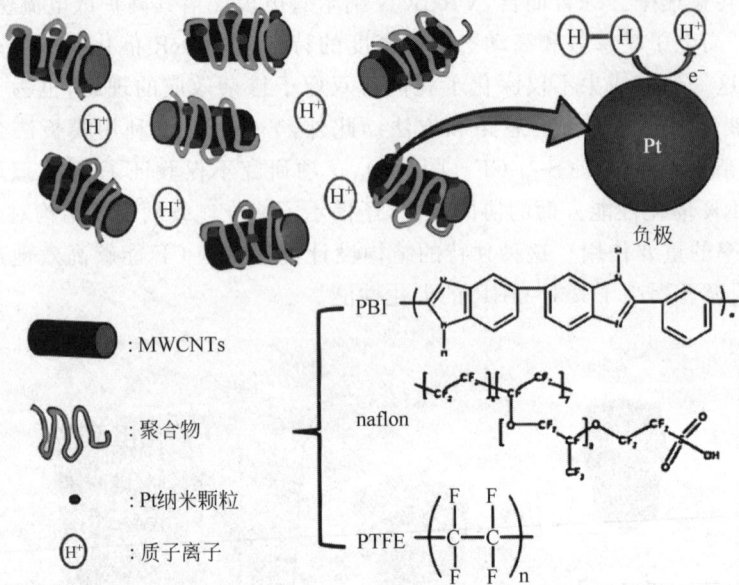

图 7-6　聚合物与 MWCNTs 在电催化剂中的相互作用机理[20]

Yang 等[21]通过简单的湿化学方法成功制备了石墨烯量子点修饰的多壁碳纳米管(GQD-MWCNTs)电极(图 7-7)。通过结合石墨烯量子点的高比表面积与MWCNTs 的优异导电性,该复合材料展现出显著提升的催化性能。这种协同效应不仅促进了电子的快速传输,还增加了催化活性位点,从而有效提高了 ORR 的效率。

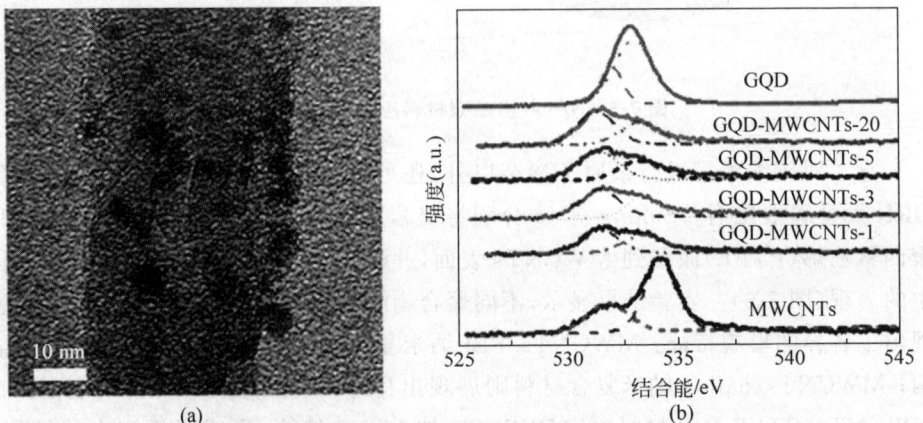

图 7-7　GQD-MWCNTs 材料在 ORR 中的应用[21]

2. 碳纳米管/贵金属复合催化剂

Pt 催化剂以其独特的本征活性,在电化学领域展现出优异的性能,成为众多应用的理想选择。近年来,其他成本相对更低的贵金属,如钯(Pd)和钌(Ru)等,也受到了科学家的广泛关注,它们展现出很好的催化潜力,有望成为 Pt 催化剂的有效替代品或补充[22-25]。如何在减少贵金属用量的同时,进一步提升其催化活性,依然是科研界亟待解决的关键问题。

尽管不同贵金属表面的 ORR 催化机制各不相同,但它们的共性在于均涉及反应中间体的吸附与脱附过程,对 ORR 的动力学特性起着至关重要的调控作用。因此,深入理解并优化吸附-脱附机制,成为提升贵金属催化剂性能、降低贵金属用量的重要途径。通过精准调控贵金属催化剂的组成、结构及表面性质,以及探索新型、高效的非贵金属或复合催化剂体系,有望在保持或提升催化活性的同时,显著降低贵金属的使用量,为贵金属催化剂的广泛应用开辟新的道路。

在氢燃料电池阴极发生的 ORR 中,贵金属催化剂的特定性质,如分散性、负载量及颗粒尺寸,均扮演着至关重要的角色,直接影响着电池的性能表现。例如 Shao 等[26]探讨了 Pt 颗粒尺寸在 1~5 nm 范围内对 ORR 活性的影响,其研究成果揭示了一个有趣的现象:随着 Pt 颗粒尺寸的增大,ORR 活性并非单调变化,而是呈现出一个先升后降的趋势,尤为值得注意的是,当 Pt 颗粒尺寸精确控制在约 3 nm 时,催化剂展现出了最优异的 ORR 性能,这一发现为优化催化剂设计提供了重要依据(图 7-8)。此外,Ma 等[27]的研究进一步证实了 3 nm 尺寸 Pt 催化剂在 ORR 中的优异表现,强调了这一尺寸对于提升反应效率的关键作用,同时,他们还揭示了催化剂稳定性与颗粒尺寸之间的内在联系:当颗粒尺寸过小(如低于 2 nm)时,由于 Pt 表面吉布斯自由能的显著增加,催化剂易发生溶解损失,从而削弱了其稳定性;而当颗粒尺寸跨越某一阈值(例如大于 3 nm)后,催化剂的催化活

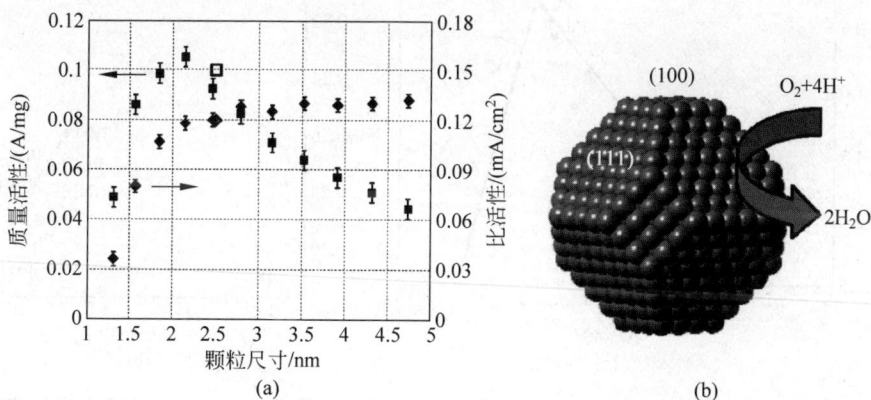

图 7-8 (a)ORR 质量活性与颗粒尺寸之间的关系,以及(b)催化剂表面上的电子转移途径[26]

性则随着颗粒尺寸的增大而减小，这一发现为设计既高效又稳定的催化剂材料开辟了新的思路。

　　碳纳米管的中空一维结构独具优势，不仅具有快速的电子电导率和大比表面积，还能促进活性物质的快速传输，是 Pt 催化剂的理想载体。然而，碳纳米管的表面光滑且化学惰性限制了其与金属催化剂之间的有效相互作用。为了克服这一难题，可以通过表面修饰引入有机基团或杂原子掺杂剂，从而为催化剂颗粒提供了稳定的锚定位点，促进其均匀分布。Lu 等[28]在这一领域取得了显著进展，他们利用 N 掺杂碳纳米管（NCNTs）作为载体，通过软模板法成功合成了 Pt 纳米线催化剂（PtNW/NCNTs）。Pt 纳米线（PtNW）能够均匀地负载在 NCNTs 表面，形成了稳定且高效的催化体系。而且，具有大长径比的一维 PtNW 不仅增强了电子的传输能力，还减少了缺陷位置和晶界的数量，同时保留了丰富的表面配位原子，这些特性共同提升了催化剂的电化学性能。半电池电化学测试结果表明，PtNW/NCNTs 催化剂在 ORR 中展现出了比商业 Pt/C 催化剂更为优异的活性。

　　引入杂原子或第二金属助剂可以有效地调节贵金属位点的电子结构，从而降低 O_2 在贵金属表面的吸附能，提高 ORR 的电催化活性。2004 年，Nørskov 等[29]提出火山型趋势图（图 7-9(a)），该图清晰地展示了 Pt 在纯金属中作为 ORR 电催化剂的优势地位，但纯 Pt 并未占据火山曲线的顶点，预示着进一步优化的可能性。随后，Stamenkovic 等[30]的研究将焦点转向了 Pt-M（M＝Fe、Co、Ni 等）合金催化剂，并通过密度泛函理论模拟绘制了另一张火山图（图 7-9(b)）。这一研究揭示了 Pt-M 合金催化剂相比于纯 Pt 催化剂在 ORR 电催化活性上的更具优势。这一发现不仅拓宽了催化剂设计的视野，也为后续的研究指明了方向。2016 年，Bu 等[31]在 *Science* 上发表了重要研究成果，深入揭示了 Pt-M 合金活性优于纯 Pt 的根本

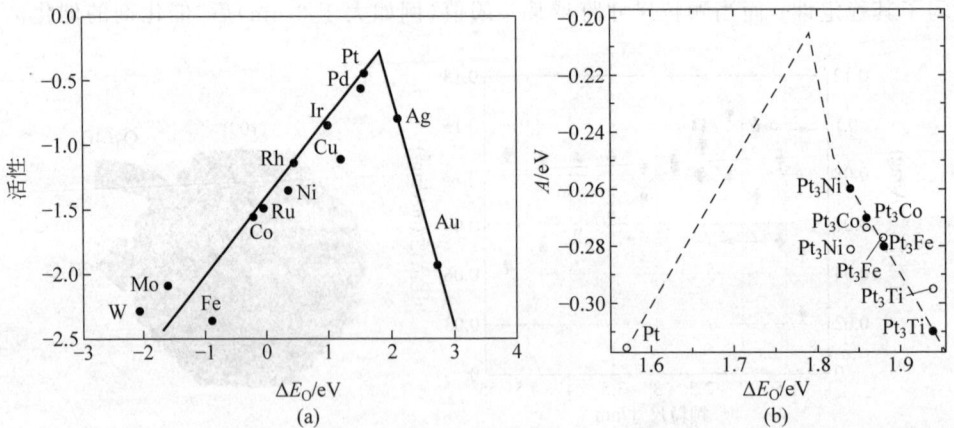

图 7-9　(a)每种元素的氧还原趋势作为氧结合能（ΔE_O）的函数绘制；(b)密度泛函理论模拟
　　　预测 Pt_3M（M＝Ni，Co，Fe，Ti）合金模型[29-30]

原因,他们发现,当原子半径较小的过渡金属原子嵌入 Pt 的晶体结构中时,会产生显著的应力效应,这种应力效应通过改变 Pt 原子的电子结构和配位环境,进一步优化了 O_2 在催化剂表面的吸附和解离过程,从而显著提升了 ORR 的电催化活性。这一发现不仅为理解 Pt-M 合金催化剂的催化机制提供了新的视角,也为开发更高效、更稳定的 ORR 电催化剂奠定了坚实的理论基础。

Litkohi 和 Qavami[32] 设计和制备了不同浓度的 PtFeV 三金属电催化剂修饰的功能化碳纳米管(PtFeV/FCNTs),以最大限度地减少电催化剂负载(图 7-10)。表征分析证实,PtFeV 催化剂在 FCNTs 衬底上均匀分布,与商业 Pt/C(20 wt%)催化剂相比,2 mmol PtFeV/FCNTs 最大功率密度增加了约 500%(从 4.43 mW/cm^2 到 27.31 mW/cm^2)。电化学阻抗测试揭示了 PtFeV/FCNTs 电极性能显著提升的深层原因:除了 FCNTs 本身所具有的高比表面积和良好的电导率外,Pt 与 Fe、V 的合金化效应,以及与 FCNTs 之间的协同效应共同发挥了关键作用。这些效应不仅优化了催化剂的活性位点,还促进了电子和反应物的传输,从而显著提升了对 ORR 的催化效率。

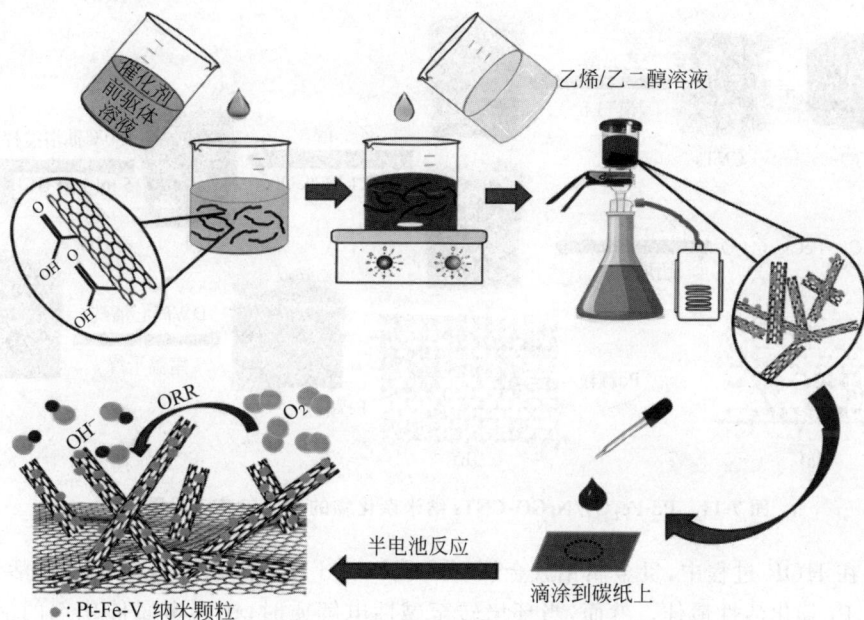

图 7-10 PtFeV/FCNTs 电催化剂的制备过程示意图[32]

Pd 因其与 Pt 相似的结构特征以及相对丰富的地球储量,成为替代 Pt 的潜力贵金属催化剂。Dhali 等[33] 合成了 N 掺杂的还原氧化石墨烯(NrGO)并与碳纳米管混合,随后利用热退火和多元醇工艺成功掺入了 Pd 和 Fe,构建了独特的纳米杂化结构——$Pd-Fe_2O_3$ 修饰的 NRGO-CNTs($Pd-Fe_2O_3$/NrGO-CNTs);这一复合材料在 ORR 电催化领域展现出了显著的性能(图 7-11)。$Pd-Fe_2O_3$ 纳米颗粒在

NrGO 和 CNTs 层上的均匀分布,这不仅提高了催化剂的活性表面积,还增强了其稳定性;与单一组分的 NrGO-CNTs/Pd、NrGO/Pd,以及市售 Pt/C 催化剂相比,Pd-Fe$_2$O$_3$/NrGO-CNTs 在 ORR 过程中的稳定性得到了显著提升。此外,Chen 等[34]以 B、N 掺杂的碳点(B, N-CD)与多壁碳纳米管为基础,合成了复合物载体 N-CD@CNTs,再通过甲醇还原法将 Pd 纳米粒子沉积在 B,N-CD@CNTs 上,制得了 Pd/B,N-CD@CNTs 电催化剂。研究表明,N 元素的引入促进了 N-Pd 键的形成,这有利于电子在催化剂内部的快速转移。同时,B 元素的掺杂则能够优化氧及氧中间体的吸附行为,并削弱 Pd 与 C 之间的强相互作用,从而降低了 ORR 过程中的能量壁垒。结果表明,B 和 N 的共掺杂在 Pd/B,N-CD@CNTs 体系中发挥了协同作用,共同促进了 ORR 活性的显著提升。

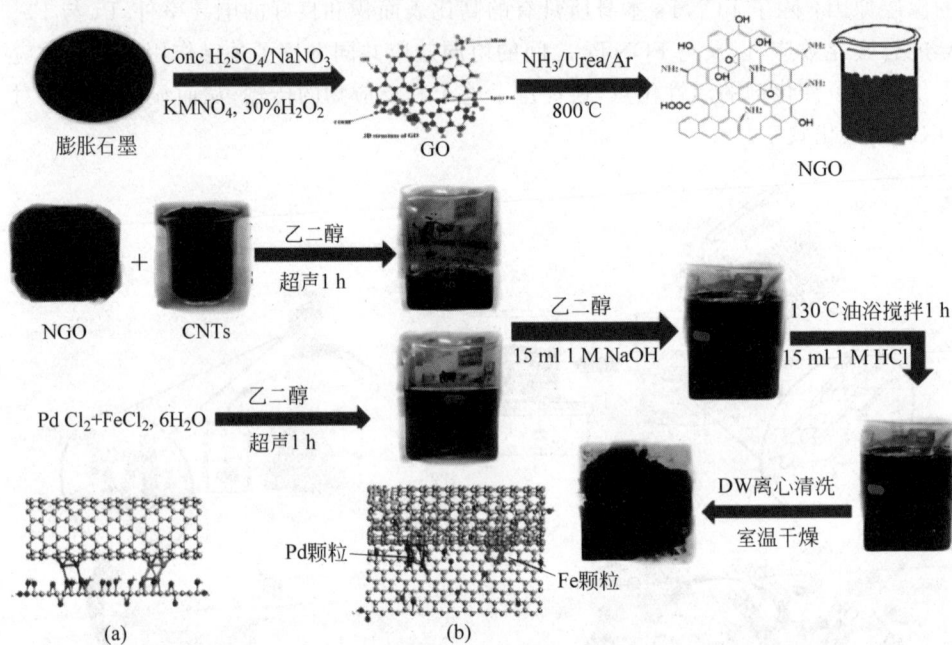

图 7-11　Pd-Fe$_2$O$_3$/NrGO-CNTs 纳米杂化物的合成工艺流程图[33]

　　在 HOR 过程中,贵金属铂族金属,如 Ir、Pt、Pd 和 Rh,均展现出高催化活性,其中 Pt 催化活性最佳。然而,当环境转至碱性电解质时,铂族金属催化剂的活性遭遇显著挑战,其性能相较于酸性介质而言下降了约两个数量级,这一现象对碱性条件下的 HOR 应用构成了限制。为了克服这一难题,当前研究聚焦于碱性环境中铂族金属 HOR 催化剂的创新与优化。核心策略之一是通过设计多样化的纳米结构来有效降低贵金属的使用量,同时引入其他组分作为助剂或改性剂,与铂族金属形成复合催化剂,也是提升催化活性的另一重要途径。这些组分可能通过改变铂族金属的电子结构、增强催化剂的稳定性或促进反应物/产物的传输等方式,对 HOR 过程产生积极影响。

Trasatti[35] 和 Nørskov[36] 等通过研究不同单金属催化剂在酸性介质中的氢吸附能(由氢吸附的吉布斯自由能差 ΔG_{H*} 推导)建立了经验关联,发现了火山状的关系。Yan 等[37] 在此基础上建立了 HOR 在碱性电解液中类似火山状的关系(图 7-12),即 $\Delta G^0_{OH*,app} = \Delta G^0_{OH*} - \Delta G^0_{H_2O*}$,这是 HOR 催化剂设计的重要指导。铂族金属在靠近火山峰的位置具有最佳的氢结合能(HBE),因此比其他吸附氢过强或过弱的非贵金属具有更高的 HOR 活性。为了优化 HBE,可引入第二金属制备不同的材料结构,包括单层覆盖表面合金、核壳结构和块状合金等。例如,Scofield 等[38] 制备的 Pt-M 合金(M=Cu,Ru,Co,Fe,Au),发现 PtRu 和 PtNi 具有比其他 Pt-M 合金更高的 HOR 活性。PtRu 和 PtNi 的高活性归因于第二金属的掺入,优化了催化剂表面的 HBE 并增强了 OH⁻ 在活性位点表面亲氧性,从而促进碱性环境中的 HOR。

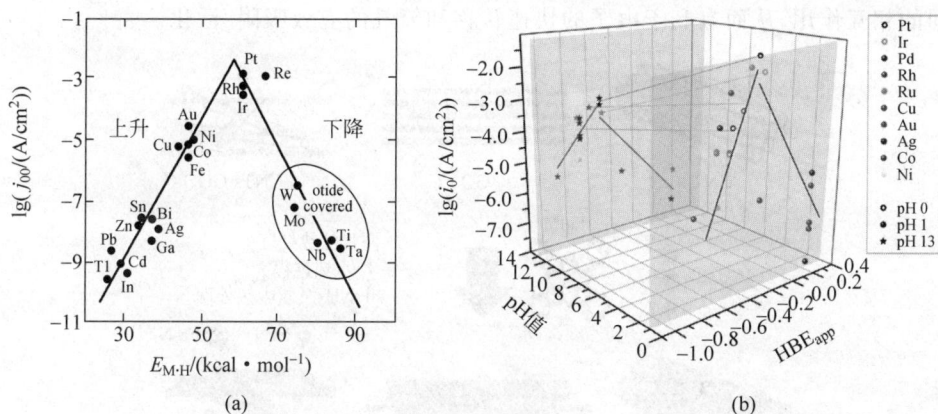

图 7-12　(a)Trasatti 提出的酸性介质中析氢反应的 Trassati 火山图[35];(b)建立 HBE$_{app}$ 作为 HOR/HER 描述符的研究需求示意图[37]

2022 年,Korchagin 等[39] 将二元 PtMo 沉积在 CNTs 上,并探讨了不同功能化的 CNTs 对 HOR 效率的影响。研究表明,CNTs$_{NaOH}$(在碱性条件下进行官能化处理的 CNTs)由于具有较小的缺陷结构,展现出了较高的腐蚀稳定性。此外,经过氮掺杂的 CNTs 不仅在 ORR 中表现出更高的活性,同时在 HOR 中也展现出增强的稳定性。这种氮掺杂效应部分归因于 CNTs 中引入的吡啶基团,它们可能作为活性位点促进反应的进行;同时,氮掺杂还增强了 CNTs 的导电性,有利于电子的快速传输,从而进一步提升了催化效率。在众多功能化 CNTs 载体中,CNTs$_{NaOH}$ 结合氮掺杂(CNTs$_{NaOH+N}$)的体系表现出了尤为突出的活性。该体系不仅继承了 CNTs$_{NaOH}$ 的高腐蚀稳定性,还通过氮掺杂引入了额外的活性位点和增强的导电性,使得 HOR 性能得到显著提升。特别是当 PtMo 以 1∶1 的物质的量比沉积在含有 12 wt% Pt 的 CNTs$_{NaOH+N}$ 上时,展现出了最高的催化活性。这一发现为设计高效、稳定的碱性氢氧燃料电池 HOR 催化剂提供了新的思路和方向。

3. 碳纳米管/非贵金属复合催化剂

尽管碳负载的贵金属纳米颗粒电催化剂展现出出色的 ORR 电催化性能，但它们仍然存在高成本、低选择性和碳腐蚀等问题。因此，寻找具有低成本、高活性且稳定的非贵金属电催化剂至关重要。

Noh 等[40]将 $M_xN(M=Fe,Co)$ 与不同碳材料复合，包括石墨烯（GR）、碳纳米管以及碳纳米管-石墨烯复合物（CNTs-GR），并对比了它们在 ORR 催化上的性能差异。研究结果表明，相较于单一使用 GR 或 CNTs 作为碳模板，CNTs-GR 复合物作为模板的催化剂展现出了更高的 ORR 性能。这种性能提升体现在多个方面，包括更高的电流密度，更正的半波电位（达到 0.89 V，图 7-13）以及更优异的反应动力学特性。CNTs-GR 复合物结合了 CNTs 的高导电性和 GR 的大比表面积和丰富的边缘位点，不仅促进了催化剂颗粒的均匀分散，还增强了催化剂与碳载体之间的相互作用，从而有利于电子的快速转移和氧气的有效吸附/活化。

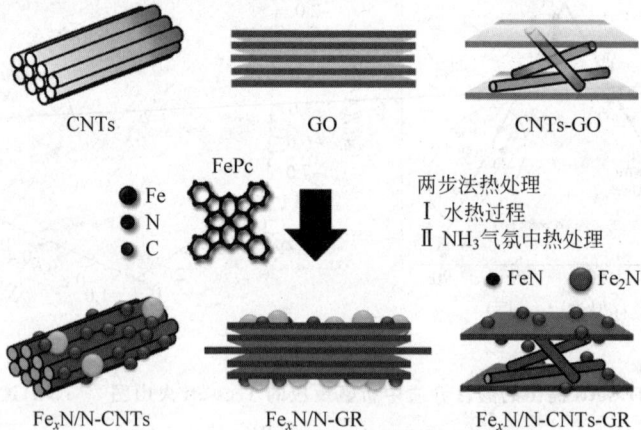

图 7-13　Fe_xN/N-CNTs-GR 催化剂合成示意图[40]

Yang 等[41]采用电化学沉积技术，成功制备了 MnO_x 掺杂的碳纳米管（MnO_x-CNTs）催化剂，CNTs 上的电子部分向 Mn 离子转移，导致 CNTs 表面带正电荷，这一独特的电子结构是 MnO_x-CNTs 催化剂展现优异 ORR 催化活性的关键（图 7-14）。随后，Sun 和 Liu[42]通过活化商业碳纳米管——即在室温下将其置于酸性 $KMnO_4$ 溶液中浸泡，成功合成了碳纳米管-石墨烯负载的锰氧化物复合催化剂（CMnCs）。CNTs 在加工过程中形成了结构缺陷，其外壁裂解成石墨烯纳米片，这一转变显著增强了 ORR 性能。同时，纳米氧化锰薄片与碳纳米管石墨烯表面的共生生长，为催化反应提供了更为丰富的活性位点。此外，碳载体的高表面积和优化的孔隙率结构对于提升活性位点密度和传质性能同样至关重要。2022年，Song 等人[43]利用四苯基卟啉铁（FeTPP）的 Friedel-Crafts 烷基化反应结合热解技术，成功将 Fe_3O_4 纳米粒子嵌入氮掺杂的碳纳米管中，形成了 Fe_3O_4/NCNTs

复合材料(图 7-15)。该材料中的超交联 FeTPP 框架不仅为 CNTs 表面创造了更多暴露的 N 和 Fe_3O_4 活性位点,而且原位引入的 FeTPP 还有助于形成微孔碳包覆的 CNTs 结构,显著提升了材料的稳定性。基于 FeTPP 与 NCNTs 骨架之间的

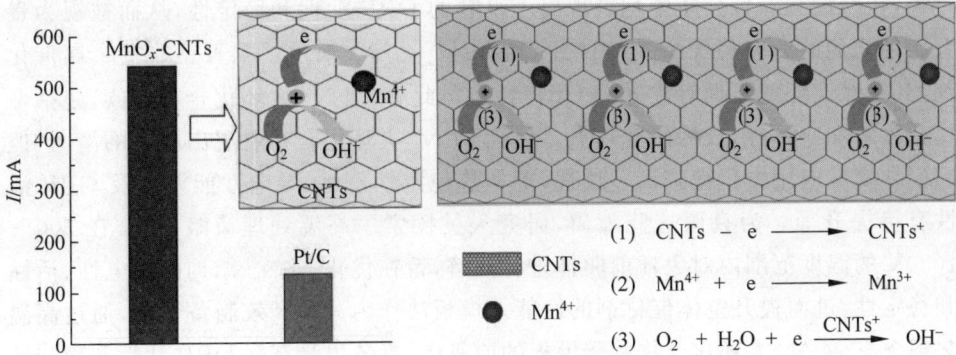

$$(1) \quad CNTs - e \longrightarrow CNTs^+$$

$$(2) \quad Mn^{4+} + e \longrightarrow Mn^{3+}$$

$$(3) \quad O_2 + H_2O + e \xrightarrow{CNTs^+} OH^-$$

图 7-14 MnO_x-CNTs ORR 机制[41]

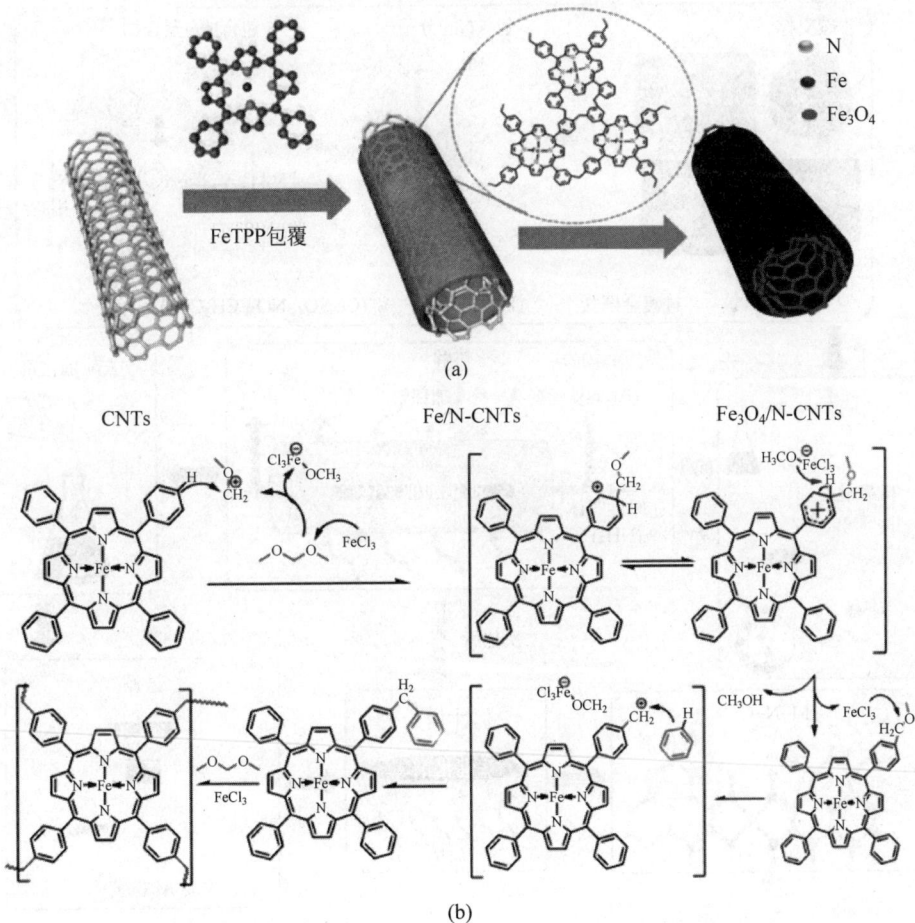

图 7-15 (a)Fe_3O_4/N-CNTs 的制备示意图;(b)FeTPP 的 Friedel-Crafts 烷基化反应机理[43]

协同作用，Fe_3O_4/N-CNTs-2 在 ORR 的催化活性和稳定性方面均表现出超越商业 Pt/C 催化剂的性能。

M-N-C 型催化剂的金属中心能有效促进 O ═ O 键的断裂并加速 O_2 的还原过程，在酸性和碱性介质中均展现出了卓越的 ORR 活性和稳定性，从而被视为贵金属催化剂的有力替代品。1964 年，Jasinski[44] 首次揭示了酞菁钴非贵金属催化剂，其在碱性环境下拥有优异的 ORR 性能。此后，M-N_4 大环化合物家族，包括金属基酞菁和卟啉等，成为研究热点。尽管 M-N_4 大环化合物展现出巨大的潜力，但它们在实际应用中仍面临诸多挑战，例如热稳定性不足、导电性能差以及 ORR 活性有待提升等。为克服这些障碍，研究人员探索了高温处理策略，通常在 $500\sim$ $1000℃$ 的温度范围内对大环前驱体进行热解，旨在优化 M-N_x 结构的导电性、活性和稳定性，进而提升整体催化剂的性能。模板法作为一种高效制备策略，通过高温热解含有 M-N_4 大环化合物和碳模板的前驱体，制备出具有高 ORR 活性和稳定性的 M-N-C 催化剂（图 7-16）[45]。

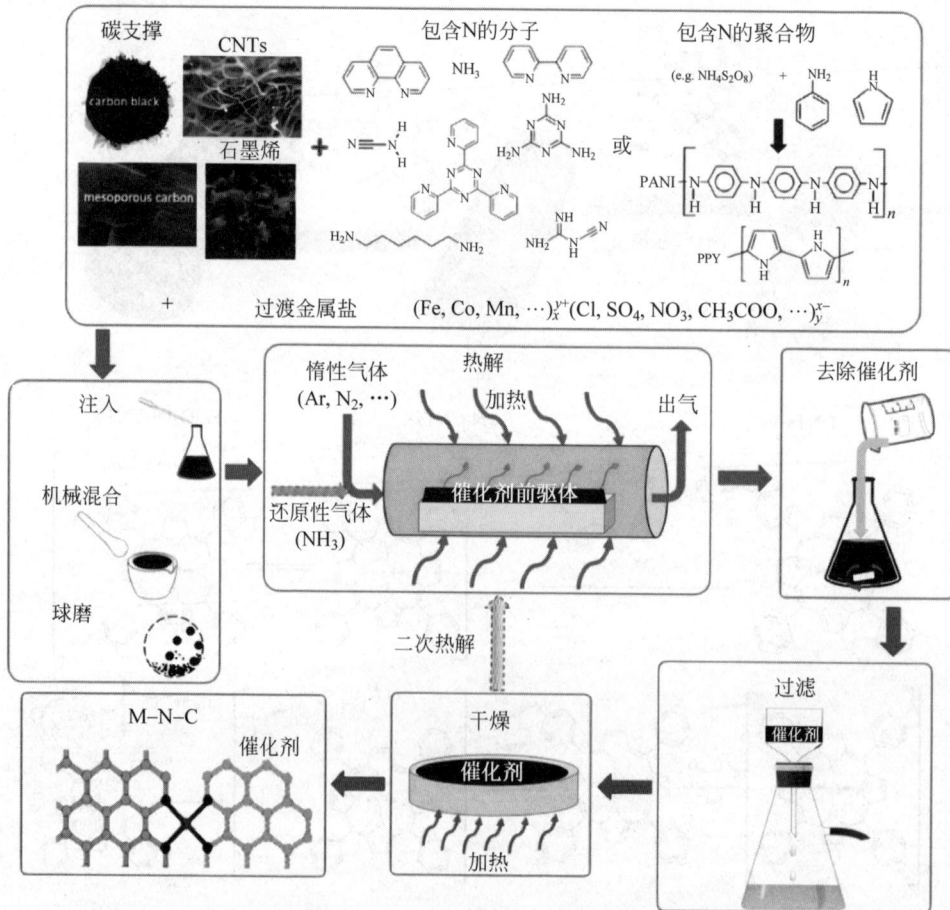

图 7-16　M-N-C 催化剂的制备示意图[45]

　　例如，Deng 等[46] 使用 $(NH_4)_4Fe(CN)_6 \cdot xH_2O$ 作为前驱体，将含 N 的 Fe 纳米颗粒封装到豌豆荚状碳纳米管中形成 Fe_4@N-SWNTs 催化剂。此独特结构中，氮含量达到 2.4 wt%，Fe 纳米颗粒分布在 CNTs 的开放通道内，每个独立空间通常容纳 1 至 2 个 Fe 颗粒，这一设计有效隔绝了金属颗粒与恶劣环境（如酸性介质、氧气及硫污染）的直接接触，从而延长了催化剂的使用寿命。值得注意的是，尽管这种封装策略提供了强大的保护屏障，但它并未阻碍 O_2 的活化过程。即便在 SO_2 等有毒物质存在的情况下，Fe_4@N-SWNTs 催化剂依然展现出强活性和长期稳定性。通过 DFT 计算进一步揭示了其机制：Fe_4@SWNTs 对 O_2 的吸附自由能为 0.03 eV，而原始 SWNTs 为 1.43 eV，表明 O_2 在 Fe_4@SWNTs 上的吸附更为容易（图 7-17）。这一增强效应归因于封装 Fe_4 的碳层上静电键与共价键的协同

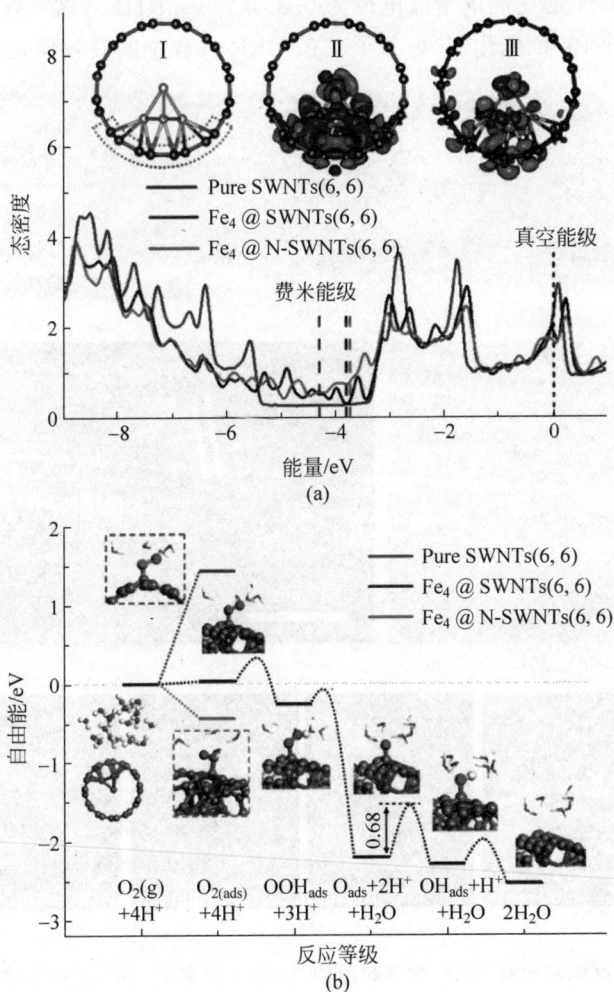

图 7-17　密度泛函理论计算结果

（a）Fe_4@SWNTs、Fe_4@N-SWNTs 和纯 SWNTs 的态密度；（b）ORR 上不同催化剂的自由能图[46]

作用,它们共同促进了活性位点上的电荷转移,优化了 O_2 的吸附条件。而且,当 SWNTs 中引入 N 掺杂(即 Fe_4@N-SWNTs)时,O_2 的吸附自由能更是降低至 -0.44 eV,成为所有研究体系中的最低值。这一发现强有力地证明了 N 掺杂对于促进 O_2 吸附的显著作用,进一步提升了催化剂的性能。

Yang 等[47]利用 P123、三聚氰胺和 $Fe(NO_3)_3$ 的混合物,在惰性气氛中直接退火合成了一种新型一维竹节状碳纳米管/Fe_3C 纳米颗粒(CNTs/Fe_3C-N),其结构如图 7-18 所示。一维竹节状 CNTs 结构不仅极大地增加了材料的比表面积,还提供了更多直接暴露于反应环境的活性位点。同时,被 CNTs 紧密包裹的 Fe_3C 纳米颗粒则通过 M-N-C 键的形成,进一步丰富了催化活性中心的种类与数量,对 ORR 活性产生了显著的促进作用。在 0.1 M KOH 溶液中的电化学性能测试显示,CNTs/Fe_3C-N 催化剂的半波电位为 0.861 V(vs. RHE),这一性能指标甚至超越了传统的商业 Pt/C 催化剂,彰显了其在 ORR 过程中的高效催化能力。

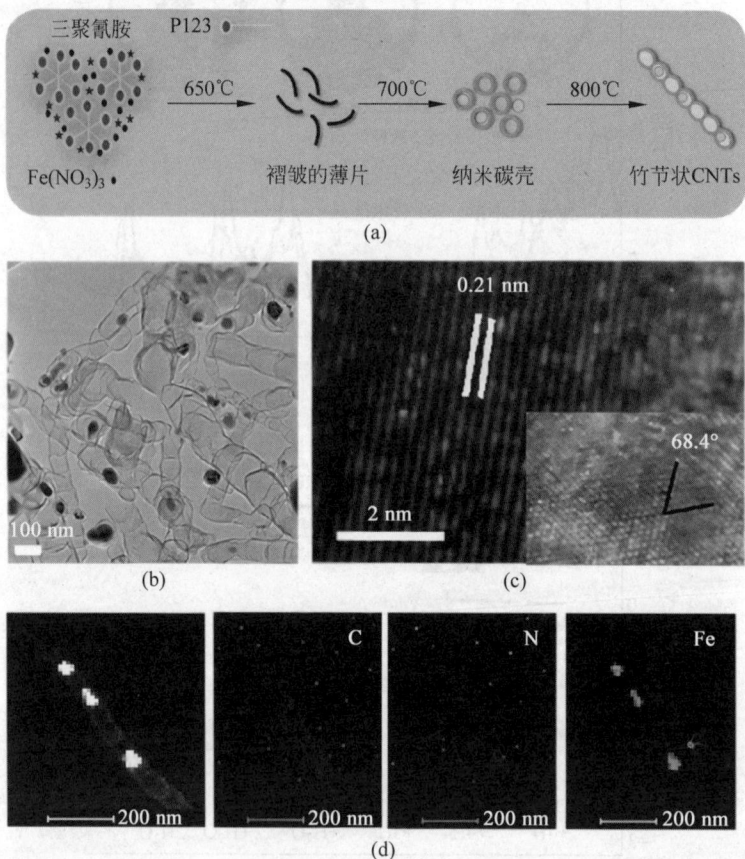

图 7-18　竹节状碳纳米管/Fe_3C 纳米颗粒的(a)制备示意图、(b)TEM 图像、(c)HRTEM 图像,以及(d)HADDF-STEM 元素分布[47]

在深入探索 M-N-C 材料的催化机制时,科学家们发现该体系内共存着多种活性位点,包括 M-N$_x$、M-NP 结构、杂原子掺杂以及结构缺陷等,这些位点之间展现出协同效应,共同促进了 ORR 的高效进行。Scherson 等[48]的开创性工作挑战了传统观念,他们提出 M 组分本身并非直接作为活性位点,而是作为催化剂,在形成真正活性位点的过程中发挥关键作用。通过原位 Fe K-edge X 射线近边缘结构分析,他们揭示了热活化过程中 Fe 位点的变化,这些变化与完整宏观循环中 M-N$_4$环境中的铁位置存在显著差异,进一步支持了上述观点。Osmieri 等[49]的研究则利用 X 射线吸附精细结构分析和硬 X 射线光电发射光谱技术,深入剖析了 Co-N-C催化剂活性位点的本质特性,同样得出了 M 成分并非直接活性位点的结论。这一发现与众多研究人员的实验结果相吻合,他们共同指出 M-N-C 催化剂中的M-N$_x$ 位点才是 ORR 的主要活性中心。金属中心在催化过程中主要扮演促进碳材料石墨化及不同类型 N 掺杂(如吡啶 N、吡咯 N 和石墨 N)形成的角色。第一性原理计算为这一复杂机制提供了强有力的理论支撑,计算结果显示,吡啶 N 和石墨 N 是 N 掺杂碳材料中最为关键的活性位点。特别是石墨 N,能够显著提升材料的电荷密度,进而优化 ORR 反应的动力学条件[50]。尽管研究者在这一领域取得了显著进展,但关于 M-N-C 物种活性位点的结论仍存在诸多争议,有待未来通过更加深入和系统的研究来逐步揭示。

碳纳米管和聚合物具有相似的结构,它们在混合时能够形成理想的界面结合力,从而产生性能更优越的碳纳米管/聚合物复合材料。进一步地,当此类复合材料与金属元素结合时,其催化性能可得到显著提升。Zamani 等[51]成功开发出一种基于铁、聚苯胺与碳纳米管的非贵金属催化剂,再通过氨处理进行氮掺杂,并优化其浓度及掺杂类型(图 7-19)。这一过程还促使原位生成了高度多孔的二维石墨

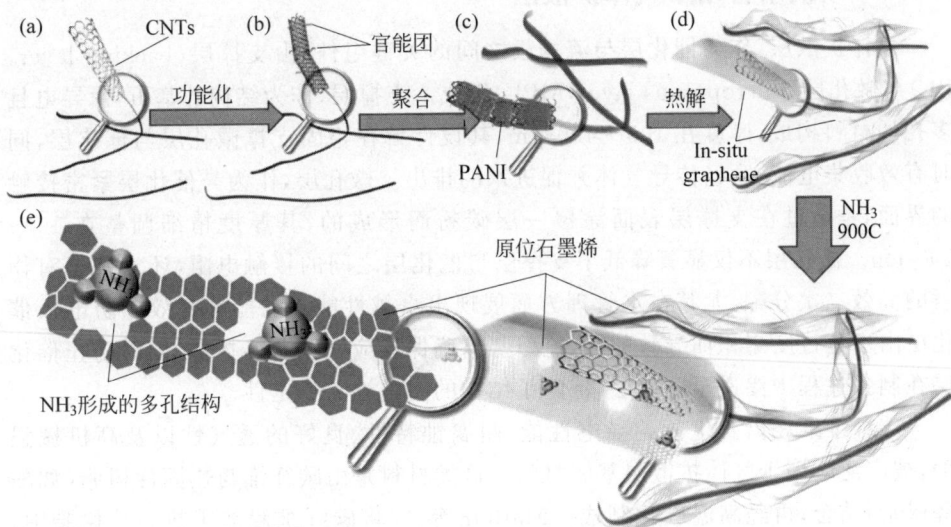

图 7-19 铁-聚苯胺-碳基催化剂合成示意图[51]

烯状结构,这种独特的结构与一维碳纳米管网络交织,极大地丰富了材料的表面化学性质,为催化反应提供了丰富的活性位点。实验结果显示,该催化剂在半电池及全电池测试条件下均展现出优异的性能。尤为值得一提的是,通过进一步优化 N 掺杂剂的浓度及处理温度,研究团队成功实现了催化性能的最大化,为催化剂的实际应用奠定了坚实基础。这一研究成果不仅拓展了碳纳米管/聚合物复合材料的应用领域,也为非贵金属催化剂的设计与优化提供了新的思路与方向。

在非贵金属中,镍(Ni)以其较高的 HOR 活性脱颖而出,尤其在碱性介质中展现出优于贵金属催化剂的氢氧结合强度,可以显著促进 HOR 的动力学性能。然而,Ni 过强的氢吸附能力成为提升其 HOR 催化活性的主要障碍。为解决这一问题,研究者们采取了两种主要策略:一是通过引入第二元素(如 Cu、Mo 或 N)形成 Ni-M 合金或氮化物,以有效削弱氢吸附能;二是优化 Ni 载体材料,降低 Ni 位点上的氢吸附能。在载体选择方面,具有高表面积和高导电性的碳基材料,如炭黑、碳纳米管和石墨烯,成为理想的候选者。此外,Ni 和载体之间的相互作用可能导致电子密度的重新分布,从而改变电催化行为,例如使用 N 掺杂碳载体。Zhuang 等[52]成功合成了 N 掺杂碳纳米管负载的 Ni 颗粒(Ni/N-CNTs),并在 0.1 M KOH 溶液中测试了其 HOR 催化性能(图 7-20)。实验结果显示,Ni/N-CNTs 展现出了显著的 HOR 催化活性提升,相较于纯 Ni 纳米颗粒,其质量活性和电流密度分别实现了 33 倍和 21 倍的增长。密度泛函理论计算揭示了这一显著性能提升的内在机制:当 N 掺杂位于 Ni 纳米颗粒边缘时,不仅稳定了 Ni 颗粒的负载状态,还通过调节 Ni 的 d 轨道电子结构,有效降低了氢吸附能,从而局部激活了 HOR 活性位点。

7.3.2　碳纳米管用于气体扩散层

气体扩散层,作为催化层与流场板之间的关键组件,由支撑层(backing layer,BL)与微孔层(microporous layer,MPL)组成。支撑层,作为结构的基石,由导电且多孔的材料构成,厚度在 $100 \sim 400$ μm,其设计旨在稳固支撑微孔层与催化层,同时有效收集电流、顺畅传导气体并促进水的排出。微孔层,作为与催化层紧密接触的界面,是通过在支撑层表面涂覆一层碳粉而形成的,其厚度精细调整在 $10 \sim 100$ μm。微孔层不仅显著降低了支撑层与催化层之间的接触电阻,还实现了对物料的高效二次分配,尤其在水管理方面展现出卓越性能。它能够有效预防电极催化层由水分过度累积而导致的"水淹"现象,确保反应气体顺畅扩散,同时防止催化层在制备过程中渗透至基底层,保障了结构的完整性与稳定性[53]。

碳纤维纸凭借其优异的导电性能、耐腐蚀特性、良好的透气性以及高机械强度,被广泛应用于气体扩散层基底材料。这类材料是由碳纤维与热固性树脂(如酚醛树脂)结合,再经高温碳化制成。Mathur 等[54]将碳纤维浸渍于热固性树脂中,并在 2500℃ 的高温条件下进行石墨化处理,成功制备出全碳复合纸。该研究深入

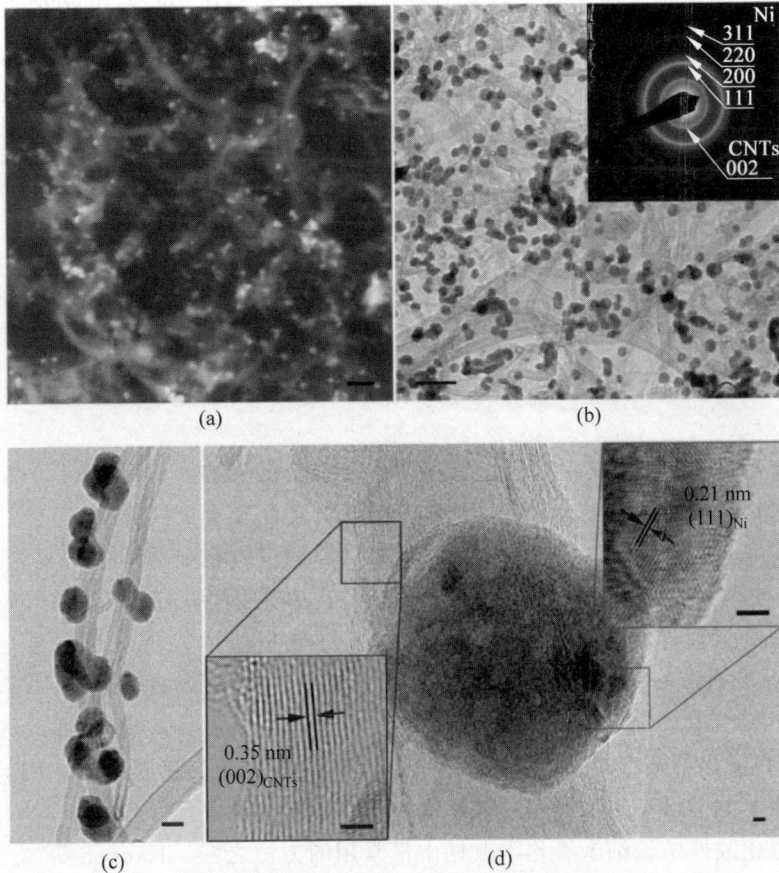

图 7-20　Ni/N-CNTs 的电子(a)SEM 图像；(b)、(c)TEM 图像；(d)HRTEM 图像[52]

剖析了多个关键工艺参数,包括模压技术、树脂含量调控以及碳化温度的选择,对碳纸在气体扩散层中的应用提供了指导。

　　然而,碳纤维难以以浆状形式均匀分散,其体积密度不易控制,使得碳纤维纸在燃料电池堆组装过程中易受损断裂。此外,碳纤维纸复杂的制备流程,特别是高温碳化环节,显著增加了生产成本。为解决这些问题,沥青基碳纤维被引入以减轻扩散层的脆性并降低成本,但其较低的导电性却限制了应用范围。为了克服这些局限,Shu 等[55]以沥青基碳纤维为基底,通过嵌入碳纳米管并辅以适量的 PTFE 作为疏水剂和粘结剂,采用减压抽滤成型法,一步制成了新型一体化扩散层(GDL/CNTs-CF)。这种制备方法不仅改进了扩散层材料的性能,还降低了成本,并成功应用于燃料电池和锌空电池的氧电极中,展现了其在能源领域的重要应用潜力。

7.3.3　碳纳米管用于质子交换膜

　　质子交换膜主要使用全氟磺酸(nafion)膜,其功能是进行质子的传输。一维碳纳米管因其能构建出长且连续的质子传导通道,被视为质子交换膜潜在的改性材料。但是,考虑到碳纳米管具有良好的导电性,可能会在膜内形成连续的电子通道而造成短路,因此要严格控制碳纳米管的添加量。此外,碳纳米管之间的强范德瓦耳斯力作用常导致其在聚合物基体中发生团聚,分布不均,这限制了它们在质子交换膜中的有效利用。为解决这一问题,对碳纳米管进行表面化学改性成为关键策略。主要的改性方法包括氧化改性、羧酸化改性、磷酸化改性和磺酸化改性。这些改性手段旨在使碳纳米管表面附着特定的官能团,从而促进碳纳米管与聚合物基体之间的相互作用,增强界面结合力,并最大化碳纳米管的功能优势。同时,通过表面化学改性,可以在碳纳米管上引入导质子基团,这不仅能有效防止电子通道的形成,还能显著提升复合质子交换膜的质子传导率,为质子交换膜的性能优化开辟了新的途径。

Cele 等[56]的研究中,将少量(仅 1 wt%)的氧化碳纳米管(oCNTs)与 nafion 基质通过熔融模压成型技术相结合,成功制备出复合质子交换膜(N-oCNTs)。这项研究发现,即便在如此低的添加量下,oCNTs 的引入也显著增强了复合膜的热稳定性。这主要归功于 oCNTs 外表面与 nafion 基质之间良好的相容性,不仅促进了材料间的紧密结合,还有效抑制了高温下可能发生的性能退化。进一步地,N-oCNTs 复合膜在高温环境下的机械性能相较于未改性碳纳米管(pCNTs)填充的 nafion 复合膜(N-pCNTs)展现出了显著提升。这一结果表明,表面改性(如氧化处理)和优化的复合工艺,可以大幅改善 CNTs 在质子交换膜中的应用效果,为提升燃料电池等设备的性能和可靠性提供了新的可能性。

磺酸化改性是碳纳米管化学改性中最常用的方法之一。Kannan 等[57]通过向 nafion 膜中引入磺酸功能化改性的单壁碳纳米管(S-SWCNTs),成功制备了 nafion/S-SWCNTs 复合质子交换膜(图 7-21)。为了保持膜的性能稳定,S-SWCNTs 的含量被精确控制在 0.05% 以内,以防止其相互连接形成导电网络。研究表明,S-SWCNTs 的加入对 nafion 膜内的亲水区域尺寸产生了影响,进而提升了膜的质子传导率。小角 X 射线衍射分析结果显示,与纯 nafion 膜(离子簇区域尺寸为 50 Å)相比,nafion/S-SWCNTs 复合膜的离子簇区域尺寸显著增大至 70 Å,这一变化直接导致了复合膜质子传导率的大幅提升,特别是在高温条件下,

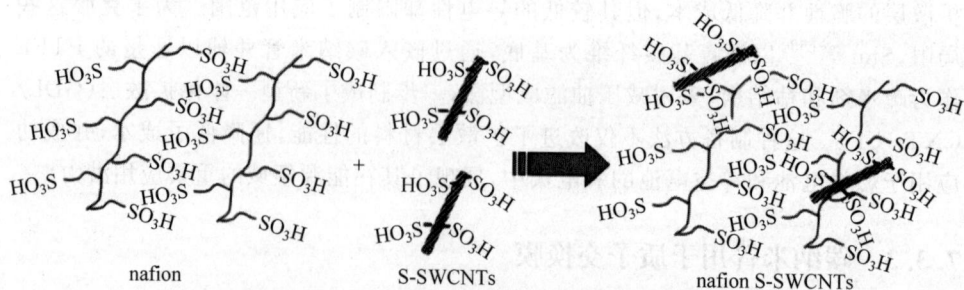

图 7-21   nafion/S-SWCNTs 复合膜制备示意图[57]

其传导率比纯 nafion 膜高出一个数量级。相比之下,未进行改性的 SWCNTs 填充的 nafion 复合膜在电导率方面并未展现出任何提升。此外,nafion/S-SWCNTs 复合膜在燃料电池应用中也展现出了卓越的性能。在氢氧燃料电池测试中,该复合膜的最大功率密度达到了 $260 \ mW/cm^2$,显著高于纯 nafion 膜的 $210 \ mW/cm^2$。而且,S-SWCNTs 与 nafion 的复合并未对膜的溶胀性能和机械性能造成不利影响,确保了复合膜的整体稳定性和可靠性。

Wang 等[58]通过溶胶-凝胶反应实现了纳米二氧化钛(TiO_2)对碳纳米管表面的可控包覆(TiO_2@CNTs)。随后,他们利用 TiO_2@CNTs 与壳聚糖(CS)在稀溶液中进行自组装,成功制备出复合质子交换膜。该研究中,TiO_2 上的—OH 基团与 CS 上的—NH_2 基团之间发生了强烈的相互作用,这种相互作用显著改善了 CNTs 在 CS 基体中的分散性,并增强了两相之间的界面粘结力。此外,TiO_2 层还有效地抑制了 CNTs 可能引起的短路问题,确保了复合膜的电学稳定性。实验结果表明,CS/TiO_2@CNTs 复合质子交换膜在多个关键性能指标上均优于纯 CS 膜,包括热稳定性、机械性能、氧化稳定性以及质子传导率均有所提升。特别是在质子传导率方面,最优条件下的 CS/STi@CNTs 复合膜达到了 0.043 S/cm,是纯 CS 膜的 1.9 倍,表明改性后的 CNTs 显著增强了膜的质子传输能力。此外,该复合膜还展现出了优异的电池性能和阻醇性能,为燃料电池等应用领域的性能提升提供了新的可能。

参考文献

[1] WANG C. Fundamental models for fuel cell engineering[J]. Chem. Rev., 2004, 104: 4727-4766.

[2] PERRY M, FULLER T. A historical perspective of fuel cell technology in the 20th century [J]. J. Electrochem. Soc., 2002, 149: S59.

[3] WANG S, JIANG S. Prospects of fuel cell technologies[J]. Natl. Sci. Rev., 2017, 4: 163-166.

[4] ZHANG X, XIA X, IVANOV I, et al. Enhanced activated carbon cathode performance for microbial fuel cell by blending carbon black[J]. Environ. Sci. Technol., 2014, 48: 2075-2081.

[5] MUKHERJEE S, BATES A, LEE S, et al. A review of the application of CNTs in PEM fuel cells[J]. Int. J. Green Energy, 2015, 12: 787-809.

[6] LUCIA U. Overview on fuel cells[J]. Renew. Sust. Energ. Rev., 2014, 30: 164-169.

[7] BYERS J, GÜELL A, UNWIN P. Nanoscale electrocatalysis: visualizing oxygen reduction at pristine, kinked, and oxidized sites on individual carbon nanotubes[J]. J. Am. Chem. Soc., 2014, 136: 11252-11255.

[8] TANG C, WANG H, CHEN X, et al. Topological defects in metal-free nanocarbon for oxygen electrocatalysis[J]. Adv. Mater., 2016, 28: 6845-6851.

[9] WAKI K, WONG R, OKTAVIANO H, et al. Non-nitrogen doped and non-metal oxygen

reduction electrocatalysts based on carbon nanotubes: mechanism and origin of ORR activity[J]. Energy Environ. Sci. ,2014,7: 1950-1958.

[10] JIANG Y,YANG L,SUN T,et al. Significant contribution of intrinsic carbon defects to oxygen reduction activity[J]. ACS Catal. ,2015,5: 6707-6712.

[11] LIU X,DAI L. Erratum: carbon-based metal-free catalysts[J]. Nat. Rev. Mater. ,2016, 1: 16082.

[12] GONG K, DU F, XIA Z, et al. Nitrogen-doped carbon nanotube arrays with high electrocatalytic activity for oxygen reduction[J]. Science,2009,323: 760-764.

[13] ZHOU X,YANG Z, NIE H,et al. Catalyst-free growth of large scale nitrogen-doped carbon spheres as efficient electrocatalysts for oxygen reduction in alkaline medium[J]. J. Power Sources,2011,196: 9970-9974.

[14] YANG L, JIANG S, ZHAO Y, et al. Boron-doped carbon nanotubes as metal-free electrocatalysts for the oxygen reduction reaction[J]. Angew. Chem. Int. Edit. ,2011,31: 7132-7135.

[15] YANG Z,YAO Z,LI G,et al. Sulfur-doped graphene as an efficient metal-free cathode catalyst for oxygen reduction[J]. ACS Nano,2012,6: 205-211.

[16] JIN Z,NIE H,YANG Z,et al. Metal-free selenium doped carbon nanotube/graphene networks as a synergistically improved cathode catalyst for oxygen reduction reaction[J]. Nanoscale,2012,4: 6455-6460.

[17] YAO Z,NIE H,YANG Z,et al. Catalyst-free synthesis of iodine-doped graphene via a facile thermal annealing process and its use for electrocatalytic oxygen reduction in an alkaline medium[J]. Chem. Commun. ,2012,48: 1027-1029.

[18] WANG S,IYYAMPERUMAL E,ROY A,et al. Vertically aligned BCN nanotubes as efficient metal-free electrocatalysts for the oxygen reduction reaction: a synergetic effect by Co-doping with boron and nitrogen [J]. Angew. Chem. Int. Edit. , 2011, 50: 11756-11760.

[19] LIU Z,NIE H,YANG Z,et al. Sulfur-nitrogen co-doped three-dimensional carbon foams with hierarchical pore structures as efficient metal-free electrocatalysts for oxygen reduction reactions[J]. Nanoscale,2013,5: 3283-3288.

[20] HAQUE M, SULONG A, SHYUAN L, et al. Synthesis of polymer/MWCNT nanocomposite catalyst supporting materials for high-temperature PEM fuel cells[J]. Int. J. Hydrogen Energy,2021,46: 4339-4353.

[21] ZHOU X,TIAN Z,LI J,et al. Synergistically enhanced activity of graphene quantum dot/ multi-walled carbon nanotube composites as metal-free catalysts for oxygen reduction reaction[J]. Nanoscale,2014,6: 2603-2607.

[22] TANG Z,WU W,WANG K. Oxygen reduction reaction catalyzed by noble metal clusters [J]. Catalysts,2018,8: 65.

[23] POERWOPRAJITNO A,GLOAG L,CHEONG S,et al. Synthesis of low-and high-index faceted metal (Pt, Pd, Ru, Ir, Rh) nanoparticles for improved activity and stability in electrocatalysis[J]. Nanoscale,2019,11: 18995-19011.

[24] SHAO M, HUANG T, LIU P, et al. Palladium monolayer and palladium alloy electrocatalysts for oxygen reduction[J]. Langmuir,2006,22: 10409-10415.

[25] BARMAN B,SARKAR B,NANDA K,et al. Pd-coated Ru nanocrystals supported on N-doped graphene as HER and ORR electrocatalysts [J]. Chem. Commun. ,2019,55: 13928-13931.

[26] SHAO M, PELES A, SHOEMAKER K. Electrocatalysis on platinum nanoparticles: particle size effect on oxygen reduction reaction activity [J]. Nano Lett. ,2011,11: 3714-3719.

[27] MA Z,TIAN H,MENG G,et al. Size effects of platinum particles@CNT on HER and ORR performance[J]. Sci. China mater,2020,63: 2517-2529.

[28] LU L,DENG H, ZHAO Z, et al. N-doped carbon nanotubes supported Pt nanowire catalysts for proton exchange membrane fuel cells [J]. J. Power Sources, 2022, 529: 231229.

[29] NØRSKOV J,ROSSMEISL J,LOGADOTTIR A,et al. Origin of the overpotential for oxygen reduction at a fuel-cell cathode[J]. J. Phys. Chem. B,2004,108: 17886-17892.

[30] STAMENKOVIC V, MUN B, MAYRHOFER K, et al. Changing the activity of electrocatalysts for oxygen reduction by tuning the surface electronic structure [J]. Angew. Chem. Int. Edit. ,2006,45: 2897-2901.

[31] BU L,ZHANG N, GUO S,et al. Biaxially strained PtPb/Pt core/shell nanoplate boosts oxygen reduction catalysis[J]. Science,2016,354: 1410-1414.

[32] LITKOHI H,QAVAMI A. Synergistic effects of PtFeV alloy-decorated functionalized CNTs on performance of polymer fuel cell investigated by specially designed cathodic half-cell[J]. J. Alloys Compd. ,2022,924: 166485.

[33] DHALI S, PANDEY S, DANDAPAT A, et al. Pd-Fe$_2$O$_3$ decorated nitrogen-doped reduced graphene oxide/CNT nanohybrids electrocatalyst for proton exchange membrane fuel cell[J]. Diamond Relat. Mater. ,2022,126: 109115.

[34] CHEN Y,NIU J,PEI Y,et al. Methanol-reduced Pd nanoparticles anchored on B,N-CDs @CNT hybrid for oxygen reduction reaction [J]. Int. J. Hydrogen Energy, 2023, 48: 5116-5125.

[35] TRASATTI S. Work function,electronegativity,and electrochemical behaviour of metals: Ⅲ. electrolytic hydrogen evolution in acid solutions[J]. J. Electroanal. Chem. Interfacial Electrochem,1972,39: 163-184.

[36] NØRSKOV J,BLIGAARD T,LOGADOTTIR A,et al. Trends in the exchange current for hydrogen evolution[J]. J. Electrochem. Soc. ,2005,152: J23.

[37] ZHENG J, NASH J, XU B, et al. Perspective-towards establishing apparent hydrogen binding energy as the descriptor for hydrogen oxidation/evolution reactions [J]. J. Electrochem. Soc. ,2018,165: H27.

[38] SCOFIELD M,ZHOU Y, YUE S,et al. Role of chemical composition in the enhanced catalytic activity of Pt-based alloyed ultrathin nanowires for the hydrogen oxidation reaction under alkaline conditions[J]. ACS Catal. ,2016,6: 3895-3908.

[39] KORCHAGIN O,BOGDANOVSKAYA V,VERNIGOR I,et al. Carbon nanotubes doped with nitrogen,modified with platinum or platinum-free for alkaline H$_2$-O$_2$ fuel cell[J]. Mater. Today Commun. ,2022,33: 104584.

[40] NOH W,LEE J. Nitrogen-doped carbon nanotube-graphene hybrid stabilizes M$_x$N(M=

Fe,Co) nanoparticles for efficient oxygen reduction reaction[J]. Appl. Catal. B-Environ. , 2020,268: 118415.

[41] YANG Z,ZHOU X,NIE H,et al. Facile construction of manganese oxide doped carbon nanotube catalysts with high activity for oxygen reduction reaction and investigations into the origin of their activity enhancement[J]. ACS Appl. Mater. Interfaces,2011,3: 2601-2606.

[42] SUN L,LIU D. Chemical activation of commercial CNTs with simultaneous surface deposition of manganese oxide nano flakes for the creation of CNTs-graphene supported oxygen reduction ternary composite catalysts applied in air fuel cell[J]. Appl. Surf. Sci. , 2018,447: 518-527.

[43] SONG K,WEI J,DONG W,et al. Fe_3O_4/N-CNTs derived from hypercrosslinked carbon nanotube as efficient catalyst for ORR in both acid and alkaline electrolytes[J]. Int. J. Hydrogen Energy,2022,47: 20529-20539.

[44] JASINSKI R. A new fuel cell cathode catalyst[J]. Nature,1964,201: 1212-1213.

[45] OSMIERI L. Transition metal-nitrogen-carbon（M-N-C）catalysts for oxygen reduction reaction. Insights on synthesis and performance in polymer electrolyte fuel cells[J]. Chem. Eng. ,2019,3: 16.

[46] DENG D,YU L,CHEN X,et al. Iron encapsulated within pod-like carbon nanotubes for oxygen reduction reaction[J]. Angew. Chem. Int. Edit. ,2013,52: 371-375.

[47] YANG W,LIU X,YUE X,et al. Bamboo-like carbon nanotube/Fe_3C nanoparticle hybrids and their highly efficient catalysis for oxygen reduction[J]. J. Am. Chem. Soc. ,2015,137: 1436-1439.

[48] BAE I,TRYK D,SCHERSON D. Effect of heat treatment on the redox properties of Iron porphyrins adsorbed on high area carbon in acid electrolytes: an in situ Fe K-edge X-ray absorption near-edge structure study[J]. J. Phys. Chem. B,1998,102: 4114-4117.

[49] HIDEHARU N,KOJI H, YOSHIHISA H,et al. X-ray absorption analysis of nitrogen contribution to oxygen reduction reaction in carbon alloy cathode catalysts for polymer electrolyte full cell[J]. J. Power Sources,2009,187: 93-97.

[50] LAI L,POTTS J,ZHAN D,et al. Exploration of the active center structure of nitrogen-doped graphene-based catalysts for oxygen reduction reaction[J]. Energy Environ. Sci. , 2012,5: 7936-7942.

[51] ZAMANI P, HIGGINS D, HASSAN F, et al. Highly active and porous graphene encapsulating carbon nanotubes as a non-precious oxygen reduction electrocatalyst for hydrogen-air fuel cells[J]. Nano Energy,2016,26: 267-275.

[52] ZHUANG Z,GILES S,ZHENG J,et al. Nickel supported on nitrogen-doped carbon nanotubes as hydrogen oxidation reaction catalyst in alkaline electrolyte[J]. Nat. Commun. ,2016,7: 10141.

[53] 周兆云. 燃料电池气体扩散电极用碳纳米管/碳纤维复合碳纸的制备[D]. 上海: 东华大学,2008.

[54] MATHUR R,MAHESHWARI P,DHAMI T,et al. Processing of carbon composite paper as electrode for fuel cell[J]. J. Power Sources,2006,161: 790-798.

[55] SHU Q,XIA Z,WEI W,et al. A novel gas diffusion layer and its application to direct

methanol fuel cells[J]. New Carbon Mater. ，2021，36：409-419.

[56] CELE N，SINHA RAY S，PILLAI S，et al. Carbon nanotubes based Nafion composite membranes for fuel cell applications[J]. Fuel Cells，2010，10：64-71.

[57] KANNAN R，KAKADE B，PILLAI V. Polymer electrolyte fuel cells using Nafion-based composite membranes with functionalized carbon nanotubes[J]. Angew. Chem. Int. Edit. ，2008，47：2653-2656.

[58] WANG J，GONG C，WEN S，et al. Proton exchange membrane based on chitosan and solvent-free carbon nanotube fluids for fuel cells applications[J]. Carbohyd. Polyme. ，2018，186：200-207.

第8章

碳纳米管在电催化反应中的应用

8.1　电催化反应概述

目前,大部分能源消耗依赖于不可再生的化石燃料,如煤、石油和天然气,这导致了环境污染、气候变化和能源枯竭等诸多问题。为减轻对化石燃料的依赖,全球能源结构亟须根本性转型,旨在构建一个清洁、低碳、安全且高效的现代能源体系,以实现可持续发展。将可再生能源与电化学技术相结合,利用电催化反应将自然界丰富的物质(例如 H_2O、CO_2、N_2、NO_x 等)转化为化学能载体及化学原料,被视为未来可持续绿色能源的重要方向。

电催化技术能够利用可再生能量,在相对温和的条件下驱动氧化还原反应,有效降低反应能耗,并迅速高效地将反应转化为目标产物和能量。这一技术在能源转换与储存及绿色合成等多个关键领域具有广泛应用。电催化反应通常发生在多相界面体系中,包括质子-电子转移、反应物的吸附与活化,以及产物的脱附等一系列复杂过程。在这些过程中,电催化剂扮演着至关重要的角色,是推动电催化反应在温和条件下顺利进行的核心材料。目前,电催化剂已成为纳米材料和能源化学领域的研究焦点,同时也是新能源存储与转化技术发展的核心所在。

碳材料(碳纳米微球、石墨烯、碳纳米管等)具有优良的导电性、多样化的结构以及较大的比表面积等特性,在电催化体系中常用于电催化剂或电催化剂载体。在这些碳材料中,碳纳米管由于其独特的优势,如高导电性、丰富的 π 电子共轭网络和优良的化学稳定性等,被视为最理想的电催化剂或载体材料。在本章,主要围绕碳纳米管在电解水反应、电催化 CO_2 还原反应(carbon dioxide reduction reaction,CO_2RR)、电催化 N_2 还原反应(nitrogen reduction reaction,NRR)和电催化硝酸根还原(nitrate reduction reaction,NO_3RR)中的应用进行详细讨论。

8.2　碳纳米管在电解水反应中的应用

8.2.1　电解水的工作原理

氢能作为一种理想的清洁化学燃料,具有极高的质量能量密度和能量转换效率,有望成为传统化石燃料的理想替代品。电解水被认为是最有前景的制氢技术之一,它可利用太阳能、风能、地热能和生物能等可再生能源产生的电能来制氢,从而形成可再生能源闭环。电解水涉及两个半反应,即析氢反应(hydrogen evolution reaction,HER)和析氧反应(oxygen evolution reaction,OER)。

如图 8-1(a)所示,电解水装置通常由三部分组成:电极(包括阴极和阳极)、隔膜和含水电解液。当对两个电极施加特定电压时,阴极发生水还原反应,生成 H_2;在阳极则发生水氧化反应,生成 O_2。

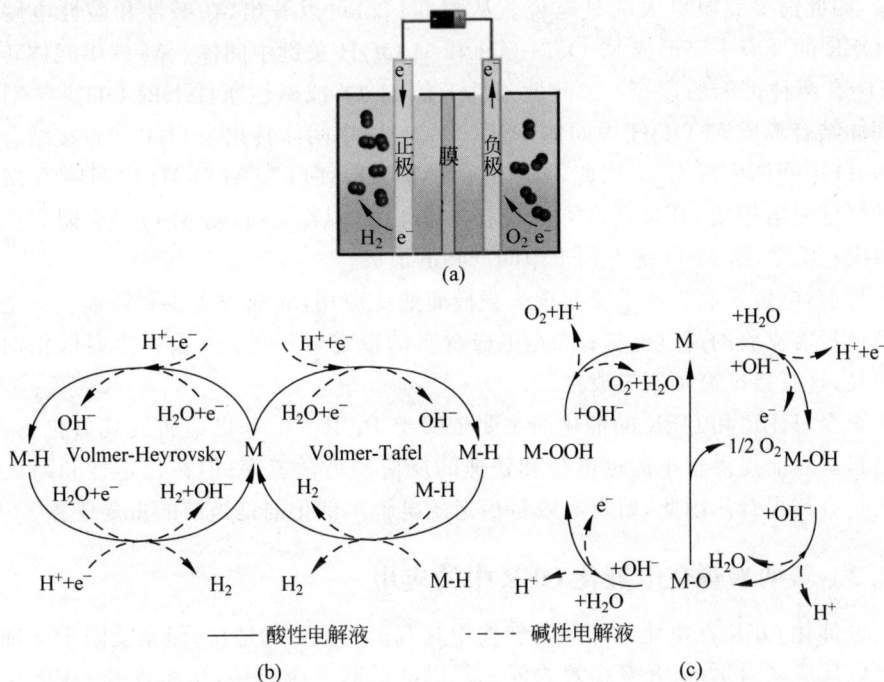

图 8-1　(a)电解水示意图;(b)HER 和(c)OER 在不同电解液中的反应路径[1]

总反应可以写成

$$2H_2O \longrightarrow 2H_2 + O_2$$

在理想条件下(298 K 和 1 atm),水分解的理论热力学电势为 1.23 V(vs. RHE,RHE 为可逆标准氢电极)。然而,实际运行过程中往往需要更高的运行电位(E)。附加的电位称为过电位(η_c),主要用于克服阳极和阴极的内在活化势垒(η_a),以及由电解液和接触电阻引起的其他不可避免的电阻(η_{other})。总体为

$$E = 1.23 \text{ V} + \eta_a + \eta_c + \eta_{other}$$

HER 是一个发生在阴极的两电子转移过程,在酸性和碱性条件下,其反应路径不一样。根据吸附氢从催化剂上解吸方式的不同,HER 有 Volmer-Heyrovsky 和 Volmer-Tafel 两种不同反应途径(图 8-1(b))[1]。在酸性电解质中,水合氢离子 H_3O^+ 通过 Volmer 反应($H_3O^+ + e^- \longrightarrow H\text{-}M + H_2O$)而吸附在阴极上形成氢中

间体(M 为吸附活性位点),然后在低 H^* 覆盖范围内通过 Heyrovsky 反应(H-M+$H_3O^+ + e^- \longrightarrow H_2 + H_2O$),或在高覆盖吸附 H^* 范围内通过 Tafel 反应(H-M+H-M $\longrightarrow H_2$)而转化为 H_2。在碱性条件下,水分子先通过 Volmer 反应($H_2O + e^- \longrightarrow$ H-M+OH^-)解离生成吸附 H-M。解吸过程通过 Heyrovsky 或 Tafel 反应进行,与酸性条件下类似。由于在 H-M 形成之前存在水解离步骤,因此碱性条件下的 HER 反应动力学速率相对于酸性条件下更为迟缓。

OER 涉及一个复杂的四电子转移过程,与 HER 相比,其动力学反应速率更加迟缓,因此需要克服更大的过电位。从图 8-1(c)可以看出,在碱性和酸性电解质中,OER 的反应主要形成 M-O、M-OH 和 M-OOH 关键中间体。M-O 中间体转化为 O_2 有两种可能的途径:①酸性条件下的 H_2O,或碱性条件下的 OH^- 与 M-O 中间体结合形成 M-OOH 中间体,随后 M-OOH 中间体转化为 O_2;②直接结合两个 M-O 中间体生成 O_2。因此,可以看出,M-OH、M-O 和 M-OOH 中间体的 M-O 键的强度对电催化 OER 活性方面起着关键作用,倘若太强,则 M-O 键会阻碍产物的解吸;反之,则 M-O 键不利于中间产物的形成。

目前,电解水制氢技术要实现大规模商业化应用,面临三大主要限制:一是水分解过程需克服的高过电势;二是电极材料的稳定性不足;三是贵金属催化剂的稀缺性,这直接推高了制氢成本。

至今,HER 和 OER 的催化剂主要依赖于 Pt/Ru/Ir 基贵金属及其氧化物,这些材料虽然能提供较小的过电位和快速的反应动力学速率,但在稳定性和耐久性方面仍有待提升。因此,研发高效且稳定的电解水催化剂是当前的重要任务。

8.2.2 碳纳米管在电催化 OER 中的应用

电催化 OER 在电化学储能与转换中具有极其重要的地位,但是受限于该过程缓慢的反应动力学,需开发高效的催化剂以降低其反应能垒,从而提升 OER 反应速率。传统的 OER 催化剂包括贵金属及其氧化物,如铱(Ir)、钌(Ru)、二氧化铱(IrO_2)和二氧化钌(RuO_2)等。然而这些贵金属较稀缺,催化过程中也存在稳定较差等问题,因此如何降低催化剂中贵金属的载量并提升其稳定性,已成为电解水制氢领域的一大挑战。作为一种新型的一维纳米碳材料,碳纳米管具有表面积大、导电性好、化学稳定性等特点,将其应用于 OER 领域有望解决以上问题。特别是各种共价或非共价功能化改进技术,如杂原子掺杂、官能团接枝和分子吸附等,可进一步提升碳纳米管本征物理和化学性能。基于碳纳米管在电催化领域的独特优势,本节主要讨论碳纳米管作为催化剂、催化剂载体和独立式电极在 OER 电催化中的实际应用。

1. 碳纳米管作为催化剂

碳基催化剂,如杂原子掺杂的碳纳米管、石墨烯等,已成为能量转换和储存领域的高效催化剂。自 Dai 等[2]将 N 掺杂的碳纳米管应用于电催化氧化还原反应后,N 掺杂碳纳米管(NCNTs)已得到广泛研究。N 掺杂可以调节相邻碳原子的电荷分布,从而促进 O_2 分子在碳表面的吸附。在 NCNTs 中,N 原子一般存在四种化学状态:吡啶氮、吡咯氮、石墨氮以及氧化氮。在吡啶氮中,N 原子带有孤对电子,可以捕获质子,从而加速电催化反应过程中质子传输,进一步提高催化活性。在 CNTs 的生长过程中直接进行原位 N 掺杂,能够有效制备出 NCNTs。另外,CNTs 生长完成后,通过采用含氮有机化合物作为氮源进行后续的掺杂处理,同样可以制备出 NCNTs。Wei 等[3]对比了通体 N 掺杂的竹节状 NCNTs,与仅表面 N 掺杂的同轴 CNTs@NCNTs 的 OER 性能(图 8-2),结果显示后者表现出更优的性能。尽管竹节状 NCNTs 有更多 N 掺杂位点,但电解质难以接触其内部活性位点。此外,竹节状 NCNTs 的复杂碳层结构限制了电子沿管壁的快速传递,降低了传输效率,导致电催化活性下降。

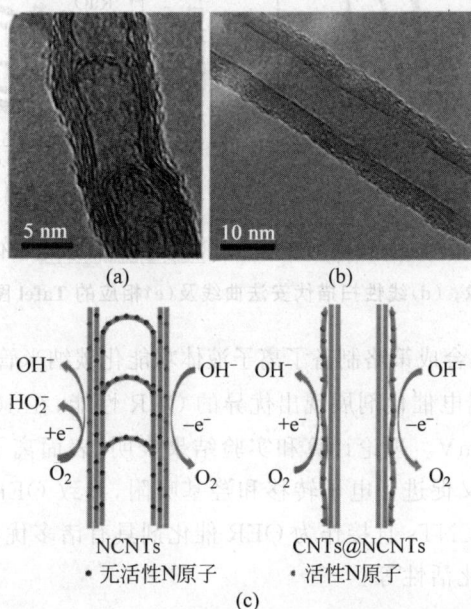

图 8-2 (a)竹节状 **NCNTs** 和(b)同轴 **CNTs@NCNTs** 的 **TEM** 图像及其(c) 催化示意图[3]

此外,将碳纳米管与聚合物复合,也能提升 OER 电催化活性。Yu 等[4]通过聚合物辅助策略,借助非共价相互作用将一种电化学惰性聚合物(聚(乙烯-马来酸),PEMAc)包裹在富含氧基团(—COOH)的多壁碳纳米管上,得到 PEMAc@CNTs,其形貌如图 8-3(a)~(c)所示。在 1 M KOH 溶液中,通过线性扫描伏安法(LSV)评估了不同 CNTs 含量的 PEMAc@CNTs 的电催化性能。研究发现,含90 wt% CNTs 的催化剂(PEMAc@CNTs90)具有最好的电化学活性,在电流密度为 10 mA/cm² 时,过电位仅为 298 mV,Tafel 斜率为 52 mV/dec。实验和理论计算相结合的研究结果表明,CNTs 的拓扑 Stone-Wales 缺陷是主要的活性位点,包裹的聚合物层作为共催化剂,通过氢键稳定 OER 中间体,优化中间体的吸附能,最终提高 OER 催化性能。

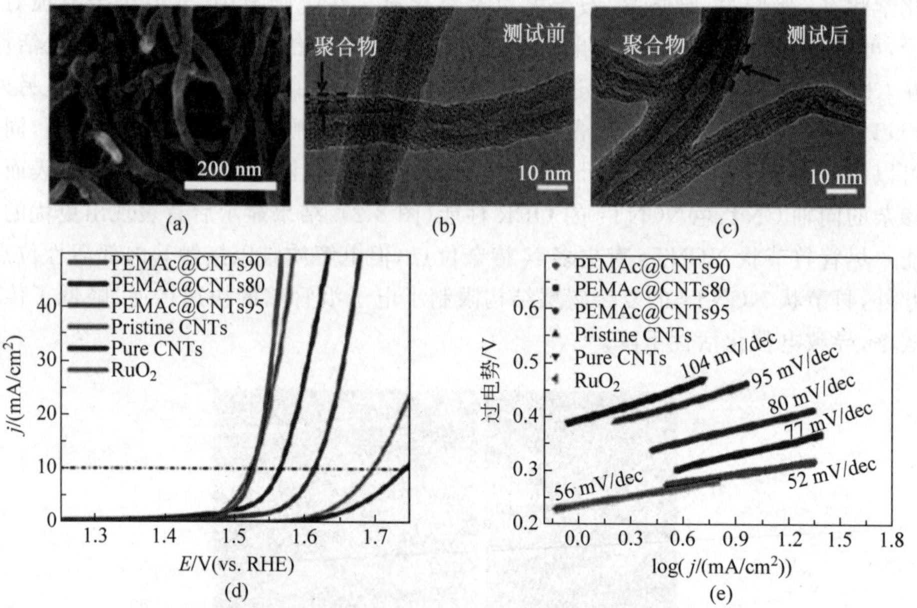

图 8-3　(a)PEMAc@CNTs90 的 SEM 图像;PEMAc@CNTs90 电催化 OER(b)前和(c)后的 TEM 图像;(d)线性扫描伏安法曲线及(e)相应的 Tafel 图像[4]

Li 等[5]利用原位合成策略制备了离子液体功能化碳纳米管(IL-CNTs)(图 8-4)。IL-CNTs 作为无金属电催化剂展现出优异的 OER 性能,在 10 mA/cm² 电流密度下,过电位低至 153 mV。理论计算和实验结果表明,表面离子液体调控了碳纳米管的电子结构,从而又促进了电子转移和羟基吸附,导致 OER 催化活性的大幅增加。综上所述,利用 CNTs 直接作为 OER 催化剂具有诸多优势,包括低污染、低成本、易功能化和高催化活性等。

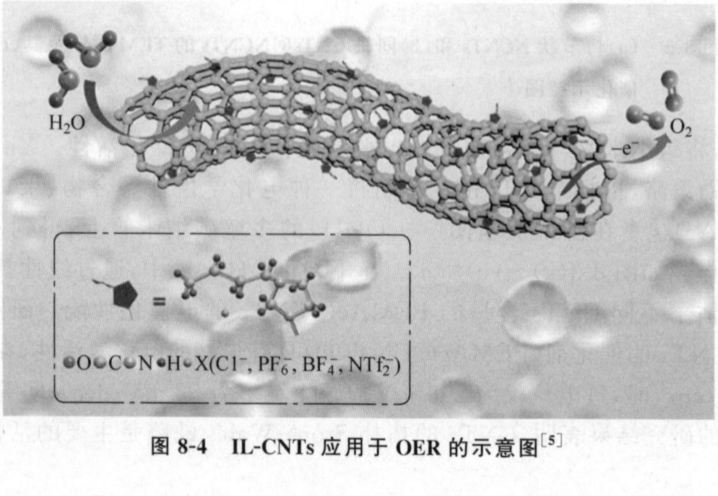

图 8-4　IL-CNTs 应用于 OER 的示意图[5]

2. 碳纳米管作为催化剂载体

由于碳纳米管具有独特的孔隙结构、大比表面积，以及优良的导电性等特性，可以将高密度的催化剂颗粒均匀地分散在碳纳米管上，防止催化剂颗粒聚集，以及在极端工作条件缓解降解速率。因此，利用碳纳米管作为载体可以充分发挥载体和主体催化体系的各个优势，实现"1+1＞2"的协同效果，极大提升复合纳米材料催化活性和稳定性。

Yang 等[6]利用电化学沉积法来制备亲水多孔 CoS_2/CNTs 复合材料(图 8-5)，发现多孔 CoS_2 表面在电化学氧化过程中形成许多亲水性基团。通过引入 CNTs 作为导电衬底，提高了具有多孔结构的 CoS_2 的导电性，有效促进了电荷和反应物的转移。同时，活性位点修饰的亲水基团增加了电解质-电极的接触点，使得 CoS_2/CNTs 在碱性条件下表现出优异的催化活性和稳定性，OER 的起始电位为 1.33 V (vs. RHE)，在 10 mA/cm^2 时的过电位仅为 290 mV，且稳定性远优于 IrO_2。

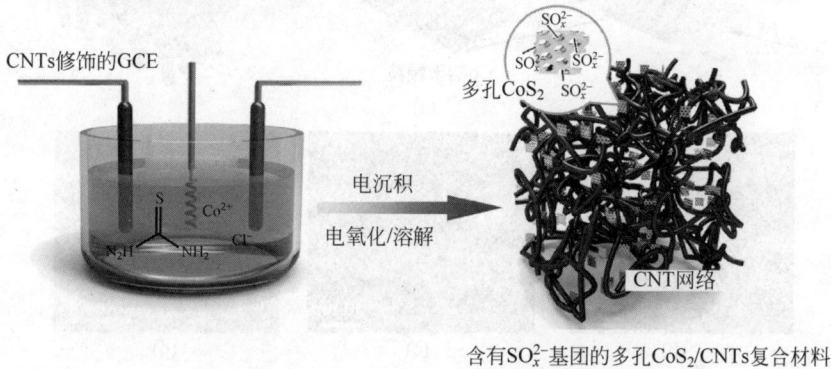

含有 SO_x^{2-} 基团的多孔 CoS_2/CNTs 复合材料

图 8-5　硫化物用于 OER 反应[6]

Xue 等[7]利用电沉积方法构建了具有异质结构的硒化镍(NiSe)和碳纳米管复合材料(NiSe@CNTs)(图 8-6)，通过 CNTs 中 π 电子离域作用调整 Ni 位点的电子结构，从而激发 Ni 位点的隐藏催化潜力。此外，引入的 CNTs 不仅避免了纳米颗粒的聚集，而且减小了颗粒的尺寸，从而增加了 Ni 活性位点的数量。密度泛函理论计算结果表明，CNTs 的 π 电子离域效应诱导 Ni 活性位点的电子密度增加，降低了决速步(＊O→＊OOH，＊为活性位点)的能垒，从而增强了催化剂的本征活性。电化学测试结果表明，NiSe@CNTs 在碱性电解液中具有出色的 OER 催化活性(η=145 mV，100 mA/cm^2)和稳定性(730 h)。

Huang 等[8]采用化学气相沉积法制备了 Co 和碳纳米管的复合材料(Co NP@CNTs)(图 8-7)。研究发现，Co NP@CNTs 在碱性介质中表现出较低过电位和较低的 Tafel 值，性能优于以往报道的大多数 Co 基催化剂和商业 Co 纳米颗粒(NP)，这归因于 CNTs 作为载体不仅提高了导电性能，抑制了 Co 脱落，而且降低了 OH＊的吸附能。

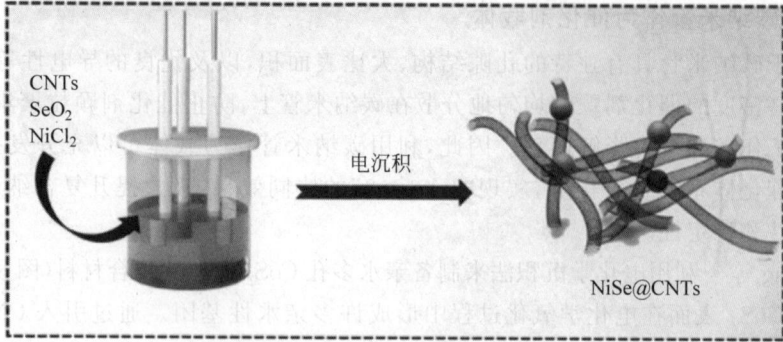

图 8-6　制备 NiSe@CNTs 的示意图[7]

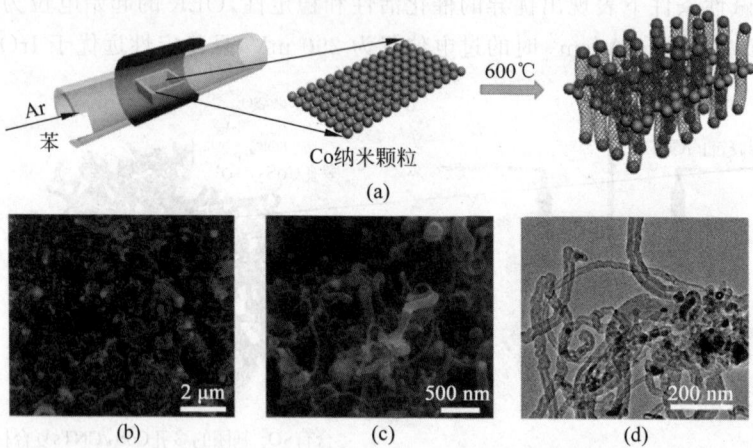

图 8-7　(a)Co NP@CNTs 的合成示意图,以及其(b)和(c)SEM 图像与(d)TEM 图像[8]

　　近年来,单原子电催化剂(SACs)因其超高的原子利用效率和高催化活性已成为电化学研究的新前沿。在碳底物上制备 M-N-C 结构的 SACs 已被广泛用于OER 催化剂。与传统的高缺陷碳基底相比,碳纳米管具有更高的石墨化程度和丰富的 π 共轭电子,使得电子在管壁上有大量可用的传导通道,因此具备更好的导电性和化学稳定性。例如,Cao 等[9]合成了一系列叠氮基取代卟啉金属配合物,这些金属离子具有非常相似的配位环境。通过共价连接,将 1-M(M = Mn、Fe、Co、Ni和 Cu)接枝到炔烃官能化的碳纳米管上,制备了杂化催化材料 1-M@CNTs(图 8-8(a)和(b))。这些杂化催化剂在碱性介质中表现出优异的 HER 和 OER 活性和稳定性。其中,1-Fe@CNTs 具有最高的 HER 催化活性,而 1-Co@CNTs 展现出最高的 OER 催化活性(图 8-8(c)和(d))。将 1-Fe@CNTs 和 1-Co@CNTs 分别组装于电解槽的阴极和阳极,在电解水测试中,与负载相同质量的商业 Pt/C(阴极)和商业 Ir/C(阳极)组装的电解槽相比,体现出更小的过电势和动力学特性。该工作系统研究了这些催化材料 HER 和 OER 催化活性与第一排过渡金属离子的性质之间的关系,对于推动分子催化剂在电解水技术中的应用具有重要意义。

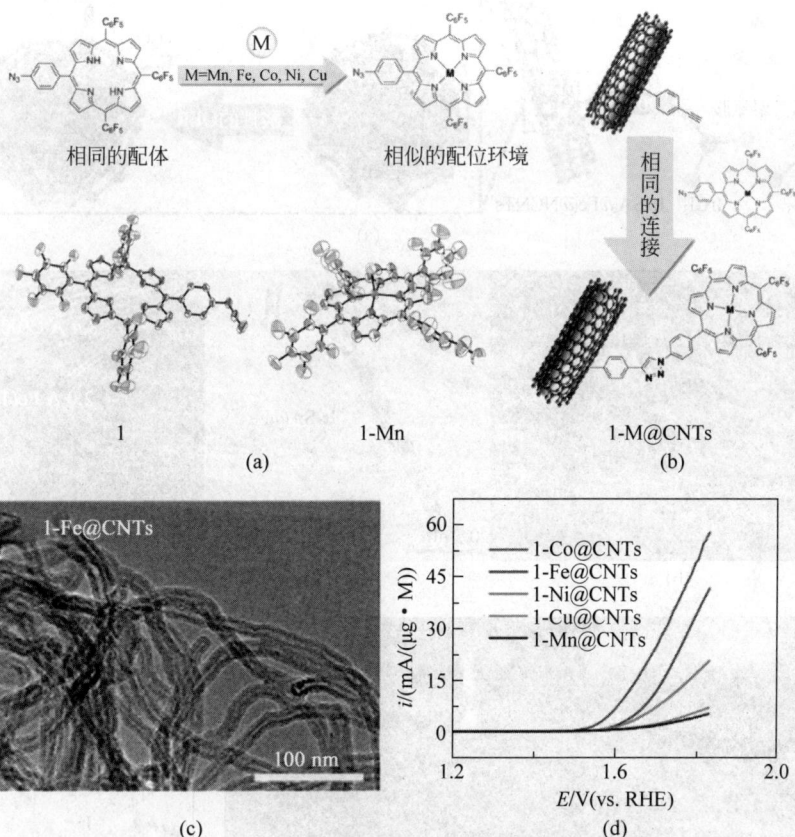

图 8-8　(a),(b)1-M(M = Mn,Fe,Co,Ni,Cu)及其接枝到碳纳米管上(1-M@CNTs)的示
意图;(c)1-Fe@CNTs 的 SEM 图像;(d)在 1.0 M KOH 介质中的 LSV 曲线[9]

Cai 等[10]为了解决酸性 OER 中 Ir SAC 的稳定性问题,通过在 Fe 纳米颗粒外部包覆碳纳米管,构筑了一种核壳保护结构,对催化剂的稳定性起到明显改善。如图 8-9(a)所示,首先将 Ir SAC 分散在 Fe 纳米颗粒上,然后将 Ir-Fe 纳米微粒包封到掺杂氮的碳纳米管中(Ir-SA@Fe@NCNTs)。如图 8-9(b)~(d)所示,CNTs 表面非常光滑且 Fe 纳米颗粒均匀分布在 CNTs 中。高角环形暗场扫描透射电子显微镜(HAADF-STEM)的元素分布图和线性能量色散 X 射线谱(图 8-9(e)和(f))揭示了 Ir、Fe、C、N 元素在 Ir-SA@Fe@NCNTs 中的分布状况。在 0.5 M H_2SO_4 电解液中,Ir-SA@Fe@NCNTs 在 10 mA/cm² 下,驱动 OER 和 HER 反应发生的过电势分别为 250 mV 和 26 mV。在 270 mV 的过电位下,其质量活性分别是商业 IrO_2 和 Pt/C 的 1370 倍和 61 倍。此外,在经过 12 h 的 OER 反应和 5000 次 HER 循环后,材料几乎没有降解,表明该催化剂具有良好的稳定性。

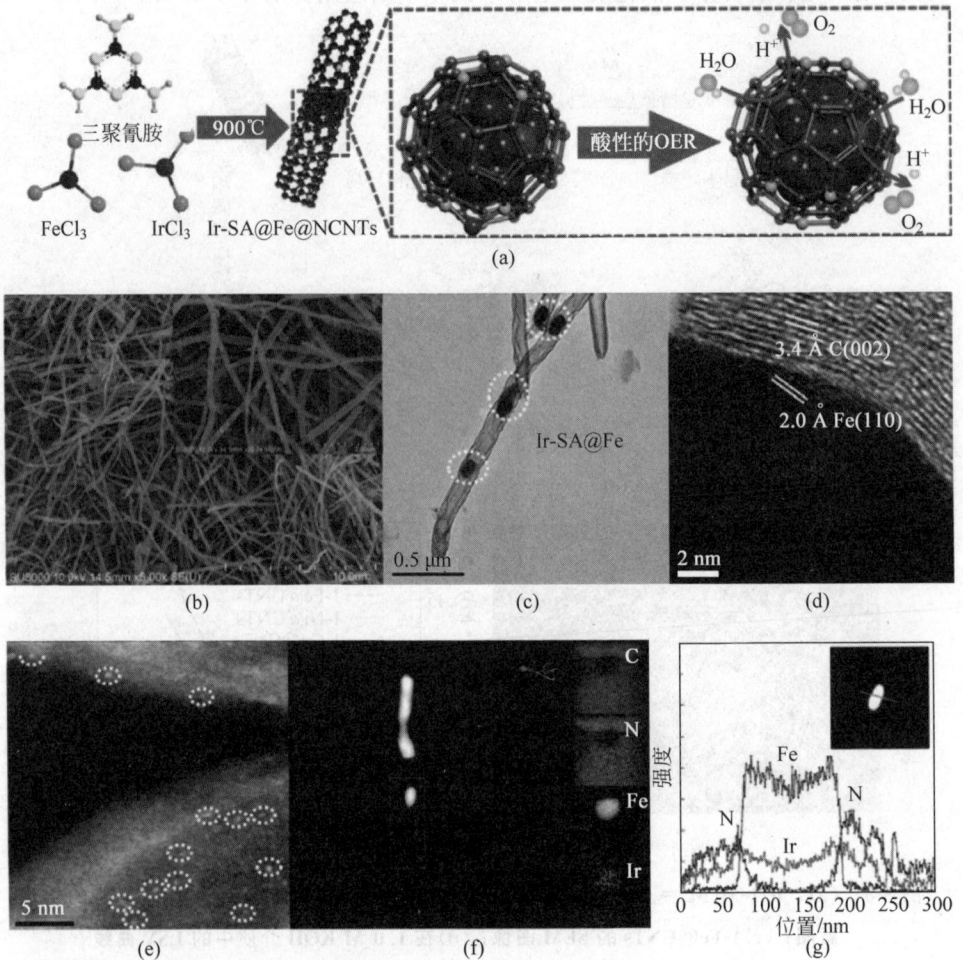

图 8-9　(a) Ir-SA@Fe@NCNTs 合成及在酸性电解液中的催化反应示意图；
(b)～(g) Ir-SA@Fe@NCNTs 的形貌结构[10]

3. 碳纳米管基柔性电极

近年来，便携式与可穿戴电子产品，涵盖曲面显示器、智能服饰、微型传感器、医疗植入技术及人工皮肤等，正逐步兴起(图 8-10)[11]。这类电子产品亟需匹配柔性能源储存装置，特别是能在机械形变下仍保持良好机械性能和电化学储能性能的柔性电池，以适应其应用需求。柔性电池在使用过程中会经历频繁的机械形变，如弯曲、折叠、扭转和拉伸等挑战。解决这些挑战的核心在于研发高性能且稳定的柔性独立电极。碳纳米管凭借其独特的一维结构、出色的电导性、良好的柔性和机械强度，成为构建柔性独立电极的理想材料。它们能够与其他具有催化活性的材料复合，共同满足柔性电池的特殊要求。

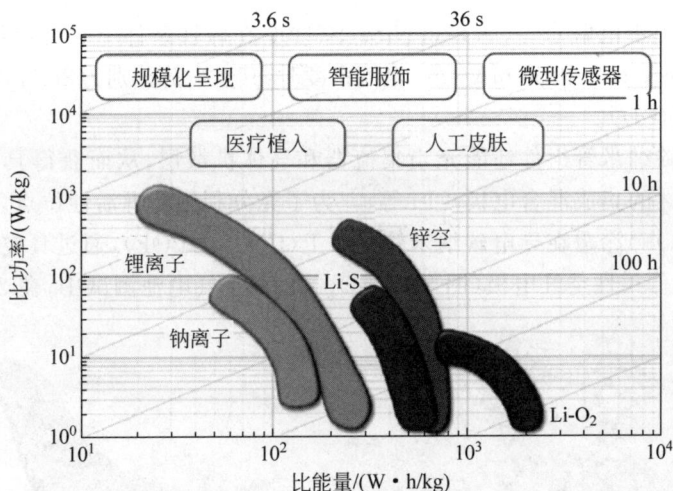

图 8-10　不同电池的拉贡曲线（Ragone plot）以及由柔性电池供电的常用电子设备[11]

Lin 等[12]将 NiSe 纳米颗粒通过电沉积在致密的碳纳米管上，形成了一种相互缠绕的多孔网络结构，得到 CNTs@NiSe/SS（图 8-11（a）和（b）），将其作为独立式

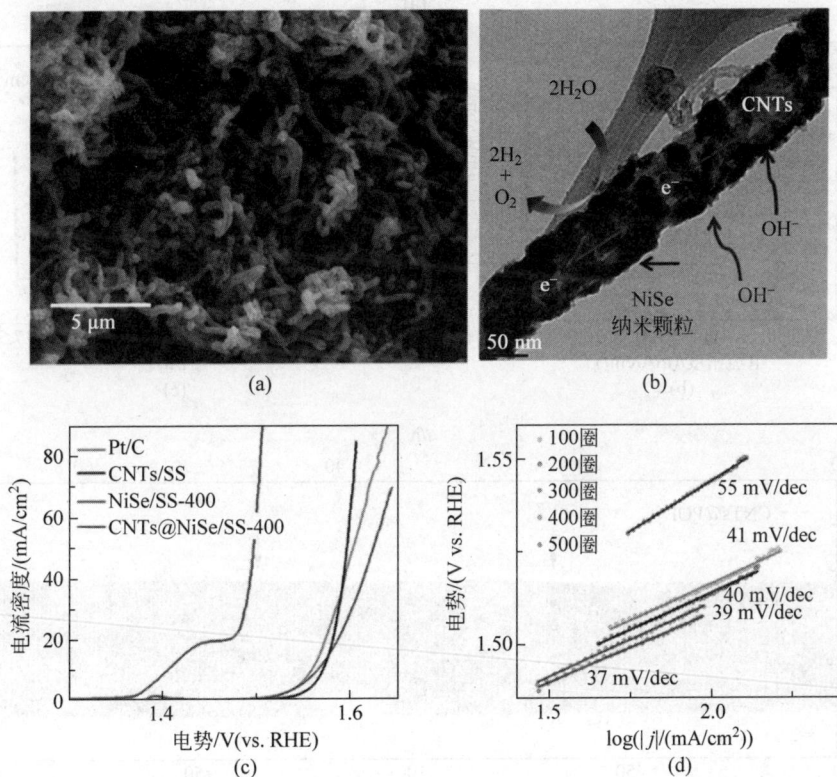

图 8-11　（a）CNTs@NiSe/SS-100 的 SEM 图像和（b）TEM 图像；（c）CNTs@NiSe/SS 电极对 OER 的极化曲线和（d）相应的 Tafel 斜率[12]

功能电极应用于电解水。CNTs@NiSe/SS-400 在碱性条件下表现出优异的 OER 性能,在 30 mA/cm² 和 50 mA/cm² 电流密度时,其过电势分别为 258 mV 和 267 mV (图 8-11(c)和(d))。

独立的碳纳米管组件还能充当集流器和气体扩散层,从而获得具有良好柔性和电化学活性的集成混合电极。Li 等[13]为了充分利用卟啉活性位点,将卟啉共价有机框架(POF)涂覆在导电碳纳米管支架上(CNTs@POF),通过真空过滤交织成独立薄膜,用作柔性空气电极(图 8-12(a))。在锌-空气电池测试中,在 2.0 mA/cm²

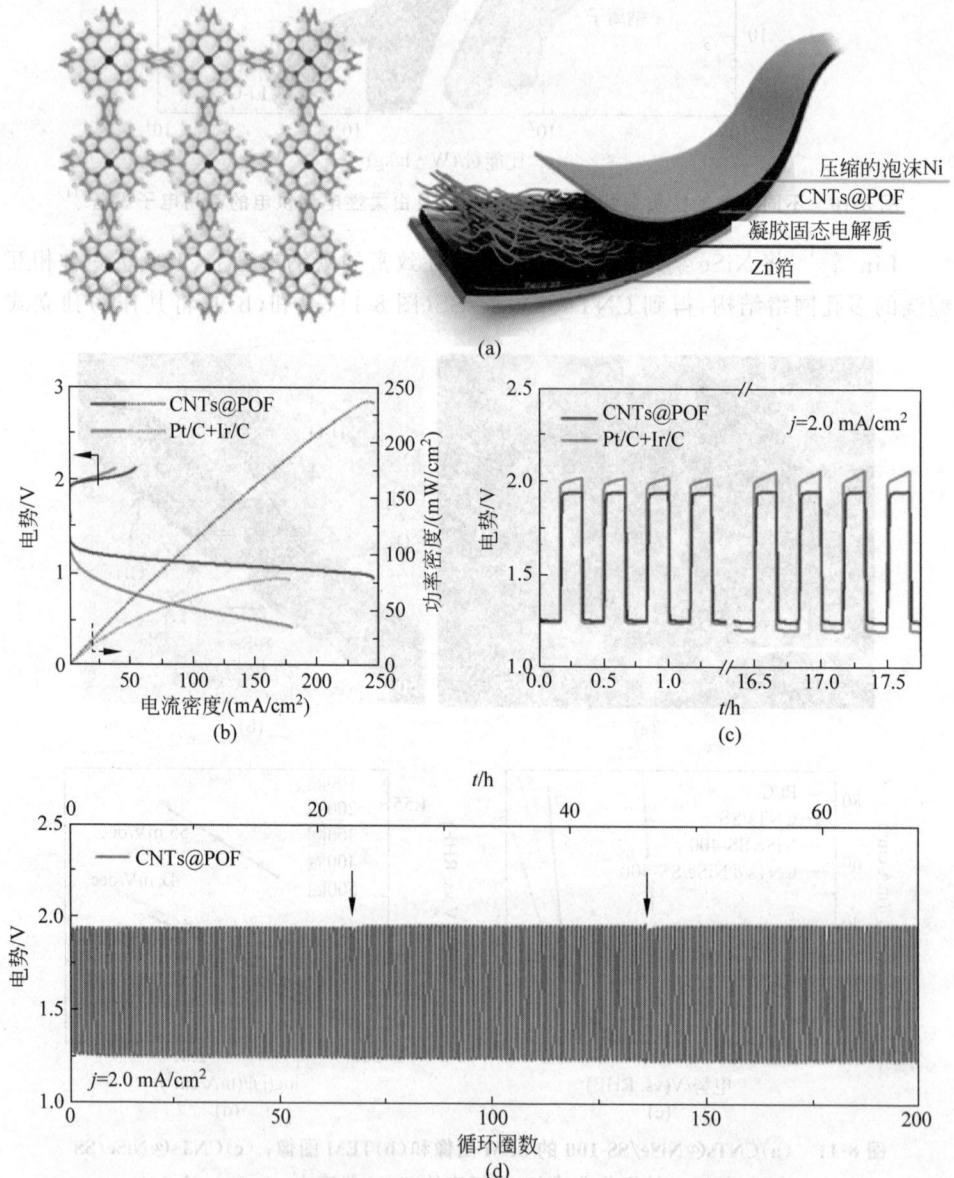

图 8-12 CNTs@POF 电极在柔性固态锌-空气电池中的(a)示意图,及其(b)~(d)催化性能[13]

时,功率密度高达 $237\ \mathrm{mW/cm^2}$,充放电电压差仅为 $0.71\ \mathrm{V}$,并且循环 200 次后活性没有衰减(图 8-12(b)~(d))。

8.2.3　碳纳米管在电催化 HER 中的应用

贵金属催化剂如 Pt 及其合金对 HER 展现出卓越的催化活性。然而,贵金属的自然丰度有限且价格高昂,这极大地阻碍了它们在大规模水电解制氢中的广泛应用。近年来,研究人员已成功开发出多种低 Pt 含量或非 Pt 基 HER 催化材料,如碳化物、氧化物、硫化物及碳基复合材料等,这些新型材料在 HER 方面展现出了出色的催化性能。碳纳米管凭借其高比表面积、卓越的导热性、导电性、化学稳定性以及超导特性等优势,不仅能够有效提升 HER 的电催化效率,还作为其他高效电催化剂的理想载体,展现了广泛的应用潜力。因此,碳纳米管被视为多种实际应用中解决催化问题的有力工具。

1. 碳纳米管/金属单质催化剂

金属基催化剂在化学转化、能量转化和环境修复等领域中扮演着关键的角色。Pd、Ru、W、Ni 等高性价比金属是 Pt 的替代材料,通过将不同类型的金属和各种金属配合物结合起来实现高电催化活性是近年来发展的新方法。Liang 等[14]报道了一种 Pd/Ni 纳米颗粒与碳纳米管复合材料(图 8-13)。Pd 的平均直径小于 $5\ \mathrm{nm}$,Ni 的尺寸为 $1\sim2\ \mathrm{nm}$。以聚二烯丙基二甲基氯化铵(PDDA)为关键粘结体,单分散 Pd 纳米颗粒均匀地固定在掺 Ni 的碳纳米管上,用于电催化 HER。电化学测试结果表明,其展现了明显增强的电催化 HER 活性,且优于商用 Pd/C(40 wt%)。

图 8-13　Pd-Ni-N-CNTs 复合材料合成过程示意图[14]

2. 碳纳米管/金属化合物催化剂

金属磷化物因其独特的电子结构,具有高催化活性和良好的耐久性,在 HER 中得到了广泛应用。单组分磷化物因导电性不佳,在 HER 中展现出较低的催化活性。为解决此问题,研究人员提出了金属-金属磷化物复合策略,旨在提升磷化物的导电性。同时,金属与金属磷化物间的协同作用还能进一步促进催化剂表面电荷的传导[15-16]。但金属-金属磷化物结构稳定性较差,HER 过程中纳米颗粒易聚集,导致稳定性降低。为克服上述问题,将金属纳米颗粒限域于碳纳米管的腔道中,可有效防止金属颗粒在反应中聚集。Xie 等[17]通过高温磷化反应,以石墨烯为基底,设计出了碳纳米管封装的镍-镍磷化复合材料($Ni-Ni_{12}P_5$@CNTs/rGO)(图 8-14)。$Ni-Ni_{12}P_5$@CNTs/rGO 催化剂在酸性溶液中性能卓越,交换电流密度达 $5.62×10^{-3}$ mA/cm^2,Tafel 斜率为 55.43 mV/dec,远超金属 Ni 催化剂。此外,得益于 CNTs 的限域效应,$Ni-Ni_{12}P_5$@CNTs/rGO 在 10 h 的稳定性测试中保持稳定。

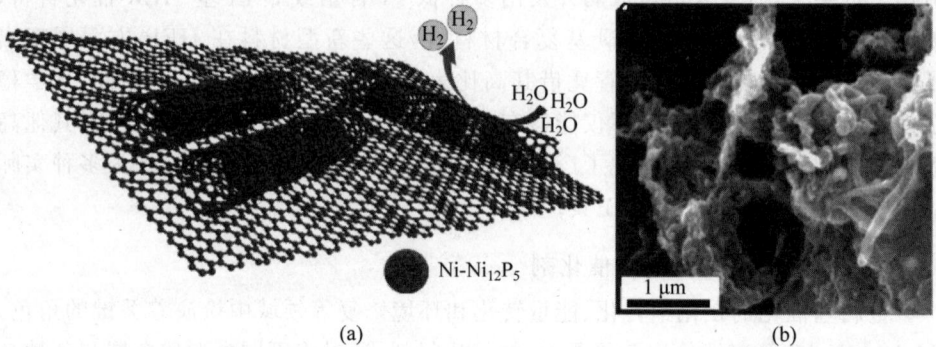

图 8-14 $Ni-Ni_{12}P_5$@CNTs/rGO 的(a)结构模型图和(b)SEM 图像[17]

受生物神经元结构的启发,Yang 课题组[18]开发了一种简单的两步合成法:首先通过 π-π 堆叠作用将三-(4-氟苯基)膦(PF)修饰到碳纳米管表面,制得功能化碳纳米管(PF-CNTs)(图 8-15(a));再通过电沉积将无定形磷酸钴(CoPi)均匀锚定在 PF-CNTs 上,最终形成 Co-P 嵌入多孔碳纳米管的神经元状互穿纳米复合网络(NIN-Co-P/PCNTs)(图 8-15(b))。该结构中,嵌入式 Co-P 纳米颗粒与碳基质的紧密结合显著提高了活性位点利用率,中空管状多孔碳网络形成的互穿通道为电荷传递和反应物扩散提供了高效传输路径,协同加速制氢过程。在此基础上,进一步制备低负载 Ir 含量(0.41%)的 IrO_2-CoPi-CNTs 催化剂,其表现出优异的HER 活性($\eta = 29$ mV@ 10 mA/cm^2;Tafel 斜率为 27 mV/dec)和稳定性(100 h)。该催化剂的出色性能源于 IrO_2 与 CoPi-CNTs 的强协同效应:IrO_2 提供优异的氢吸附能力,而 CoPi-CNTs 则通过快速裂解 H-O-H 键产生丰富的 H^* 中间体。DFT 计算表明:CoPi-CNTs 中的磷酸盐物种(P/O 桥键)连接了钴氧化物外围与IrO_2 颗粒,有效阻止了 IrO_2 聚集,促进了生成气体的释放;同时磷酸盐向 IrO_2的电荷转移调控了催化剂本征活性,使 ΔG_{H^*} 值优化至约 -0.13 eV(图 8-15(c))。这些发现不仅揭示了 Ir 在 HER 中的应用机制,更为构建低成本、高性能电催化剂提供了创新策略。

过渡性金属二硫化物(TMDs),如 MoS_2、CoS_2、Co_9S_8、FeS_2、Ni_2S_3、WS_2,因其丰度高、成本低,以及接近最佳的氢吸附自由能(ΔG_{H^*})和独特的电子结构,在电催化 HER 领域受到极大的重视,其中 MoS_2 和 CoS_2 被认为是潜在 Pt 基 HER

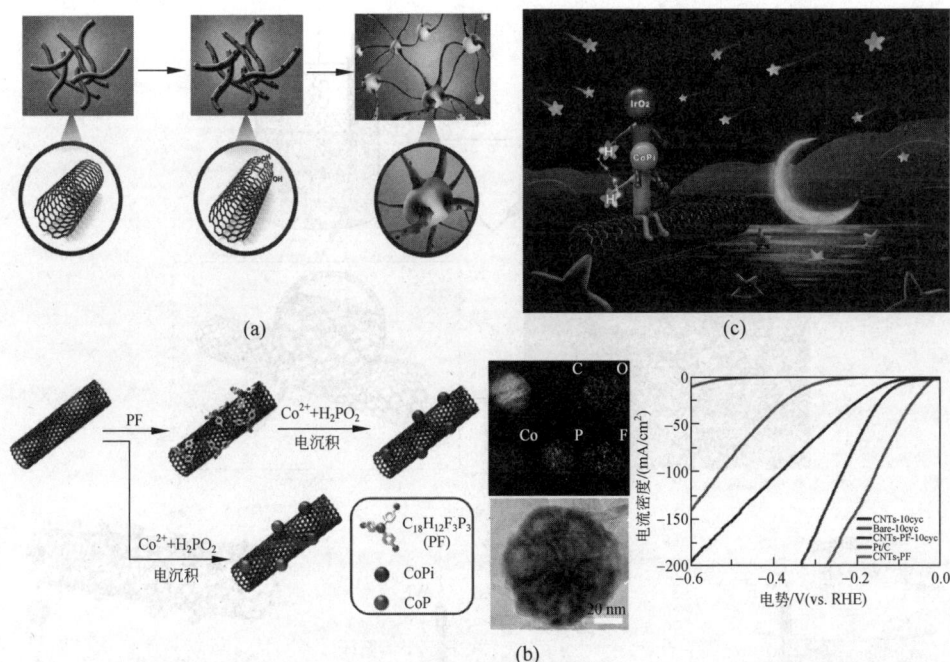

图 8-15　（a）NIN-Co-P/PCNTs 的结构；（b）CoPi/PF-CNTs 的合成示意图及

（c）在 HER 中的应用示意图[19]

催化剂的替代品。然而，它们的电导率和界面润湿性较差，活性位点暴露较少，以及容易发生聚集，从而显著降低其电催化活性。最近，Yang 等[20]通过一步辅助合成策略，制备了碳纳米管负载的亚纳米级 MoS_x（MoS_x-CNTs）（图 8-16（a））。由于活性位点数量的增加和亚纳米结构中大量不饱和 S 原子的暴露，MoS_x-CNTs 展现了优异的电催化活性，在 $10\ mA/cm^2$ 时的过电位仅为 $106\ mV$。此外，该课题组[21]利用电沉积的方法制备了 MoS_x/CNTs/Pt 催化材料，在减少 Pt 含量的基础上大大提高其电催化活性（图 8-16（b））。研究发现，MoS_x 中的一部分 S 原子在电沉积的过程中可以被 O 原子取代，导致形成 MoS_x-O-PtO_x 结构。DFT 计算表明，MoS_x-O-PtO_x 结构中的 O 原子桥接了 PtO_x 颗粒和 MoS_2 载体，促进 Pt 原子的给电子能力，进而提升其 HER 催化活性。电化学测试结果表明，在酸性条件下，MoS_x/CNTs/Pt（Pt 含量为 $0.55\ wt\%$）在电流密度为 $10\ mA/cm^2$ 下的过电位仅为 $25\ mV$，Tafel 斜率为 $27\ mV/dec$，优于商业 $20\ wt\%$ 的 Pt/C 催化剂。

在碳纳米管中引入 N、S、O、B、P 等杂原子或缺陷，可以打破碳纳米管表面电子分布的规整性，改变局部 π 电子的密度，有效提升碳材料的化学活性，进而影响主体催化材料的催化活性。因此近年来将富含缺陷或杂原子的碳纳米管与金属化合物复合被认为是提升金属催化剂催化活性的有效手段，受到广泛关注。Xie 等[22]采用了一种简单的原位合成策略，以三聚氰胺作为 N 源和还原剂，乙酸镍和

(a)

(b)

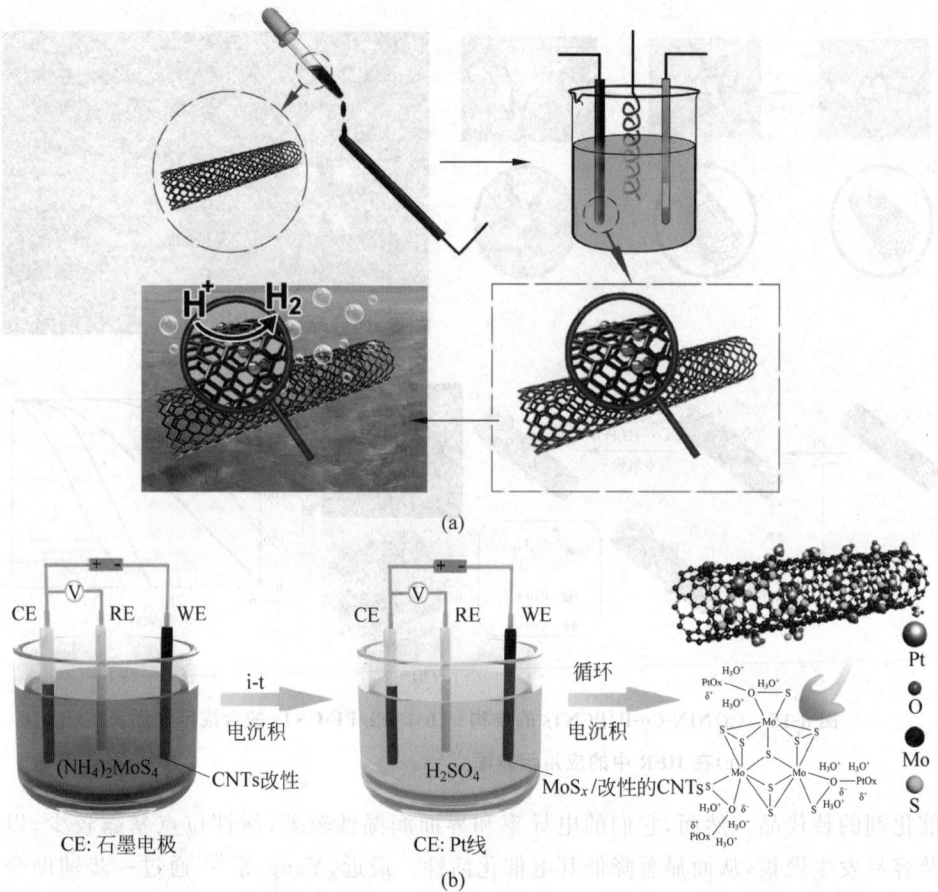

图 8-16 （a）MoS$_x$ 合成示意图[20]；（b）MoS$_x$-CNTs-Pt 合成示意图[21]

葡萄糖分别作为镍源和碳源，制备了各种 Ni 负载的 N 掺杂的竹节状结构碳纳米管（Ni-NCNTs）（图 8-17）。DFT 计算表明，Ni-NCNTs 具有较低的 HOMO-LUMO 能带间隙和高电离电位，电化学测试表明，其在 10 mA/cm^2 电流密度下的过电位为 147 mV，Tafel 斜率为 57.6 mV/dec。

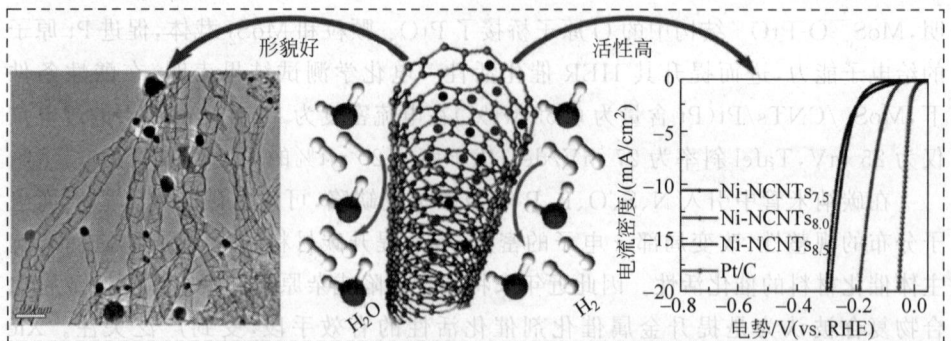

图 8-17 Ni-NCNTs 的合成示意图，以及系列产物的 HER 性能图（LSV 曲线）[22]

Kuang 等[23]采用一步退火法制备了 N、S 共掺杂的碳纳米管封装 Co 纳米颗粒的复合材料(Co-NSCNTs,图 8-18(a))。如图 8-18(b)和(c)所示,所制备的碳纳

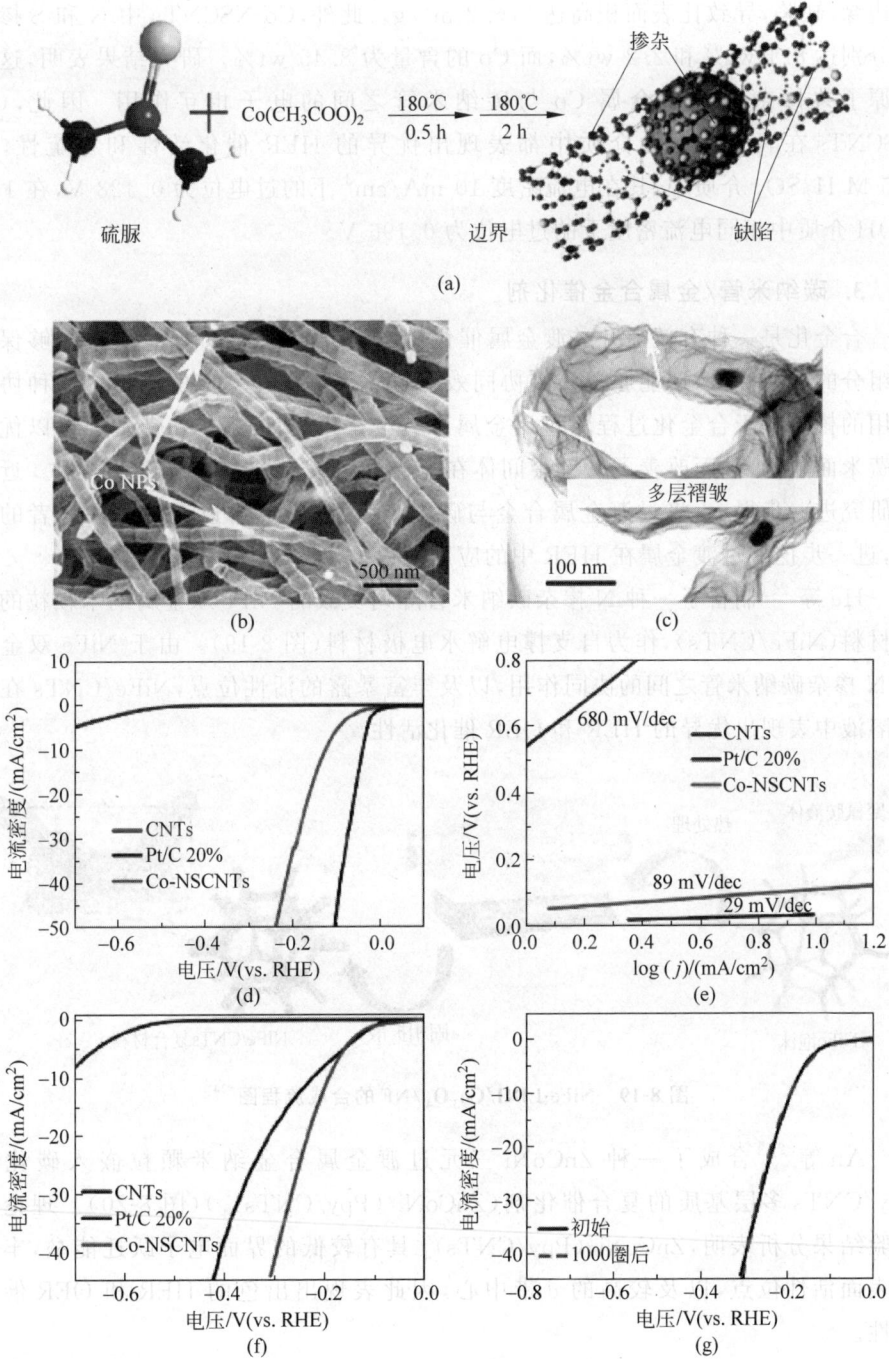

(a)

(b)

(c)

(d)

(e)

(f)

(g)

图 8-18　(a)钴金属化合物结合 CNTs 的示意图,(b)SEM 图像和(c)TEM 图像;
(d)～(g)催化性能测试[23]

米管长度达到微米级,直径约为 80 nm,Co 纳米颗粒良好地包覆在碳纳米管腔道中。这些 CNTs 是由多层褶皱丰富的纳米片卷曲堆叠而成,具有非封闭结构和大量边缘/缺陷,导致比表面积高达 276.2 m^2/g。此外,Co-NSCNTs 中 N 和 S 掺杂量分别达 8.1 wt% 和 2.2 wt%,而 Co 的含量为 8.45 wt%。研究结果表明,这种杂原子共掺杂强化了金属 Co 与碳纳米管之间的电子相互作用。因此,Co-NSCNTs 在酸性和碱性介质中都表现出优异的 HER 催化活性和稳定性,在 0.5 M H_2SO_4 介质中,其在电流密度 10 mA/cm^2 下的过电位为 0.123 V,在 1 M KOH 介质中相同电流密度下的过电位为 0.196 V。

3. 碳纳米管/金属合金催化剂

合金化是一种有效提升过渡金属催化材料固有活性的策略,它不仅能够保留各组分的独特优势,还能通过整体协同效应显著促进催化反应的进行。这种协同作用的核心在于合金化过程对过渡金属原有电子结构的调整,d 带中心得以优化至费米面附近,进而改善了关键中间体在电极材料表面的吸附与解吸过程。近期的研究进一步揭示,将过渡金属合金与碳纳米管相结合,可以充分发挥二者的优点,进一步挖掘过渡金属在 HER 中的应用潜力。

He 等[24]制备了一种 N 掺杂碳纳米管阵列负载的 NiFe 双金属纳米颗粒的复合材料(NiFe/CNTs),作为自支撑电解水电极材料(图 8-19)。由于 NiFe 双金属与 N 掺杂碳纳米管之间的协同作用,以及丰富暴露的活性位点,NiFe/CNTs 在碱性溶液中表现出优异的 HER 和 OER 催化活性。

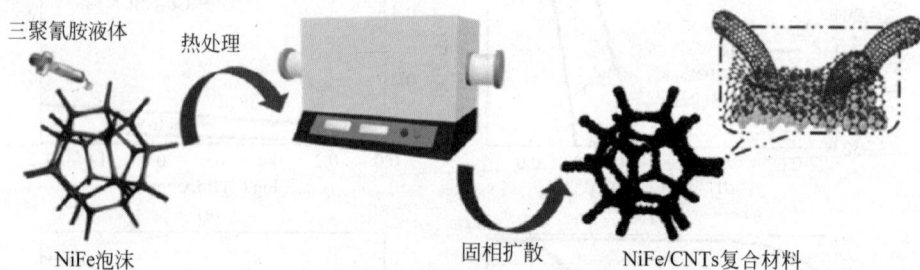

三聚氰胺液体　　热处理　　　　　　　　　　　　　　　　　　　　　

NiFe泡沫　　　　　　　　　固相扩散　　　NiFe/CNTs复合材料

图 8-19　NiFe-LDH/Co_3O_4/NF 的合成流程图[24]

An 等[25]合成了一种 ZnCoNi 三元过渡金属合金纳米颗粒嵌入碳化的 Ppy/CNTs 多层基质的复合催化剂(ZnCoNi/(Ppy/CNTs)$_4$)(图 8-20)。理论和实验结果分析表明,ZnCoNi/(Ppy/CNTs)$_4$ 具有较低的界面电子跃迁能垒,丰富的表面活性位点,以及较高的 d 带中心,因此表现出出色的 HER 和 OER 催化活性。

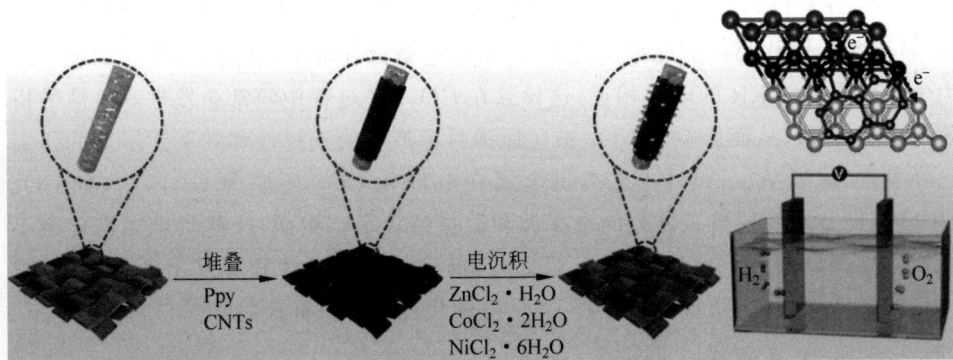

图 8-20 ZnCoNi/(Ppy/CNTs)₄ 合成示意图[25]

8.3 碳纳米管在电催化 CO_2 还原反应中的应用

8.3.1 电催化 CO_2 还原反应的原理

随着工业的高速发展,人类对化石燃料的过度消耗导致大气中 CO_2 温室气体的含量急剧上升,进而引发了严重的能源危机和气候变化问题。为了缓解这些紧迫的问题,开发经济高效的 CO_2 转换技术成为关键措施。目前,回收和转换 CO_2 的主要方法包括电催化还原、光催化还原、热化学还原以及生物还原。其中,电催化 CO_2 还原技术能够利用可再生电力,在环境压力和温度下将 CO_2 还原为高附加值的化学品(例如 $HCOOH$、CH_3OH、C_2H_5OH、C_2H_4 等),并且操作简便,被视为缓解当前温室效应压力的最具潜力的途径之一。这一技术有望为构建可持续发展的社会体系提供强大动力。基于电催化 CO_2 还原过程经历不同电子转移数形成不同产物,电催化 CO_2 还原反应(CO_2 reduction reaction,CO_2RR)可以分为以下反应过程[26],如图 8-21 所示。

反应	E^0/V(vs. NHE)at pH=7
$H_2O + 2h^+ \longrightarrow 1/2O_2 + 2H^+$	+0.82
$CO_2 + e^- \longrightarrow CO_2^{\cdot-}$	−1.90
$CO_2 + 2H^+ + 2e^- \longrightarrow HCO_2H$	−0.61
$CO_2 + 2H^+ + 2e^- \longrightarrow CO + H_2O$	−0.53
$CO_2 + 4H^+ + 4e^- \longrightarrow HCHO + H_2O$	−0.48
$CO_2 + 6H^+ + 6e^- \longrightarrow CH_3OH + H_2O$	−0.38
$CO_2 + 8H^+ + 8e^- \longrightarrow CH_4 + 2H_2O$	−0.24
$2H^+ + 2e^- \longrightarrow H_2$	−0.41

图 8-21 CO_2RR 的不同反应过程[26]

CO_2 分子在热力学上表现出极高的稳定性，这意味着要驱动 CO_2 分子发生反应，就必须克服相当高的能垒。此外，在水相电解液环境中，氢离子(H^+)的还原热力学电位与 CO_2RR 的电位相近，这导致在 CO_2RR 过程中经常会发生竞争性的析氢反应(HER)，从而影响了 CO_2 被还原为目标产物的选择性和效率。早期的研究已经发现，诸如 Au、Ag、Pd 之类贵金属在电催化 CO_2 还原为 C1 产物(如 CO、HCOOH)方面展现出了较高的选择性和法拉第效率。然而，这些贵金属催化剂不仅成本高昂，而且资源相对稀缺。因此，当前迫切需要设计和开发出新型、高效且廉价的电催化剂，以实现高效地将 CO_2 电催化还原为目标产物。

8.3.2 碳纳米管作为催化剂载体

1. 碳纳米管/金属单原子催化剂

金属单原子催化剂(SACs)作为新一代备受瞩目的"明星"催化剂，融合了多相催化剂和均相催化剂的优势，在 CO_2RR 应用方面展现出广阔的发展前景，并在近几年实现了快速发展。Cheng 等[27]通过热解二氰胺和乙酰丙酮前驱体的方法，成功制备了碳纳米管负载的 Ni 单原子催化剂，其 Ni 负载量高达 20 wt%(命名为 NiSA-N-CNTs)，这一数值远超当前已报道的单原子催化材料的负载量。如图 8-22(a)～(c)所示，碳纳米管呈现出独特的竹节状结构，直径分布在 $10\sim50$ nm。通过球差校正透射电子显微镜的表征，可观察到 Ni 单原子在多孔碳纳米管表面实现了均匀分散(图 8-22(d)～(f))。在电催化测试中，NiSA-N-CNTs 在 $KHCO_3$ 溶液中展现出了

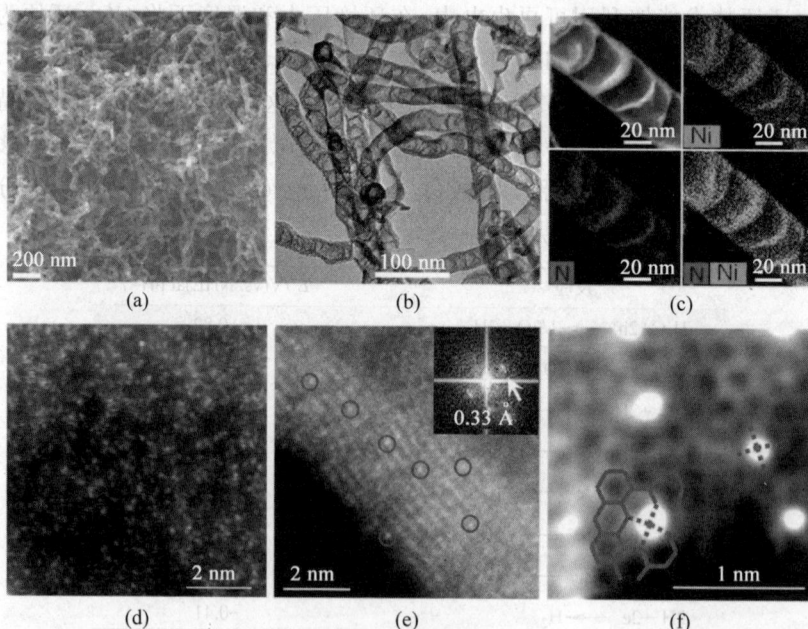

图 8-22 NiSA-N-CNTs 的(a)SEM 图像，(b)TEM 图像，(c)STEM-mapping 图像和(d)～(f)原子级 HAADF-STEM 图像[27]

优异的 CO_2 还原为 CO 的选择性和活性。当电压为 -0.55 V(vs. RHE)时,CO 的产率达到了 4.00×10^{-3} mmol/(cm·min),这一数值是 N-CNTs 和 Ni-N-CNTs 的 6~7 倍。此外,在 -0.7 V(vs. RHE)的电压下,NiSA-N-CNTs 的法拉第电流为 23.5 mA/cm,分别是 Ni-CNTs、N-CNTs 和 Ni-N-CNTs 的 95 倍、9 倍和 4 倍。

Zou 等[28]制备了碳纳米管负载的 Ni-Co 纳米颗粒和 Ni-Co 双单原子的复合的催化材料(NiCoNP@NiCo-NCNTs)。如图 8-23(a)和(b)所示,CNTs 呈现出竹

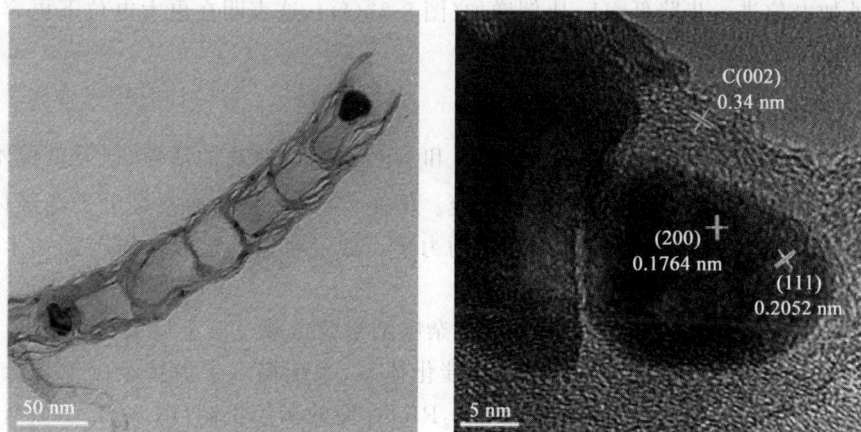

(a)　　　　　　(b)

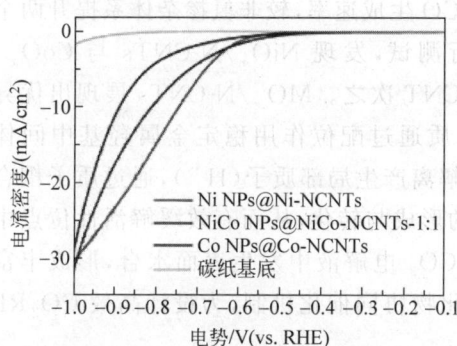

(c)

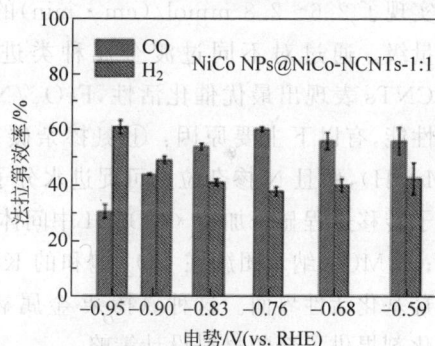

(d)

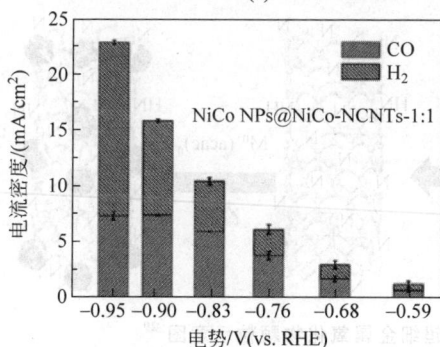

(e)

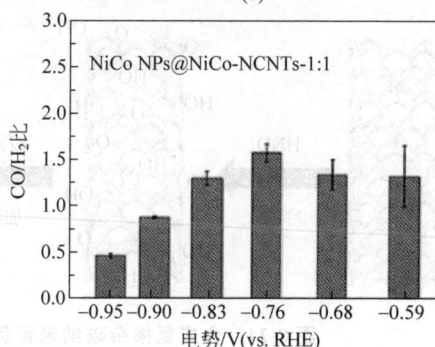

(f)

图 8-23　(a)NiCoNP@NiCo-NCNTs 的 TEM 图像,(b)HRTEM 图像以及(c)~(f)其催化性能[28]

节状的形态,直径约为 50 nm,而镶嵌于碳纳米管内部的金属纳米粒子的直径约为 20 nm。图 8-23(c)所示的 LSV 曲线表明,NiCoNP@NiCo-NCNTs-1∶1 具有显著的电催化性能,在 -1.0 V(vs. RHE)时的总电流密度为 -32.2 mA/cm^2。产物分析表明,在 $-0.83\sim-0.59$ V(vs. RHE),CO 和 H$_2$ 的法拉第效率(vs. RHE)几乎保持不变,形成良好的合成气(56%的 CO 和 40%的 H$_2$),见图 8-23(d)和(e)。这可归因于 NiCo 双单原子、NiCo 纳米颗粒、N 掺杂的碳纳米管之间的协同作用。随着外加电位进一步降低,H$_2$ 比例增加(图 8-23(f)),这表明在更大电位下更容易生成 H$_2$。

2. 碳纳米管/金属化合物催化剂

过渡金属氧化物,如 CoO$_x$、FeO$_x$ 和 NiO$_x$,具有较高的活性,以及低成本、低毒性等特性,广泛用于各种电催化反应。但是,金属氧化物通常是电子绝缘体,导致电子传输效率低,从而限制了反应动力学。通过将这些过渡金属与碳纳米管结合,可以显著提高其电导率。

Cheng 团队[28]创新性构建了氮掺杂碳纳米管负载过渡金属氧化物(MO$_x$/N-CNTs,M=Fe/Ni/Co)纳米团簇复合催化体系,系统揭示了氮掺杂碳纳米管与金属化合物对电催化 CO$_2$ 还原反应(CO$_2$RR)性能的调控机制(图 8-24)。该研究通过在 N-CNTs 表面锚定超细过渡金属氧化物纳米团簇,在 -0.55 V vs. RHE 电位下实现了 $2.6\sim2.8$ mmol/(cm·min)的 CO 生成速率,较非氮掺杂体系提升两个数量级。通过对不同过渡金属种类进行测试,发现 NiO$_x$/N-CNTs 与 CoO$_x$/N-CNTs 表现出最优催化活性,FeO$_x$/N-CNT 次之。MO$_x$/N-CNTs 展现出优异的性能,有以下主要原因:①氮掺杂碳基质通过配位作用稳定金属羟基中间体(M-OH),而且 N 掺杂位点可促进水分子解离产生局部质子(H$^+$),通过质子耦合电子转移过程显著加速 *COOH 中间体的形成与转化,从而有效缓解活性位点中毒;②MO$_x$ 纳米团簇在 CO$_2$ 饱和的 KHCO$_3$ 电解液中发生表面水合,形成丰富的羟基化活性界面。这种氮掺杂-金属氧化物协同催化机制,为设计高效 CO$_2$RR 催化剂提供了新的材料设计策略。

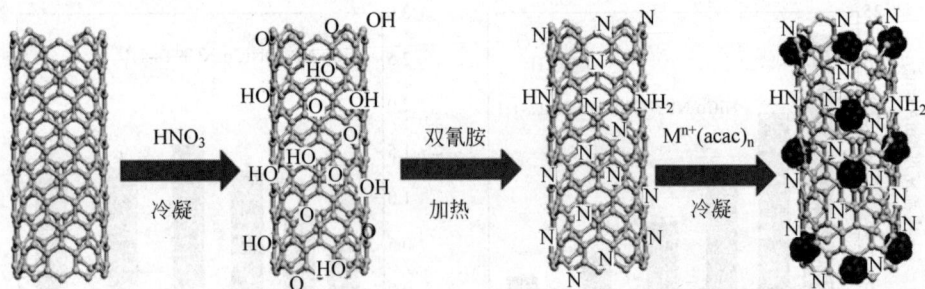

图 8-24 合成氮掺杂碳纳米管负载超细金属氧化物颗粒示意图[29]

锡基催化剂在 CO_2RR 中也具有较好的应用前景,但其活性和选择性较差。Zhang 等[30]采用了一种简单高效的水热法,成功地将超薄的 SnO_2 纳米片锚定在多壁碳纳米管的表面。为了进一步优化催化剂的电催化性能,他们对 MWCNTs 的表面进行了官能团化修饰,引入了—COOH、—NH_2 和—OH 等官能团(图 8-25(a))。从图 8-25(b)~(e)可以看出,经过—COOH 和—NH_2 官能团修饰的 SnO_x@MWCNTs 催化剂在电催化 CO_2RR 中表现出了优异的催化活性,它们对 C1 产物(甲酸盐和 CO)的选择性几乎达到了 100%。这一研究表明,MWCNTs 表面的官能团与 SnO_2 之间存在强烈的相互作用,这种相互作用对于提升催化剂的活性和选择性起到了至关重要的作用。

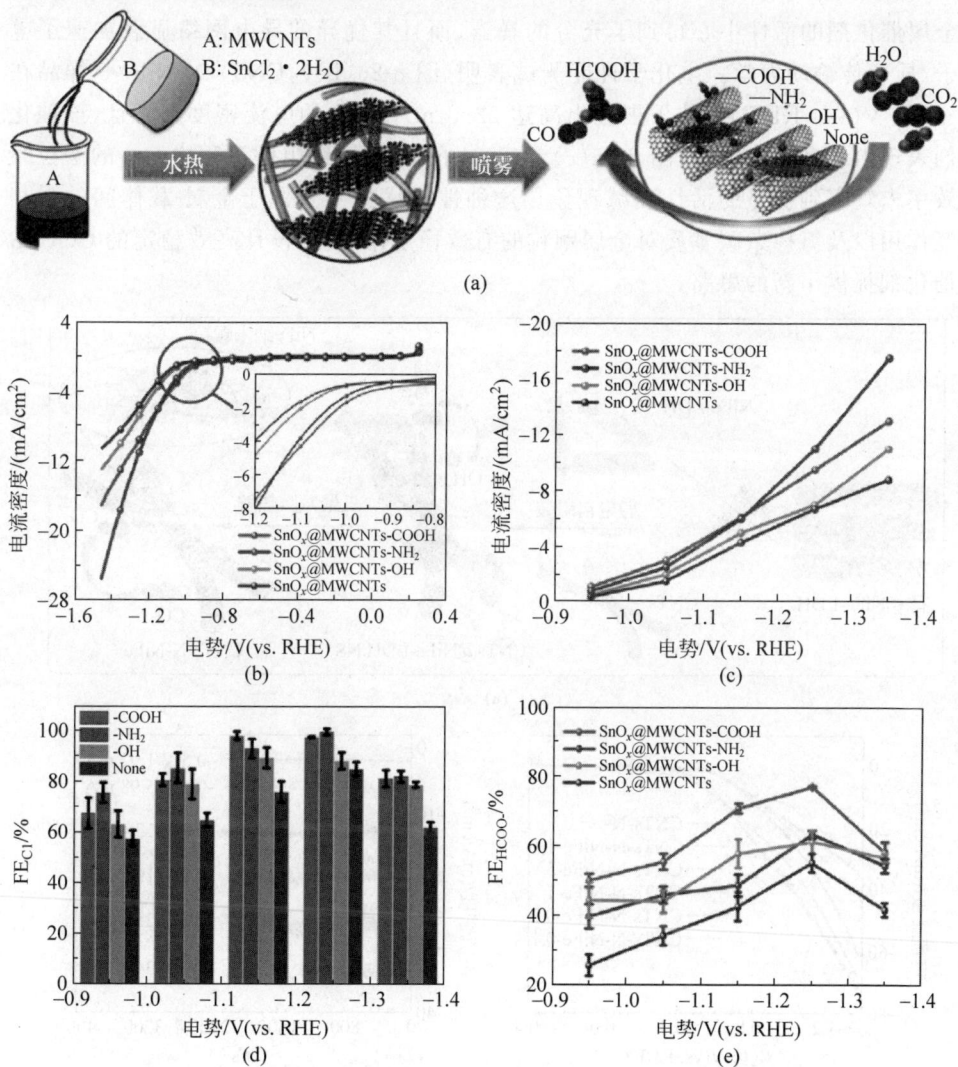

图 8-25 SnO_x@MWCNTs 系列催化剂的(a)制备流程示意图,以及(b)~(e)其催化性能[30]

3. 碳纳米管/多金属催化剂

过渡金属基催化剂在电催化 CO_2RR 中的产物选择性可通过多金属协同策略实现显著提升。合理构建多组分复合催化体系能够有效整合不同金属的活性优势，从而优化反应路径并提高目标产物的选择性。基于此，Chen 等开发了一种氮掺杂碳纳米管负载镍铁双金属催化剂（CNTs-N-NiFe）。如图 8-26(a)所示，该研究团队首先通过静电絮凝法将带正电荷的镍铁层状双氢氧化物（NiFe-LDH）超薄纳米片与碳纳米管复合，形成 CNTs@NiFe-LDH NS 前驱体，随后与三聚氰胺按优化比例混合并高温热解，最终获得具有高活性位点密度的复合催化剂。在此结构中，氮掺杂的碳纳米管的高比表面积特性为活性组分的分散提供了理想载体，使得金属催化剂的活性中心得到了充分的暴露，而且其优异的导电网络显著加速了电子/质子传输动力学。电化学性能测试表明（图 8-26(b)），CNTs-N-NiFe-5 样品在 $-0.7\ V$(vs. RHE)电位下展现出高达 $22.3\ mA/cm^2$ 的电流密度。而且，该催化剂表现出优良的稳定性（图 8-26(c)～(g)），在 12 h 连续电解过程中 CO 的法拉第效率未观察到明显的活性衰减现象。这种性能优势主要源于金属-载体间的强相互作用以及氮掺杂碳基质对金属颗粒的有效稳定作用，为设计高效稳定的 CO_2RR 催化剂提供了新的思路。

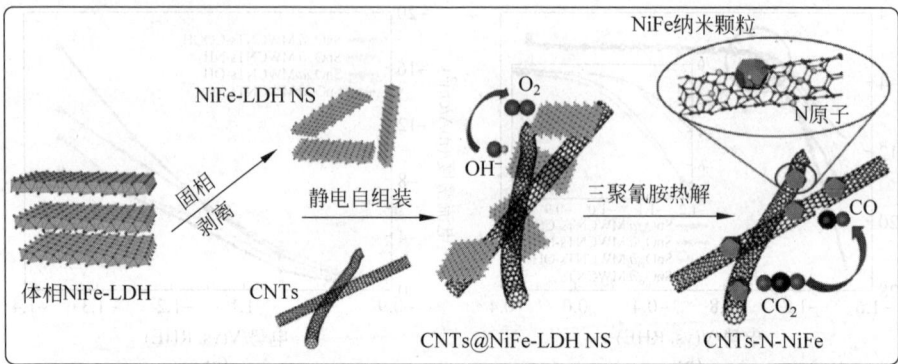

(a)

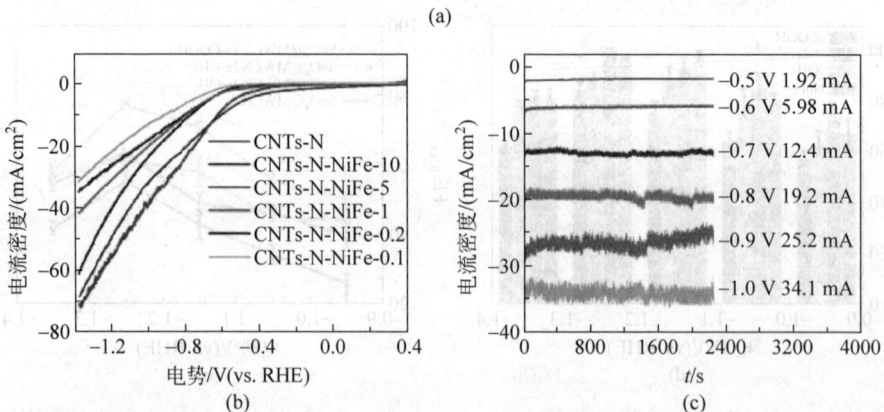

(b)

(c)

图 8-26　CNTs-N-NiFe 的(a)合成示意图，以及(b)～(g)催化性能[31]

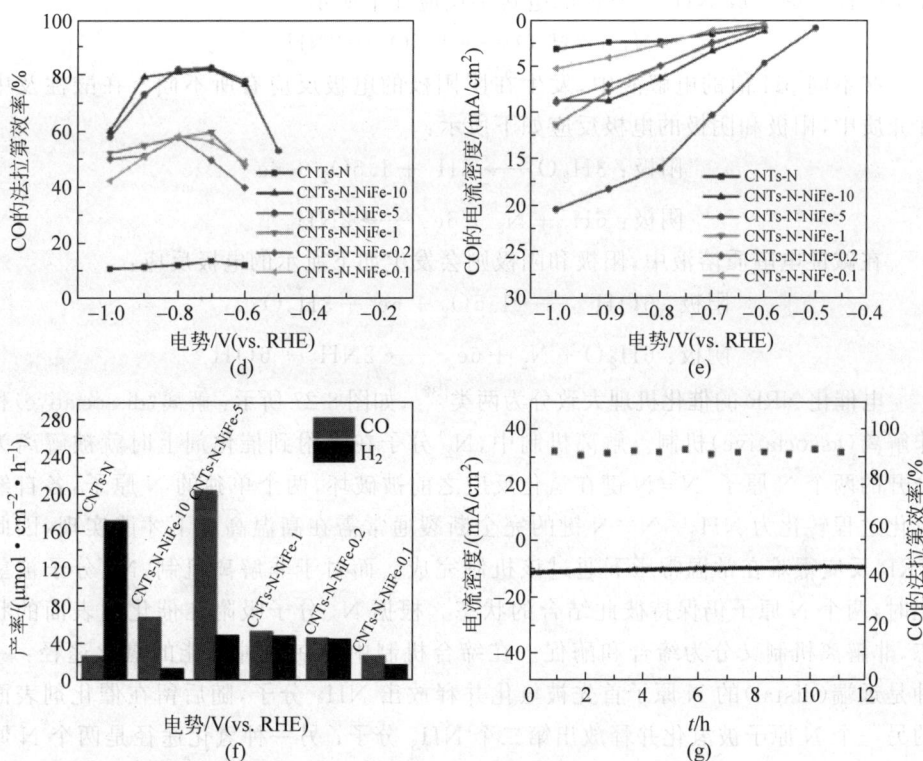

图 8-26 （续）

8.4 碳纳米管在电催化氮气还原反应中的应用

氨作为全球年产量最高的商用化学品之一，广泛应用于军事、化工、农业等多个领域。其体积能量密度比液氢高出 35% 以上，且在催化条件下能够分解并释放出氢气，因此被视为一种优质的氢载体。鉴于这些特性，氨有望成为未来能源领域中快速突破的新型氢载体或绿色燃料，具有巨大的开发潜力和应用前景。

目前，氨的合成方法主要包括 Haber-Bosch（H-B）法、生物固氮法、光催化合成氨以及电化学合成氨。据统计，全球每年的氨产量超过 1.5 亿吨，其中 90% 是通过 H-B 法生产的。然而，H-B 法主要依赖化石能源，不仅能耗高，还会产生大量的 CO_2。相比之下，利用可再生能源驱动的电催化氮还原反应（nitrogen reduction reaction，NRR）来合成氨气，因其反应条件温和，被认为是一种具有潜在应用前景的合成氨方法。

8.4.1 NRR 的反应过程及催化机理

电催化 NRR 主要是以 H_2O 和 N_2 为反应物，H_2O 在阳极被氧化生成 O_2，N_2

在阴极被还原生成 NH_3。整体的电化学反应如下所示：

$$N_2 + 3H_2O \longrightarrow 1.5O_2 + 2NH_3$$

在不同 pH 值的电解液中，发生在阴阳极的电极反应有所不同。在酸性及中性介质中，阳极和阴极的电极反应如下所示：

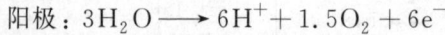

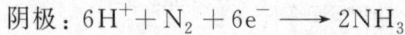

$$阳极：3H_2O \longrightarrow 6H^+ + 1.5O_2 + 6e^-$$

$$阴极：6H^+ + N_2 + 6e^- \longrightarrow 2NH_3$$

在碱性电解质溶液中，阳极和阴极则会发生如下所示的电极反应：

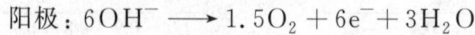

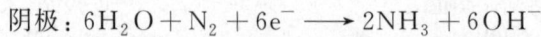

$$阳极：6OH^- \longrightarrow 1.5O_2 + 6e^- + 3H_2O$$

$$阴极：6H_2O + N_2 + 6e^- \longrightarrow 2NH_3 + 6OH^-$$

电催化 NRR 的催化机理大致分为两类[32]，如图 8-27 所示：解离（dissociative）和非解离（associative）机制。解离机制中，N_2 分子在吸附到催化剂上时就被解离为分开的两个 N 原子，N≡N 键在氢化反应之前被破坏，两个单独的 N 原子，各自经氢化过程转化为 NH_3。N≡N 键的完全断裂通常需在高温高压下才能实现，因此 NRR 反应很难在常温常压下通过该机制完成。而对于非解离机制，N_2 分子被氢化时，两个 N 原子仍保持彼此结合的状态。根据 N_2 分子吸附在催化剂表面的状态，非解离机制又分为缔合和酶促。在缔合机制中存在两种可能的氢化途径：一种是远端（distal）的 N 原子首先被氢化并释放出 NH_3 分子，随后留在催化剂表面的另一个 N 原子被氢化并释放出第二个 NH_3 分子；另一种氢化途径是两个 N 原子依次被氢化（alternating），直至其中一个 N 原子转化为 NH_3 且 N≡N 键断裂为止。酶促实际上属于另一种缔合机制，其特点是 N_2 分子侧面吸附在催化剂表面，随后两个 N 原子依次单个被氢化。

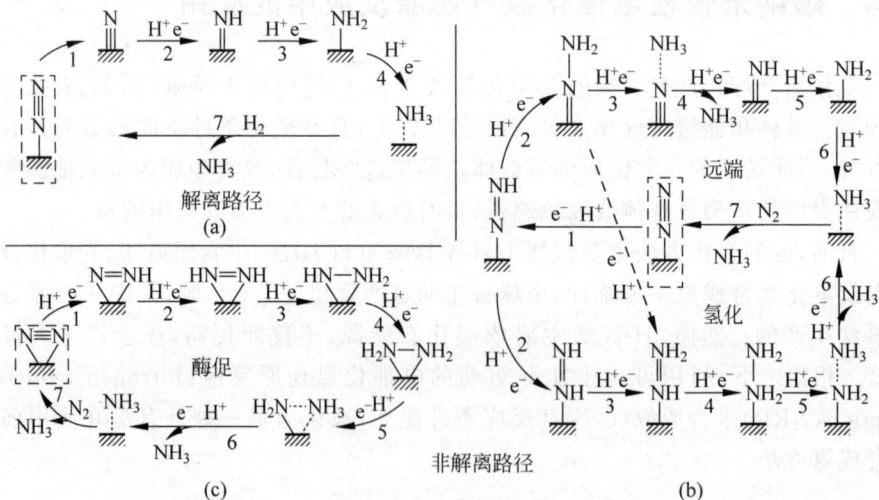

图 8-27 电催化 NRR 的三种反应路径[32]

8.4.2　碳纳米管基催化剂在 NRR 反应中的应用

在 NRR 电催化剂设计中,单原子活性位点的电子结构调控与载体界面工程是提升催化性能的关键策略。Xu 等[33]构建了吡啶功能化多壁碳纳米管负载铁酞菁(FePc/MWCNTs)催化体系,通过共价接枝策略在碳纳米管表面引入吡啶基团,其轴向配位作用与 FePc 中心金属形成稳定的 Fe—N 配位键。密度泛函理论计算表明,这种独特的轴向配位诱导 Fe 活性中心的电子转移到了吡啶上,从而抑制竞争性析氢反应(HER)过程中 H * 中间体的吸附,同时增强 N_2 分子的化学吸附能力,提高了 NRR 的催化活性和选择性。

Zhang 等[34]开发了具有双原子协同效应的 FeMo/NC 催化剂(图 8-28),通过自牺牲模板法制备了氮掺杂分级碳纳米管载体,并成功实现了 Fe、Mo 双单原子的原子级分散。该催化剂独特的中空纳米笼结构有效促进了电解质的传质过程。而且,Fe-Mo 原子间的耦合作用,可以促进关键中间体 * N_2H_y 的快速生成,从而显著降低反应能垒。Su 等[35]通过 DFT 高通量筛选发现,Mo 单原子锚定于氮掺杂的碳纳米管(Mo-NCNTs)时,表现出了比其他过渡金属单原子(Ti、V、Cr、Mn、Fe等)更好的活性和选择性,其过电位低至 0.29 eV。该工作还发现 NCNTs 表现出了比 N 掺杂石墨烯更好的性能,作为电荷储存库具有更大的优势。

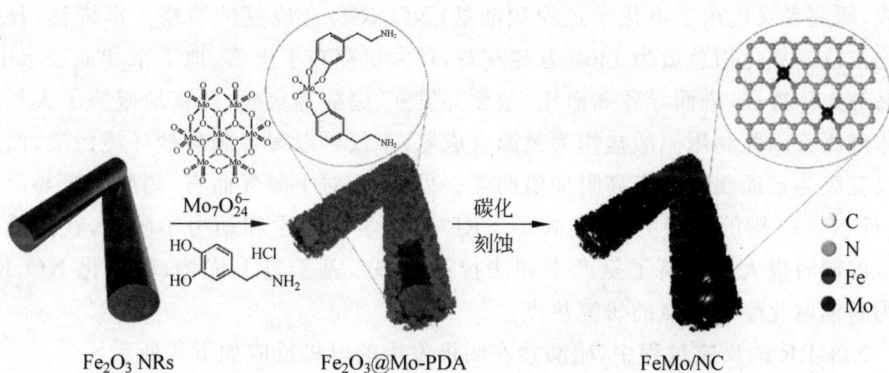

图 8-28　FeMo/NC 的合成示意图[34]

此外,碳纳米管的几何曲率也对 NRR 性能具有显著调控作用。Xu 等[36]构建 $FeN_3@(n,0)$-CNTs 模型体系(图 8-29),发现碳纳米管的曲率诱导的晶格应变能改变 Fe 的自旋磁矩和 N_2 的吸附活化能,并降低 NRR 过程中关键中间体形成的能垒,进而改变主体催化剂的催化性能。

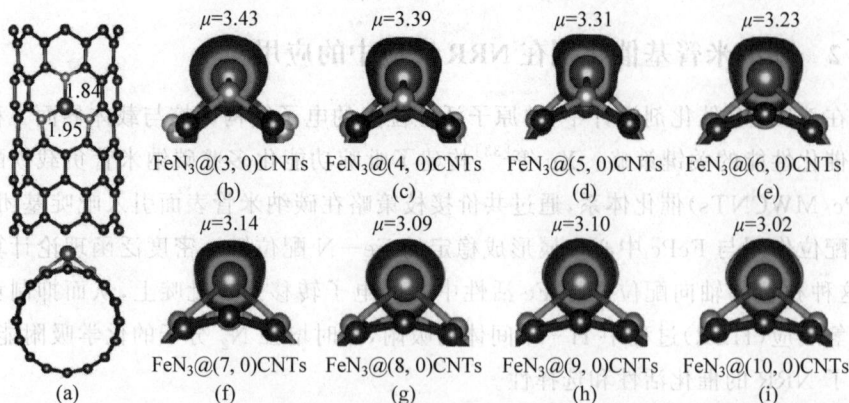

$\mu=3.43$ $\mu=3.39$ $\mu=3.31$ $\mu=3.23$

FeN$_3$@(3,0)CNTs (b) FeN$_3$@(4,0)CNTs (c) FeN$_3$@(5,0)CNTs (d) FeN$_3$@(6,0)CNTs (e)

$\mu=3.14$ $\mu=3.09$ $\mu=3.10$ $\mu=3.02$

FeN$_3$@(7,0)CNTs (f) FeN$_3$@(8,0)CNTs (g) FeN$_3$@(9,0)CNTs (h) FeN$_3$@(10,0)CNTs (i)

图 8-29 （a）FeN$_3$@(8,0) CNTs 优化结构的俯视图和侧视图；（b）～（i）FeN$_3$@(n,0)

CNTs($n=3\sim10$)的自旋分辨密度图

8.5 碳纳米管在电催化硝酸根还原反应中的应用

尽管利用 N$_2$ 为原料电合成氨有许多的优势，但是 N$_2$ 在水中溶解度低且 N≡N 键的键能非常高，导致 NRR 的反应过电位大，反应动力学缓慢，造成氨产率和法拉第效率较低，极大地限制了 NRR 的实际应用和商业化进程。针对 NRR 面临的挑战，研究者又提出了电化学还原硝酸盐（NO$_3$RR）合成氨的策略。据统计，我国年均排放氮氧化物总量为 1450 万吨左右，且大量存在于土壤、地下水和地表水中，极易被人体摄取，进而导致高血压、蓝婴并发症、癌症等疾病，严重地威胁了人类的身体健康。因此利用硝酸盐作为氮源合成氨，不仅可以缓解硝酸盐环境污染，而且可以变废为宝而获得具有高附加值的氨。另外，相对于氮气而言，硝酸盐极易溶于水，且 N＝O 键的键能更低，突破了 NRR 的化学热力学和动力学限制，在降低过电位的同时极大地提高了氨产率和法拉第效率。基于以上优势，电催化 NO$_3$RR 成为目前电化学合成氨的研究热点。

NO$_3$RR 的反应过程中，硝酸盐在阴极发生的电极反应如下式所示：

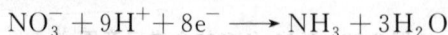

$$NO_3^- + 9H^+ + 8e^- \longrightarrow NH_3 + 3H_2O$$

该反应是一个复杂的 8 电子过程，涉及各种氮中间体和产物，如氨、亚硝酸盐、肼、羟胺、一氧化氮和一氧化二氮。

1. 碳纳米管直接作为催化剂

为了探究原始碳纳米管的催化活性，Wang 等[37]对比了不同种类碳纳米管在电催化 NO$_3$RR 中的催化效果，涉及 MWCNTs、SWCNTs、氧化多壁碳纳米管（OCNTs）以及还原氧化碳纳米管（ROCNTs）。如图 8-30 所示，OCNTs 和 ROCNTs 的催化活性相对较低，MWCNTs 显示出一定的本征活性，而 SWCNTs

的催化活性最高。

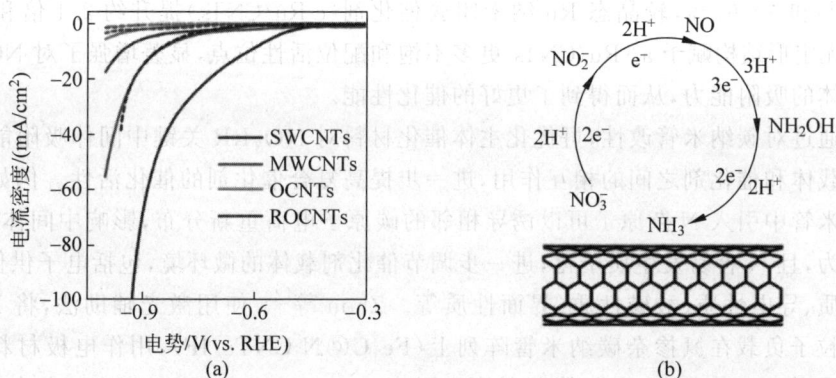

图 8-30　（a）在 Ar 饱和的 0.1 M PBS（虚线）和"0.1 M PBS＋0.4 M KNO$_3$"中（实线）的 LSV
曲线；（b）在碳纳米管上电催化 NO$_3^-$ 还原为 NH$_3$ 的可能反应途径[37]

2. 碳纳米管基复合催化剂

　　将碳纳米管与金属纳米颗粒复合，是提升催化剂催化活性、稳定性的常用策略
之一。Casella 等[38]通过电沉积工艺制备了 MWCNTs 负载的铑（Rh）纳米颗粒的
电极材料，并系统研究了其在电催化硝酸盐和亚硝酸盐还原方面的应用。结果表
明，Rh 催化位点能充分吸附 NO$_3^-$，而 MWCNTs 有利于稳定部分中间产物。此
外，催化过程中形成的氢氧化铑（Rh(OH)$_n$）可以诱导吸附氧物质的快速解离，从
而促进硝酸盐（Rh(NO$_x$)$_{ads}$）的吸附和还原，进而提升其电催化 NO$_3$RR 的活性。

　　Zhong 等[39]开发了一种络合共还原策略，成功在碳纳米管表面原位合成均匀
分散的超小无定形钌纳米团簇（a$_1$-Ru/CNTs）。如图 8-31 所示，碳纳米管与 Ru 前
驱体之间的 d-π 强相互作用有效调控了 Ru 纳米团簇的成核过程，降低了 Ru 的尺
寸，并显著提升了催化剂的长期稳定性。电化学性能测试表明，a$_1$-Ru/CNTs 在

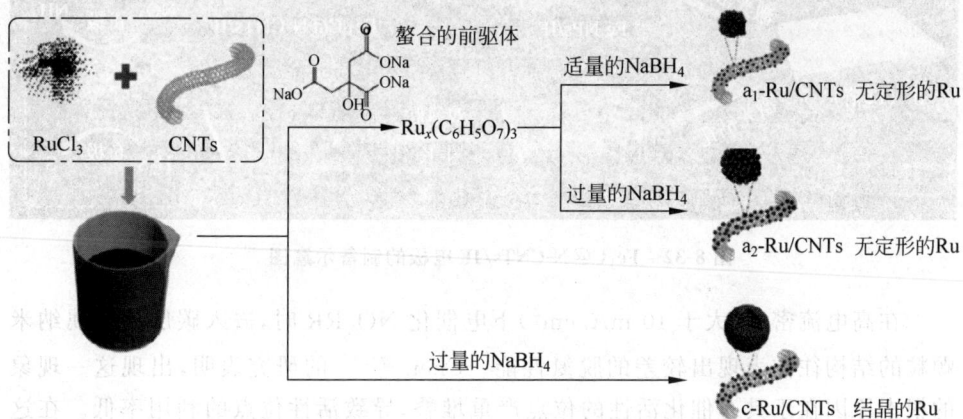

图 8-31　a$_1$-Ru/CNTs、a$_2$-Ru/CNTs 和 c-Ru/CNTs 样品的合成流程图[39]

NO_3RR 中展现出优异活性,其 NH_3 产率和法拉第效率分别达到 145.1 μg /(h·mgcat)和 80.62%,较晶态 Ru 纳米团簇催化剂(c-Ru/CNTs)提升约 2.1 倍和 1.9 倍。无定形结构赋予 a_1-Ru/CNTs 更多不饱和配位活性位点,显著增强了对 NO_3 * 中间体的吸附能力,从而得到了更好的催化性能。

通过对碳纳米管改性,可优化主体催化材料对 NO_3RR 关键中间体吸附能,并调控载体和催化剂之间的相互作用,进一步提高复合催化剂的催化活性。例如,在碳纳米管中引入 N 杂原子可以诱导相邻的碳原子电荷重新分布,影响中间体的吸附行为,且 N 容易发生质子化,进一步调节催化剂载体的微环境,包括电子供体-受体性质、导电性质、酸碱性质、界面性质等。Zhou 等[40] 使用激光辅助法,将 Fe_3C 纳米粒子负载在氮掺杂碳纳米管阵列上($Fe_3C@N$-CNTs/IF),用作电极材料,并研究了其对 NO_3RR 的电催化性能(图 8-32)。$Fe_3C@N$-CNTs/IF 在电位为 -1.1 V(vs. SCE(饱和甘汞电极))下的 NH_3 产率和法拉第效率分别约为 0.922 mg/(h·cm^2)和 97.9%。密度泛函理论计算表明,由于 Fe_3C 颗粒和掺杂氮原子的协同作用,进而表现出更强的电催化 NO_3RR。此外,Chen 等[41] 报道了 CoO 纳米颗粒修饰的氮掺杂碳纳米管作为电催化 NO_3RR 的催化剂。电化学测试结果表明,在含有 0.1 M $NaNO_3$ 的 NaOH(1 M)电解液中,该催化剂可以实现的 NH_3 产率和法拉第效率分别高达(9041.6±370.7) μg/(h·cm^2)和(93.8±1.5)%,并表现出良好的耐久性。密度泛函理论计算结果显示,CoO(200)吸附 NO_3^- 的能力很强,吸附能为 2.86 eV,而在决速步(* $NO_3 \longrightarrow$ * N)的能垒较小,仅为 1.13 eV,因此展现出较高的催化活性。

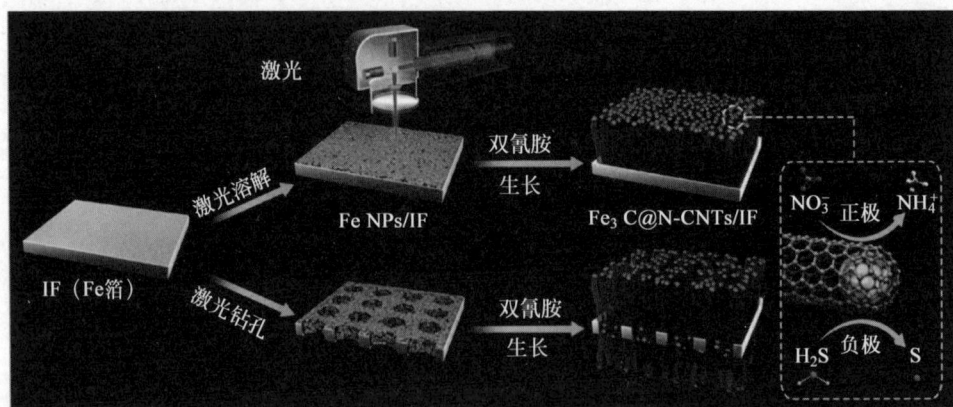

图 8-32　$Fe_3C@N$-CNTs/IF 电极的制备示意图[40]

在高电流密度(大于 10 mA/cm^2)下电催化 NO_3RR 时,嵌入碳层的金属纳米颗粒的结构往往表现出较差的脱氮性能。Chen 等[42] 的研究表明,出现这一现象的根本原因在于具有催化活性的位点严重堆叠,导致活性位点的利用率低。在这种情况下,催化剂表面快速积累的电子与暴露不充分的活性中心不匹配,从而导致

HER 副反应在高电流密度下占主导地位。为了解决这一问题,利用金属有机框架辅助热解的方法,在碳布(CC)上制备了一种独特的自支撑碳纳米管阵列结构,在每个碳纳米管的尖端封装金属 Co 纳米颗粒。如图 8-33 所示,碳布及金属有机框架所衍生的直立(stand up)结构使反应物能够接触到更多的活性中心,从而提高了活性位点的利用率,进而提升整体 NO_3RR 性能。所制备的 Co@NCNTs/CC 具有优异的脱氮活性(在 $10\ mA/cm^2$ 下电解 3 h,脱氮率接近 100%)和良好的稳定性(连续运行 30 个循环以上,性能没有下降)。

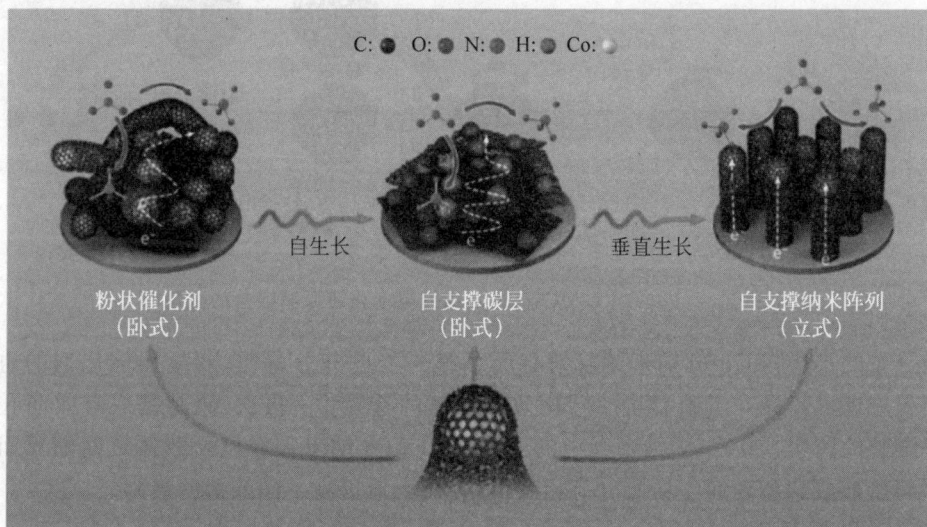

C: ● O: ● N: ● H: ● Co: ●

自生长　　垂直生长

粉状催化剂（卧式）　　自支撑碳层（卧式）　　自支撑纳米阵列（立式）

图 8-33　M@NCNTs NO$_3$RR 电极结构优点示意图[42]

铜基催化剂在电催化 NO_3RR 中展现出良好的催化性能,然而在碱性环境下,由于缺乏质子供给,其氢化步骤的动力学过程受到限制。为了进一步提升铜基催化剂的性能,研究者探索了将其与碳纳米管等碳基材料复合的方法。Xu 等[43]从生物体内的树突状细胞(DCL)信号传递机制中获得灵感,通过碳纳米管联介孔碳球(MCS)构建了一种全碳结构的催化体系,命名为 xCuPd@DCL-MCS/CNTs(x代表 CuPd 的负载量)。如图 8-34 所示,这种类树突状细胞结构的碳基催化体系具备独特的离子和电子转移通道、丰富的活性中心以及高比表面积。尤为重要的是,碳支架界面上缺陷丰富的 MCS 与 CNTs 之间的能量差异,为硝酸盐的吸附提供了更多的活性位点。其中,4CuPd@DCL-MCS/CNTs 体系表现出色,其硝酸盐去除能力高达 22500 mg N/g,即便在低硝酸盐浓度(100 mg/L)下也展现出良好的耐久性。在超低浓度(10 mg/L)下,硝酸盐的转化率和氮的选择性依然接近 100%。这一卓越性能可归因于以下几个方面:首先,DCL 结构拥有独特的三维互联网络,将均匀分布的 MCS 与一维 CNTs 紧密结合,这不仅有利于电解液与催化剂的充分接触和相互作用,还为中间产物(如 NO 和 N_2O)提供了丰富的转移路径;其次,均

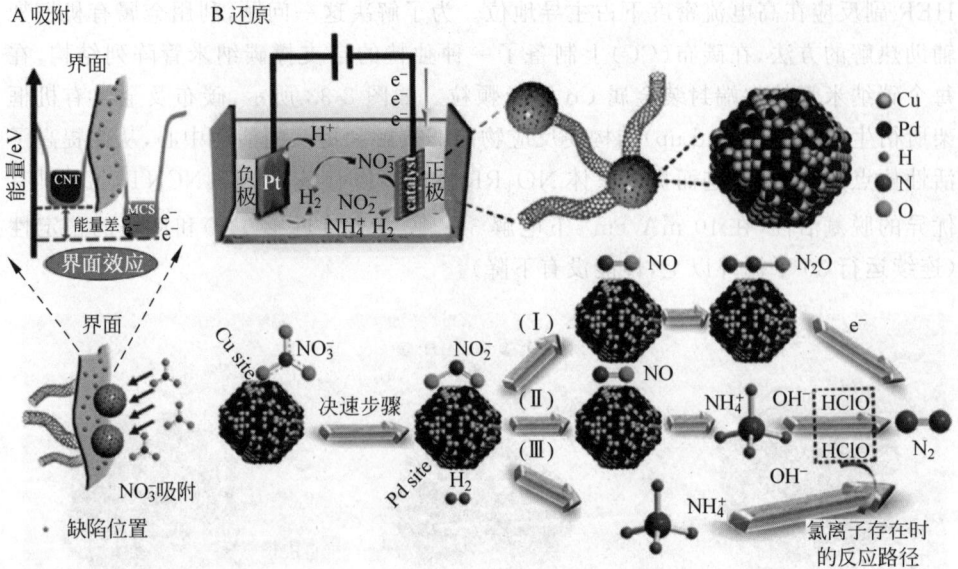

图 8-34　xCuPd@DCL-MCS/CNTs 结构电催化还原硝酸盐的机理[43]

匀分布的小尺寸 CuPd 纳米颗粒确保了活性中心的充分暴露,双金属催化剂的协同效应进一步提升了硝酸盐的转化效率和氮的选择性;再次,碳基基底有效防止了颗粒的团聚;最后,碳纳米管中的 N 掺杂、CuPd 纳米颗粒以及载体之间的界面差异所形成的高表面能局域电荷相互作用,极大地提高了硝酸盐的吸附。

参考文献

［1］ WANG M,ZHANG L,HE Y,et al. Recent advances in transition-metal-sulfide-based bifunctional electrocatalysts for overall water splitting[J]. J. Mater. Chem. A,2021,9:5320-5363.

［2］ GONG K,DU F,XIA Z,et al. Nitrogen-doped carbon nanotube arrays with high electrocatalytic activity for oxygen reduction[J]. Science,2009,323:760-764.

［3］ TIAN G,ZHANG Q,ZHANG B,et al. Toward full exposure of "active sites": Nanocarbon electrocatalyst with surface enriched nitrogen for superior oxygen reduction and evolution reactivity[J]. Adv. Funct. Mater. ,2014,24:5956-5961.

［4］ ZHANG Y,FAN X,JIAN J,et al. A general polymer-assisted strategy enables unexpected efficient metal-free oxygen-evolution catalysis on pure carbon nanotubes[J]. Energy Environ. Sci. ,2017,10:2312-2317.

［5］ LI T,WANG Y,CHEN T,et al. Ionic liquid in-situ functionalized carbon nanotube film as self-supported metal-free electrocatalysts for oxygen evolution[J]. Chem. Engin. J. ,2024,484:149767.

［6］ YANG J,YANG Z,LI L,et al. Highly efficient oxygen evolution from CoS_2/CNT nanocomposites via a one-step electrochemical deposition and dissolution method[J].

Nanoscale,2017,9：6886-6894.

[7]　XUE H,YANG T,ZHANG Z,et al. Stimulate the hidden catalysis potential and exposure of nickel site in NiSe@ CNTs result in ultra-high HER/OER activity and stability[J]. Applied catalysis B：Environmental,2023,330：122641.

[8]　HUANG C,ZHANG B,LUO Y,et al. A hybrid Co NPs@CNT nanocomposite as highly efficient electrocatalyst for oxygen evolution reaction [J]. Appl. Surf. Sci. , 2020, 507：145155.

[9]　JIN X,LI X,LEI H,et al. Comparing electrocatalytic hydrogen and oxygen evolution activities of first-row transition metal complexes with similar coordination environments [J]. J. Energy Chem. ,2021,63：659-666.

[10]　LUO F,ZHAO H,YANG X,et al. Robust and stable acidic overall water splitting on Ir single atoms[J]. Nano Lett. ,2020：20.

[11]　SHENG J,LI Y. Applications of carbon nanotubes in oxygen electrocatalytic reactions[J]. ACS Appl. Mater. Interfaces,2021,14：20455-20462.

[12]　Electrodeposited Nise on a forest of carbon nanotubes as a free-standing electrode for hybrid supercapacitors and overall water splitting[J]. J. Colloid Interface Sci. ,2020,574：300-311.

[13]　LI B,ZHANG S,WANG B,et al. A porphyrin covalent organic framework cathode for flexible Zn-air batteries[J]. Energ. Environ Sci. ,2018,11：1723-1729.

[14]　ZHANG X,YANG P,JIANG S P,et al. Pd nanoparticles assembled on Ni- and N-doped carbon nanotubes towards superior electrochemical activity[J]. Int. J. Hydrogen Energy, 2021,46：2065-2074.

[15]　ZHANG X,CHEN A,ZHANG Z,et al. Double-atom catalysts：transition metal dimer-anchored C_2N monolayers as N_2 fixation electrocatalysts[J]. J. Mater. Chem. A. ,2018,6：18599-18604.

[16]　NGUYEN-THOI T,BHATTI M,ALI J,et al. Analysis on the heat storage unit through a Y-shaped fin for solidification of NEPCM[J]. J. Mol. Liq. ,2019,292：111378.

[17]　CHEN L，YANG P，QIAN S S，et al. Fabrication of CNTs encapsulated nickel-nickel phosphide nanoparticles on graphene for remarkable hydrogen evolution reaction performance[J]. J. Electroanal. Chem. ,2019：113142.

[18]　SHEN J,YANG Z,GE M,et al. A Neuron-inspired interpenetrative network composed of cobalt-phosphorus-derived nanoparticles embedded within porous carbon nanotubes for efficient hydrogen production[J]. ACS Appl. Mater. Interfaces,2016,8：17284-17291.

[19]　ZHENG X,NIE H,ZHAN Y,et al. Inter molecular electron modulation by P/O bridging in an IrO_2-CoPi catalyst to enhance the hydrogen evolution reaction[J]. J. Mater. Chem. A,2020,8：8273.

[20]　LI P,YANG Z,SHEN J,et al. Subnanometer molybdenum sulfide on carbon nanotubes as a highly active and stable electrocatalyst for hydrogen evolution reaction[J]. ACS Appl. Mater. Interfaces,2016,8：3543.

[21]　ZHAN Y,LI Y,YANG Z,et al. Synthesis of a MoS_x-O-PtO_x electrocatalyst with high hydrogen evolution activity using a sacrificial counter-electrode [J]. Adv. Sci. , 2019, 6：1801663.

[22]　OLUIGBO C J,XU Y,LOUIS H,et al. Controllable fabrication of abundant nickel-nitrogen doped CNT electrocatalyst for robust hydrogen evolution reaction[J]. Appl. Surf.

Sci,2021,562：150161.

[23] LI H,HUANG Y,ZHOU H,et al. One step in-situ synthesis of Co@N,S co-doped CNTs composite with excellent HER and ORR bi-functional electrocatalytic performances[J]. Electrochim. Acta,2017,247：736-744.

[24] LI H,HE Y,HE T,et al. Facile fabrication of activated NiFe bimetallic NPs anchored N-doped CNTs arrays as reliable self-standing electrocatalyst for HER and OER[J]. J. Solid. State. Chem,2020,289：121498.

[25] LU L,ZHANG Y,CHEN Z,et al. Synergistic promotion of HER and OER by alloying ternary Zn-Co-Ni nanoparticles in N-doped carbon interfacial structures. [J]. Chinese. J. Catal,2022,43：1316-1323.

[26] YUAN L,QI M,TANG Z,et al. Coupling strategy for CO_2 valorization integrated with organic synthesis by heterogeneous photocatalysis[J]. Angew. Chem. Int. Edit. ,2021,60：21150-21172.

[27] CHENG Y,ZHAO S,JOHANNESSEN B,et al. Atomically dispersed transition metals on carbon nanotubes with ultrahigh loading for selective electrochemical carbon dioxide reduction[J]. Adv. Mater. ,2018,30：1706287.

[28] ZOU X,MA C,LI A,et al. Nanoparticle-assisted Ni-Co binary single-atom catalysts supported on carbon nanotubes for efficient electroreduction of CO_2 to syngas with controllable CO/H_2 ratios[J]. ACS Appl. Energy Mater. ,2021,4：9572-9581.

[29] CHENG Y,CHEN J,YANG C,et al. Activation of transition metal (Fe,Co and Ni)-oxide nanoclusters by nitrogen defects in carbon nanotube for selective CO_2 reduction reaction [J]. Energy Environ. Mater. ,2023,6：e12278.

[30] ZHANG Q,ZHANG Y,MAO J,et al. Electrochemical reduction of CO_2 by SnO_x nanosheets anchored on multiwalled carbon nanotubes with tunable functional groups[J]. ChemSusChem,2019,12：1443-1450.

[31] CHEN H,ZHANG P,XIE R,et al. High-temperature nitridation induced carbon nNanotubes@ NiFe-layered-double-hydroxide nanosheets taking as an oxygen evolution reaction electrocatalyst for CO_2 electroreduction [J]. Adv. Mater. Interfaces,2021,8：2101165.

[32] WANG M,MA J,SHANG Z,et al. Advances in ambient selective electrohydrogenation of nitrogen to ammonia：Strategies to strengthen nitrogen chemisorption[J]. J. Mater. Chem. A,2023,11：3871-3887.

[33] AMIT B,MIKA S. A review of emerging adsorbents for nitrate removal from water[J]. Chem. Eng. J. ,2011,168：493-504.

[34] CUI W,GENG B,CHU X,et al. Coupling Fe and Mo single atoms on hierarchical n-doped carbon nanotubes enhances electrochemical nitrogen reduction reaction performance[J]. Nano Res. ,2023,16：5743-5749.

[35] QIN Y,LI Y,ZHAO W,et al. Computational study of transition metal single-atom catalysts supported on nitrogenated carbon nanotubes for electrocatalytic nitrogen reduction[J]. Nano Res. ,2023,16：325-333.

[36] LIU W,GUO K,XIE Y,et al. High efficiency carbon nanotubes-based single-atom catalysts for nitrogen reduction[J]. Sci. Rep. ,2023,13：9926.

[37] HARMON J,ROONEY L,TAO Z,et al. Intrinsic catalytic activity of carbon nanotubes for electrochemical nitrate reduction[J]. ACS Catal. ,2022,12：9135-9142.

[38] CASELLA G,CONTURSI M,TONIOLO R. A non-enzymatic carbohydrate sensor based on multiwalled carbon nanotubes modified with adsorbed active gold particles [J]. Electronal. ,2014,26:988-995.

[39] JIANG M,TAO A,HU Y,et al. Crystalline modulation engineering of Ru nanoclusters for boosting ammonia electrosynthesis from dinitrogen or nitrate [J]. ACS Appl. Mater. Interfaces,2022,14:17470-17478.

[40] YU W,YU J,WANG Y,et al. Electrocatalytic upcycling of nitrate and hydrogen sulfide via a nitrogen-doped carbon nanotubes encapsulated iron carbide electrode[J]. Appl. Catal. B,2022,310:121291.

[41] CHEN Q, LIANG J, YUE L, et al. CoO nanoparticle decorated N-doped carbon nanotubes: a high-efficiency catalyst for nitrate reduction to ammonia [J]. Chem. Commun. ,2022,58:5901-5904.

[42] CHEN Y, MA H, DUAN W, et al. Metal-encapsulated carbon nanotube arrays for enhancing electrocatalytic nitrate reduction in wastewater: importance of lying-down to standing-up structure transition[J]. Environ. Sci. ,2022,9:2841-2853.

[43] XU H,WU J,LUO W,et al. Dendritic cell-inspired designed architectures toward highly efficient electrocatalysts for nitrate reduction reaction[J]. Small,2020,16:2001775.

第9章

碳纳米管在其他储能器件中的应用

在全球能源体系向多能互补、柔性调节转型的进程中,储能技术呈现出显著的场景化特征。超级电容器以毫秒级响应速度守护电网调频安全,混合电容器为新能源重卡提供坡道动能回收的缓冲平台,锌离子电池的高安全性和快速充放电特性适用于数据中心、通信基站的备用电源,双离子电池在 4.8 V 高电压窗口下的高电压(4.2~6.0 V)和低成本特性适合大规模储能系统,如风能、太阳能电站的负荷平衡和电网调峰,而铅酸电池在通信基站储能领域依然占据大量份额。这种多元化格局的形成,源于不同储能器件在能量密度(1~200 W·h/kg)、功率密度(0.1~100 kW/kg)、循环寿命(500~10^6 次)等核心参数上的差异化配置。

碳纳米管的多尺度结构调控能力,使其成为连接材料特性与器件需求的桥梁。碳纳米管表面丰富的化学修饰位点为多器件协同提供了分子级接口。当前,碳纳米管技术正推动储能器件走向"术业专攻"的新纪元。通过揭示纳米结构与储能场景的构效关系,科学家们得以像装配精密仪器般定制电极特性——在需要爆发力的场景植入功率基因,在追求耐久的系统中强化循环稳定性,在成本敏感领域保留经济性优势。这种基于纳米精度的性能裁剪技术,不仅重塑了储能器件的应用版图,更催生出适应新型能源体系的储能解决方案矩阵。本章将解析碳纳米管在各个储能器件构建独特竞争优势,并探讨其协同放大效应。

9.1　碳纳米管在超级电容器中的应用

超级电容器,也叫作电化学电容器(electrochemical capacitor,EC),是一种既有较高容量,又具备快速充放电功能的电化学储能装置,具有功率高、使用寿命长(循环次数大于 10^6)、放电效率高(大于 90%)、充电时间短、安全等优势,在储能方面备受关注。

超级电容器根据其储能机制,可将其分成双电层型、赝电容型和混合型三种类型。①双电层电容器:离子在电极-电解液边界移动以平衡电荷,这一过程没有化学反应,对于电位变化可以作出很快的反应而具有高的功率密度。②赝电容器:通过法拉第过程存储电荷,与它们各自电位相关的表面氧化还原反应引起了赝电容,伴随着价态的变化,产生法拉第电流。③混合超级电容器:双电层电容器和赝电容器的组合。电池型电极通过法拉第电荷转移来存储能量；另一个电极通过客体离子在活性材料（如活性炭）表面的电吸附来平衡电荷，对电位变化反应较快，因而负责功率输出，其容量得到大幅度提高。

电极材料直接决定超级电容器存储容量、能量、功率密度，是内阻和循环寿命等性能的核心。其中，碳纳米管具有开放的多孔结构，在与电解质的交界面处形成双电层，从而聚集大量电荷，适合电解液中离子的移动；而且，其交互缠绕的网状结构，有利于提高电极的导电性能，被认为是超级电容器的理想电极材料。

1. 纯碳纳米管电极

以纯碳纳米管用作超级电容器电极材料的研究报道较多，表 9-1 列出了不同碳纳米管作为超级电容器电极材料的比容量、功率密度和能量密度[1]。目前，碳纳米管作为电极面临两大关键问题：①碳纳米管的杂质会引起电解液的副反应，影响碳纳米管超级电容器的窗口电压，进而制约其能量密度。②碳纳米管交缠限制了其比表面积，阻碍离子在碳纳米管电极中的传输。通过改进碳纳米管的制备方法，可以解决上述问题，例如 Hata 等[2]通过水辅助化学气相沉积法制备得到超高纯度的碳纳米管，从而获得了高电压、高能量密度窗口的超级电容器，其能量密度高达 94 W·h/kg。

表 9-1　不同碳纳米管电极的超级电容器性能对比[1]

材　　料	比容量/(F/g)	功率密度/(kW/kg)	能量密度/(W·h/kg)
单壁碳纳米管薄膜	180	20	7
硝酸处理的多壁碳纳米管	102	—	0.5
碾压的单壁碳纳米管薄膜	35	197.3	43.7
堆叠的单壁碳纳米管阵列	20～160	43～210	17.5～94
堆叠的多壁碳纳米管阵列	11～22	19.6～35.4	2.3～5.4
单壁碳纳米管阵列固体	20	12～43	16

通过改进制备方法获得的高纯度碳纳米管在一定程度上能提高电容器的能量密度，但其有限的比表面积限制了碳纳米管的容量[3]。为了进一步提升容量，通过杂原子掺杂碳纳米管而引入赝电容的方法逐渐引起了人们的关注。最常见的掺杂原子是氧和氮，可以提高电极表面的活性物质与电解液之间的氧化还原反应速率，进而提高超级电容器的容量和能量密度。但是杂原子掺杂不稳定，基于杂原子掺杂碳纳米管的超级电容器其循环稳定性通常较差。

2. 碳纳米管复合电极

为了进一步提高超级电容器的性能，充分利用其双电层原理和赝电容原理存储电荷，可将碳纳米管与其他材料复合，如导电聚合物、过渡金属化合物等，均可以提高电极材料的容量和超级电容器的能量密度。

1) 导电聚合物/碳纳米管复合电极

导电聚合物由于其低成本、高比电容、优异的柔韧性和延展性而广泛应用于超级电容器中。其中,聚吡咯、聚噻吩和聚苯胺等常见的导电聚合物备受关注。但是,导电聚合物在充放电过程中会发生离子的掺杂和去掺杂,引起其体积膨胀和收缩,最终导致导电聚合物的开裂而影响其循环稳定性。

碳纳米管具有力学稳定性强和自身结构强度高的优势,可以缓冲导电聚合物体积膨胀收缩所带来的应力,进而提升电极的循环性能。如图 9-1 所示,Chen 等[4]通过在碳纳米管薄膜上电沉积聚吡咯,该电极表现出显著的机械性能(极限拉伸强度为 16 MPa),以及优异的电化学性能。由于碳纳米管可以充分缓冲聚吡咯充放电过程中的应力,该复合电极在经过 10000 次循环后仍然具有 95% 的容量保持率。此外,Zhou 等[5]在制备聚苯胺/碳纳米管复合电极的过程中发现,单壁碳纳米管的加入可以加速苯胺的聚合速率,并产生具有较低缺陷密度的多孔复合结构,使得该复合电极具有 311 F/g 的高容量。

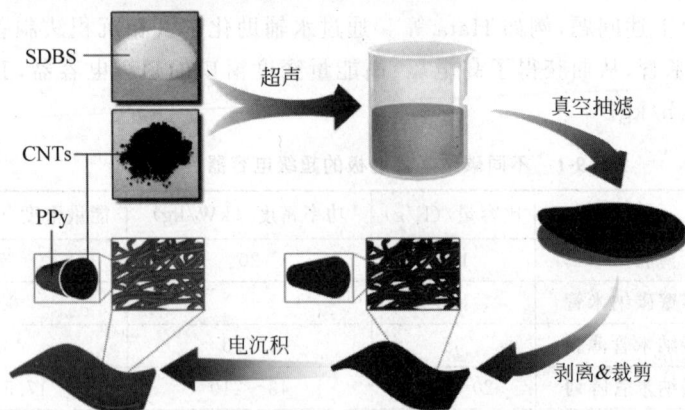

图 9-1　CNTs 膜电极和 CNTs/PPy 膜电极的制备示意图[4]

由于碳纳米管优异的力学性能,碳纳米管/导电聚合物复合电极在柔性电极中也表现出良好的应用前景。Zhang 等[6]利用碳纳米管优异的自适应性,将碳纳米管包覆在弹性纤维上,制得碳纳米管导电纤维,该电极拉伸至 400% 以上仍具有 92.8% 的容量保持率。Zhong 等[7]利用三维高度多孔的碳纳米管海绵(平均孔径为 80 nm)作为聚苯胺沉积的导电基底,制备得到了基于聚苯胺/碳纳米管复合电极的可压缩超级电容器。自支撑且柔性的碳纳米管聚苯胺复合结构不需要任何导电添加剂或机械粘合剂。该电极在 4.9~49 mA/cm^2 的电流密度下体现出 1.85~1.62 F/cm^2 的高面容量,且在 60% 压缩的情况下容量仍不发生衰减。Wang 等[8]通过在自愈衬底上涂覆功能化的单壁碳纳米管薄膜,开发了机械自愈型超级电容器(图 9-2),该超级电容器在经过多次切割后仍然可以恢复到初始容量的 85.7%。

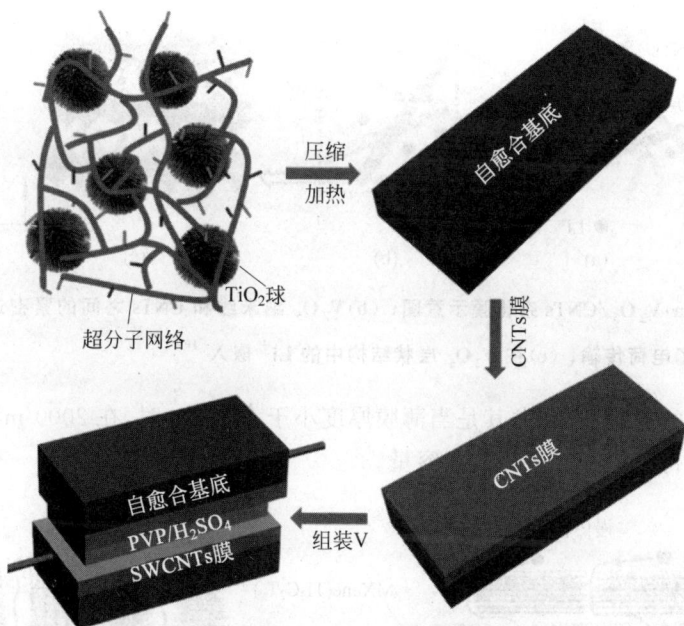

图 9-2 柔性、电气和机械自愈型超级电容器的设计和制造工艺流程[8]

2) 过渡金属化合物/碳纳米管复合电极

过渡金属氧化物中的金属元素通常具有两种或多种氧化态,通过在还原或氧化过程中得失电子进而储存电荷,具有较高的理论比容量。常见的过渡金属氧化物主要有氧化锰、氧化钌、氧化钴、氧化钼等。但是,过渡金属氧化物通常具有较差的导电性和较低的比表面积,且在充放电过程中有较大的体积膨胀,极大地限制了它们的性能。

过渡金属氧化物与碳纳米管复合可以有效解决上述问题。例如,Amade 等[9]通过在垂直排列的碳纳米管上电沉积 MnO_2 而制备了 MnO_2/CNTs 复合电极,该复合电极在 10 mV/s 的扫描速率下的比容量可以达到 642 F/g。Wu 等[10]通过将活性物质与碳纳米管共混制备自支撑薄膜,如图 9-3 所示,通过刮涂法制备了 V_2O_5/CNTs 复合电极。该方法简单易操作并且可以大幅提升电极的整体导电性,最终获得了 460 F/cm^3 的体积容量。

Gogotsi 等[11]报道了一种新型的二维金属碳化物材料(MXene)。其中 Ti_3C_2 具有 15000 S/cm 的电导率,在水系电解液中展现了 1500 F/cm^3 的体积容量,得到了广泛的关注。然而,Ti_3C_2 存在传统二维材料常见的堆叠问题。针对上述问题,Xia 等[12]报道了 Ti_3C_2/CNTs 复合电极(图 9-4),该电极在机械力的作用下获得了取向结构,有助于快速的离子传输,且碳纳米管的引入保证了电极整体的力学稳定性和导电性。由于其离子和电子传输优势,上述复合电极的超级电容器容量都

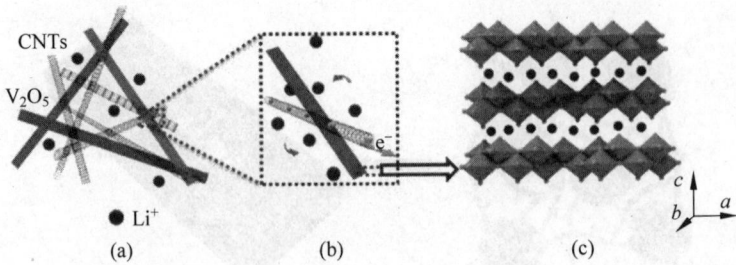

图 9-3 （a）V_2O_5/CNTs 杂化膜示意图；（b）V_2O_5 纳米线和 CNTs 之间的紧密连接促进
了电荷传输；（c）在 V_2O_5 层状结构中的 Li^+ 嵌入[10]

表现出优异的电容性能，尤其是当薄膜厚度小于 200 μm 时，在 2000 mV/s 的高扫
描速率下保持超过 200 F/g 的高容量。

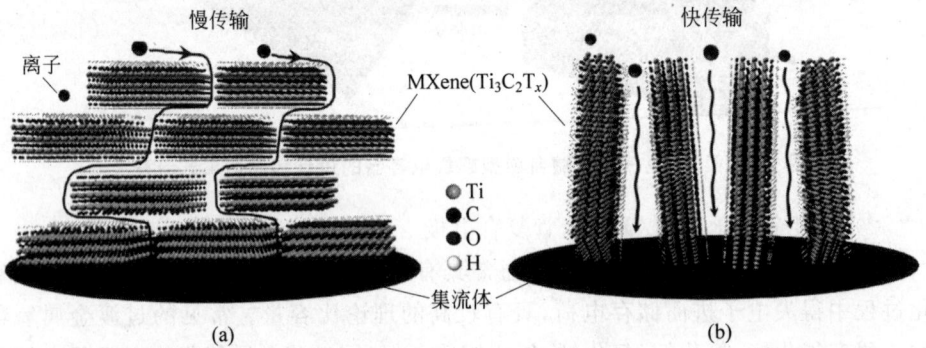

图 9-4 （a）堆叠的 Ti_3C_2 中的离子传输；（b）垂直取向的 Ti_3C_2 中的离子传输[12]

9.2 碳纳米管在混合电容器中的应用

混合电容器是由非对称电容器发展而来的，最早起源于 1994 年的一篇专利报
道[13]。在充放电过程中，混合电容器既有超级电容器表面储能方式的优势，又有
二次电池体相储能过程的优势，因此受到研究者的广泛关注。混合电容器作为一
种新兴的电化学储能装置，弥补了锂离子电池循环寿命相对较差与超级电容器能
量密度低等不足（图 9-5）[14]，因此被认为是未来混合动力汽车、电动汽车、手持电
动工具、瞬时补偿装置等需要动力装置设备的理想电源之一。

目前一些实用化的混合电容器的研究进展[15]见表 9-2。其工作电压一般在
2.2~3.8 V，能量密度在 20 W·h/L 左右，工作温度实用性非常广，可以在 −30~
70℃下工作。

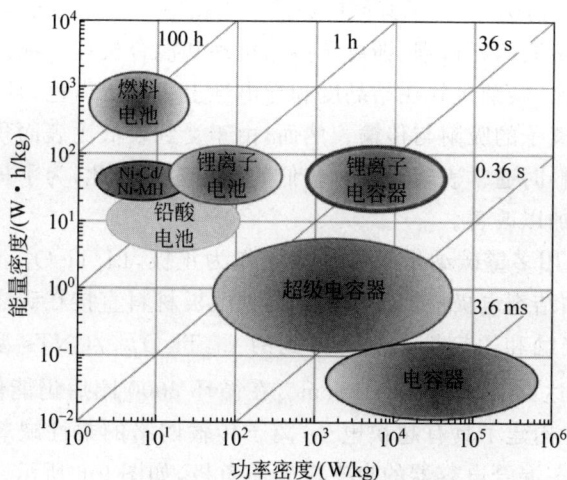

图 9-5　常见电化学储能体系的能量密度-功率密度关系图[14]

表 9-2　混合电容器的主要特征[15]

公　司	电压/V	能量密度/ (W·h/L)	功率密度/ (W/L)	循环寿命
日本化学工业公司	1.4～2.8	9.1	4700	—
		13	3400	
JM 能源株式会社	2.2～3.8	20	27000	1000000
太阳诱电	2.2～3.8	15	—	100000
日本电子和 ACT	2.0～4.0	15	—	—
NECTOKIN 株式会社	2.2～3.8	8	—	—
统一能科	2.2～3.8	32	15000	200000
		90	9000	50000
JM 能源株式会社	2.2～3.8	40	6000	300000

　　一般来说,混合电容器的结构为一极采用插层型电池材料,另一极采用吸附型电容材料,或者两极均采用电池加电容型材料的电化学储能器件。大多数情况下,混合电容器的正极多采用能够进行表面储能的电容型材料,负极则使用体相储能的电池型电极材料。对于电容型的正极而言,通常使用具有高比表面积、高导电特点的多孔碳材料,如碳纳米管、石墨烯、活性炭、介孔碳、MXene 等新型纳米碳材料;对于电池型负极而言,则为相应金属离子二次电池的负极材料,嵌入型负极包括 $Li_4Ti_5O_{12}$、TiO_2、Nb_2O_5 等,相变类型比如 MnO、Fe_3O_4、$ZnMn_2O_4$ 等,合金类型有 Si、Sn 等。

　　以锂离子混合电容器(lithium ion capacitor,LIC)为例,混合电容器的工作机理为:电极材料包含发生 Li^+ 嵌入/脱嵌(插层反应)或氧化还原反应的电池材料,以及具有高比表面积和电荷吸附活性的电容活性材料。2013 年,Zheng 等[16]以

LiPF$_6$有机电解液为例,探究了其储能原理:根据电解液中电解质是否消耗,可将储能机理分为电解质消耗机理、锂离子传输机理和混合机理三种。

与活性炭相比,碳纳米管在结晶度和导电性上表现更出色,且其网状结构有利于电子和电解液离子的吸附与传输。然而,由于受到较低比表面积的制约,碳纳米管在充当电极材料时通常表现出相对较低的比电容。因此,为了提高其比电容,需采取一系列措施加以改善。

Zuo 等[17]使用多壁碳纳米管网络薄膜作为正极,Li$_4$Ti$_5$O$_{12}$纳米线阵列作为负极,开发了无粘结剂电极应用于 LIC。两种电极材料直接在碳布上生长,确保了紧密的机械/电接触和柔韧性。制备得到的 Li$_4$Ti$_5$O$_{12}$//CNTs 型 LIC,其最大体积能量密度可以达到 4.38 mW·h/cm^3,在循环 3000 圈后仍能保持 92% 的能量密度。Que 等[18]构建了具有超快电子/离子传输网络的柔性缺氧 TiO$_{2-x}$/CNTs 复合膜作为准固态混合电容器的自支撑轻质负极,如图 9-6 所示。研究发现,多孔蛋黄壳结构具有较大的表面积和较短的扩散长度,CNTs 可以提高导电性,缺氧 TiO$_{2-x}$ 可增强离子扩散动力学,从而提高电化学性能。当与活性炭/碳纳米管柔性正极匹配,并使用离子导电凝胶聚合物作为电解质时,在锂离子和钠离子电容器可分别实现 104 W·h/kg 和 109 W·h/kg 的高能量密度。

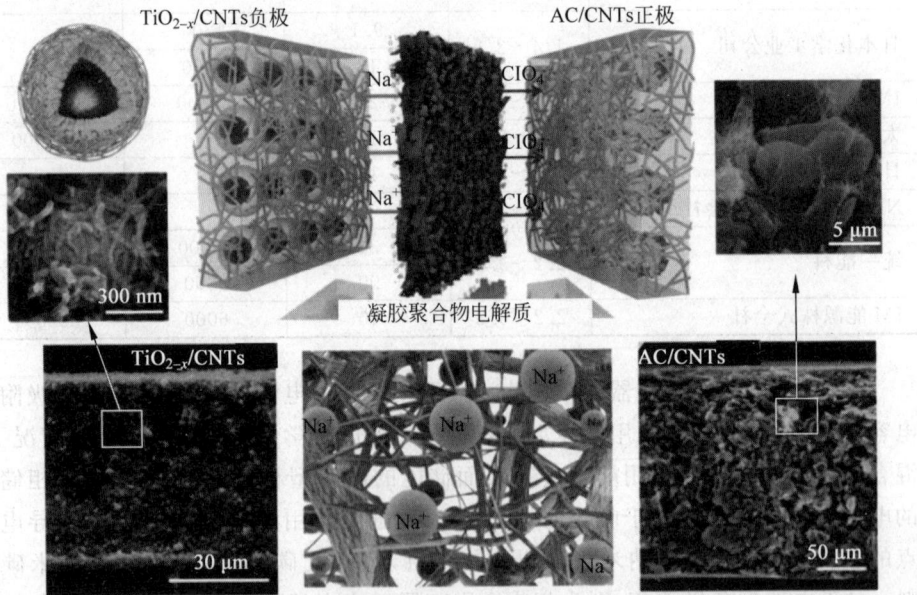

图 9-6 柔性准固态 TiO$_{2-x}$/CNTs//AC/CNTs 器件示意图,以及相应的柔性 TiO$_{2-x}$/CNTs 负极和 AC/CNTs 阴极的 SEM 图像[18]

由于锂资源相对紧缺,处于同一主族的钠和钾也得到了越来越多的关注。钠/钾与锂具有相似的物理化学性质,在自然界中钠/钾储量更加丰富,成本相对于锂也更为低廉。因此,钠离子混合电容器(SIC)和钾离子混合电容器(PIC)在未来规模化应用中也具有发展潜力。

如图 9-7 所示,Li 等[19]设计了一种高性能准固态钠离子混合电容器,由 Mo_2N 量子点耦合氮掺杂碳纳米管($NCN@Mo_2N$)作为负极,CNTs 作为正极,多孔聚(偏二氟乙烯-共六氟丙烯)(PVDF-HFP)膜作为凝胶电解质。在负极中,均匀分散的 Mo_2N 量子点提供了丰富的活性位点,具有高比表面积和大量面内纳米孔的多级氮掺杂 CNTs 有助于快速可逆的阴离子吸附和解吸,具有开放框架的低曲折度的纳米管状电极微结构有利于电解质的离子渗透,从而最大限度地提高活性材料的利用率。综合优势,该固态钠离子电容器表现出了 117.5 W/kg 的功率密度和 100.6 W·h/kg 的能量密度,循环寿命长达 1000 次。

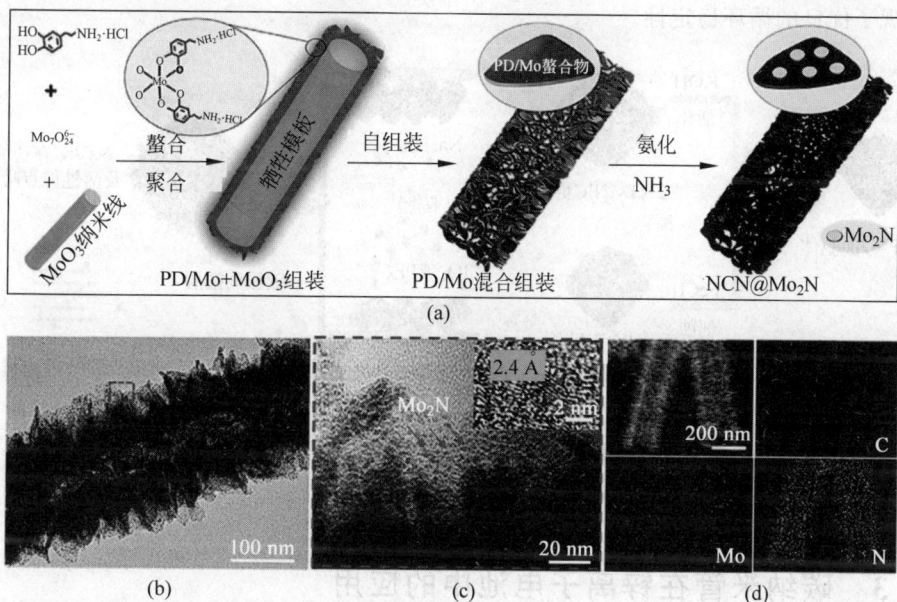

图 9-7　(a)$NCN@Mo_2N$ 复合材料的制备过程示意图;$NCN@Mo_2N$ 的(b)TEM 图像、(c)HRTEM 图像和(d)元素分布[19]

利用 SnS_2 纳米片电极可在有机钠离子电解质体系中提供极高赝电容的特性,Cui 等[20]通过加压硫化法合成 SnS_2/石墨烯-碳纳米管气凝胶(SnS_2/GCA)电极。气凝胶的结构保留了原有的碳骨架形态,从而表现出大表面积。复合电极在 0.2 A/g 的电流密度下比容量为 600.3 mA·h/g,在 10 A/g 的超高电流密度下的比容量为 304.8 mA·h/g。通过理论计算以及原位 TEM 分析,揭示了 SnS_2/GCA 优异的赝电容性能源自 SnS_2 纳米片表面和 Sn 边缘对 Na^+ 的吸附,以及 Na^+ 在 SnS_2 层间的超快插层。

Lu 等[21]以金属有机框架 ZIF-67 作为前驱体,将其在不同条件下进行碳化分别得到正负极材料,应用于 SIC 和 PIC 中。如图 9-8 所示,当其作为负极材料时,在 ZIF-67 热处理的过程中加入 $FeCl_3$,以去除前驱体在热处理后形成的 Co 金属,得到多孔碳(PC)与碳纳米管的复合材料(CNTs@PC)。当其作为正极材料时,在热处理的过程中引入 KOH 作为造孔剂,以形成具有大比表面积的活化多孔碳(APC)结构材料。CNTs@PC 作为负极时,在钠离子电池和钾离子电池中分别提供 320 mA·h/g 和 339 mA·h/g 的高比容量(0.05 A/g)。将上述正负极材料组装成为混合电容器,在 SIC 中,ClO_4^- 离子主要吸附在具有多孔结构的 APC 表面,Na^+ 则储存在 CNTs@PC 电极的表面、缺陷处及石墨层中。基于 CNTs@PC//APC 的 SIC,在 350 W/kg 和 14000 W/kg 的条件下,表现出 118 W·h/kg 和 47 W·h/kg 的能量密度。而且,在 PIC 中经过 10000 次循环后容量保留率仍高达 89.6%,展现了优良的循环稳定性。

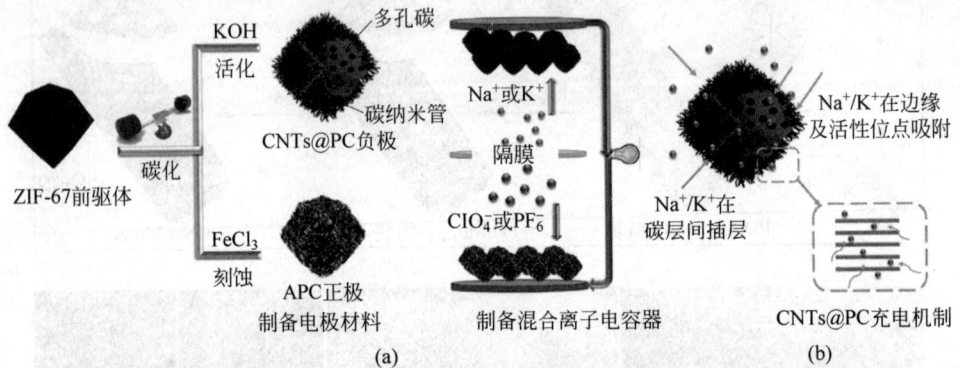

图 9-8　(a)用于混合电容器的 CNTs@PC 负极和 APC 正极的合成过程示意图,以及(b)CNTs@PC 负极的电荷存储机制[21]

9.3　碳纳米管在锌离子电池中的应用

锂离子电池虽然具有较高的能量密度,但是其使用易燃的有机溶剂作为电解液,具有一定的安全隐患。锌离子电池使用水系电解液,从根本上解决了安全性问题,并且具有更低价格、更高离子电导率等优势,从而受到了广泛关注,被认为是下一代大规模储能设备的一个理想选择。

自 1860 年,锌离子电池被发明以来,碱性 Zn/MnO_2 一次电池(NaOH 或 KOH 溶液作为电解液)占据了很大的市场份额。1988 年,Shoji 等[22]首次使用中性和微酸性的硫酸锌电解液替代碱性电解液,并实现了可充电 $Zn-MnO_2$ 电池体系。然而,该电池的储能机理尚不清楚,并且电池的性能也不理想,导致此后很长一段时间水系锌离子电池的发展停滞不前。直至 2012 年,Kang 等[23]报道一种水系锌离子电池,以 $\alpha-MnO_2$ 作为正极,锌箔作为负极,1 M $ZnSO_4$ 水溶液作为电解液,证明在水系 $Zn/\alpha-MnO_2$ 电池系统里电荷存储机制是基于 Zn^{2+} 在正极 $\alpha-MnO_2$ 隧道之间的迁移和负极锌箔上的溶解与沉积。自此,水系锌离子电池的概念得以基本建立,锌离子电池在之后几年获得飞速的发展,不同的电极材料与不同的储能机制也相继被发现,电池的性能也实现了稳步提升。

锌离子电池与锂离子电池类似,其结构主要包括正极、负极、电解液与隔膜。其充放电机理也与锂离子电池类似,即在充放电过程中,Zn^{2+} 在正负极之间来回穿梭实现能量的储存与释放,属于摇椅式电池。正极材料一般具有高孔隙率、大比表面积、大晶格间距、结构稳定等特点,包括各种晶型的 MnO_2、普鲁士蓝类似物、钒基化合物(包括隧道结构、层状结构、NASICON 结构)、有机化合物等;负极主要为 Zn 箔或者 Zn 颗粒;电解液为锌盐($ZnSO_4$、$Zn(CF_3SO_3)_2$ 等)的水溶液,隔膜通常为滤纸。

水系锌离子电池储能机理仍然存在争议,主要有以下五类(图 9-9)。

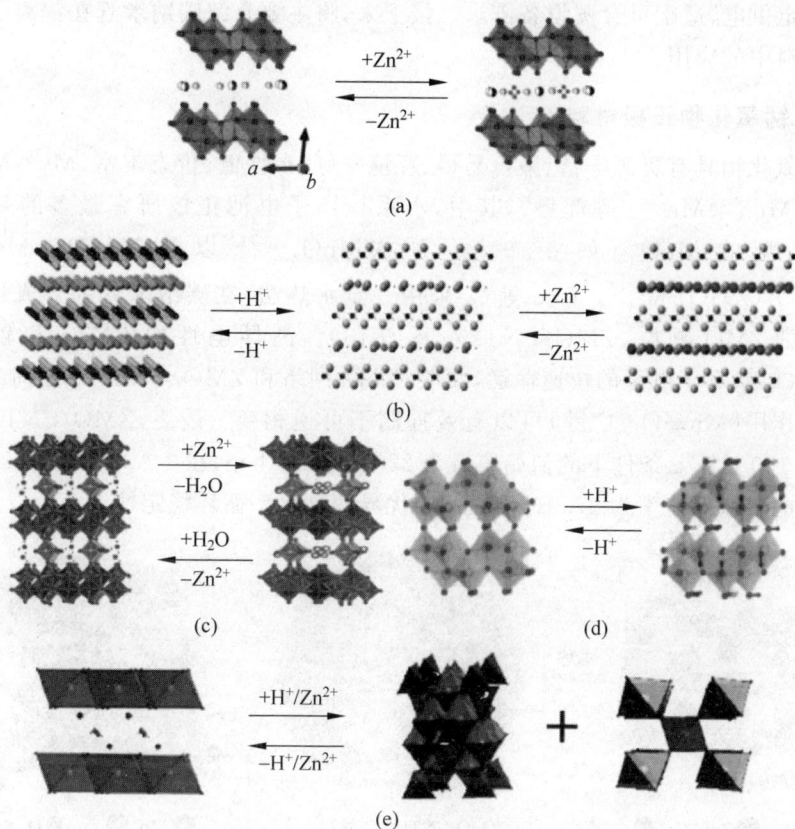

图 9-9　不同类型反应机理示意图[23]

(a) Zn^{2+} 嵌入/脱出机制;(b) Zn^{2+}/H^+ 嵌入/脱出机制;(c) Zn^{2+}/H_2O 共嵌入/脱出机制;
(d) H^+ 嵌入/脱出机制;(e) 转化反应机制

锌离子电池正极材料在实际应用中面临结构稳定性差、导电性不足、活性物质溶解、体积膨胀及离子扩散缓慢等问题。如锰基材料(MnO_2)在充放电过程中因 Jahn-Teller 效应引发结构变形和体积膨胀,而且其本征导电性差,限制了反应动力学和倍率性能,同时锰离子在电解液中的溶解不仅造成结构被破坏,而且加剧了负极枝晶的生长,引发不可逆容量损失。而钒基材料(如 V_2O_5)的层状结构在锌离子反复嵌入/脱出时易发生结构坍塌,导致容量快速衰减。

针对这些问题,碳纳米管通过多维机制实现显著改善。其高导电性和独特的三维网络结构能够与活性材料紧密结合,形成高效电子传输通道,大幅降低电极内阻。同时,碳纳米管的高机械强度可缓冲充放电过程中的体积膨胀,抑制结构坍塌。通过疏水性和化学稳定性,碳纳米管还可包覆活性物质表面,减少与电解液的直接接触,结合碳层包覆技术,可提高正极材料的循环稳定性。此外,碳纳米管复合电极的多孔结构和高比表面积优化了离子传输路径,显著提高锌离子的扩散系数和倍率性能。其柔韧性还支持柔性电极设计,如可弯曲锌离子电池能在反复形变下稳定供电,适配可穿戴设备需求。接下来,将主要介绍碳纳米管在锌离子电池正极材料中的应用。

1. 锰氧化物正极材料

锰氧化物具有资源丰富、廉价易得、环境友好、毒性低、价态丰富(Mn^0、Mn^{2+}、Mn^{3+}、Mn^{4+}、Mn^{7+})等优势。其中,水系锌离子电池正极研究最多的是具有各种晶型的 MnO_2(如 α-、β-、γ-、δ-、λ-MnO_2)[24] 以及 Mn_2O_3、Mn_3O_4、$ZnMn_2O_4$(ZMO)等[25]。Gao 等[26]采用一步水热法,在碳纳米管上合成尺寸约 20 nm 的 ZMO 颗粒(ZMO/CNTs)(图 9-10)。高导电性的 CNTs 和较小的 $ZnMn_2O_4$ 有利于电子的快速输运,柔性 CNTs 网络和 ZMO 与 CNTs 之间的强界面相互作用(Mn—O—C 键)可以有效抑制不可逆相变。最终,ZMO/CNTs 复合材料在 100 mA/g 条件下的初始容量为 220.3 mA·h/g,在 3 A/g 条件下 2000 次循环后的容量保持率为 97.01%,显示出优异的高倍率循环稳定性。

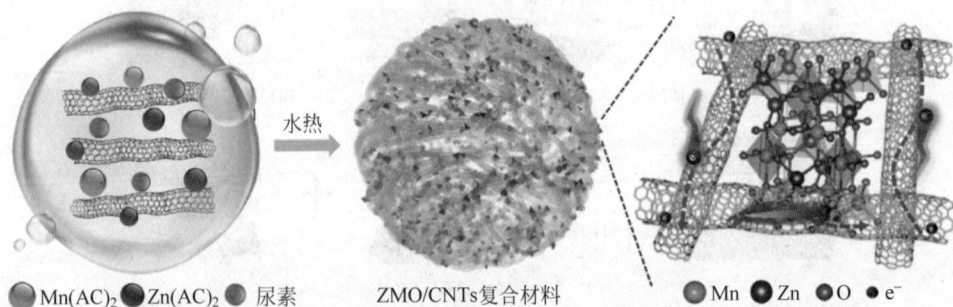

○Mn(AC)₂ ●Zn(AC)₂ ○尿素   ZMO/CNTs复合材料   ●Mn ●Zn ●O •e⁻

图 9-10　ZMO/CNTs 复合材料制备示意图[26]

2. 钒基正极材料

钒基化合物具有成本低、资源丰富、种类多等优点,广泛应用于水系电池正极材料。钒基化合物具有开放式结构,可提供锌离子快速的迁移通道和吸附位点,属于离子插层型电池电极材料，V^{5+} 价到 V^{3+} 价态的变化可以提供高达 589 mA·h/g 的理论比容量。但是，在充放电过程中受 Zn^{2+} 强静电作用的影响，使得 Zn^{2+} 在钒基正极材料中的扩散受阻，导致电极结构坍塌。当积累的 Zn^{2+} 达到一定的量时，正极材料就会发生不可逆相变。而且，该类材料本身导电性差，使得电池的功率密度和稳定性较差。Wan 等[27] 设计了 $KV_3O_8·0.75H_2O(KVO)$ 材料，并将其复合到单壁碳纳米管网络中，得到独立式 KVO/SWCNTs 复合薄膜（图 9-11）。KVO/SWCNTs 正极表现出 Zn^{2+}/H^+ 的嵌入/脱出机制，实现了快速的离子转移动力学。此外，KVO/SWCNTs 复合薄膜具有连续的导电网络结构，这提供了快速的电子转移动力学，并保证 KVO 和 SWCNTs 在循环过程中紧密接触。最终，该电极表现出了 379 mA·h/g 的高容量，优异的倍率能力，超长循环寿命可达 10000次，容量保持率高达 91%。

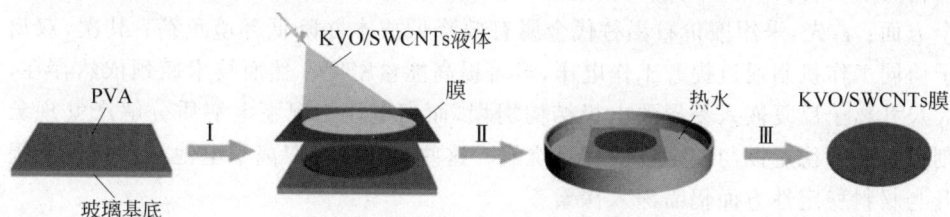

图 9-11　制备 KVO/SWCNTs 复合材料的示意图[27]

3. 普鲁士蓝及其衍生物正极材料

金属铁氰化物（MeHCF），也叫作普鲁士蓝衍生物，具有开放式晶体结构。根据其开放结构的不同，MeHCF 分为立方结构和斜方六面体结构，具有储存 Zn^{2+} 的能力。Xue 等[28] 设计了一种基于钒基普鲁士蓝类似物纳米粒子（VHCF），再将该纳米粒子连接到交织的 CNTs 导电网络中。协同效应使 VHCF/CNTs 在用作锌离子电池正极时拥有更多的活性位点，进而表现出优异的储锌性能。这种复合材料在 50 mA/g 时可以达到 97.8 mA·h/g 的比容量（图 9-12）。即使在 3200 mA/g 下循环 1000 次后，它仍然显示出 52.7 mA·h/g 的放电比容量。

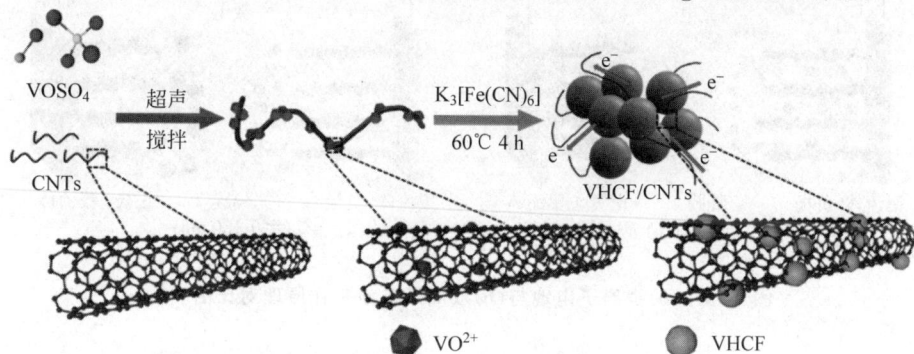

图 9-12　制备 VHCF/CNTs 的示意图[28]

9.4 碳纳米管在双离子电池中的应用

传统电池体系如锂离子、铅酸及镍氢电池,其能量效率与性能上限受限于单一离子的定向迁移机制。双离子电池通过革新性的双离子协同迁移机制突破了这一局限,在充放电过程中同时实现正负离子在电极材料中的嵌入与脱出。充电时阳离子嵌入正极晶格结构,阴离子则插入负极层间;放电过程中两类离子同步脱离电极返回电解液。这种双向离子传输机制显著提升了能量转换效率和存储容量,为开发高性能储能装置提供了新方向。

双离子电池的正极普遍采用石墨、有机材料及金属有机框架等具有 sp^2 杂化结构的碳基材料,负极则以石墨为主。相较于传统单离子体系,其创新性体现在两个方面:首先,采用廉价石墨替代金属有效降低成本并降低环境负荷;其次,双离子协同工作机制通过提升工作电压,显著提高能量密度。然而技术瓶颈依然存在,大尺寸离子反复嵌入易导致电极结构坍塌,而高电压工况下电解质分解产气现象则带来循环稳定性与安全性的双重挑战。这些特性使得双离子电池在平衡性能提升与材料稳定性方面仍需深入探索。

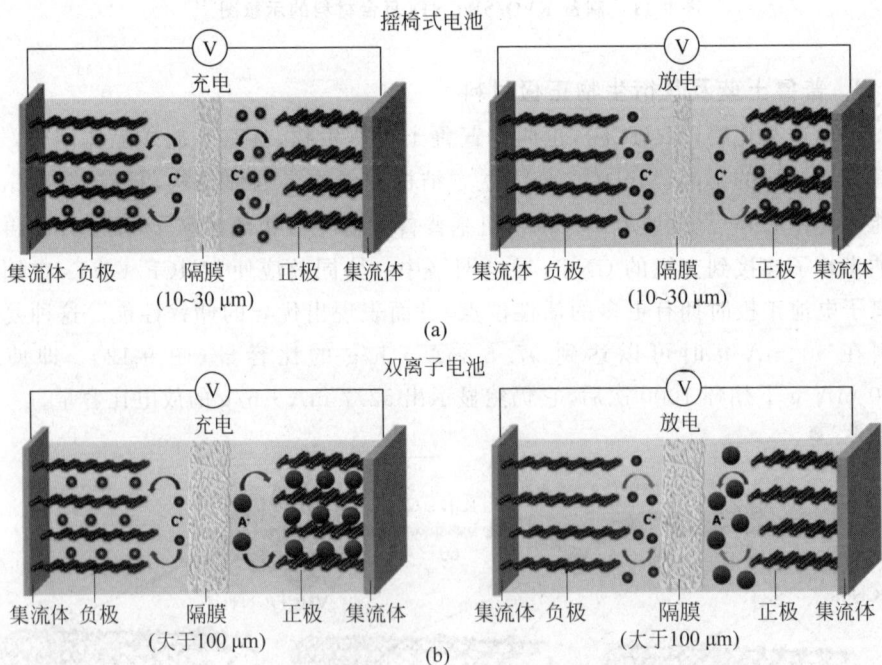

图 9-13 (a)锂离子电池与(b)双离子电池工作原理对比图[29]

9.4.1 碳纳米管用于双离子电池正极

碳纳米管能在电极活性材料与碳基衬层间构筑坚固的界面,有效抵御活性物质的氧化侵蚀,确保充放电循环的稳定性,显著提升正极材料的整体效能。同时,利用其出色的柔韧性,碳纳米管还充当了理想的电极支撑结构,有效防止电池在使用过程中出现缩孔问题,进一步增强了电池的结构完整性和使用寿命。

锂-石墨双离子电池存在电极腐蚀严重以及锂金属沉积可逆性不佳等问题,其能量密度与循环稳定性受到显著制约,从而限制了其广泛应用。为克服这些瓶颈,Li 等[30]提出了一种集成电极结构设计策略,成功制备了轻质且具备自支撑能力的柔性石墨与单壁碳纳米管复合正极材料(GSC)。引入的 SWCNT 不仅显著优化了电极结构,还增强了材料的导电性。同时,该研究团队将此正极与负载于柔性碳布上的锂金属负极(Li@CC)进行匹配,不仅从根本上避免了集电器腐蚀及活性材料脱落对电池性能的不利影响,更通过碳布的柔韧性及高表面积而有效调控了锂金属的表面负载分布,极大地提升了锂沉积/剥离过程的可逆性,为电池的长寿命运行奠定了坚实基础(图 9-14)。实验结果显示,在 200 mA/g 的电流密度条件下,该 Li@CC//GSC 全电池展现出了优异的性能,其比容量高达 100.5 mA·h/g,并且在历经 300 次充放电循环后,容量保持率依然超过 80%。尤为值得一提的是,该全电池设计还兼具了良好的可回收性与环保特性,显著降低了对环境的潜在污染,为绿色能源存储技术的发展开辟了新的路径。

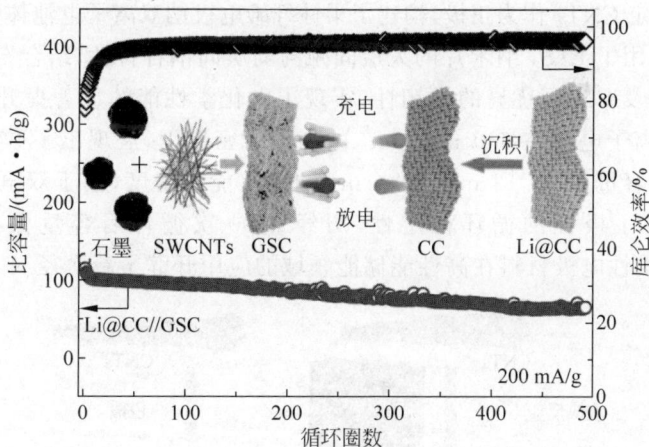

图 9-14 柔性石墨和单壁碳纳米管复合电极工作示意图[30]

Zhou 等[31]在碳纳米管表面进行聚苯胺的原位聚合,并利用卤酸进行改性处理。聚苯胺与卤酸的相互作用促使部分氮原子发生质子化,形成在共轭链中自由移动的正电荷,同时卤素阴离子有效掺杂入聚苯胺的共轭结构内,从而有效应对了双离子电池正极材料普遍面临的比容量低、可逆性差及电化学动力学受限等难题。

特别地,碳纳米管作为基底材料的引入,不仅大幅度提升了整体活性材料的电导率,还通过其分散作用有效阻止了导电聚合物的团聚现象,为电极在充放电循环中的体积变化提供了必要的缓冲空间。这种复合电极材料展现出独特的相互交联结构,极大地促进了正离子在充放电过程中的快速传输,显著改善了电池的动力学性能。电化学测试结果表明,该材料不仅具备较高的放电比容量,更在循环稳定性方面表现出色,库仑效率接近 100%,充分验证了其作为高性能双离子电池正极材料的潜力。

9.4.2 碳纳米管用于双离子电池负极材料

Su 等[32]针对有机物电极材料的电子传导性局限与耐久性差的问题,通过调控分子界面相互作用,构建了基于 1,4,5,8-萘四甲酸四锂(LNTC)与碳纳米管的复合材料 LNTC@CNTs。该复合材料利用 LNTC 与 CNTs 间的 π-π 叠加效应,形成了高效的导电网络,显著提升了电子与电解质的传输效率,并增强了结构稳定性。实验结果显示,LNTC@CNTs 在锂离子存储中表现出色,经 400 次循环后容量保持率高达 96.4%。将 LNTC@CNTs 作为负极与膨胀石墨(EG)正极结合,构建的双离子电池(LNTC@CNTs//EG)展现出优异的电化学性能,峰值放电容量达到 122 mA·h/g,且在 900 次循环后仍能维持 84.2% 的容量,证明了该复合材料在双离子电池应用中的巨大潜力。

Li 等[33]将 ReS_2 纳米片锚定于碳纳米管纤维上形成 ReS_2@CNTs 负极,并同步采用石墨锚定 CNTs 作为正极,构建了柔性纤维电极钠双离子电池体系(图 9-15)。该设计充分利用了 ReS_2 纳米片的大层间距与弱层间耦合特性,结合石墨对正离子的有效调控以及 CNTs 优异的柔韧性,实现了电化学性能的显著提升。实验结果显示,该钠双离子电池在 630 mA/cm^3 的高电流密度下,展现出了 97.8 mA·h/cm^3 的放电比容量及 25.12 mW·h/cm^3 的高比能量密度(基于双电极总体积计算),同时保持了极佳的循环稳定性,历经 2100 次循环后容量保持率仍高达 91.8%,这为柔性电极材料在高性能储能领域的应用开辟了新途径。

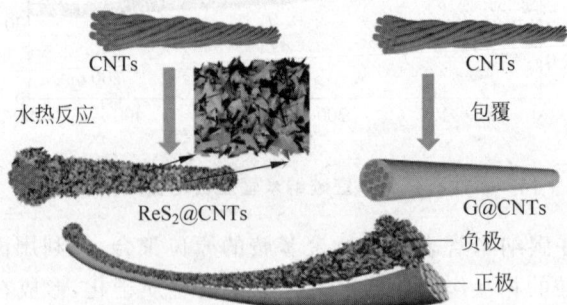

图 9-15　ReS_2@CNTs 负极的制备过程示意图[33]

Yu 等[34]在钾基双离子电池负极材料领域取得了重要突破,他们成功制备了氮、磷共掺杂的多孔碳纳米管纤维,其中封装了亚纳米级碲(Te)(小于 1 nm)。该工作首次在分层多孔碳纳米纤维中识别出单原子及小分子 Te 同素异形体,还借助微孔的空间限制与杂原子的共掺杂策略,有效固定了纳米 Te 和 K_2Te,显著减少了 Te 与电极的分离问题。同时,碳纳米管的微孔结构极大地缓解了充放电过程中的体积变化。最终,该电极组装的双离子电池在循环 700 次后仍能维持高达 $2023.13\ mA \cdot h/cm^2$ 的面积比容量,并展现出了长达 1500 次的循环稳定性,为钾基双离子电池的发展提供了强有力的材料支撑和性能保证。

水铵双离子电池具有优异的安全性、可持续性和环境友好性等优势,在固定式电化学存储领域受到广泛的关注。具有纳米结构的导电碳材料多孔结构设计有利于聚酰亚胺基电极材料在水溶液中体现出优异的电化学性能。然而,碳纳米管等纳米碳材料的团聚问题制约了其发展。Zhou 等[35]通过静电纺丝和原位热解/酰亚胺化处理,制备了具有高度互连导电多孔结构的柔性聚酰亚胺/氮掺杂碳/碳纳米管(PI/NDC/CNTs)复合纳米纤维膜负极(图 9-16)。得益于三维交织纳米纤维网络结构和互连的导电多孔骨架,该电极在水铵双离子电池体系中表现出高可逆容量和良好的倍率性能,5000 次循环后容量保持率超过 87.9%。此外,分别使用 PI/NDC/CNTs 和聚苯胺/碳纳米纤维(PANI/CNFs)复合材料作为负极和正极的水铵双离子电池中,实现了超长循环稳定性和 $114.3\ W \cdot h/kg$ 的高能量密度。

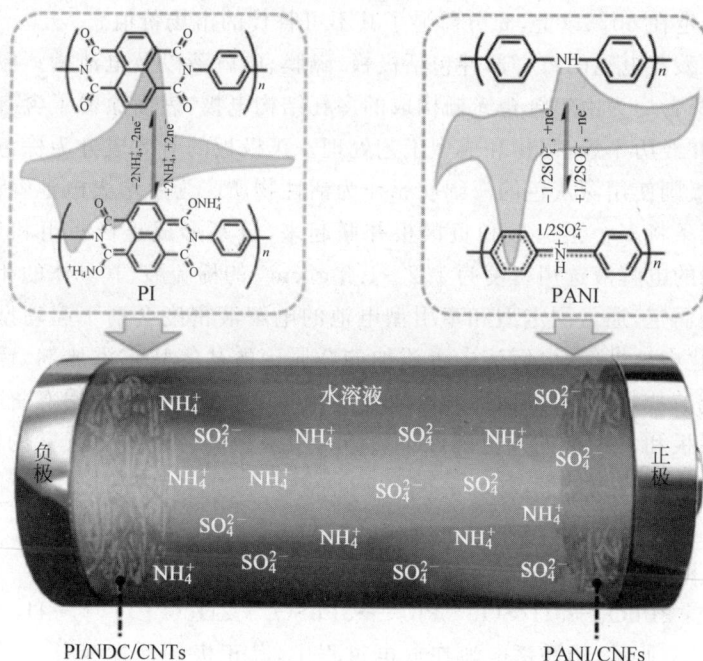

图 9-16 水氨双离子电池工作示意图[35]

　　NaF 双离子电池在放电过程中分别会从 NaF 电解质中提取 F^- 和 Na^+，在充电过程中再将 F^- 和 Na^+ 释放到电解质中。以往的研究表明，大尺寸颗粒的电极会显著降低能量密度和稳定性。为了解决此问题，Hu 等[36]设计了一种铋纳米颗粒/碳纳米管复合电极（nano-Bi@CNTs）。其中，纳米铋颗粒不仅能够高效嵌入 CNTs 的骨架中，形成紧密而稳定的复合结构，还能够在电化学过程中展现出独特的活性。当该电极应用于 NaF 双离子电池体系时，F^- 被纳米铋电极捕获，并与之反应生成 BiF_3。这一化学反应不仅促进了电荷的存储与转移，还增强了电极的结构稳定性。在充电过程中，这些被捕获的 F^- 再次被释放回电解液中，实现了可逆的电荷循环。实验结果显示，这种 nano-Bi@CNTs 电极在 100 mA/g 的电流密度下，经过 80 次循环后，依然能够保持 109.5 mA·h/g 的高比容量，展现了出色的循环稳定性和能量存储能力。

9.5　碳纳米管在铅酸蓄电池中的应用

　　1859 年，法国物理学家雷蒙德·普兰特发明了铅酸电池，距今已有 150 多年的历史。铅酸电池以其技术成熟度高、安全性佳、材料成本低廉、回收再利用能力强，以及充放电性能稳定可靠等显著优势，成为全球产量最庞大的电池类型。步入 21 世纪以来，铅酸电池在竞争激烈的二次电池市场中持续占据主导地位，市场占有率长期稳定在 60% 以上，充分彰显了其不可替代的市场价值。

　　构成铅酸蓄电池的核心部件包括极板、隔膜、电解液以及电池槽。极板分为正极与负极，两者均为由铅合金光栅构成的多孔结构电极，表面涂覆了含有多种添加剂的铅膏，并经历干燥、固化和成型工艺处理。正极板的有效成分为棕色的二氧化铅，而负极板则使用深灰色的海绵状铅作为活性物质。为了增大电池容量，设计上常采用连接条将多个正极板和负极板并联起来，分别形成正极板组和负极板组。铅酸蓄电池的电解液选用密度为 $1.2 \sim 1.3 \ g/cm^2$ 的稀硫酸，其具体的相对密度依据电池类型而定，通常固定型和牵引型电池的电解液密度会高于起动型电池。此外，为了优化电池性能，电解液中可添加如金属硫酸盐等特定添加剂，旨在防止铅酸电池的硫酸盐化现象，进而提升电池容量并延长电池的整体使用寿命。

　　将正极板和负极板插入电解液中，在正、负极板间产生约 2.1 V 的电势，其充放电化学反应方程式如下：

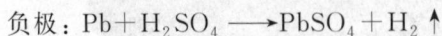

正极：$2PbO_2 + 2H_2SO_4 \longrightarrow 2PbSO_4 + O_2 \uparrow + 2H_2O$

负极：$Pb + H_2SO_4 \longrightarrow PbSO_4 + H_2 \uparrow$

总反应：$2PbO_2 + 3H_2SO_4 + Pb \longrightarrow 3PbSO_4 + 2H_2O + O_2 \uparrow + H_2 \uparrow$

　　如图 9-17 所示，铅酸蓄电池在放电过程中，其正极的活性成分（二氧化铅）与负极的活性成分（铅），均会与硫酸电解液发生反应，生成 $PbSO_4$。这一过程在电化学领域中被称为"双硫酸盐化反应"。当蓄电池进入充电阶段时，原本在正负极上

形成的疏松细密的 $PbSO_4$，会在外界提供的充电电流作用下，逆向转化为二氧化铅和铅，从而使蓄电池恢复到充满电的状态。

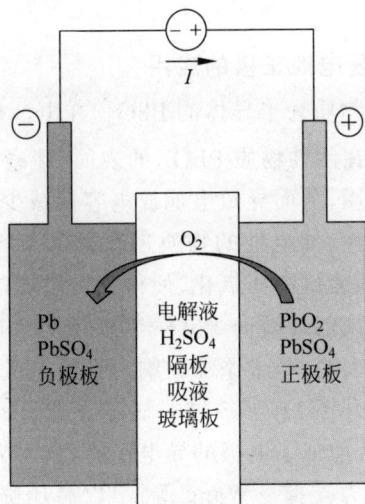

图 9-17　铅酸蓄电池示意图

在铅酸蓄电池中，碳材料在电极上可起到以下两个作用。

1）构建双电容层和导电网络，提高电池寿命

在铅酸蓄电池中，碳材料可充当缓冲器，以高速率接受电荷，有效分担铅活性物质所承受的电流压力。在充电过程中，碳材料展现出优异的电子与质子快速存储能力，从而帮助缓解由大电流充电引发的硫酸盐化问题。当碳材料被整合至负极铅膏时，它构建了一个独特的导电网络，显著增强了极板的导电性能。充电过程中，极板表面常被生成的 $PbSO_4$ 所覆盖，此时碳材料能够在其表面构建导电骨架，形成一条畅通的电子传输路径，直抵负极活性物质，确保即便在 $PbSO_4$ 覆盖层下，内部的铅活性物质也能充分参与电化学反应。

2）提供活性作用位点，加速 $PbSO_4$ 的转化

碳材料因其独特的性质，其表面具备特定的作用位点，这些位点为 $PbSO_4$ 晶体的形成提供了优先的结合位置。在电池循环充放电过程中，新生成的 $PbSO_4$ 会倾向于先在碳材料的活性作用位点上沉积。这一特性使得在充电阶段，这些位于碳材料表面的 $PbSO_4$ 能够更迅速地转化为活性物质。相较于其他区域，$PbSO_4$ 在碳材料上的转化速率显著加快，从而有效减少了 $PbSO_4$ 在电极其他部位的堆积现象。因此，碳材料的引入优化了 $PbSO_4$ 的生成与转化路径，减缓了由 $PbSO_4$ 堆积而导致的性能衰退问题。

尽管传统碳材料已为铅酸蓄电池性能提升奠定基础，但其导电网络构建效率与活性位点密度仍受限于材料本征特性。近年来，碳纳米管凭借独特的一维管状结构、超高比表面积和卓越导电性，展现出更优的电极优化潜力。其纳米级管径可

穿透 $PbSO_4$ 钝化层建立立体导电通道,而表面丰富的官能团和边缘缺陷则为 $PbSO_4$ 转化提供高密度活性位点。这种兼具导电增强与催化活性的双重特性,使碳纳米管成为突破铅酸电池性能瓶颈的新一代功能材料。

1. 碳纳米管在铅酸蓄电池正极的应用

铅酸蓄电池正极活性物质为半导体的 PbO_2,在电池放电的时候反应生成不导电的 $PbSO_4$,$PbSO_4$ 覆盖在活性物质 PbO_2 的表面,堵塞多孔电极的孔口,使得正极活性物质不能被完全利用,从而导致电池放电容量减少。一般来说,可以通过向正极铅膏中添加具有多孔性、导电性的物质来改善这一问题。由于正极的高电位及氧化性,正极添加剂必须能抗高压氧化,使得正极添加剂的品种远少于负极。

Velasco-Soto[37] 通过高能球磨向 PbO_2 电极中引入碳纳米管,以显著延长电极的循环寿命。实验结果表明,与未添加碳纳米管的电极相比,采用该方法制备的电极在循环测试中性能提升了 110%。这一显著改进归因于 CNTs 不仅有效稳固了电极的形态结构,还显著增强了电极的导电性能,从而为电极在充放电过程中的稳定与高效运行提供了有力支撑。Wang 等[38] 以高压喷洒的方式向铅酸蓄电池正极配方中添加经高速分散后的 CNTs 水性浆料,其中 CNTs 的添加量是铅粉质量的 0.05%～0.25%,高压喷洒的压力为 0.4～0.8 MPa。该方法可以最大限度地分散 CNTs,极低的添加量即可有效提升正极活性物质 PbO_2 导电性,延缓铅膏软化,从而大幅提升铅酸蓄电池正极的循环寿命。Shapira 等[39] 尝试在铅酸电池正极中添加 1% 的 CNTs,制备了多组电池,经过测试发现大多数电池的循环寿命在1000 次左右,有些可达到 1700 次。相比而言,不加 CNTs 的电池最多只能循环250 次。这是因为 CNTs 作为添加剂加入铅酸电池,能形成稳定的导电网络,可使流经活性物质的电流分布均匀,不会产生较大颗粒的 $PbSO_4$,从而抑制硫酸盐化的产生,避免了电池失效。Meyers 等[40] 将离散碳纳米管(dCNTs)引入铅酸蓄电池的正极结构中,发现 dCNTs 能够在集流体与正极活性材料之间构筑一层防腐蚀保护层,显著增强了正极的耐腐蚀性。采用 dCNTs 改性的正极活性材料在高温循环测试条件下,展现出了更薄且更为均匀的腐蚀层,使铅酸电池的使用寿命得到了显著提升。

2. 碳纳米管在铅酸蓄电池负极的应用

为提高铅酸蓄电池的容量,近年来科学家们进行了大量的实验探索,研究发现将碳纳米管复合到负极中可有效提高电池容量。Bian 等[41] 设计了三种不同碳材料复合的负极板,旨在深入探究其对电池性能的影响。具体而言,负极板 A 结合了 0.3% 的碳纳米管与 0.3% 的锌化物,负极板 B 则采用了 0.3% 的石墨与 0.3% 的锌化物组合,负极板 C 含有 0.3% 的石墨与 0.1% 的锌化物。将此三种配比的负极板与标准的正极板配对,组装成 2 V 的单体电池,以全面评估其放电特性与循环稳定性。实验结果显示,在 0.2C 的放电倍率下,搭载负极板 A 的电池展现出了最为卓越的放电容量,这一发现证明了碳纳米管在提升铅酸蓄电池容量方面的独特优势与最佳效果。碳纳米管以其优异的导电性、高比表面积以及优异的机械性能,为负极材料提供了更多的活性位点与更快的电子传输通道,从而促进了电池内部电化学反应的高效进行,实现了电池容量的显著提升。

Banerje 等[42]深入研究了 SWCNTs 含量对铅酸蓄电池综合性能的影响。他们通过精细调控,在正极与负极活性物质中分别引入了 0.01% 和 0.001% 的 SWCNTs。实验选用了 2 V 的铅酸电池体系,并采用硅胶型电解质。为全面评估 SWCNTs 的效用,该研究团队在 25% 和 50% 两种不同放电深度(DOD)条件下进行了循环测试,同时设定了多样化的充放电倍率(充电倍率为 1C 和 2C,放电倍率为 0.5C 和 1C)。实验结果显示,即便在低浓度负载 SWCNTs 的情况下,电池依然展现出了令人瞩目的循环性能:在 25% DOD 条件下,电池能够稳定循环约 1700 个周期;即使在更为严苛的 50% DOD 条件下,也能维持约 1400 个周期的循环寿命(图 9-18)。这一表现与未添加 CNTs 的电池及添加了 MWCNTs 的电池相比,优势显著。进一步分析揭示,SWCNTs 的加入显著增强了正极板在充电过程中的氧化稳定性,这是提升电池性能的关键因素之一。同时,SWCNTs 还促进了导电活性材料基体的形成,有效抑制了硫酸盐在电极中的过度生成,从而优化了电池内部的电化学反应环境,最终实现了电池性能的全面升级。

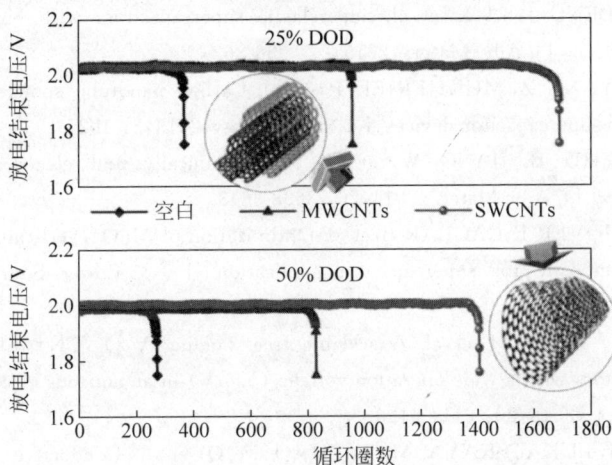

图 9-18 对比电极在有无碳纳米管条件下的循环性能[42]

Li 等[43]将微量酸处理的多壁碳纳米管(a-MWCNTs)引入铅膏负极中。加入 100 ppm 的 a-MWCNTs,由于其表面丰富的含氧基团影响了固化阶段的化学反应,进而在负极板中诱导出一种独特的海绵状结构,该结构是由紧密相连、形似多米诺骨牌的铅切片构成,显著提升了电极的孔隙率和电活性表面积。这种结构不仅优化了电解质的渗透与扩散,而且准棒状的铅片为电子的快速传输开辟了高效通道,有效减缓了 $PbSO_4$ 晶体在电极表面的积累速度。电化学性能测试表明,采用含有 a-MWCNTs 的负极板所构建的铅酸电池,其循环寿命显著延长,增幅超过1.5 倍,充分证明了 a-MWCNTs 在提升铅酸电池性能方面的巨大潜力。

参考文献

[1] 高翔.碳纳米管及其复合电极超级电容器性能研究[D].武汉:华中科技大学,2021:001485.

[2] IZADI-NAJAFABADI A,YASUDA S,KOBASHI K,et al. Extracting the full potential of single-walled carbon nanotubes as durable supercapacitor electrodes operable at 4 V with high power and energy density[J]. Adv. Mater. ,2010,22: E235-E241.

[3] TASHIMA D,KUROSAWATSU K,UOTA M,et al. Space charge distributions of an electric double layer capacitor with carbon nanotubes electrode[J]. Thin Solid Films,2007,515: 4234-4239.

[4] CHEN Y,DU L,YANG P,et al. Significantly enhanced robustness and electrochemical performance of flexible carbon nanotube-based supercapacitorsby electrodepositing polypyrrole[J]. J. power sources,2015,287: 68-74.

[5] ZHOU Y K,HE B L,ZHOU W J,et al. Preparation and electrochemistry of SWNT/PANI composite films for electrochemical capacitors [J]. J. Electrochem. Soc. , 2004, 151: A1052-A1057.

[6] ZHANG Z,DENG J,LI X,et al. Superelastic supercapacitors with high performances during stretching[J]. Adv. Mater. ,2015,27: 356-362.

[7] ZHONG J,YANG Z,MUKHERJEE R,et al. Carbon nanotube sponges as conductive networks for supercapacitor devices[J]. Nano Energy,2013,2: 1025-1030.

[8] WANG H, ZHU B, JIANG W, et al. A mechanically and electrically self-healing supercapacitor[J]. Adv. Mater. ,2014,26: 3638-3643.

[9] AMADE R,JOVER E,CAGLAR B,et al. Optimization of MnO_2/vertically aligned carbon nanotube composite for supercapacitor application [J]. J. Power Sources, 2011, 196: 5779-5783.

[10] WU J,GAO X,YU H,et al. A scalable free-standing V_2O_5/CNT film electrode for supercapacitors with a wide operation voltage (1. 6 V) in an aqueous electrolyte[J]. Adv. Funct. Mater. ,2016,26: 6114-6120.

[11] GHIDIU M,LUKATSKAYA M R,ZHAO M Q,et al. Conductive two-dimensional titanium cabide "clay" with high volumetric capacitance[J]. Nature,2014,516: 78-81.

[12] XIA Y,MATHIS T S,ZHAO M Q,et al. Thickness-independent capacitance of vertically aligned liquid-crystalline MXenes[J]. Nature,2018,557: 409-412.

[13] EVANS D A. Capacitor[P]. WD1994022152A1,1994. 09. 29: 1994.

[14] ARAVINDAN V, GNANARAJ J, LEE Y S, et al. Insertion-type electrodes for nonaqueous Li-ion capacitors[J]. Chem. Rew. ,2014,114: 11619-11635.

[15] JIN L,SHEN C,SHELLIKERI A,et al. Progress and perspectives on pre-lithiation technologies for lithium ion capacitors[J]. Energy Environ. Sci. ,2020,13: 2341-2362.

[16] ZHENG Z,CHENG Y, YAN X,et al. Enhanced electrochemical properties of graphene-

wrapped $ZnMn_2O_4$ nanorods for lithium-ion batteries[J]. J. Mater. Chem. A,2014,2: 149-154.

[17] ZUO W, WANG C, LI Y, et al. Directly grown nanostructured electrodes for high volumetric energy density binder-free hybrid supercapacitors: a case study of CNTs// $Li_4Ti_5O_{12}$[J]. Sci. Rep. ,2015,5: 1-8.

[18] QUE L F,YU F D, WANG Z B, et al. Pseudocapacitance of TiO_{2-x}/CNT anodes for high-performance quasi-solid-state Li-ion and Na-ion capacitors [J]. Small, 2018, 14: 1704508.

[19] LI Y,YANG Y,ZHOU J,et al. Coupled and decoupled hierarchical carbon nanomaterials toward high-energy-density quasi-solid-state Na-Ion hybrid energy storage devices[J]. Energy Storage Mater. ,2019,23: 530-538.

[20] CUI J, YAO S, LU Z, et al. Revealing pseudocapacitive mechanisms of metal dichalcogenide SnS_2/graphene-CNT aerogels for high-energy Na hybrid capacitors[J]. Adv. Energy Mater. ,2018,8: 1702488.

[21] LU G,WANG H, ZHENG Y, et al. Metal-organic framework derived N-doped CNT@ porous carbon for high-performance sodium-and potassium-ion storage[J]. Electrochim. Acta,2019,319: 541-551.

[22] SHOJI T,HISHINUMA M,YAMAMOTO T. Zinc-manganese dioxide galvanic cell using zinc sulphate as electrolyte. Rechargeability of the cell[J]. J. Appl. Electrochem. ,1988,18: 521-526.

[23] YONG B,MA D, WANG Y, et al. Understanding the design principles of advanced aqueous zinc-ion battery cathodes: from transport kinetics to structural engineering, and future perspectives[J]. Adv. Energy Mater. ,2020,10: 2002354.

[24] ALFARUQI M H, MATHEW V, GIM J, et al. Electrochemically induced structural transformation in a γ-MnO_2 cathode of a high capacity zinc-ion battery system[J]. Chem. Mater. ,2015,27(10): 3609-3620.

[25] HAO J, MOU J, ZHANG J, et al. Electrochemically induced spinel-layered phase transition of Mn_3O_4 in high performance neutral aqueous rechargeable zinc battery[J]. Electrochim. Acta,2018,259: 170-178.

[26] GAO F, MEI B, XU X, et al. Rational design of $ZnMn_2O_4$ nanoparticles on carbon nanotubes for high-rate and durable aqueous zinc-ion batteries[J]. Chem. Eng. J. ,2022, 448: 137742.

[27] WAN F,HUANG S,CAO H, et al. Freestanding potassium vanadate/carbon nanotube films for ultralong-life aqueous zinc-ion batteries[J]. ACS Nano,2020,14: 6752-6760.

[28] XUE Y,SHEN X,ZHOU H,et al. Vanadium hexacyanoferrate nanoparticles connected by cross-linked carbon nanotubes conductive networks for aqueous zinc-ion batteries[J]. Chem. Eng. J. ,2022,448: 137657.

[29] SHI Y,LIU C,MASSE R,et al. Dual-ion batteries: the emerging alternative rechargeable batteries[J]. Energy Storage Mater. ,2020,25: 1-32.

[30] LI W,LI Y, YANG J, et al. An integrated design of electrodes for flexible dual-ion batteries[J]. ChemSusChem. ,2022,16: e202201252.

[31] ZHOU G,AN X,ZHOU C,et al. Highly porous electroactive polyimide-based nanofibrous

composite anode for all-organic aqueous ammonium dual-ion batteries[J]. Compos. Commun. ,2020,22：100519.

[32] SU Y,SHANG J,LIU X, et al. Constructing π-π superposition effect of tetralithium naphthalenetetracarboxylate with electron delocalization for robust dual-ion batteries[J]. Angew. Chem. Int. Edit. ,2024,63(22)：e202403775.

[33] LI Y,GUAN Q,CHENG J, et al. Flexible high energy density sodium dual-ion battery with long cycle life[J]. Energy Environ. Mater. ,2022,5(4)：1285-1293.

[34] YU D,LUO W,GU H, et al. Subnano-sized tellurium @ nitrogen/phosphorus co-doped carbon nanofibers as anode for potassium-based dual-ion batteries[J]. Chem. Eng. J. , 2023,454：139908.

[35] ZHOU G,AN X,ZHOU C,et al. Highly porous electroactive polyimide-based nanofibrous composite anode for all-organic aqueous ammonium dual-ion batteries[J]. Compos. Commun. ,2020,22：100519.

[36] HU X,CHEN F,ZHANG Z, et al. The electrochemical behaviors of NaF dual battery based on the hybrid electrodes of bano-bismuth @ CNTs[J]. Mater. Lett. ,2018,233：ч 332-335.

[37] VELASCO-SOTO M A, LICEA-JIMENEZ L, VIDEA M, et al. Improvement on cell cyclability of lead-acid batteries through high-energy ball milling and addition of multi-walled carbon nanotubes in the formulation of leady oxides[J]. J. Appl. Electrochem. , 2021,51：387-397.

[38] 王富存,陆亚山,吕雪平,等. 一种铅酸蓄电池正极铅膏制作方法：CN201611005602. 1 [P]. 2023-11-15.

[39] SHAPIRA R, NESSIM G D, ZIMRIN T, et al. Towards promising electrochemical technology for load leveling applications：extending cycle life of lead acid batteries by the use of carbon nano-tubes (CNTs)[J]. Energy Environ. Sci. ,2013,6(2)：587-594.

[40] MEYERS P, GUZMAN R, SWOGGER S, et al. Discrete carbon nanotubes promote resistance to corrosion in lead-acid batteries by altering the grid-active material interface [J]. J. Energy Storage,2020,32：101983.

[41] 边亚茹,刘璐,陈志雪,等. 碳纳米管掺杂对铅酸电池负极板性能的影响[J]. 蓄电池,2013, 50(6)：5.

[42] BANERJE A,ZIV B,SHILINA Y,et al. Single-wall carbon nanotube doping in lead-acid batteries：a new horizon[J]. ACS Appl. Mater. Interfaces,2017,9：3634-3643.

[43] DONG L,CHEN C, WANG J, et al. Acid-treated multi-walled carbon nanotubes as additives for negative active materials to improve high-rate-partial-state-of-charge cycle-life of lead-acid batteries[J]. RSC Adv. ,2021,11(25)：15273-15283.

第10章

碳纳米管的机遇

10.1 "双碳"目标下的能源转型迫在眉睫

美国国家航空航天局(NASA)观测数据显示,当前全球温室气体浓度较 19 世纪已升高 $1.2℃$,过去 170 年间 CO_2 浓度上升了 47%。这种快速变化极大缩短了物种和生态系统的适应时间,导致全球气候变暖,人类心血管和呼吸道疾病增多等危害。2022 年,全球与能源相关的 CO_2 排放量再创历史新高,超过 368 亿吨,约占总排放量的 73%。

在此背景下,"碳达峰、碳中和"的"双碳"目标应运而生,代表可持续发展的方向。"碳达峰"意味着 CO_2 等温室气体排放量达到峰值后不再增长,"碳中和"则是指通过碳汇、碳捕集、碳封存等技术,在一定时间内直接或间接产生的 CO_2 排放总量被等量吸收抵消,从而实现 CO_2 净零排放,解除经济增长与资源消耗的紧密联系。2020 年 9 月,在第 75 届联合国大会上,我国首次明确提出目标:2030 年前实现"碳达峰",2060 年前实现"碳中和"。为此,将全面推动产业优化、能源转型、技术革新,大幅降低碳排放,并通过植树造林、节能减排、CO_2 再利用、碳捕集、碳封存等手段吸收 CO_2,等量抵消必要的排放量,实现 CO_2"零排放"。

目前,已有超过 130 个国家以不同形式提出了"碳中和"目标,这无疑已成为全球性的大趋势。碳排放与经济发展密切相关。中国 GDP 单位能耗为世界平均水平的 1.5 倍,表明我国经济对能源的依赖程度还很高。作为发展中国家,中国在完成经济发展目标的过程中,由高碳驱动的工业化、城镇化发展将推动"碳达峰"峰值高度抬高,为"碳中和"的实现带来更大的"斜率"压力(图 10-1)。

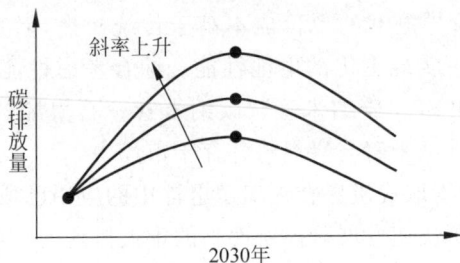

图 10-1　碳排放量趋势

实现"双碳"目标需科学规划,明确各时期发展目标、重点任务及实施路径。需尽早规划"碳中和"场景下能源生产与消费的转型升级路径,持续推动可再生能源高比例发展,构建以新能源为主体的新型电力系统,完善绿色低碳能源发展的政策体系与市场机制,促进绿色低碳能源新业态融合发展。《"十四五"可再生能源发展规划》已正式发布,明确了"十四五"期间的任务与目标,指出我国可再生能源将引领能源生产与消费革命的主流方向,主导能源绿色低碳转型,聚焦新能源开发、CO_2 捕集利用、前沿储能等基础研究最新突破,加速培育颠覆性技术创新路径,为"碳达峰""碳中和"目标提供核心支撑。

10.2 "双碳"目标下碳纳米管的机遇

随着全球主流国家对"双碳"政策的积极推动,电化学储能与转化相关行业迎来了广阔的发展前景。碳纳米管在锂离子电池、导电塑料、氢能等领域得到广泛应用,并最终服务于新能源汽车、3C 电池等产品,其市场价值也随之急剧增长。以下概述碳纳米管在各领域的应用前景与机遇。

10.2.1 锂离子电池

随着动力电池市场对高品质电池需求的日益增长,碳纳米管导电浆料逐渐取代了传统导电剂,以改善电池的能量密度、快充快放能力及循环寿命等关键性能。在锂电池产业链中,导电剂作为正负极材料的重要辅料,其成本占锂电池材料总成本的 $1\%\sim3\%$。传统导电剂如科琴黑、乙炔黑(super P,SP)等炭黑材料为颗粒状,与电极材料形成点接触,导电效率有限。相比之下,碳纳米管与活性材料构成线接触,能更有效地构建三维导电网络,同时其出色的导热性能促进了电极片在充放电过程中的热量传导,有助于电池散热,从而延长循环寿命。目前,导电剂行业正经历从传统炭黑向碳纳米管等新型材料的转型。碳纳米管作为锂离子电池导电剂的优势及发展趋势可概括如下。

(1)碳纳米管能全面提升电池的能量密度、循环寿命、快充性能及高低温特性等。与其他导电材料相比,碳纳米管添加量少、对材料冲击强度影响小且不易脱碳,是其显著优势。

(2)尽管碳纳米管导电剂的单价成本高于传统炭黑,但其性能上的绝对优势使得在少量添加下即可实现更优的电池性能。综合考虑性能与成本,市场目前多采用复合导电浆料,如"SP+碳纳米管""碳纳米管+石墨烯""SP+碳纳米管+石墨烯"等组合。未来,碳纳米管与炭黑将并存于市场中。

综合来看,碳纳米管取代炭黑在锂离子电池中的应用已成为发展趋势,同时也是碳纳米管在清洁能源快速发展阶段所面临的重大机遇。江苏天奈科技股份有限公司作为国内碳纳米管导电浆料行业的领军企业,已对不同导电剂的阻抗和成本进行了深入分析。如图 10-2 所示，在综合考虑性能和成本的基础上，产业链已开始采用新型传统复合导电浆料，如"SP＋碳纳米管""碳纳米管＋石墨烯""SP＋碳纳米管＋石墨烯"等组合。

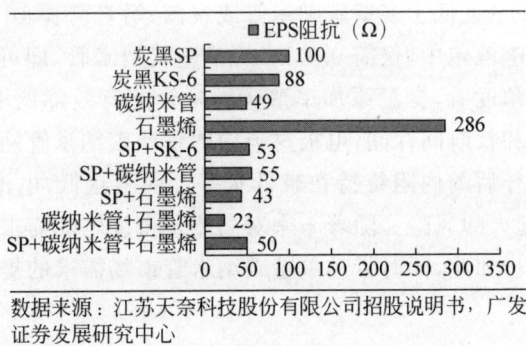

数据来源：江苏天奈科技股份有限公司招股说明书，广发证券发展研究中心

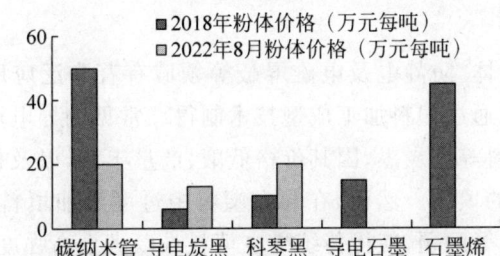

数据来源：江苏天奈科技股份有限公司招股说明书，广发证券发展研究中心

图 10-2　江苏天奈科技股份有限公司公布的导电剂成本及价格

中国动力电池导电剂市场 2021—2025 年各产品的占比分布情况如图 10-3 所示。截至 2025 年，为追求更高的能量密度，锂电池正负极材料将向高镍三元正极和硅碳负极方向发展。鉴于碳纳米管的大长径比特性，其理论上拥有最低的渗流阈值，意味着通过极少量添加即可构建完整的导电网络。因此，碳纳米管的市场空间占比预计将从 27％大幅提升至 61％。

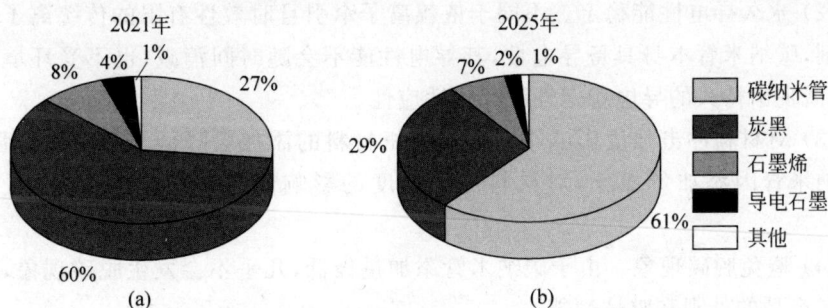

图 10-3　中国动力电池导电剂市场（a）2021 年及（b）2025 年各产品的占比分布情况图

新能源汽车行业的迅猛发展,尤其是高能量密度锂离子电池的进步,有力地推动了硅碳负极的广泛应用。在硅碳负极中,单壁碳纳米管对于增强其循环稳定性至关重要。就能量密度而言,仅需添加低于 0.1% 的单壁碳纳米管,即可实现更高的能量密度,其添加量远低于多壁碳纳米管或炭黑,后者需要 $10\sim60$ 倍的添加量。在当前的电动汽车电池包中,仅需 0.1 kg 的单壁碳纳米管,即可替代 5 kg 的导电炭黑。从安全性能角度看,少量添加单壁碳纳米管能有效降低电池内阻。即便经过多次充放电循环和长时间存储,电极材料内的单壁碳纳米管网络依然保持稳定,确保高温存储和循环后的内阻维持在较低水平。内阻越低,电池产生的热量就越少,从而降低电池起火的风险。随着未来对高能量密度电池需求的持续增长,硅碳负极的发展将进一步加速,同时带动单壁碳纳米管市场需求的提升,展现出巨大的应用潜力。

10.2.2 导电塑料

导电塑料在半导体、防静电及电磁屏蔽等领域有着广泛应用。它是由导电填料(导电母粒)与基材通过塑料加工成型技术制得。常见的导电填料包括金属及其氧化物、碳系纳米材料等。炭黑,因其价格低廉、产量丰富,以及化学和导电性能稳定,是目前最为常用的填料。然而,在导电塑料中过度添加填料会导致填料脱落、加工困难及产品过重等问题,使得传统导电填料难以满足高强度、轻量化和小型化等现代要求。特别是在电磁屏蔽应用中,对材料导电性有极高要求,往往需要添加大量炭黑,这不仅会大幅增加材料密度,还会严重影响其加工性能,导致炭黑脱落,这既污染产品,又损害材料的韧性、拉伸性能等机械性能。

碳纳米管作为一种新兴的导电助剂,在塑料领域展现出以下显著优势。

(1)添加量少,效果显著。碳纳米管的线状结构易于构建导电通路,仅需微量添加即可达到与较高比例导电炭黑或碳纤维相同的导电性能。以聚碳酸酯(PC)树脂为例,2% 的碳纳米管添加量即可媲美 6%~10% 的导电炭黑或碳纤维添加量的效果。

(2)永久导电性能稳定。不同于依赖离子牵引且时效性有限的传统离子型抗静电剂,碳纳米管本身具备导电性,其导电性能不会随时间消减,也不受环境湿度影响,展现出持久的导电稳定性和环境适应性。

(3)对材料冲击强度影响小。多数无机材料的添加会降低塑料的冲击强度,但碳纳米管因添加量极小,对材料冲击强度的影响微乎其微,从而保证了产品质量。

(4)避免脱碳现象。由于碳纳米管添加量极低,几乎不会发生脱碳现象,显著优化了产品的外观和整体性能。

导电塑料分为绝缘体、半导体、导体及超导体几类,其中复合型导电塑料相较于金属,成本更低且效率更高,其主要市场份额集中在半导体、托盘转运、载带、电子屏蔽材料和薄膜等领域。目前,炭黑作为主要添加剂,占据了 $50\%\sim60\%$ 的市场份额,而石墨烯和碳纳米管则分别占据了 $10\%\sim20\%$ 的市场份额。

江苏天奈科技股份有限公司在相关工艺、设备及添加剂等领域已进行了近 10 项专利布局,掌握了一系列核心技术,有效解决了碳纳米管团聚等问题。同时,公司已与 SABIC、Total 及 Clarianty 等国际知名化工企业建立了合作关系,其碳纳米管导电母粒产品已完成了部分客户的认证。特别是与 SABIC 的合作,已完成样品测试,并正积极推进后续的量产准备工作。

10.2.3 碳基芯片

硅基芯片作为主流的半导体材料,工艺技术已相对成熟,但随着技术进步,其面临的物理与工艺限制日益明显。传统光刻机技术在制造微小芯片和电路时遭遇分辨率受限、能耗高、成本昂贵等挑战。相比之下,碳基芯片是由纳米级碳纳米管构成,通过碳纳米管的可控制备而实现高分辨率制造。研究人员已利用碳基材料成功制造出微小尺寸的晶体管和电路结构,展示出其在高分辨率芯片制造领域的潜力。

碳基芯片不仅具备绕过光刻机限制的能力,还展现出广泛的应用前景。在柔性电子领域,其灵活性使其成为制造折叠屏幕、可穿戴设备和柔性电路等新型产品的理想选择。此外,碳基芯片还适用于高功率和高频电子设备,如射频放大器、毫米波单片机等。因此,碳基芯片的潜力不只是局限于替代光刻机,更在于开拓新领域的应用。

在应用方面,碳纳米管的优异机械、电学和化学稳定性能,确保碳基芯片在极端环境下(如高温、极寒、辐射、振动等)仍能正常工作,展现出强大的耐久性和热稳定性。同时,碳基芯片兼具高速和低功耗特性,有效扩展了存储器的使用范围,并显著提高了使用寿命。

在芯片制造领域,碳纳米管作为基材的应用已取得技术性突破。2017 年,北京大学在 5 nm 栅极碳纳米管互补金属-氧化物-半导体(CMOS)器件方面的工作便证明了碳纳米管在接近理论极限时能克服短沟道效应,从而避免了硅技术中需发展复杂三维晶体管技术(如 FinFET)来降低短沟道效应的问题。此外,碳纳米管技术是一项低温技术,适用于制备三维芯片。斯坦福大学曾有报告指出,三维设计的碳纳米管晶体管其性能可比二维硅晶体管提升 1000 倍。美国 Nantero 公司已研发出基于碳纳米管的新型非易失性存储器(NRAM®)。目前,国内江苏天奈科技股份有限公司正与该公司合作,高纯碳纳米管产品已开始送样测试。

尽管碳基芯片具备众多优势,但要真正取代硅基芯片,仍需克服一系列技术挑战。

(1)碳纳米管品质难以保证。碳纳米管的可控制备和生产技术仍在研究阶段,需进一步研发和改进。碳基芯片的纯度需达到 $6\sim8$ 个 9(99.9999%~

99.999999%），才能媲美传统硅基芯片。单一提纯方法难以完全去除碳纳米管中的杂质，尤其是单壁碳纳米管。杂质的存在限制其应用，提纯成为急需解决的技术难题。此外，碳纳米管的尺寸一致性和排列方式也是制造稳定和可重复性芯片的关键。

（2）碳基芯片量产难度大。碳基与硅基半导体技术与工艺设备存在差异，尽管 90% 的硅基半导体加工设备可直接应用于碳基，但部分需调试以适应碳基半导体器件生产。量产是商业化的重要前提，大规模生产降低成本和提高效率是挑战。还需完善碳基芯片的可靠性、稳定性和寿命，并解决与传统硅基芯片不同的电子器件特性问题。

目前，芯片主要采用硅基集成电路技术，高端芯片技术被国外垄断，中国每年进口芯片花费高达 3000 亿美元。加速半导体产业发展已成国家战略，但在逆全球化和产业封锁背景下，中国硅基半导体发展面临困境，多数集中在低利润、低附加值环节。碳基芯片为制备高端芯片带来新机遇。

10.2.4 氢能

发展氢能是能源变革、实现"碳达峰"与"碳中和"目标的关键举措。目前，全球多国已制定氢能国家战略。我国发布了《氢能产业发展中长期规划（2021—2035年）》，旨在将氢能源产业视为战略性新兴产业，并从顶层设计、示范应用及地方政策配套等方面发布了多项支持政策。在"双碳"目标及国家政策的引领下，我国氢能及燃料电池产业迅速成长。2022 年，中国氢气产能约为 4882 万吨/年，同比增长约 1.2%；产量约为 3533 万吨/年，同比增长约 1.9%。可再生能源制氢项目正加速推进，西北、华北地区在大型可再生氢基地示范工程的规划建设中发挥引领作用。中国已规划超过 300 个可再生能源制氢项目，其中 36 个项目已建成运营，合计可再生氢产能约为 5.6 万吨/年。

自 18 世纪工业革命以来，多种工业生产过程可产生大量氢气，如化石燃料制氢、含氢尾气副产氢回收、高温分解制氢、电解水制氢等。根据《低碳氢、清洁氢与可再生氢的标准与评价》分类，氢气分为低碳氢（灰氢）、清洁氢（蓝氢）与可再生氢（绿氢）。灰氢通过化石燃料制取，碳排放强度大；蓝氢同样源于化石燃料，但配合碳捕捉和封存技术，碳排放强度较低；绿氢则利用风电、水电、太阳能、核电等可再生能源通过电解制取，无碳排放。

电解水制氢作为一种绿色、高效的制氢方式，产生绿氢且无任何 CO_2 排放，近年来受到了广泛的关注。碳纳米管作为一种新型材料，在电解水制氢中具有广泛的应用前景，可作为催化剂载体用于电解水制氢中，用于提高催化剂的活性和稳定性，从而提高电解水制氢的效率。由于其良好的导电性和机械性能，碳纳米管电极可以提高电解槽的电流密度和耐久性，从而进一步提高制氢效率。电解水制氢作为一种绿色、高效的制氢方式而具有广阔的发展前景。随着技术的不断进步和成本的降低,电解水制氢将在全球能源转型和可持续发展中发挥重要作用。同时,碳纳米管等新型材料的应用也将为电解水制氢技术的发展注入新的活力。

天然气直接裂解生产廉价氢气和高附加值碳纳米管,即碳氢联产(CH_4——$C+2H_2$),是技术价值极高的过程。其优势包括:①零排放,作为真正原子经济的工艺,仅产生碳纳米管和氢气,无CO_2温室气体排放,制氢过程清洁;②转化效率高,氢气和碳材料连续生产,转化效率高、流程短、设备投资少、杂质少、氢气易提纯;③经济效益显著,催化裂解生成碳纳米管,因碳纳米管作为高附加值锂电池导电添加剂而具有巨大经济价值,能覆盖整个生产成本。此外,该过程在氢气生产成本上具有超强竞争力。此过程虽类似传统天然气水蒸气转化制氢,但克服了其CO_2排放问题,实现碳原子完全转化为固体碳材料。然而,此过程技术上难度较高,难点包括以下几点。①对裂解生成的碳有严格要求。碳的同素异形体多样,其中碳纳米管、石墨烯等具有经济价值。除碳纳米管外,其他碳材料附加值较低。即使生成碳纳米管,也需控制其形貌以获得经济效益,对技术要求高。②天然气催化裂解生产碳纳米管技术难度大。天然气作为碳纳米管原料时较惰性,产率和转化率较低;且生成锂电池级碳纳米管困难,需管径均匀($10\sim20$ nm)、形貌规整。同时,需使用低成本、高效率的催化剂,每千克催化剂应至少能生产 10 kg 以上碳纳米管。③设备大型化技术难度大。碳纳米管生产为粉体过程,体积膨胀几百倍,生产设备设计具有特殊性及难度。

燃料电池也是氢能的重要发展方向,被视为最具潜力的新型汽车动力源。燃料电池可利用碳纳米管储氢材料储氢后供氢,也可通过分解汽油和其他碳氢化合物或直接从空气中获取氢源。截至 2023 年 9 月 30 日,全国 24 个省份累计接入 12950 辆燃料电池汽车,涵盖专用车、客车及乘用车,应用场景多样。其中,物流特种车和公交客车是主要推广类型,分别累计接入 5260 辆和 4421 辆,占比分别为 40.6% 和 34.1%。

综上,氢能涉及的电解水、碳氢联产和燃料电池等产业,对碳纳米管行业有积极影响,其快速发展将带动碳纳米管应用市场迈向新高。

10.3 碳纳米管的市场现状和分布

碳纳米管市场近年来呈现爆发式增长,其核心驱动力源于新能源电池、复合材料及半导体等领域的强劲需求。截至 2025 年,全球碳纳米管市场规模已突破百亿美元,年复合增长率维持在 20% 以上。碳纳米管产业已跨越风险较高的探索阶段,进入成长期,展现出千亿级下游应用市场的巨大潜力,其经济性日益凸显。

中国作为全球最大的生产与消费市场,产能占比超过 60%,主导了中低端产品的规模化供应。领军企业天奈科技正推进多个新增扩建项目,涵盖多壁碳纳米管、碳纳米管及相关复合产品、导电浆料及碳管纯化生产线等。哈尔滨万鑫石墨谷、浙江万鑫烯碳、深圳纳米港等企业也在扩大碳纳米管产能。如万鑫石墨谷集团在大连新设 3000 吨产能的碳纳米管导电浆料产线。高端应用如单壁碳纳米管仍由俄罗斯 OCSiAL 垄断。此外，国外还有韩国 LG 化学、美国卡博特、日本昭和电工参与碳纳米管的产业化。作为迅速崛起的发展中国家，中国在新能源领域见证了诸多新兴技术的蓬勃发展，如储氢技术、超导体、滤波器及电容器等。随着国内新能源汽车动力电池、电子、半导体、医疗、材料等行业的持续进步，中国对碳纳米管的需求预计将迅猛增长，并且其在全球碳纳米管领域的参与度也在不断提升。

从应用结构看，锂电池领域占据主导地位，2025 年全球锂电用碳纳米管导电剂市场规模达 224 亿元，占整体需求的 58%。这主要得益于新能源汽车和储能产业的快速发展，碳纳米管凭借其高导电性、低添加量及对硅基负极体积膨胀的抑制能力，成为提升电池能量密度和快充性能的关键材料。此外，固态电池的产业化加速进一步拓展了碳纳米管的应用场景，其在高界面稳定性和导电网络构建中的优势被广泛认可。

区域分布上，亚太地区以中国为核心，贡献全球市场规模的 45% 以上。中国长三角、珠三角及成渝地区形成主要产业集聚区，天奈科技、道氏技术等龙头企业通过垂直整合实现从粉体到浆料的全链条布局，2025 年天奈科技在国内导电浆料市场的占有率超过 50%。北美和欧洲市场则聚焦高附加值领域，如航空航天轻量化复合材料（欧洲车企采购量同比增加 35%）和高端半导体封装，但受限于技术壁垒和政策约束（如欧盟碳边境税对生产能耗的核算），其产能扩张速度相对滞后。

未来，市场增长将依赖技术突破与应用多元化。柔性电子、氢能储存等新兴领域进入实验室验证阶段；而环保压力（每吨生产产生 3.2 t 二氧化碳当量）和替代材料竞争（如石墨烯在导电塑料中的快速渗透）仍是主要挑战。总体而言，碳纳米管行业正处于规模化应用与技术迭代的临界点，其市场潜力与风险并存，需通过跨学科创新与政策协同实现可持续发展。

10.4 碳纳米管的挑战

技术层面的复杂性是核心障碍。目前多壁碳纳米管的制备和应用已经趋于成熟，但是具有更高性能的单壁碳纳米管及寡壁碳纳米管目前仍存在系列问题。如单壁碳纳米管的导电属性由其手性（螺旋角）和直径决定，但现有制备方法难以精准调控手性，导致产物中金属性（m-SWCNTs）与半导体性（s-SWCNTs）混合，需通过复杂后处理分离手性，成本高昂且效率低。此外，主流制备方法如电弧放电法和激光烧蚀法虽能获得高结晶度 SWCNTs，但设备复杂、能耗高，且难以连续生产。例如，电弧法需频繁更换阳极，等离子体法因电极寿命短导致停机频繁，限制了产能。催化剂成本占总成本的 30% 以上，金属残留需酸洗纯化，进一步推高成本并增加环境负担。高温等离子体电弧法理论上可提升产率，但瞬态高温易扰动生长条件,且催化剂颗粒停留时间短,导致碳源利用率低。由于以上原因,单壁碳纳米管的市场价格高达 1000 万～1500 万元/吨,远高于多壁碳纳米管,严重限制了其在高端领域的普及。

碳纳米管分散及浆料制备作为产业化应用的核心环节,其技术难点直接制约着材料性能与终端产品的竞争力。当前工艺中存在的结构性矛盾主要体现在物理加工破坏与化学添加剂残留的双重制约,具体表现为以下两方面:①砂磨工艺对碳纳米管长径比的不可逆损伤。在砂磨机高速剪切力的作用下,长碳纳米管(通常指长度超过 50 μm)的断裂概率显著增加,碳管平均长度骤降至 15 μm 以下。这种机械损伤不仅削弱了碳纳米管的本征力学强度,更破坏了其三维导电通路的连续性。虽然部分企业尝试采用低剪切球磨或超声波分散替代砂磨,但前者存在效率低下(处理时间延长)、后者面临能量密度限制(仅适用于小批量生产)的现实困境。②添加剂体系引发的性能下降。为克服碳纳米管的高比表面积($250～1000 \text{ m}^2/\text{g}$)带来的范德瓦尔斯力团聚,行业普遍添加分散剂(如聚乙烯吡咯烷酮、十二烷基苯磺酸钠)和降粘剂(如聚羧酸盐、聚乙二醇)。但过量添加会导致浆料非碳固含量增加,造成多重负面影响,如导致导电填料体积占比降低,以及添加剂在电化学环境下可能不稳定,使得在电池高压下分解等副反应。

最后,下游应用的技术适配性挑战限制了市场拓展。尽管碳纳米管在硅基负极中表现优异,但硅基材料本身的体积膨胀问题仍需更复杂的复合技术解决,而固态电池对材料界面稳定性的高要求也增加了技术验证周期。

综上所述,碳纳米管的商业化之路需跨越技术、生产、安全、政策及市场的多重壁垒。唯有通过跨学科协作、政策支持与产业链整合,才能在突破技术瓶颈的同时,构建可持续的产业生态,真正释放这一"纳米材料之王"的潜能。